U0190554

国家出版基金项目
NATIONAL PUBLICATION FOUNDATION

中国
手工纸
文库

Library of Chinese Handmade Paper

汤书昆

总主编

《中国手工纸文库》编撰委员会

总主编

汤书昆

编　委

（按拼音顺序排列）

陈　彪　　陈敬宇　　达尔文·尼夏

方媛媛　　郭延龙　　黄飞松　　蓝　强

李宪奇　　刘　靖　　彭长贵　　汤书昆

杨建昆　　张燕翔　　郑久良　　朱　赟

朱正海　　朱中华

Library of Chinese Handmade Paper
Editorial Board

Editor-in-Chief	Tang Shukun
Members	Chen Biao, Chen Jingyu, Darwin Nixia, Fang Yuanyuan, Guo Yanlong, Huang Feisong, Lan Qiang, Li Xianqi, Liu Jing, Peng Changgui, Tang Shukun, Yang Jiankun, Zhang Yanxiang, Zheng Jiuliang, Zhu Yun, Zhu Zhenghai, Zhu Zhonghua (in alphabetical order)

贵州

州

卷·上卷

Guizhou I

汤书昆　陈　彪

主　编

中国科学技术大学出版社

University of Science and Technology of China Press

图书在版编目（CIP）数据

中国手工纸文库.贵州卷.上卷/汤书昆，陈彪主编.—合肥：中国科学技术大学出版社，2019.11

国家出版基金项目

"十三五"国家重点出版物出版规划项目

ISBN 978-7-312-04635-3

Ⅰ.中…　Ⅱ.①汤…②陈…　Ⅲ.手工纸—介绍—贵州　Ⅳ.TS766

中国版本图书馆CIP数据核字（2018）第300906号

中国
手工纸
文库

贵州卷·上卷

出 品 人	伍传平
责 任 编 辑	项赟飚
艺 术 指 导	吕敬人
书 籍 设 计	敬人书籍设计 吕 旻＋黄晓飞
出 版 发 行	中国科学技术大学出版社 地址 安徽省合肥市金寨路96号 邮编 230026
印　　　刷	北京雅昌艺术印刷有限公司
经　　　销	全国新华书店
开　　　本	880 mm×1230 mm　1/16
印　　　张	33
字　　　数	950千
版　　　次	2019年11月第1版
印　　　次	2019年11月第1次印刷
定　　　价	1800.00元

《中国手工纸文库·贵州卷》编撰委员会

主 编

汤书昆 陈 彪

副主编

刘 靖 蓝 强

翻译主持

方媛媛

统稿主持

汤书昆

示意图制作统筹

郭延龙

技术分析统筹

朱 赟

编 委

(按拼音顺序排列)

陈 彪 陈敬宇 方媛媛 郭延龙 黄飞松 蓝 强
李宪奇 刘 靖 刘 丽 孙 舰 汤书昆 王 祥
张义忠 朱 赟 祝秀丽

Library of Chinese Handmade Paper: Guizhou
Editorial Board

Editors-in-Chief	Tang Shukun, Chen Biao
Deputy Editors-in-Chief	Liu Jing, Lan Qiang
Chief Translator	Fang Yuanyuan
Director of Modification	Tang Shukun
Designer of Illustrations	Guo Yanlong
Director of Technical Analysis	Zhu Yun
Members	Chen Biao, Chen Jingyu, Fang Yuanyuan, Guo Yanlong, Huang Feisong, Lan Qiang, Li Xianqi, Liu Jing, Liu Li, Sun Jian, Tang Shukun, Wang Xiang, Zhang Yizhong, Zhu Yun, Zhu Xiuli (in alphabetical order)

造纸技艺是人类文明的重要成就。正是在这一伟大发明的推动下，我们的社会才得以在一个相当长的历史阶段获得比人类使用口语的表达与交流更便于传承的介质。纸为这个世界创造了五彩缤纷的文化记录，使一代代的后来者能够通过纸介质上绘制的图画与符号、书写的文字与数字，了解历史，学习历代文明积累的知识，从而担负起由传承而创新的文化使命。

中国是手工造纸的发源地。不仅人类文明中最早的造纸技艺发源自中国，而且中华大地上遍布着手工造纸的作坊。中国是全世界手工纸制作技艺提炼精纯与丰富的文明体。可以说，在使用手工技艺完成植物纤维制浆成纸的历史中，中国一直是人类造纸技艺与文化的主要精神家园。下图是中国早期造纸技艺刚刚萌芽阶段实物样本的一件遗存——西汉放马滩古纸。

西汉放马滩古纸残片
纸上绘制的是地图
1986年出土于甘肃省天水市
现藏于甘肃省博物馆

Map drawn on paper from
Fangmatan Shoals
in the Western Han Dynasty
Unearthed in Tianshui City,
Gansu Province in 1986
Kept by Gansu Provincial Museum

Preface

Papermaking technique illuminates human culture by endowing the human race with a more traceable medium than oral tradition. Thanks to cultural heritage preserved in the form of images, symbols, words and figures on paper, human beings have accumulated knowledge of history and culture, and then undertaken the mission of culture transmission and innovation.

Handmade paper originated in China, one of the largest cultural communities enjoying advanced handmade papermaking techniques in abundance. China witnessed the earliest papermaking efforts in human history and embraced papermaking mills all over the country. In the history of handmade paper involving vegetable fiber pulping skills, China has always been the dominant centre. The picture illustrates ancient paper from Fangmatan Shoals in the Western Han Dynasty, which is one of the paper samples in the early period of papermaking techniques unearthed in China.

一

本项目的缘起

从2002年开始，我有较多的机缘前往东邻日本，在文化与学术交流考察的同时，多次在东京的书店街——神田神保町的旧书店里，发现日本学术界整理出版的传统手工制作和纸（日本纸的简称）的研究典籍，先后购得近20种，内容包括日本全国的手工造纸调查研究，县（相当于中国的省）一级的调查分析，更小地域和造纸家族的案例实证研究，以及日、中、韩等东亚国家手工造纸的比较研究等。如：每日新闻社主持编撰的《手漉和纸大鉴》五大本，日本东京每日新闻社昭和四十九年（1974年）五月出版，共印1 000套；久米康生著的《手漉和纸精髓》，日本东京讲谈社昭和五十年（1975年）九月出版，共印1 500本；菅野新一编的《白石纸》，日本东京美术出版社昭和四十年（1965年）十一月出版等。这些出版物多出自几十年前的日本昭和年间（1926~1988年），不仅图文并茂，而且几乎都附有系列的实物纸样，有些还有较为规范的手工纸性能、应用效果对比等技术分析数据。我阅后耳目一新，觉得这种出版物形态既有非常直观的阅读效果，又散发出很强的艺术气息。

1. Origin of the Study

Since 2002, I have been invited to Japan several times for cultural and academic communication. I have taken those opportunities to hunt for books on traditional Japanese handmade paper studies, mainly from old bookstores in Kanda Jinbo-cho, Tokyo. The books I bought cover about 20 different categories, typified by surveys on handmade paper at the national, provincial, or even lower levels, case studies of the papermaking families, as well as comparative studies of East Asian countries like Japan, Korea and China. The books include five volumes of *Tesukiwashi Taikan* ("*A Collection of Traditional Handmade Japanese Papers*") compiled and published by Mainichi Shimbun in Tokyo in May 1974, which released 1 000 sets, *The Essence of Japanese Paper* by Kume Yasuo, which published 1 500 copies in September 1975 by Kodansha in Tokyo, Japan, *Shiraishi Paper* by Kanno Shinichi, published by Fine Arts Publishing House in Tokyo in November 1965. The books which were mostly published between 1926 and 1988 among the Showa reigning years, are delicately illustrated with pictures and series of paper samples, some even with data analysis on performance comparison. I was extremely impressed by the intuitive and aesthetic nature of the books.

我几乎立刻想起在中国看到的手工造纸技艺及相关的研究成果，在我们这个世界手工造纸的发源国，似乎尚未看到这种表达丰富且叙述格局如此完整出色的研究成果。对中国辽阔地域上的手工造纸技艺与文化遗存现状，研究界尚较少给予关注。除了若干名纸业态，如安徽省的泾县宣纸、四川省的夹江竹纸、浙江省的富阳竹纸与温州皮纸、云南省的香格里拉东巴纸和河北省的迁安桑皮纸等之外，大多数中国手工造纸的当代研究与传播基本上处于寂寂无闻的状态。

此后，我不断与国内一些从事非物质文化遗产及传统工艺研究的同仁交流，他们一致认为在当代中国工业化、城镇化大规模推进的背景下，如果不能在我们这一代人手中进行手工造纸技艺与文化的整体性记录、整理与传播，传统手工造纸这一中国文明的结晶很可能会在未来的时空中失去系统记忆，那真是一种令人难安的结局。但是，这种愿景宏大的文化工程又该如何着手？我们一时觉得难觅头绪。

《手漉和纸精髓》
附实物纸样的内文页
A page from *The Essence of Japanese Paper*
with a sample
《白石纸》
随书的宣传夹页
A folder page from *Shiraishi Paper*

The books reminded me of handmade papermaking techniques and related researches in China, and I felt a great sadness that as the country of origin for handmade paper, China has failed to present such distinguished studies excelling both in presentation and research design, owing to the indifference to both papermaking technique and our cultural heritage. Most handmade papermaking mills remain unknown to academia and the media, but there are some famous paper brands, including Xuan paper in Jingxian County of Anhui Province, bamboo paper in Jiajiang County of Sichuan Province, bamboo paper in Fuyang District and bast paper in Wenzhou City of Zhejiang Province, Dongba paper in Shangri-la County of Yunnan Province, and mulberry paper in Qian'an City of Hebei Province.

Constant discussion with fellow colleagues in the field of intangible cultural heritage and traditional craft studies lead to a consensus that if we fail to record, clarify, and transmit handmade papermaking techniques in this age featured by a prevailing trend of industrialization and urbanization in China, regret at the loss will be irreparable. However, a workable research plan on such a grand cultural project eluded us.

2004年，中国科学技术大学人文与社会科学学院获准建设国家"985工程"的"科技史与科技文明哲学社会科学创新基地"，经基地学术委员会讨论，"中国手工纸研究与性能分析"作为一项建设性工作由基地立项支持，并成立了手工纸分析测试实验室和手工纸研究所。这一特别的机缘促成了我们对中国手工纸研究的正式启动。

2007年，中华人民共和国新闻出版总署的"十一五"国家重点图书出版规划项目开始申报。中国科学技术大学出版社时任社长郝诗仙此前知晓我们正在从事中国手工纸研究工作，于是建议正式形成出版中国手工纸研究系列成果的计划。在这一年中，我们经过国际国内的预调研及内部研讨设计，完成了《中国手工纸文库》的撰写框架设计，以及对中国手工造纸现存业态进行全国范围调查记录的田野工作计划，并将其作为国家"十一五"规划重点图书上报，获立项批准。于是，仿佛在不经意间，一项日后令我们常有难履使命之忧的工程便正式展开了。

2008年1月，《中国手工纸文库》项目组经过精心的准备，派出第一个田野调查组（一行7人）前往云南省的滇西北地区进行田野调查，这是计划中全中国手工造纸田野考察的第一站。按照项目设计，将会有很多批次的调查组走向全中国手工造纸现场，采集能获

In 2004, the Philosophy and Social Sciences Innovation Platform of History of Science and S&T Civilization of USTC was approved and supported by the National 985 Project. The academic committee members of the Platform all agreed to support a new project, "Studies and Performance Analysis of Chinese Handmade Paper". Thus, the Handmade Paper Analyzing and Testing Laboratory, and the Handmade Paper Institute were set up. Hence, the journey of Chinese handmade paper studies officially set off.

In 2007, the General Administration of Press and Publication of the People's Republic of China initiated the program of key books that will be funded by the National 11th Five-Year Plan. The former President of USTC Press, Mr. Hao Shixian, advocated that our handmade paper studies could take the opportunity to work on research designs. We immediately constructed a framework for a series of books, *Library of Chinese Handmade Paper*, and drew up the fieldwork plans aiming to study the current status of handmade paper all over China, through arduous pre-research and discussion. Our project was successfully approved and listed in the 11th Five-Year Plan for National Key Books, and then our promising yet difficult journey began.

The seven members of the *Library of Chinese Handmade Paper* Project embarked on our initial, well-prepared fieldwork journey to the northwest area of Yunnan

取的中国手工造纸的完整技艺与文化信息及实物标本。

2009年，国家出版基金首次评审重点支持的出版项目时，将《中国手工纸文库》列入首批国家重要出版物的资助计划，于是我们的中国手工纸研究设计方案与工作规划发育成为国家层面传统技艺与文化研究所关注及期待的对象。

此后，田野调查、技术分析与撰稿工作坚持不懈地推进，中国科学技术大学出版社新一届领导班子全面调动和组织社内骨干编辑，使《中国手工纸文库》的出版工程得以顺利进行。2017年，《中国手工纸文库》被列为"十三五"国家重点出版物出版规划项目。

二

对项目架构设计的说明

作为纸质媒介出版物的《中国手工纸文库》，将汇集文字记

调查组成员在香格里拉县
白地村调查
2008年1月

Visiting Baidi Village of Shangri-la
County in January 2008

Province in January 2008. After that, based on our research design, many investigation groups would visit various handmade papermaking mills all over China, aiming to record and collect every possible papermaking technique, cultural information and sample.

In 2009, the National Publishing Fund announced the funded book list gaining its key support. Luckily, *Library of Chinese Handmade Paper* was included. Therefore, the Chinese handmade paper research plan we proposed was promoted to the national level, invariably attracting attention and expectation from the field of traditional crafts and culture studies.

Since then, field investigation, technical analysis

and writing of the book have been unremittingly promoted, and the new leadership team of USTC Press has fully mobilized and organized the key editors of the press to guarantee the successful publishing of *Library of Chinese Handmade Paper*. In 2017, the book was listed in the 13th Five-Year Plan for the Publication of National Key Publications.

2. Description of Project Structure

Library of Chinese Handmade Paper compiles with many forms of ideography language: detailed descriptions and records, photographs, illustrations of paper fiber structure and transmittance images, data analysis, distribution of the papermaking sites, guide map

录与描述、摄影图片记录、样纸纤维形态及透光成像采集、实验分析数据表达、造纸地分布与到达图导引、实物纸样随文印证等多种表意语言形式，希望通过这种高度复合的叙述形态，多角度地描述中国手工造纸的技艺与文化活态。在中国手工造纸这一经典非物质文化遗产样式上，《中国手工纸文库》的这种表达方式尚属稀见。如果所有设想最终能够实现，其表达技艺与文化活态的语言方式或许会为中国非物质文化遗产研究界和保护界开辟一条新的途径。

项目无疑是围绕纸质媒介出版物《中国手工纸文库》这一中心目标展开的，但承担这一工作的项目团队已经意识到，由于采用复合度很强且极丰富的记录与刻画形态，当项目工程顺利完成后，必然会形成非常有价值的中国手工纸研究与保护的其他重要后续工作空间，以及相应的资源平台。我们预期，中国（计划覆盖34个省、市、自治区与特别行政区）当代整体的手工造纸业态按照上述记录与表述方式完成后，会留下与《中国手工纸文库》伴生的中国手工纸图像库、中国手工纸技术分析数据库、中国手工纸实物纸样库，以及中国手工纸的影像资源汇集等。基于这些伴生的集成资源的丰富性，并且这些资源集成均为首次，其后续的价值延展空间也不容小视。中国手工造纸传承与发展的创新拓展或许会给有志于继续关注中国手工造纸技艺与文化的同仁提供

to the papermaking sites, and paper samples, etc. Through such complicated and diverse presentation forms, we intend to display the technique and culture of handmade paper in China thoroughly and vividly. In the field of intangible cultural heritage, our way of presenting Chinese handmade paper was rather rare. If we could eventually achieve our goal, this new form of presentation may open up a brand-new perspective to research and preservation of Chinese intangible cultural heritage.

Undoubtedly, the *Library of Chinese Handmade Paper* Project developed with a focus on paper-based media. However, the team members realized that due to complicated and diverse ways of recording and displaying, there will be valuable follow-up work for further research and preservation of Chinese handmade paper and other related resource platforms after the completion of the project. We expect that when contemporary handmade papermaking industry in China, consisting of 34 provinces, cities, autonomous regions and special administrative regions as planned, is recorded and displayed in the above mentioned way, a Chinese handmade paper image library, a Chinese handmade paper technical data library, a Chinese handmade paper sample library, and a Chinese handmade paper video information collection will come into being, aside from the *Library of Chinese Handmade Paper*. Because of the richness of these byproducts, we should not overlook these possible follow-up

更多元的机遇。

毫无疑问，《中国手工纸文库》工作团队整体上都非常认同这一工作的历史价值与现实意义。这种认同给了我们持续的动力与激情，但在实际的推进中，确实有若干挑战使大家深感困惑。

三
我们的困惑和愿景

困惑一：

中国当代手工造纸的范围与边界在国家层面完全不清晰，因此无法在项目的田野工作完成前了解到中国到底有多少当代手工造纸地点，有多少种手工纸产品；同时也基本无法获知大多数省级区域手工造纸分布地点的情况与存活、存续状况。从调查组2008~2016年集中进行的中国南方地区（云南、贵州、广西、四川、广东、海南、浙江、安徽等）的田野与文献工作来看，能够提供上述信息支持的现状令人失望。这导致了项目组的田野工作规划处于"摸着石头过河"的境地，也带来了《中国手工纸文库》整体设计及分卷方案等工作的不确定性。

developments. Moving forward, the innovation and development of Chinese handmade paper may offer more opportunities to researchers who are interested in the techniques and culture of Chinese handmade papermaking.

Unquestionably, the whole team acknowledges the value and significance of the project, which has continuously supplied the team with motivation and passion. However, the presence of some problems have challenged us in implementing the project.

3. Our Confusions and Expectations

Problem One:

From the nationwide point of view, the scope of Chinese contemporary handmade papermaking sites is so obscure that it was impossible to know the extent of manufacturing sites and product types of present handmade paper before the fieldwork plan of the project was drawn up. At the same time, it is difficult to get information on the locations of handmade papermaking sites and their survival and subsisting situation at the provincial level. Based on the field work and literature of South China, including Yunnan, Guizhou, Guangxi, Sichuan, Guangdong, Hainan, Zhejiang and Anhui etc., carried out between 2008 and 2016, the ability to provide the information mentioned above is rather difficult. Accordingly, it placed the planning of the project's fieldwork into an obscure unplanned route,

困惑二：

中国正高速工业化与城镇化，手工造纸作为一种传统的手工技艺，面临着经济效益、环境保护、集成运营、技术进步、消费转移等重要产业与社会变迁的压力。调查组在已展开了九年的田野调查工作中发现，除了泾县、夹江、富阳等为数不多的手工造纸业态聚集地，多数乡土性手工造纸业态都处于生存的"孤岛"困境中。令人深感无奈的现状包括：大批造纸点在调查组到达时已经停止生产多年，有些在调查组到达时刚刚停止生产，有些在调查组补充回访时停止生产，仅一位老人或一对老纸工夫妇在造纸而无传承人……中国手工造纸的业态正陷于剧烈的演化阶段。这使得项目组的田野调查与实物采样工作处于非常紧迫且频繁的调整之中。

困惑三：

作为国家级重点出版物规划项目，《中国手工纸文库》在撰写开卷总序的时候，按照规范的说明要求，应该清楚地叙述分卷的标准与每一卷的覆盖范围，同时提供中国手工造纸业态及地点分布现

贵州省仁怀市五马镇取缔手工造纸作坊的横幅
2009年4月

Banner of a handmade papermaking mill in Wuma Town of Renhuai City in Guizhou Province, saying "Handmade papermaking mills should be closed as encouraged by the local government". April 2009

which also led to uncertainty in the planning of *Library of Chinese Handmade Paper* and that of each volume.

Problem Two:
China is currently under the process of rapid industrialization and urbanization. As a traditional manual technique, the industry of handmade papermaking is being confronted with pressures such as economic benefits, environmental protection, integrated operation, technological progress, consumption transfer, and many other important changes in industry and society. During nine years of field work, the project team found out that most handmade papermaking mills are on the verge of extinction, except a few gathering places of handmade paper production like Jingxian, Jiajiang, Fuyang, etc. Some handmade papermaking mills stopped production long before the team arrived or had just recently ceased production; others stopped production when the team paid a second visit to the mills. In some mills, only one old papermaker or an elderly couple were working, without any inheritor to learn their techniques... The whole picture of this industry is in great transition, which left our field work and sample collection scrambling with hasty and frequent changes.

Problem Three:
As a national key publication project, the preface of *Library of Chinese Handmade Paper* should clarify the standard and the scope of each volume according to the research plan. At the same time, general information such as the map with locations of Chinese handmade

状图等整体性信息。但由于前述的不确定性，开宗明义的工作只能等待田野调查全部完成或进行到尾声时再来弥补。当然，这样的流程一定程度上会给阅读者带来系统认知的先期缺失，以及项目组工作推进中的迷茫。尽管如此，作为拓荒性的中国手工造纸整体研究与田野调查就在这样的现状下全力推进着！

当然，我们的团队对《中国手工纸文库》的未来仍然满怀信心与憧憬，期待着通过项目组与国际国内支持群体的协同合作，尽最大努力实现尽可能完善的田野调查与分析研究，从而在我们这一代人手中为中国经典的非物质文化遗产样本——中国手工造纸技艺留下当代的全面记录与文化叙述，在中国非物质文化遗产基因库里绘制一份较为完整的当代手工纸文化记忆图谱。

汤书昆

2017年12月

papermaking industry should be provided. However, due to the uncertainty mentioned above, those tasks cannot be fulfilled, until all the field surveys have been completed or almost completed. Certainly, such a process will give rise to the obvious loss of readers' systematic comprehension and the team members' confusion during the following phases. Nevertheless, the pioneer research and field work of Chinese handmade paper has set out on the first step.

There is no doubt that, with confidence and anticipation, our team will make great efforts to perfect the field research and analysis as much as possible, counting on cooperation within the team, as well as help from domestic and international communities. It is our goal to keep a comprehensive record, a cultural narration of Chinese handmade paper craft as one sample of most classic intangible cultural heritage, to draw a comparatively complete map of contemporary handmade paper in the Chinese intangible cultural heritage gene library.

Tang Shukun

December 2017

1

《中国手工纸文库·贵州卷》按六盘水市、黔西南布依族苗族自治州、安顺市、黔南布依族苗族自治州、毕节市、贵阳市、遵义市、铜仁市、黔东南苗族侗族自治州等九个市（州）区域划分一级手工造纸地域，形成"章"的类目单元，如第六章"毕节市"。章之下的二级类目以县为单元划分，形成"节"的类目，如第六章第一节"纳雍皮纸"。

2

本卷各节的标准撰写格式通常分为七个部分："××××纸的基础信息及分布""××××纸生产的人文地理环境""××××纸的历史与传承""××××纸的生产工艺与技术分析""××××纸的用途与销售情况""××××纸的相关民俗与文化事象""××××纸的保护现状与发展思考"。如遇某一部分田野调查和文献资料均未能采集到信息，将按照实事求是原则略去标准撰写格式的相应部分。

3

本卷设专节记述的手工纸种类标准是：其一，项目组进行田野调查时仍在生产的手工纸种类；其二，项目组田野调查时虽已不再生产，但保留着较完整的生产环境与设备，造纸技师仍能演示或讲述完整技艺和相关知识的手工纸种类。

Introduction to the Writing Norms

1. In *Library of Chinese Handmade Paper*: *Guizhou*, handmade papermaking sites are categorized in nine major regions, i.e. , Liupanshui City, Qianxinan Bouyei and Miao Autonomous Prefecture, Anshun City, Qiannan Bouyei and Miao Autonomous Prefecture, Bijie City, Guiyang City, Zunyi City, Tongren City, and Qiandongnan Miao and Dong Autonomous Prefecture. Each area covers a whole chapter, e.g. , "Chapter VI Bijie City". Each chapter consists of sections covering introductions to handmade paper in different counties. For instance, first section of the sixth chapter is "Bast Paper in Nayong County".

2. Each section of a chapter consists of seven sub-sections introducing various aspects of each kind of handmade paper, namely, Basic Information and Distribution, The Cultural and Geographic Environment, History and Inheritance, Papermaking Technique and Technical Analysis, Uses and Sales, Folk Customs and Culture, Preservation and Development. Omission is also acceptable if our fieldwork efforts and literature review fail to collect certain information.

3. The handmade paper included in each section of this volume conforms to the following standards: firstly, it was still under production when the research group did their fieldwork; secondly, the papermaking equipment and major sites were well preserved, and the handmade papermakers were still able to demonstrate the papermaking techniques and relevant knowledge, in case of ceased production.

4. Many handmade papermaking sites in Guizhou Province are inhabited by multiple minority groups. Accordingly, their official names include all the group names, e.g. , Wuchuan Gelo and Miao Autonomous County, which is comparatively complicated. In this volume, for the purpose of brevity, we employ a concise naming mode: the paper name, the ethnic group the papermaker

4

贵州省的很多手工造纸地为少数民族聚居区域，县名按中国地名使用规范应标注出全称，考虑到多民族地区的县名构成往往较复杂，如"务川仡佬族苗族自治县"，为兼顾地名的使用规范与简洁，本卷所有"节"的标题及"节"下一级类目的标题均直接标示为"××（县域）（+民族）+纸名"，而不出现多民族县名全称及"县"这一称谓，如"镇宁皮纸"（镇宁县的全称应为"镇宁布依族苗族自治县"）。

5

本卷造纸点地理分布不以测绘地图背景标示方式，而以示意图标示方式呈现。全卷每一节绘制三幅示意图：一幅以市州为单位，绘制造纸点所在市州的位置示意；一幅为从县城到造纸点的路线示意图；一幅为现存活态造纸点和历史造纸点在县境内的位置示意图。在标示地名时，均统一标示出县城与乡镇两级，乡镇下则直接标注造纸点所在村。本卷中涉及的行政区划名称，均依据调查组田野调查当时的名称，以尊重调查时的真实区划名称信息。

6

本卷对造纸点的地理分布按"造纸点"和"历史造纸点"两类区别标示。其中，历史造纸点选择的时间上限项目组划定为民国元年（1911年），而下限原则上为20世纪末已不再生产且基本业态已完全终止，1911年以前有记述的造纸点不进行示意图标示。因贵州省域历代造纸信息多样性、多变性突出，本卷示意图上的历史造纸点原则上以调查组通过田野工作和文献研究所掌握的信息为标示依据。

7

本卷珍稀收藏版原则上每一个所调查的造纸村落的代表性纸种均在书中相应章节附调查组实地采集的实物纸样。采样足量的造纸点代表性纸种于书中均附全页纸样，不足量的则附1/2、1/4或更小规格的纸样，个别因停产等原因导致采样严重不足的则不附实物纸样。

belongs to, and the county name, instead of using the complete name. For instance, "Bast Paper in Zhenning County" is used as a section name instead of using the complete name "Bast Paper in Zhenning Bouyei and Miao Autonomous County".

5. In this volume, we draw illustrations instead of authentic maps to show the distribution of local papermaking sites. In each section of this volume, we draw three illustrations: the first one shows the location of papermaking sites in a specific city or prefecture; the second one draws roadmap from county centre to the papermaking sites; the third one shows the distribution of papermaking sites still in production or in history in a county. We provide county name, town name and village name of each site. All the administrative divisions' names in this volume are the ones in use when we made the field investigation, reflecting the real situation of the time.

6. In the distribution maps we cover both papermaking sites and the historical ones, which refer to papermaking sites that were active from the year of 1911 to the end of the 20th century, and were no longer involved in papermaking for present days. Papermaking sites before the year of 1911 are excluded in this study, together with the sites that had ceased production by the end of the 20th century. The papermaking sites marked in our maps are consistently based on our fieldworks and literature review, for the variety and variability of papermaking literature in Guizhou Province.

7. For each type of paper included in *Library of Chinese Handmade Paper*: *Guizhou* (Special Edition), we attach a piece of paper sample (a full page, 1/2 or 1/4 of a page, or even smaller if we do not have sufficient sample available) to the section. For some sections no sample is attached for the shortage of paper sample (e.g. , the papermakers had ceased production).

8. All the paper samples in this volume were tested based on

　　本卷对所采集纸样进行的测试参考了宣纸的技术测试分析标准（GB/T 18739—2008），并根据贵州地域手工纸的特色做了调适，实测或计算了所有满足测试分析足量需求已采样手工纸的厚度、定量、紧度、抗张力、抗张强度、白度、纤维长度和纤维宽度共8个指标。由于所测贵州省手工纸样的生产标准化程度不同，因而所测数据与机制纸或宣纸的标准存在一定差距。

（1）厚度▸所测纸的厚度指标是指纸在两块测量板间受一定压力时直接测量得到的厚度。以单层测量的结果表示纸的厚度，以mm为单位。
所用仪器▸长春市月明小型试验机有限公司JX-HI型纸张厚度仪。

（2）定量▸所测纸的定量指标是指单位面积纸的质量，通过测定试样的面积及质量计算定量，以g/m²为单位。
所用仪器▸上海方瑞仪器有限公司3003电子天平。

（3）紧度▸所测纸的紧度指标是指单位体积纸的质量，由同一试样的定量和厚度计算而得，以g/cm³为单位。

（4）抗张力▸所测纸的抗张力指标是指在标准实验方法规定的条件下，纸断裂前所能承受的最大张力，分纵向、横向测试，若试样无法判断纵横向，则视为一个方向测试，以N为单位。
所用仪器▸杭州高新自动化仪器仪表公司DN-KZ电脑抗张力试验机。

（5）抗张强度▸所测纸的抗张强度指标一般用在抗张强度试验仪上所测出的抗张力除以样品宽度来表示，也称为纸的绝对抗张强度，以kN/m为单位。
本卷采用的是恒速加荷法，其原理是抗张强度试验仪在恒速加荷的条件下，把规定尺寸的纸样拉伸至撕裂，测其抗张力，计算出抗张强度。公式如下：

$$S = F/W$$

公式中，S为试样的抗张强度（kN/m），F为试样的绝对抗张力（N），W为试样的宽度（出于测试仪器的要求，为定值15 mm）。

the technical test and analysis standards of Xuan paper in China (GB/T 18739-2008), with modifications adopted according to the specific features of the handmade paper of Guizhou Province. Eight indicators of the samples were tested and analyzed, including thickness, mass per unit area, density, tension stress, tensile strength, whiteness, fiber length and width. Due to the various production standards involved in papermaking in Guizhou Province, the statistical data may vary from those of machine-made paper and Xuan paper.

(1) Thickness: the values obtained by using two measuring boards pressing the paper. In the measuring process, the result of a single layer represents the thickness of the paper, and its measurement unit is mm. The measuring instrument (Specification: JX-HI) employed is produced by Yueming Small Testing Instrument Co., Ltd., Changchun City.

(2) Mass per unit area: the values obtained by measuring the sample mass divided by area, with the measurement unit g/m². The measuring instrument employed is 3003 Electronic Balance produced by Shanghai Fangrui Instrument Co., Ltd.

(3) Density: mass per unit volume, obtained by measuring the mass per unit area and thickness, with the measurement unit g/m³.

(4) Tension stress: the maximum tension that the sample paper can withstand without tearing apart, when tested by the standard experimental methods. Both longitudinal and horizontal directions of the paper should be covered in test, or only one if the direction cannot be ascertained, with the measurement unit N. The testing instrument (Specification: DN-KZ) is produced by Hangzhou Gaoxin Automatic Instrument Co.

(5) Tensile strength: the values obtained by measuring the sample maximum tension stress against the constant loading, then divided the maximum stress by the sample width, with the measurement unit kN/m.

In this volume, constant loading method was employed to measure the maximum tension the material can withstand without tearing apart. The formula is:

（6）白度▶所测纸的白度指标是指被测物体的表面在可见光区域内相对于完全白（标准白）物体漫反射辐射能的大小的比值，以%为单位，即白色的程度。所测纸的白度指标是指在D65光源、漫射/垂射照明观测条件下，纸对主波长475 nm蓝光的漫反射因数，表示白度测定结果。

所用仪器▶杭州纸邦仪器有限公司ZB-A色度仪。

（7）纤维长度/宽度▶所测纸的纤维长度/宽度指标是指从所测纸里取样，测其纸浆中纤维的自身长度/宽度，分别以mm和μm为单位。测试时，取少量纸样，用水湿润，并用Herzberg试剂染色，制成显微镜试片，置于显微分析仪下，采用10倍及20倍物镜进行观测，并显示相应纤维形态图各一张。

所用仪器▶珠海华伦造纸科技有限公司XWY-VI型纤维测量仪。

9

本卷对每一种调查采集的纸样均采用透光摄影的方式制作成图像，显示透光环境下的纸样纤维纹理影像，作为实物纸样的另一种表达方式。其制作过程为：先使用计算机液晶显示器，显示纯白影像作为拍摄手工纸纹理透光影像的背景底；然后将纸样平铺在显示器上进行拍摄，拍摄相机为佳能5DIII。

10

本卷引述的历史与当代文献均一一注释，所引文献原则上要求为一手文献来源，并按统一标准注释，如"刘仁庆.我国少数民族地区的传统手工纸[J].纸和造纸,2007,26(5):89-91""陈国生.明代云贵川农业地理研究[M].重庆:西南师范大学出版社,1997:7"。所引述的田野调查信息原则上要标示出信息源，如"2014年仍在从事手工纸生产的赵金妹老人描述……""据造纸老人赵金学与赵金成回忆……"等。

$$S=F/W$$

S stands for tensile strength (kN/m), *F* is tension stress (N), and *W* represents width (as required by the testing instrument, width adopted here is 15 mm).

(6) Whiteness: degree of whiteness, represented by percentage (%), which is the ratio obtained by comparing the radiation diffusion value of the test object in visible region to that of the completely white (standard white) object. Whiteness test in our study employed D65 light source, with dominant wavelength 475 nm of blue light, under the circumstances of diffuse reflection or vertical reflection. The whiteness testing instrument (Specification: ZB-A) is produced by Hangzhou Zhibang Instrument Co., Ltd.

(7) Fiber length and width: Fiber length (mm) and width (μm) of paper sample were tested by dying the moist paper sample with Herzberg reagent, then the specimen was made and the fiber pictures were taken through ten times and twenty times lens of the microscope. The fiber testing instrument (Specification: XWY-VI) is produced by Zhuhai Hualun Papermaking Technology Co., Ltd.

9. Each paper sample included in *Library of Chinese Handmade Paper*: *Guizhou* was photographed against a luminous background, which vividly demonstrated the fiber veins of the samples. This is a different way to present the status of our paper sample. Each piece of paper sample was spread flat-out on the LCD monitor giving white light, and photographs were taken with Canon 5DIII camera.

10. All the quoted literature are original first-hand resources and the footnotes are used for documentation. For instance, "Liu Renqing. *Traditional Handmade Paper in Ethnic Regions of China* [J]. Paper and Papermaking, 2007, 26(5): 89-91" and "Chen Guosheng. *Research of Agricultural Geography in Yunnan, Guizhou and Sichuan During the Ming Dynasty* [M]. Chongqing: Southwest Normal University Press, 1997: 7". Sources of information based on our fieldworks are also identified, e.g., "Zhao Jinmei, an old woman who was still making paper in 2014 introduced that…" "old papermakers Zhao Jinxue and Zhao Jincheng recalled that…" etc.

11

　　本卷所使用的摄影图片主体部分为调查组成员在实地调查时所拍摄，也有项目组成员在既往田野工作中积累的图片，另有少量属撰稿过程中所采用的非项目组成员的摄影作品。由于项目组成员在完成本卷过程中形成的图片的著作权属集体著作权，且在过程中多位成员轮流拍摄或并行拍摄为工作常态，因而对图片均不标示拍摄者。项目组成员既往积累的图片，以及非项目组成员拍摄的图片在后记中特别说明，并承认其个人图片著作权。

12

　　考虑到本卷中文简体版的国际交流需要，编著者对本卷重要或提要性内容同步给出英文表述，以便英文读者结合照片和实物纸样领略本卷的基本语义。对于文中一些晦涩的古代文献，英文翻译采用意译的方式进行解读。英文内容包括：总序、编撰说明、目录、概述、图目、表目、术语、后记，以及所有章节的标题、图题、表题与实物纸样名。"贵州省手工造纸概述"是本卷正文第一章，为保持与后续各章节体例一致，除保留章节标题英文名及图表标题英文名外，全章的英文译文作为附录出现。

13

　　《中国手工纸文库·贵州卷》的术语收集了本卷中与手工纸有关的地理名、纸品名、原料与相关植物名、工艺技术和工具设备、历史文化5类术语。术语选择遵循文化、民族、工艺、材料、历史特色表达优先，核心内容与关键概念表达优先的原则，力求简洁精练。各个类别的术语按术语的汉语拼音先后顺序排列。每条中文术语后都给以英文直译，可以作中英文对照表使用。由于本卷涉及术语很多且多次出现，以及因语境之异具有一定的使用多样性与复杂性，因此术语一律不标注出现的页码。

11. The majority of photographs included in this volume were taken by the research team members when they were doing fieldworks of the research. Others were taken by our researchers in even earlier fieldwork errands, or by the photographers who were not involved in our research. We do not give the names of the photographers in this volume, because almost all our researchers are involved in the task. Yet, as we have claimed in the epilogue, we officially admit the copyright of all the photographers, including those who are not our research team members.

12. For the purpose of international academic exchange, English version of some important parts is provided, namely, Preface, Introduction to the Writing Norms, Contents, Introduction, Figures, Tables, Terminology, Epilogue, and all the headings, captions, and paper sample names. Among them, "Introduction to Handmade Paper in Guizhou Province" is the first chapter of this volume, and its translation is appended in the appendix part. For the obscure ancient texts included, we use free translation to present a more comprehensible version.

13. Terminology is appended in *Library of Chinese Handmade Paper*: *Guizhou*, which covers Places, Paper Names, Raw Materials and Plants, Techniques and Tools, History and Culture, relevant to the handmade paper research in this volume. We highlight cultural and national factors, as well as unique techniques, materials, and historic features, and make key contents and core concepts our priority in the winnowing process to avoid a lengthy list. All the terms are listed following the alphabetical order of the first Chinese character. As a glossary of terms, both Chinese and English versions are listed for reference. Different contexts may endow each term with various implications, so page number or numbers are not provided in this volume.

目 录
Contents

总 序
Preface
I

编撰说明
Introduction to the Writing Norms
XI

第一章　贵州省手工造纸概述
Chapter I　Introduction to Handmade Paper
in Guizhou Province

0 0 1

0 0 2　第一节 贵州省手工造纸业的历史沿革
Section 1　History of Handmade Paper
in Guizhou Province

0 1 5　第二节 贵州省手工造纸的当代生产现状
Section 2　Current Production Status of Handmade Paper
in Guizhou Province

0 2 7　第三节 贵州省手工造纸的保护与研究现状
Section 3　Current Preservation and Researches of
Handmade Paper in Guizhou Province

第二章　六盘水市
Chapter II　Liupanshui City
0 4 3

0 4 4　第一节　盘县皮纸
Section 1　Bast Paper in Panxian County

0 7 0　第二节　盘县竹纸
Section 2　Bamboo Paper in Panxian County

0 9 8　第三节　六枝彝族苗族仡佬族皮纸
Section 3　Bast Paper by the Yi, Miao and Gelo Ethnic Groups in Liuzhi Special Area

第三章　黔西南布依族苗族自治州
Chapter III　Qianxinan Bouyei and Miao Autonomous Prefecture
1 3 1

1 3 2　第一节　普安皮纸
Section 1　Bast Paper in Pu'an County

1 5 6　第二节　安龙布依族竹纸
Section 2　Bamboo Paper by the Bouyei Ethnic Group in Anlong County

1 7 6　第三节　贞丰皮纸
Section 3　Bast Paper in Zhenfeng County

2 1 0　第四节　贞丰布依族竹纸
Section 4　Bamboo Paper by the Bouyei Ethnic Group in Zhenfeng County

第四章　安顺市
Chapter IV　Anshun City
2 2 7

2 2 8　第一节　关岭布依族苗族竹纸
Section 1　Bamboo Paper by the Bouyei and Miao Ethnic Groups in Guanling County

2 5 0　第二节　关岭皮纸
Section 2　Bast Paper in Guanling County

2 6 8　第三节　镇宁皮纸
Section 3　Bast Paper in Zhenning County

2 9 0　第四节　紫云手工纸
Section 4　Handmade Paper in Ziyun County

第五章　　　黔南布依族苗族自治州
Chapter V　　Qiannan Bouyei and Miao Autonomous Prefecture
3　0　7

3　0　8　第一节　长顺皮纸
　　　　　　Section 1　Bast Paper in Changshun County

3　2　6　第二节　惠水竹纸
　　　　　　Section 2　Bamboo Paper in Huishui County

3　4　4　第三节　龙里竹纸
　　　　　　Section 3　Bamboo Paper in Longli County

3　6　0　第四节　荔波布依族竹纸
　　　　　　Section 4　Bamboo Paper by the Bouyei Ethnic Group
　　　　　　　　　　　in Libo County

3　8　0　第五节　都匀皮纸
　　　　　　Section 5　Bast Paper in Duyun City

4　0　2　第六节　都匀蜡纸
　　　　　　Section 6　Wax Paper in Duyun City

第六章　　　毕节市
Chapter VI　 Bijie City
4　1　7

4　1　8　第一节　纳雍皮纸
　　　　　　Section 1　Bast Paper in Nayong County

4　3　8　第二节　金沙竹纸
　　　　　　Section 2　Bamboo Paper in Jinsha County

4　6　0　第三节　金沙皮纸
　　　　　　Section 3　Bast Paper in Jinsha County

后　记
Epilogue

4　8　7

第一章
贵州省手工造纸概述

Chapter I
Introduction to Handmade Paper
in Guizhou Province

第一章
Chapter I

贵州省手工造纸概述
Introduction to
Handmade Paper
in Guizhou Province

第一节
贵州省手工造纸业的
历史沿革

002

Section 1
History of Handmade Paper in Guizhou Province

一
贵州省地域文化的
演进特点

1
Developmental Features of the Regional Culture
in Guizhou Province

　　贵州省位于中国西南边陲，90%以上的面积被山地和丘陵覆盖，特殊的地理环境造就了其独特的历史文化环境：一方面，封闭和阻隔使得贵州省经济长期发展缓慢并主要依靠自给自足；另一方面，在相对封闭的环境下，49个民族（其中有17个世居民族）在混杂和相互迁徙中形成了"大杂居""小聚居"的分布格局，同时，在彼此伴生的过程中，各民族又保持了各自文化的内部传承式发展，出现了典型的由局部"文化孤岛"组成的"文化千岛"现象。贵州区域文化"多元共生"的特点，可以被描述为以"杂"取胜，杂中又有鲜明个性，由此保存下来丰富、珍贵的文化遗产，在中国文化大系统中成为贵州省活态、多元并有鲜明特色的物质与精神文化财富。

　　贵州文化演变的又一特点是：在历史演变的纵向上呈现出间断性。贵州文化从秦汉时期就开始与中原文化接轨，断断续续1 600余年，直到明清时期才大体完成这一过程。明代中叶，王阳明被贬谪至贵州龙场而"悟道"，奠定了阳明心学的基石，也可以作为这一过程的标志性事件。

贵州文化演变前期的千余年中，中原文化在贵州始终没有成为主流，曲折往复，难成定势。自明而后，中原文化的渗透是全面的、持续的、日趋扩大的，终于在贵州成为主流文化，但仍然未能形成像中原汉地那样同一化的强劲势头，所以直到现代，贵州地域呈现的依然是多民族文化"共生共荣"的格局。

贵州省手工造纸的历史，大致沿袭着贵州独特的文化脉络，明代以前的历史信息正如其政治、经济和文化状况一样，是偶尔涌出历史长河的浪花，系统性的历史线索基本上呈湮没无闻的状态。明朝建立之始便开始强化对西南"夷区"的经营控制，并组织了较大规模的移民行动。虽然贵州拥有源远流长的本土历史，但自明王朝在贵州建行省以后，约600年的中央王朝建制史使贵州政治、经济和文化的系统性与整体性凸显出来。

[1]
黔南州文学艺术界联合会，黔南州民间文艺家协会.守护精神的家园:文化与田野在黔南[M].北京:作家出版社，2006:407.

关于贵州手工造纸的起源，贵州地方学者祖明认为，"贵州使用纸的历史当不迟于隋唐时期，因为设在贵州的政府衙门之间的来往公文信件，免不了要使用纸做媒介"[1]。贵州手工造纸的历史资料，明代以前主要是地方零零星星的文献与传说，从明代开始，历史文献有明确记载的情况才逐渐显现。

王阳明像
Statue of Wang Yangming

修文县龙场镇『阳明玩易窝』
Yangming Wanyiwo stone cave monument in Longchang Town of Xiuwen County

二
贵州省手工造纸业发展的四个阶段

2
Four Phases of Handmade Paper Development in Guizhou Province

综合贵州历代地方史志和其他乡土文献的记述，以及调查组结合田野调查所得资料进行的分析，可将贵州省手工造纸业自明代开始的脉络梳理为四个主要历史阶段。

（一）明代为贵州省手工造纸业萌发和技艺规模化传入的起始阶段

明代之前关于贵州手工造纸的信息并不丰富，作为本地产纸标志的造纸作坊的大量涌现始于明代前期。明太祖朱元璋意识到贵州是稳定西南的战略支撑地，于是在平定云贵高原地方势力的武装对抗、强化贵州的统治之后，采取调派方式，有组织地大量屯军进驻，沿交通干线设卫建堡、屯兵驻守，威慑四方。这一军事行动被称作"调北征南"，后又有迁徙汉地百姓入贵州的"调北填南"举措。这些移民主要来自江南和中原一带。陈国生《明代云贵川农业地理研究》一书揭示，明代之后"贵州汉族人数之多，分布之广，在贵州历史上实属空前"[2]。随着明代贵州汉族定居人口迅速增加，汉族人很快分布于山谷原野，增加了开发贵州的劳动力，大片荒地被开垦出来。

贵州手工造纸的起源和发展与明代前期的移民政策直接相关，不仅拥有了许多造纸工匠，而且屯军中工匠出身的士兵也大多来自造纸已经很普遍的江南和中原地区。"调北征南""调北填南"的记述给当地很多家族（造纸家族也是如此）留下了重要的历史传承记忆。

明代，贵州已有若干州县生产纸张。据《贵州通史》记载，嘉靖三十二年（1553年），贵阳府建有纸场，招募江浙纸匠教习市民子弟制造纸张，"市民子弟皆习学，至今赖其利"[3]。当时不只贵阳府产纸，都匀府、平越卫（今贵州省福泉市）、龙里卫（今贵州省龙里县）、安庄卫（今贵州省镇宁县）等处亦有产纸的记载，龙里卫城东有纸局坝，安庄卫黄井有"郡人造纸于此"[3]的记载。

据文献与田野综合调查获得的信息，调查组发现除少数极端事例和有争议的地区之外，贵州当代手工造纸最早能够溯源至明代（口述记忆中有更早的朝代）。贵州省当代手工造纸点历史溯源表如表1.1所示。

表1.1　贵州省当代手工造纸点历史溯源表
Table 1.1　History of current handmade papermaking sites in Guizhou Province

序号	纸品名称	信息获取途径	大致起源
1	仁怀手工纸	调查口述记忆、方志文献、家谱	民间口述记忆为明代；方志文献记载为清初；家谱记载为清道光年间
2	乌当竹纸	调查口述记忆、方志文献	民间口述记忆为明初；方志文献记载为明代
3	务川仡佬族皮纸	家谱、方志文献	家谱记载为清道光年间；方志文献记载为清代晚期
4	务川仡佬族竹纸	调查口述记忆	民间口述记忆为清末
5	正安手工纸	调查口述记忆、方志文献	民间口述记忆为元明之间；方志文献记载为清代中叶

[2]
陈国生.明代云贵川农业地理研究[M].重庆:西南师范大学出版社,1997:7.

[3]
《贵州通史》编委会.贵州通史:第2卷　明代的贵州[M].北京:当代中国出版社,2003.

序号	纸品名称	信息获取途径	大致起源
6	余庆竹纸	方志文献	方志文献记载为明清时期
7	石阡仡佬族皮纸		方志文献记载为清初以前
8	石阡仡佬族竹纸		民间口述记忆为清代
9	印江合水镇皮纸	调查口述记忆	民间口述记忆一说为明初，另一说为明末清初
10	印江土家族手工纸		民间口述记忆为清末民国初期
11	江口土家族竹纸		民间口述记忆为清康熙年间
12	丹寨苗族皮纸	调查传说记忆、方志文献	民间传说记忆为唐代；方志文献记载为20世纪20年代末
13	三穗侗族竹纸	家谱	家谱记载为明洪武年间
14	凯里苗族竹纸	调查口述记忆	民间口述记忆为清末民国初期
15	黄平苗族竹纸		民间口述记忆为清代
16	都匀皮纸		方志文献记载一说为清同治年间，另一说为清光绪初年
17	都匀蜡纸	方志文献	方志文献记载为20世纪50年代初
18	龙里竹纸		方志文献记载为明嘉靖年间
19	榕江侗族皮纸	调查传说记忆	民间传说记忆为唐宋之间
20	从江翠里瑶族手工纸		民间口述记忆一说为明末清初，另一说为清代晚期以前
21	从江秀塘瑶族竹纸	调查口述记忆	民间口述记忆模糊不清
22	从江占里侗族皮纸		民间口述记忆为民国以前
23	从江小黄侗族皮纸		民间口述记忆为清代晚期以前
24	黎平侗族皮纸	调查传说记忆	民间传说记忆为宋代
25	贞丰皮纸	家谱	家谱记载为清乾隆年间
26	贞丰布依族竹纸	调查口述记忆	民间口述记忆为明洪武年间
27	安龙布依族竹纸		民间口述记忆为清末以前
28	荔波布依族竹纸	调查口述记忆、旅游宣传材料	民间口述记忆为清代中晚期；地方旅游宣传材料称已有千年历史
29	岑巩侗族竹纸	调查口述记忆、方志文献	民间口述记忆与方志文献均记述为明代晚期
30	盘县皮纸	调查口述记忆	民间口述记忆为清代晚期

序号	纸品名称	信息获取途径	大致起源
31	盘县竹纸	调查口述记忆、家谱	民间口述记忆为明初；家谱记载为清康熙年间
32	普安皮纸	调查口述记忆	民间口述记忆一说为明代中期，另一说为清代早期
33	六枝彝族苗族仡佬族皮纸	方志文献	方志文献记载为清代早期
34	关岭皮纸		民间口述记忆为明代早期
35	关岭布依族苗族竹纸	调查口述记忆	民间口述记忆为始于清代
36	长顺皮纸	调查口述记忆、方志文献	民间口述记忆为明初；方志文献记载为明代中期
37	惠水竹纸	调查口述记忆、地方文史资料	民间口述记忆为明末清初；地方文史资料记载为清乾隆年间
38	镇宁皮纸	方志文献、家谱	方志文献记载为明嘉靖年间；家谱记载为明代早期
39	紫云手工纸	调查口述记忆、方志文献	民间口述记忆为清末；方志文献记载为清光绪年间
40	纳雍皮纸		民间口述记忆为清代
41	金沙皮纸	调查口述记忆	民间口述记忆为民国年间
42	金沙竹纸		民间口述记忆为清代晚期之前

　　梳理相关史料和田野调查记录，可以发现明代初期实行的"调北征南""调北填南"政策对贵州手工造纸的历史发展有着巨大的影响。调查中贵州许多地方（如关岭县、乌当区、镇宁县等）的造纸户在追溯造纸起源时都会提到他们的祖先是"调北征南"或"调北填南"时到贵州的。较典型的是贵阳市乌当区的造纸起源，民间传说在明洪武年间只有一户彭姓造纸户造纸，主要是为越国汪公军中死难将士所造的祭品纸。当地彭姓《彭氏家谱》的记载也印证了该传说。调查时，彭姓人家神龛上还供着"越国汪公彭氏宗祖之位"的牌位。彭姓称为"宗祖"的"越国汪公"，或许与隋唐之际雄踞江南六州的越国公汪华有关，但尚未寻得可资立论的文献依据，不过牌位说明了乌当彭氏家族与明初江南移民文化有着密切的关系，其造纸技术也很可能是那时传过来的。另根据当时乌当区陇脚村70岁的汪长伦老人的口述，他家祖先是随明朝军队来到香纸沟的，随后在此开始用古法造纸，这也佐证了调查组的上述判断。

　　明代贵州虽然有22个府州卫所产纸，但产量不大，从业人员处于小规模手工劳动状态[4]。据民国版《贵州通志》的统计，在明代贵州手工造纸技艺发展的过程中，虽然无法还原工艺和具体情形，但是从文献描述中能够看出地方社会对明代贵州产手工造纸的认同，例如：印江白纸"莹洁如玉，似明代白棉纸，临帖印书并精绝"[5]。明代贵州所产的纸价廉物美，除供应本省外，还远销云南及四川等地；"纸，出大理，而禄勤亦出，然不及黔来之多且佳，故省城用黔纸"[6]。明代贵州纸因出产多，且质

[4]
林兴黔.贵州工业发展史略[M].成都：四川省社会科学院出版社，1988：83.

[5]
[清]任可澄，杨恩元(民国)贵州通志[M].原刊影印本.成都：巴蜀书社，2006：33.

[6]
[清]檀萃.滇海虞衡志校注·志器[M].宋文熙，李东平，校注.昆明：云南人民出版社，1990：119.

量好，在整个西南地区颇具代表性。

（二）清代为贵州省手工造纸业的稳定发展阶段

经过明末清初中原、江南的大动荡，贵州手工造纸业呈稳定发展态势。清初，贵州产纸州县有10余个（《贵州工业发展史略》明确说为15个，均为不完全统计），所产纸有构皮纸、竹纸、草纸等，主要集中在黔北遵义府，黔中贵阳府、安顺府，以及黔西南兴义府所管辖的一些州县。

[7]
林兴黔.贵州工业发展史略[M].成都:四川省社会科学院出版社,1988:91.

据《贵州工业发展史略》一书的统计，清初，贵州有300多槽户生产手工纸，从业人数不少于2 000人，发展至清末，基本情况稳定，有400多槽户，2 500余从业者[7]。当然，除了相对均衡的业态分布外，也有集中度很高的"乡土纸都"，如广顺州往昔为贵州省造纸业的集中地，所辖翁贵镇，清光绪初年为极盛时期，从事造纸的有82家，500余人，年产值6万多两白银，并以质量优良、专门生产盖公纸而闻名，甚至由省统收后直接进贡朝廷作为科举考试和张榜用纸，当时贵阳只准销售"翁贵纸"。今长顺县翁贵村存有一块断碑，题名"永垂定例"，该碑虽然残缺，但根据碑文推测，该地曾经"给上下衙门月纸""摊月纸"，这显然涉及纸坊和官方的利益。估计当地造纸生意很好，官府多次想要提高纸税，双方发生纠纷，产生了利益冲突。于是纸户们联合起来反对，共同维护纸坊利益。双方经过协商解决了冲突，定例今后的分配方案，纸户们担心空口无凭，立此存照，希望能永久执行。"永垂定例"碑作为历史物证，真实记录了翁贵造纸历史的特殊演化内涵。

长顺县翁贵村光绪年间的『永垂定例』碑
Monument of "Permanent Stipulation" erected during Guangxu Reign of the Qing Dynasty, in Wengui Village of Changshun County

已掌握的清代涉及贵州各府、州、县手工造纸史料记载情况如下*：

本节原始资料内容大多转引自:何伟福.清代贵州商品经济史研究[M].北京:中国经济出版社,2007:146-150.

遵义府：造纸颇盛，"州县同出。……遵义之纸，以构皮制者，曰皮纸；以竹制者，曰竹纸，皆宜书；以竹杂草为者，曰草纸，以供冥镪粗用。皮纸出遵义者，以上溪场为上；出绥阳者，以黄泥江为上，白腻坚绵，更胜上溪，极佳者贩入蜀中，次者

[8]
[清]平翰,等.道光遵义府志:卷十七[M].上海:上海古籍出版社,1995:28.

[9]
[民国]周恭寿,等.(民国)续遵义府志:卷十二[M].民国二十五年(1936年)刊本.

[10]
[清]爱必达.黔南识略:卷三十一[M].杜文铎,等点校.贵阳:贵州人民出版社,1992:12.

[11]
周西城.民国桐梓县志:卷十八[M].民国十九年(1930年)刊本.

[12]
[清]爱必达.黔南识略:卷三[M].杜文铎,等点校.贵阳:贵州人民出版社,1992:43.

[13]
张肖梅.贵州经济[Z].中国国民经济研究所,1939:77-78.

[14]
[清]周作楫.(道光)贵阳府志:卷四十七[M].清咸丰二年(1852年)刊本.

[15]
[清]常恩.安顺府志:卷十七[M].光绪十七年(1891年)刊本.

[16]
胡蜀.镇宁县志:卷三·民生志[M].民国三十六年(1947年)石印本.

[17]
[清]任可澄,等.续修安顺府志·安顺志[M].贵阳:贵州人民出版社,1983:269.

[18]
[清]张锳.咸丰兴义府志:卷四十三[M].原刊影印本.成都:巴蜀书社,2006:27.

[19]
[清]张锳.咸丰兴义府志:卷四十三[M].原刊影印本.成都:巴蜀书社,2006:42.

[20]
卢杰创.民国兴义县志[M].原刊影印本.成都:巴蜀书社,2006:254.

卖之本郡,亦名小底沟纸,亦名大槽纸,皆以制处名。竹纸唯绥阳专制,其上者曰厚水纸,料专用水竹,粉白细腻,极佳者胜上皮纸。草纸,随地可制,然亦分佳、恶,以绥阳茅丫制者为上,曰茅丫纸"[8]。正安州,"夫烟坪以金竹、水竹制者,可抵川纸之红批、毛边"[9]。遵义府各州县所产之纸,以出绥阳者佳,据《黔南识略》记载,"(绥阳县)土产蓝靛、皮纸、漆、茶、桐油、白蜡、五倍子之属"[10]。民国《绥阳县志》卷四《食货志》"货类"条中亦有产纸的记载。桐梓县,"楮树,三年一斫,剥皮造纸;水竹,作白纸"[11];"溱州枬木桥造构皮纸,坚厚而黯,近加灰碱则白而紧胜于遵义。夜娄里以水竹、慈竹造成白纸曰火纸。有加稻草和竹料,粗者以供冥镪,曰草纸,售用最广。"[11]桐梓之纸,"办理成庄出口,大都销往川省为多"[11]。

贵阳府:据《黔南识略》卷三记载,定番州、广顺州都"地产白纸"[12]。广顺州"往昔为黔省造纸业之集中地,所属翁贵镇,当逊清光绪初年,为极盛时代,造纸业约有八十二家……专出白纸一种"[13]。道光《贵阳府志》卷四十七称,该府多楮树,"俗名构皮树,可作纸,又名纸皮树,故贵阳造纸以谷皮(即楮皮)纸为主"[14]。"谷皮纸,一曰构皮纸,出定番翁贵,白韧如绵,俗名绵纸,可以制帐,摆所次之,狗场营又次之。其佳者亦洁白光润,可备文房之用;双料者为夹纸,土人以之作伞包物。"[14]

安顺府:郎岱厅,"草纸,出隳却,为专产";归化厅,"棉纸,出板当",亦为其专产货物;安平县,"草纸,出西堡上、下纸厂及底冈各寨。居民业此者不下数百户"[15],造纸规模可谓不小。据民国《平坝县志》第五册《业产志》记载,该县"草纸出麦翁;单夹白纸出秋哨河"。镇宁县,"造纸,距江龙三里纸厂能造楮皮料之白纸,有十余户"[16]。又据《续修安顺府志·安顺志》(整理稿)记载,"白纸出郎岱云盘与紫云板当,以及贞丰沙营、龙场等处;就中以贞丰沙营与紫云板当所出者为最优。每捆二十五刀,每刀八十张。草纸出郎岱岩脚、六枝、大弄、营盘等处,每挑六十斤,运至县城,用途甚广"[17]。

兴义府:"纸,产府亲辖之纸槽及安南县之廖箕箐者佳。黔书:'石阡纸,光厚可临帖。'今郡纸质韧而色白,实远胜之。"[18]兴义造纸主要以楮皮作原料,"楮,(兴义)全郡皆产,极多。楮即构,俗呼为构皮树,郡人用以作纸"[19]。府属兴义县产纸竹,"纸竹,可为纸"[19]。"兴义在数十年前向以产白纸著,厂设纸槽箐,多销于滇省及邻封各县。现城内尚有白纸街之名。"其原料主要是楮皮和纸竹,"楮皮制白纸,竹作草纸,每年产纸3 800捆"[20]。

此外，都匀、印江、息烽、黔西等市县的造纸业亦可观。如都匀白纸产量大、质量优，晚清光绪年间有造纸户50余家，城北关厢街一带有造纸作坊数十个，产品行销"独山、平舟、八寨、荔波、榕江诸县，省外争来购取，供不应求"[21]。印江白纸，"莹洁如玉，似明代白棉纸，临帖印书并精绝"。定番（今惠水县旧名）州的纸在清代与印江纸同被指定为贵州科举考试专用纸[22]。定番纸实际上就是指环绕在惠水周围并以惠水为集散地的翁贵、营盘、鸣钟等地所出产的手工纸。息烽、黔西等地的竹纸亦远近闻名。

（三）民国年间为贵州省手工造纸业的繁荣阶段

民国年间贵州省手工造纸业的发展一是有赖于新消费市场的出现，二是由于手工造纸技艺在区域间的传播。

由于印刷业的不断发展，纸张需求量大增，为满足印刷出版需求，手工纸生产在清末经改朝换代大动荡带来的波折之后，迅速出现了繁荣景象。据乡土行业文献的统计，民国前期贵州有28个县从事手工纸生产，已有10余个纸品。同时，业态也出现了一些新现象，如出现乡土手工纸的半工业化，部分传统型的乡村家庭副业造纸户脱离农业成为手工造纸专业户，同时出现雇工和手工作坊式的小型手工造纸厂。1937年全国手工艺品展览会宣传手册中这样描述贵州当时手工造纸的概况："楮纸，本省各县如郎岱、都匀、印江多产楮皮，纤维极富，用以制纸，质薄而百折不伤，经久不腐，该县居民多习制纸，并设小规模之工厂，能制各种纸张，畅销全省，本省工厂商店及校制册课本，多用楮纸印刷，畅销甚广，每年产量可值数十万元。"[23]

民国三十六年（1947年）版《抗战前后十年来贵州经济建设》记载贵州各县手工造纸大致产量如表1.2所示。

表1.2 民国中后期贵州各县产纸概况表[24]
Table 1.2 Paper output of various counties in Guizhou Province in the mid-late period of the Republican Era of China

县名	每年产纸数（刀）	纸别	县名	每年产纸数（刀）	纸别
锦屏	200 000	皮纸	遵义	200 000	皮纸
				3 790 000	草纸
印江	4 356 000	皮纸	赫章	100 000	皮纸
	100 000	草纸		90 000	草纸
玉屏	2 000 000	草纸	桐梓	100 000	皮纸
	342 000	皮纸		90 000	草纸

[21]
林兴黔.贵州工业发展史略[M].成都:四川省社会科学院出版社,1988:84.

[22]
《贵州六百年经济史》编辑委员会.贵州六百年经济史[M].贵阳:贵州人民出版社,1998:154.

[23]
[民国]全国手工艺品展览会概览[M].上海图书馆藏本,1937:45.

[24]
何辑五.抗战前后十年来贵州经济建设[M].全国图书馆文献缩微复制中心2010年缩印本,1947:99-101.

县名	每年产纸数（刀）	纸别	县名	每年产纸数（刀）	续表 纸别
独山	100 000	草纸	仁怀	20 000	皮纸
	257 000	皮纸		100 000	草纸
都匀	100 000	草纸	绥阳	30 000	皮纸
	3 486 000	皮纸		100 000	草纸
盘县	2 400 000	草纸	平越	100 000	皮纸
	250 000	皮纸		45 000	草纸
郎岱	200 000	草纸	岑巩	200 000	皮纸
	300 000	皮纸		140 000	草纸
镇宁	200 000	草纸	镇远	100 000	皮纸
	1 000 000	皮纸		120 000	草纸
贞丰	150 000	草纸	龙里	120 000	皮纸
	36 000	皮纸		45 000	草纸
毕节	105 000	草纸	息烽	130 000	皮纸
	79 000	皮纸		500 000	草纸
织金	110 000	草纸	瓮安	350 000	皮纸
	15 000	皮纸		10 000 000	草纸

表1.2所列产量，均为农民农闲时采用旧式方法制造的总量，故不大。

抗日战争时期，国民党的机关、学校、工厂纷纷迁入西南，贵州的流动人口猛增，印刷业带来的纸张需求突然加大，外地纸一时又无法进来，于是便促进了贵州手工造纸业的迅速繁荣。贵州民间也先后办起17家较有规模的手工造纸工厂，生产各种手工纸。到民国三十六年（1947年），贵州全省已有50多个县生产手工纸，年产量达到9 088吨。但这一局面只维持了不到9年的时间，随着抗日战争结束，迁黔的机关、学校、企业迁回原地，手工造纸的市场需求大幅回落。

（四）中华人民共和国成立后贵州省手工造纸业跌宕起伏

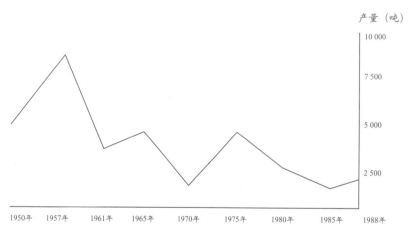

[25]
贵州省地方志编纂委员会.贵州省志·轻纺工业志[M].贵阳:贵州人民出版社,1993:55.

贵州省1950~1988年手工纸产量变化示意图[25]
Variation trend of handmade paper output in Guizhou Province from1950 to 1988

1949年后，贵州手工造纸业逐步稳定地走向了集体化改造的道路，乡土手工业的联合促进了当地手工纸生产的繁荣，1958年手工纸年产量达到8 012吨。但20世纪60年代之后，传统的手工造纸面临机械化现代造纸产业的严重冲击，除具有传统特点的白皮纸和个别可供出口的纸品，如盘县老厂镇生产的毛边竹纸，贵州一些地方的毛边纸、草纸外，传统的手工造纸呈现被机制纸替代的趋势。

贵州历史上传统手工纸种类较丰富，在走向现代社会的进程中，其功能和应用也在不断拓展。如20世纪50年代，都匀市的纸厂根据市场需要，生产出都匀蜡纸；在对安徽省泾县宣纸进行实地考察后，丹寨县石桥白皮纸厂1978年开始试产国画纸等。调查时，丹寨、贞丰、乌当、岑巩、关岭、印江、从江、榕江等地的手工造纸在相关区域还有较大的影响。

三
贵州省手工造纸技艺的扩散与传播

3
Expansion and Dissemination of Handmade Papermaking Techniques in Guizhou Province

贵州省手工造纸技艺在历史变迁中，除了受到中原和江南入黔移民的巨大影响之外，其省域内部也存在着技术扩散现象，大致脉络梳理如下：

有记录的贵州省造纸业历史始于明代。明代前期，都匀、龙里、长寨、平越等各府、州、卫皆产纸。清代，除上述地区外，定番、平州等地也不断迁入造纸艺人。据《贵州工业发展史略》记述，明嘉靖年间程蕃、都匀、龙里、新添、平越、清平、兴隆、威清、普定、安顺、平坝、安庄、镇宁、永宁、安南、普安、毕节、乌撒、赤水、黄平等各府、卫皆产手工纸，明末又进一步扩展至印江[26]。

[26]
林兴黔.贵州工业发展史略
[M].成都:四川省社会科学
院出版社,1988:82.

清代及民国的相关资料，为贵州手工造纸技艺的传播提供了若干路径，可以让人们在微观层面上感知这一过程。

长顺县翁贵村和邻近的营盘村都是明代兴起的造纸村。在调查口述记忆和乡土方志文献记载中，村民都认为自己的祖先是"调北填南"时迁入的，但对两地的迁入谁先谁后，谁影响谁的问题一直存有争议。有一点可以肯定的是，长顺县的翁贵村后来演变成了贵州省域内重要的造纸基地。

翁贵村自晚清开始成为贵州手工纸重要的技艺扩散源头之一。同治元年（1862年），长顺县翁贵村造纸人章有银改用构皮制作白皮纸，由于质量不高、销路不好，便开始挑着白皮纸赶乡串寨出售。同治三年（1864年），章有银来到都匀地域销售，都匀用纸量大，但本身产量小，常常买不到纸，对纸的质量要求也不太高。同时，章有银不仅了解到当地盛产构皮等造纸原料，还在都匀关厢街看到清澈河水，便想在都匀直接开办纸厂。于是章有银回翁贵说服抄纸师傅简成贵和制帘师傅陶义，于同治四年（1865年）共同迁至都匀，在关厢街畔土地庙巷内小河边租房建起了纸槽坊，开始生产白皮纸，取名"都匀白纸"。光绪十六年（1890年），3位创办者相继去世，后代继承祖业并持续谋求发展，带动都匀当地农户集资办厂建纸槽坊，使业态不断聚集变大，受到鼓舞的都匀当地人也陆续集资办厂。到1930年，都匀有造纸户20多家，纸槽50多个，抄纸工人300余人，生产的白皮纸销往全国，已成为贵州省构皮纸技艺汇聚地。

此外，调查组综合1931年郭辅相修的民国贵州《八寨县志稿》相关记载、乡邦文献研究及田野调查的补充信息，发现在20世纪20年代末，都匀的造纸师傅又迁往黔东南丹寨县造纸，丹寨手工造纸开始迅速发展。这构成了贵州手工造纸技艺传播的一条近代路线：长顺—都匀—丹寨。

作为技艺发源地的翁贵则由于1949年的特殊事件而情况突变：白云乡旧政府（驻翁贵）与惠水县大韦一带的土匪发生冲突，损失兵丁的土匪恼羞成怒，将翁贵村房屋放火烧毁，财物劫掠一空（仅极少数与土匪沾亲带故的乡民幸免）。工匠们迫于生计和生命安全，纷纷迁至平塘、罗甸、都匀、贵阳、安顺等地，给迁入地带去了造纸的"火种"，但对翁贵村这一中心造纸社区却是瓦解式的打击。

印江是贵州手工造纸另一个著名的技艺聚集地与扩散源，该地造纸于明末兴起。1992年版《石阡县志》提到：清同治八年（1869年），徐志文、杨志全从印江来石阡白沙田沟开设白皮纸作坊，手工纸销往黔东南一带。据康熙二十九年（1690年）田雯所著《黔书》记载，石阡纸，光洁厚实，可以作为较高级的临帖用纸。可见，石阡至少在康熙年间即开始手工造纸，但具体造纸地点不详。此外，虽然石阡在康熙年间已经开始手工造纸，但同治年间，还是有印江造纸师傅到石阡去造纸。据调查组现场采集的民国十六年（1927年）务川县造纸塘村《卢氏经单簿》手抄本记载，造纸塘原名枣子塘，清道光年间，卢定一（1843~1926）从铜仁印江县迁入枣子塘，以造纸为业，随后冉、胡、石、阮等姓氏人家也陆续从印江迁来。由上述文献记述可见，印江县在清代已是贵州手工造纸的一个技艺中心，其技艺分别传播到石阡县、务川县等地。

虽然整体来说，贵州手工造纸历史并不算太久远，但贵州手工造纸业至少自清代以来，就已产出若干享有地区性盛名的手工纸品，具有较为重大的影响。如《咸丰兴义府志》载："纸产，府亲辖之纸槽及安南之廖箕箐者佳。考《黔书》称'石阡，纸光厚，可临帖'。今郡（贞丰）纸质韧而色白，实远胜之。"[27]《民国关岭县志访册》载："白纸以沙营所制者为佳，销售颇多。草纸产于沙营、亚陇、斑鸠井。""本县输出货物……沙营之白纸……以行销云南为最多。"[28]可见，至少在民国时期关岭县沙营乡的优质白皮纸生产就已经非常兴盛了。又因关岭位于由黔入滇大道的必经之处，便利的交通使其所产皮纸可以很便捷地远销云南。此外，都匀、长顺、六枝等地的皮纸都曾被当作贡品进贡朝廷，或者被选中作为科举考试用纸。

[27]
[清]张锳.咸丰兴义府志:卷四十三[M].原刊影印本.成都:巴蜀书社,2006:28.

[28]
陈钟华.民国关岭县志访册:卷三[M].贵州省图书馆藏抄本.

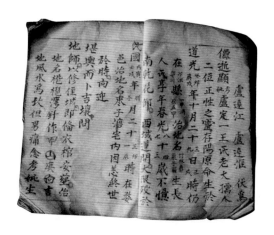

务川县造纸塘村存手抄本《卢氏经单簿》
History of the Lus, handwritten version kept in Zaozhitang Village of Wuchuan County

贵州手工纸乡土产业还有一个特点，就是在继承传统的同时，也较为注重不断发展推新。典型例子如20世纪50年代，都匀市的纸厂根据特定历史时期的市场需要，生产出在全国有一定影响的都匀蜡纸；在对安徽省泾县宣纸进行实地考察后，丹寨县石桥白皮纸厂于1978年开始试产国画纸等。

在手工造纸技术和纸业经济发展的同时，纸在贵州多民族乡土社区的民俗和日常生活中的影响也日益显著。清代史志所载贵州省与纸相关的习俗逐渐增多，除传统的丧葬、民俗等日常用纸外，还有一些非常有特色的文化记忆和用途创新。

[29]
[明]王守仁.王阳明在黔诗文注释[M].朱五义,注.贵阳:贵州教育出版社,1996:54.

王阳明被贬谪至龙场时作有《家僮作纸灯》[29]一诗，记录了贵州节日时富裕人家玩纸灯的情况：

寥落荒村灯事赊，蛮奴试巧剪春纱。

花枝绰约含轻雾，月色玲珑映绮霞。

取办不徒酬令节，赏心兼是惜年华。

何如京国王侯第，一盏中人产十家。

从诗的题目可知，纸灯的原材料是手工纸，可见明代后期贵州手工纸品技艺已相当精致细腻，但这毕竟不是一般百姓家所能接触到的。

在贵州省的很多区域内，手工造纸已渗入地方文化的记忆当中，如调查组于长顺县调研时在造纸村中采集到的《翁贵造纸歌》：

> 龙井坎上构树花，纸槽建在龙潭下。
> 全靠蔡伦来佑护，造的白纸人人夸。
> 龙井坎上构树林，纸坊建在翁贵村。
> 天工开物作指导，造的白纸供京城。

不同载体的民间记忆反映了不同的造纸工艺、工具、原料。如黔东南苗族侗族自治州凯里的舟溪村、凯棠村，丹寨南皋的石桥村，剑河的施洞口村一带的苗族民间都流传有《造纸歌》《找书找纸歌》，这见证了当地对手工纸传统的文化认同。

祭祀作为贵州手工纸应用的一个重要用途，也随着新时代纸文化情境的发展发生了若干有意思的变化，比如调查时听到有关"真钱"和"假钱"的说法：

贵州当代很多地方祭祀都采用了机制纸做的纸钱。虽然用手工纸和机制纸做的纸钱在相当多的地方都通用，然而印江、金沙、岑巩等地则将用手工纸做的纸钱称为"真钱"，机制纸做的纸钱称为"假钱"。当地百姓认为，真钱老祖宗在阴间才能收到，假钱老祖宗收不到；也有的说法是真钱老祖宗才要，假钱老祖宗不收。

传统手工造纸生产确实费时费力，因此贵州很多造纸地的造纸农户都有敬纸惜纸的习俗。尤其是20世纪80年代以来，随着现代社会中工业化及城镇化的冲击，已有不少传统造纸地很久不生产手工纸，但造纸户们至今仍保留着过去自己造的手工纸和相关造纸工具、设备，如印江县沙子坡镇塘口村、六洞村，镇宁县江龙镇，紫云县板当镇，六枝特区郎岱镇，贞丰县龙场镇等一批造纸社区。调查中反映的观念内涵在于：有些造纸户希望今后市场条件转好的时候，可以重操旧业；有些造纸户即使不想也不会再造纸，却留着自己造的纸作为纪念；有些年事已高且认为有真假钱之别的造纸户则会留有一批手工纸待自己过世后烧祭用。从文化情结角度来看，21世纪初贵州乡土造纸户敬纸惜纸的观念，也许就是贵州手工纸数百年来不熄的"火种"，成为未来贵州手工造纸技艺和文化得到传承和发展的民愿支撑。

第二节
贵州省手工造纸的当代生产现状

一
独特的自然地理环境对贵州省手工造纸业态特征的影响

1
Impact of Geographic Environment on Handmade Paper in Guizhou Province

贵州省地处中国西南的云贵高原地区，其独特的自然地理条件构成了贵州多圈层封闭的环境，历史上一直以交通运输不便著称，贵州本地民谣形象地描述了这一地区的特色："天无三日晴，地无三尺平，人无三两银。"由此不仅形成了贵州独特的地貌、气候和物产，还深刻影响了贵州的人口构成、民族分布、社会交流特征、生产生活方式以及宗教信仰和地域习俗。

贵州与周边省区以及贵州内部各小块地域之间，因受到高山深谷型地理环境的制约，绝大多数处于相对隔绝的状态，自然状态下发生的融合相当缓慢。至于外部强制力量作用下的外源式交流，如明洪武和永乐年间的"调北征南"和"调北填南"，在短时间内形成一股外来移民的热潮，造成外来人口和文化的输入，但随着时间的推移，外来人口又逐渐形成了自身相对封闭的地域、群体、社区和文化，比如著名的"屯堡人"*现象。这样就形成了贵州居民和民族分布非常明显的"大散居、小聚居"的生活状态。

*
"屯堡人"的确切来源学术界尚有多种说法，主流观点认为是明代"调北征南"和"调北填南"后，从江南、湖南、江西一带陆续迁入贵州的军人、商人、流民及其眷属的后裔。他们通常会在军事堡垒周边地域形成聚落和社区，保持自身特有的文化传统，而很少与周边社区人群融合，故被称为"屯堡人"。

贵州独特的自然地理环境和长期相对隔绝、封闭的多圈层区隔状况，对社会经济和文化的交流、融合与发展固然不利，但是，发展的"不利因素"恰恰使贵州多样化的文化基因和文化遗产得到了更接近原生态的保存，具有鲜明的本体纯粹性特色。非物质文化遗产传承中的多样性、延续性、纯粹性、稳定性都很强，这些特点自然也会充分地表现在手工造纸技艺及造纸业态上。

调查组在贵州省区的调查自2008年12月开始，至2016年3月结束。调查中所了解的状况是：贵州省21世纪初在全省范围内尚有约40个手工造纸聚落或纸坊处于生产型传习状态，广泛分布于全省各地域，并且在当代社会交通与通信发达的情况下，贵州多民族、多地域的手工造纸大多呈现小区域的独立生产与销售特征，以致调查组最初在进行造纸点信息采集时，贵州省文化厅非物质文化遗产管理处与贵州省非物质文化遗产保护中心均只能提供少数影响较大的造纸地信息，甚至到市一级的非物质文化遗产文化管理部门也难以获得最基础的所在地信息，通过网络搜索获得的信息更加有限。

　　贵州省的手工造纸户大多选择农闲时造纸，所造的纸以满足周边区域的乡村需要为主，目的是增加收入、贴补家用，规模化聚集的趋势不明显，动机与意愿也不强。同时，造纸多以一家一户的家庭小作坊为生产单位，只有较少的造纸点，比如黔东南苗族侗族自治州丹寨县南皋乡石桥村等，受旅游文化与旅游经济示范的介入性影响，形成朝乡土型手工造纸厂的作业模式演化的态势，追求适应旅游人群需求的手工造纸品生产和批销及零售，产品传播已经超出本地的小型乡土圈子和地理小范围。在这类市场化影响较强的村落，造纸户们（实际上小型纸厂更多的是雇工模式）已经不仅仅在农闲时才从事造纸，也不只是以家庭小作坊为生产单位，而是专职长年从事手工纸的生产和销售，并且形成了自主的研制、采购、生产和批零营销团队。比如丹寨县在政府的推动下，在手工造纸地建立了石桥手工造纸展示中心，亚太旅游协会（PATA）2006年1月对石桥手工造纸展示中心进行实地考察后，资助石桥村20万元用于修建古法造纸展示中心。

亚太旅游协会援助丹寨石桥古法造纸项目纪念碑
Monument in memory of Pacific Asia Travel Association's funding for the traditional papermaking techniques in Shiqiao Village of Danzhai County

　　从2008年12月至2016年3月，调查组30余位成员数十次组队深入贵州各地所有能获知当代活态造纸信息的造纸点，包括大量偏远造纸村落，进行了尽可能系统的调查、访谈和乡土文献研究，总计有31个县（区、市）48个造纸乡镇级聚落，通过录音、录像、摄影和文字记录，以及实物采集测量测试的复合方式，形成了关于贵州省多民族、多品种手工造纸当代业态的记录，直观地存留了贵州省21世纪初手工造纸活态制作技艺和与此相关的经营数据、民俗文化和民间信仰现状，力求留下较为翔实、完整、基于田野研究的贵州省手工造纸的"时代信史"，使贵州省手工造纸当代业态能比较完整地呈现出来。

在千余年的历史演进中，贵州省各地的多民族居民顺应贵州多圈层"大散居、小聚居"的山地农业型生存地理条件，因地制宜，与自然环境和谐发展，形成了适应小聚居地自然资源条件优越、制作技艺多样化、民族特色精彩纷呈的手工造纸传统。

（一）地域多样性

据调查组田野普查与文献调研，在当代中国社会手工造纸技艺文化普遍受到冲击而面临萎缩与消亡的大背景下，贵州省内能够保有活态传承的手工造纸地点，得益于贵州独特的地域及民族封闭性小聚居的文化惯性，这些造纸点广泛分布于全省各个市（州），而且很多区县都有数个分布于境内不同地域、不同村寨的造纸点。比如，仁怀市五马镇三元村和鲁班镇桑树湾村都在生产手工纸；石阡县有汤山镇香树园村、坪地场乡下林坝村、大沙坝乡关刀土村等多个造纸区；印江县有合水镇兴旺村、沙子坡镇六洞村和沙子坡镇塘口村三个独立的造纸区；从江县更是有翠里乡高华村、秀塘乡打格村、高增乡小黄村、高增乡占里村四个造纸区。此外，境内的金沙、岑巩、贞丰、关岭、紫云等县也呈现出同样的分布状况，而这一分布特征在当代手工造纸业态大幅萎缩的背景下非常显著。

（二）民族多样性

据调查组田野普查与文献调研，贵州省内当代仍在从事手工造纸的有汉、苗、瑶、侗、仡佬、土家、布依、彝、黎等诸多民族。

汉族人从事手工造纸属于常态，手工造纸技艺的主体从汉族地域传入贵州等西南地区，而贵州各地的少数民族在与汉族的长期交往和相互学习、交流中，也学会了汉族传统的手工造纸技艺，并且将源于汉族的手工造纸内化于本民族的生存技艺和文化基因系统，进而实现了民族文化圈内的特色性传承和保护。例如，黔东南岑巩县一带布依族、土家族所造竹纸，当代的市场消费仍兴旺于黔东南与湘西的布依族、土家族民族圈中。榕江县的侗族皮纸与从江县的瑶族皮纸业态也都深刻反映了当地民族性的生产生活习俗和文化传统。

值得一提的是，贵州多地造纸户的家谱记载他们的祖先来自江西、湖南等地，原属汉族，可是目前在民族划属过程中已经属于少数民族，这是个值得思考的现象。比如三穗县八弓镇贵洞村造纸人杨再祥家，家谱记载来自江西汉族，可是现在已经属于侗族；印江县合水镇兴旺村的白皮纸造纸户，调查时登记的民族基本上都是土家族，但是按照蔡姓、卢姓两个造纸世袭户的家族记忆，两个家族分别在明洪武年间和明末从江西迁入，原本应是汉族。这里有多种可能性，一种可能性是家谱和家族记忆有不可信之处，是受到了汉族慎终追远习俗影响所产生的现象；一种可能性是造纸户们确实是江西、湖南一带汉族移民的后裔，这些移民是带着整个家族迁移过来的，只是在民族划分过程中因各种原因入乡随俗而登记成少数民族；还有一种可能性，即造纸户们是来自北方的祖先和贵州当地少数民族通婚，进而与当地民族融合所产生的后代。不管是哪种可能性，都反映了汉族和各少数民族之间的长期交流、相互借鉴以及文化融合，进而形成一种我中有你、你中有我、和谐共生的局面，为不同民族之间的文化交流和生产技艺融合提供了案例。

（三）造纸原料多样性

据调查组田野普查与文献调研，贵州手工造纸的主原料是构树皮和各种竹子。此外，部分造纸村寨还用到棉花、龙须草等造纸原料，比较独特的当属都匀蜡纸，采用的是当地俗称"野梦花麻"的特殊原料。

构树又称楮，与楮树、谷树同义，是桑科构树属落叶乔木，构树皮是传统的优良造纸原料。中原地区早在魏晋南北朝时期就以构树皮为原料进行造纸，至隋朝流行起

野生构树林
Wild paper mulberry trees

来。北魏贾思勰在《齐民要术》卷五《种谷楮第四十八》中就已经记载了楮的种植和用其进行造纸的方法："楮宜涧谷间种之。地欲极良。秋上楮子熟时，多收，净淘，曝令燥。耕地令熟，二月耕耧之，和麻子漫散之。""秋冬仍留麻勿刈，为楮作暖，若不和麻子种，率多冻死。"[30] 他指出在北方寒冷地区，楮树适宜和麻一起播种，因为麻可以"为楮作暖"，否则冬天楮树苗"率多冻死"，这和贵州等南方温暖湿润地区构树的生长有所不同。在贵州等地造纸所用的构树皮，基本上取自山间野生的构树，并不需要耕耘和播种养护。书中还指出若要楮树生长茂盛，在种植的第二年正月要"放火烧之，一岁即没人。不烧者瘦，而长亦迟"，以后也要"每岁正月，常放火烧之"，"不烧则不滋茂也"。同时还要注意选择砍伐的时机，"十二月为上，四月次之，非此二月，树多枯死"[31]。

调查组在贵州调查时发现，《齐民要术》中的这些培植构树与采伐构树皮的方法和技巧，贵州多地的造纸点仍然在遵循并实践着——尽管当地采伐构树皮的农户并不知道贾思勰和《齐民要术》。比如，在贵州省毕节市金沙县桂花乡果松村雨下寨造纸人王丕全，就在2014年3月的调查中向调查组成员介绍经验：当地一般在农历三四月份砍伐构树，而且如果前一年山上发生山火，下一年构树会生长得更快，更茂盛。

构皮纸是贵州省至今使用范围最广、用途相对高端的手工纸，主要作为书画纸、抄写宗教经卷及抄印家谱用纸。此外，在民间信仰、丧葬祭祀、包装以及民间工艺品、生活用品（如纸扇、灯笼、纸伞）等制作中使用也较为普遍。

贵州省另一大类手工纸是竹纸，即以竹为原料生产的纸。由于贵州竹子种类多、分布广泛，因而贵州多地域多民族造纸所用竹子品种也各不相同，有慈竹、白竹、青竹、水竹、斑竹、金竹、刺竹、南竹、绵竹、蛮竹、苦竹和黔竹等竹品。其中，慈竹在贵州多民族手工造纸中使用最多。而黔竹的原产地为贵州，现广泛分布于贵州、广东和广西，以贵州尤多，故名。黔竹又名遵义单竹，贵州省的贵阳市、惠水县一带习称为钓鱼竹，是中型丛生竹，竿高5~6 m，直径2~4 cm。材质薄而硬，既美观又实用，可以用于制作篾，也可以用于造纸，还很适合制作钓鱼竿。

贵州省当代生产的手工竹纸，与构皮纸相比，用途相对狭窄和单一，主要作为丧葬祭祀中所用的冥纸、丧葬祭祀中焚烧所用的纸钱以及制作爆竹用纸等；与构皮纸相比，品质通常会有较大差距，多数纸品显得粗糙、灰黄。随着性价比高的机制冥纸大量出现，手工冥纸市场受到很大冲击。调查时手工冥纸多在基层乡土社会群体中有一

[30]
[北魏]贾思勰.齐民要术[M].缪启愉,校释.北京:农业出版社,1982:249.

[31]
沈季辉.源远流长的都匀白皮纸[Z]//中国人民政治协商会议贵州省都匀市委员会.都匀文史资料选辑:第2辑,1983.

慈竹
Neosinocalamus affinis

斑竹
Phyllostachys bambusiodes cv. Tanakae
(spotted leopard bamboo)

荛花
Wikstroemia delavayi

定范围的使用，城镇地区市场基本上被机制竹浆纸覆盖。

从趋势上看，随着城市化进程的加速，更多的民众会脱离乡土聚居形态，因而使用手工冥纸的人不断减少，而且在丧葬祭祀中大量焚烧竹纸，与当代社会倡导的生态保护和低碳环保的理念冲突。因此，在贵州省手工竹纸消费业态日趋转型的情况下，提高手工竹纸的品质、开发手工竹纸的新用途成为传承保护的当务之急。

关于贵州省手工造纸原料，较为独特的是都匀蜡纸，它采用了当地俗称为"野梦花麻"的原料。据研究者考证，"野梦花麻"即荛花。沈季辉《源远流长的都匀白皮纸》一文中记载："荛花树，浙江、江西叫山棉皮，少数民族地区叫板栏、地棉根、山豆了，日本叫雁皮。"[31]荛花为瑞香科植物，是一种落叶直立小灌木，生长在山谷溪沟岩缝或山坡沟边较潮湿处，高30~90 cm，枝细长，小枝有丝状细毛，树皮光滑，叶对生，果长卵形。砍伐时，需在出土3~7 cm部位留桩。都匀蜡纸的荛花原料主要来源于贵州遵义等地。在中国手工纸的原料使用上，云南纳西族东巴纸特有的原材料"澜沧荛花"，以及西藏自治区尼木县、四川德格县生产藏纸所用的狼毒草与"野梦花麻"为相近原料。

调查中发现，20世纪90年代以后，贵州部分造纸厂坊为了降低成本、获得更多经济效益，也有添加一定量用机制纸边打成的混合纸浆的做法，俗称使用机制"回笼纸"。从经济利益角度来说，这一做法可以适度增强产品的价格竞争力，但从品质与材料的原生性来说，毕竟是对手工造纸技艺传承的"偏离"，并不一定是一种长久发展的良性路径。

贵州手工造纸主流原料单一，但也有使用混合料的。如丹寨县石桥村所产书画纸，用构皮和龙须草制成混合料，且两者比例特定时造出来的书画纸质量才好，有些类似宣纸制作中用青檀树皮与沙田稻草的做法。又如贞丰县用构皮和竹子混合生产纸，生产出的纸用于书法和绘画；而仁怀市的造纸户曾经用构皮和棉花混合制作手工纸。

除主原料外，贵州省手工造纸所用辅料主要是碱和纸药。所用碱有草木灰、石灰和烧碱等；所用纸药有仙人掌、野猕猴桃藤、杉松树根、野棉花（黄蜀葵）叶以及化学纸药聚丙烯酰胺等。烧碱和聚丙烯酰胺的使用，清晰地展现了传统手工造纸技艺受到现代化工材料的冲击。

贵州省手工造纸文化的地域、民族和原料多样性如表1.3所示。

表1.3 贵州省手工造纸文化的地域、民族和原料多样性
Table 1.3 Papermaking places, papermaker's ethnic groups and raw materials in Guizhou Province

纸品名称	主原料	主导民族	所处地域
纳雍皮纸	构树皮		毕节市纳雍县沙包乡　黔西北区域
金沙皮纸	构树皮		毕节市金沙县桂花乡、城关镇与沙土镇　黔西北区域
金沙竹纸	慈竹	汉族	毕节市金沙县茶园乡　黔西北区域
仁怀皮纸	构树皮		遵义市仁怀市五马镇　黔北区域
仁怀竹纸	慈竹		遵义市仁怀市鲁班镇　黔北区域
务川仡佬族皮纸	构树皮		遵义市务川仡佬族苗族自治县丰乐镇　黔北区域
务川仡佬族竹纸	慈竹	仡佬族	遵义市务川仡佬族苗族自治县黄都镇　黔北区域
正安竹纸	慈竹、刺竹		遵义市正安县凤仪镇与和溪镇　黔北区域
正安皮纸	山杨柳树皮	汉族	遵义市正安县凤仪镇　黔北区域
余庆竹纸	慈竹		遵义市余庆县大乌江镇　黔北区域
乌当竹纸	苦竹、慈竹	汉族、布依族	贵阳市乌当区新堡布依族乡　黔中区域
石阡仡佬族皮纸	构树皮	仡佬族	铜仁市石阡县汤山镇　黔东北区域
石阡仡佬族竹纸	绵竹（即阳山竹）、金竹、斑竹、苦竹	仡佬族、侗族	铜仁市石阡县坪地场仡佬族侗族乡与大沙坝乡　黔东北区域
印江皮纸（合水镇）	构树皮	汉族、土家族	铜仁市印江土家族苗族自治县合水镇　黔东北区域

纸品名称	主原料	主导民族	所处地域
印江土家族皮纸（沙子坡镇）	构树皮	土家族	铜仁市印江土家族苗族自治县沙子坡镇　黔东北区域
印江土家族竹纸（沙子坡镇）	慈竹		铜仁市印江土家族苗族自治县沙子坡镇　黔东北区域
江口土家族竹纸	慈竹、山竹		铜仁市江口县怒溪土家族苗族乡与太平土家族苗族乡黔东北区域
丹寨苗族皮纸	构树皮	苗族	黔东南苗族侗族自治州丹寨县南皋乡　黔东南区域
三穗侗族竹纸	白竹	侗族	黔东南苗族侗族自治州三穗县八弓镇　黔东南区域
凯里苗族竹纸	慈竹	苗族	黔东南苗族侗族自治州凯里市湾水镇　黔东南区域
榕江侗族皮纸	构树皮	侗族、苗族	黔东南苗族侗族自治州榕江县乐里镇与计划乡黔东南区域
从江瑶族皮纸（翠里乡高华村）	构树皮	瑶族、侗族	黔东南苗族侗族自治州从江县翠里乡　黔东南区域
从江侗族皮纸（高增乡小黄村和占里村）			黔东南苗族侗族自治州从江县高增乡　黔东南区域
从江瑶族草纸（翠里乡高华村）	糯米稻草	瑶族	黔东南苗族侗族自治州从江县翠里乡　黔东南区域
从江瑶族竹纸（秀塘乡打格村）	南竹		黔东南苗族侗族自治州从江县秀塘乡　黔东南区域
黎平侗族皮纸	构树皮	侗族	黔东南苗族侗族自治州黎平县茅贡乡　黔东南区域
黄平苗族竹纸	"豆究"竹（当地苗语方言）	苗族	黔东南苗族侗族自治州黄平县翁坪乡　黔东南区域
岑巩侗族竹纸	绵竹	侗族、土家族	黔东南苗族侗族自治州岑巩县水尾镇与羊桥土家族乡　黔东南区域
龙里竹纸	黔竹	汉族	黔南布依族苗族自治州龙里县龙山镇　黔南区域
都匀皮纸	构树皮		黔南布依族苗族自治州都匀市城关镇　黔南区域
都匀蜡纸	"野梦花麻"		
长顺皮纸	构树皮		黔南布依族苗族自治州长顺县白云山镇　黔南区域
惠水竹纸	水竹、糯竹、苦竹		黔南布依族苗族自治州惠水县芦山镇　黔南区域
荔波布依族竹纸	黔竹	布依族	黔南布依族苗族自治州荔波县永康水族乡　黔南区域
普安皮纸	构树皮	汉族	黔西南布依族苗族自治州普安县白沙乡　黔西南区域
安龙布依族竹纸	蛮竹、刺竹	布依族	黔西南布依族苗族自治州安龙县万峰湖镇　黔西南区域
贞丰皮纸	构树皮	汉族	黔西南布依族苗族自治州贞丰县小屯乡　黔西南区域
贞丰布依族竹纸	绵竹、慈竹、荆竹	布依族	黔西南布依族苗族自治州贞丰县龙场镇　黔西南区域

纸品名称	主原料	主导民族	所处地域
关岭皮纸	构树皮	汉族	安顺市关岭布依族苗族自治县沙营乡　黔西区域
关岭布依族苗族竹纸	绵竹、苦竹、斑竹	布依族、苗族、汉族	安顺市关岭布依族苗族自治县永宁镇　黔西区域
镇宁皮纸	构树皮	汉族	安顺市镇宁布依族苗族自治县江龙镇　黔西区域
紫云皮纸	构树皮	汉族、苗族、布依族等	安顺市紫云苗族布依族自治县板当镇　黔西区域
紫云竹纸	斑竹、糯竹、钓鱼竹		
盘县皮纸	楮皮	汉族	六盘水市盘县羊场布依族白族苗族乡　黔西区域
盘县竹纸	灰竹、金竹		六盘水市盘县老厂镇　黔西区域
六枝彝族苗族仡佬族皮纸	构树皮	彝族、苗族、仡佬族	六盘水市六枝特区郎岱镇与中寨乡　黔西区域

（四）工艺多样性

　　贵州手工造纸制作工艺突出的多样性与丰富性，具体表现在制备造纸原料的生/熟料法、打浆方式、捞纸方式、晒纸方式等方面。比如，从制备造纸原料来说，贵州既有没经蒸煮的生料法，也有经过蒸煮的熟料法，贵州的皮纸生产通常采用熟料法，竹纸生产则生、熟料两种方法都采用。从打浆方式来说，贵州有牛碾、脚踩以及脚碓、水碓和机器打浆等多种方式。从捞纸方式来说，既有抄纸法，也有浇纸法。而且即使是抄纸法，贵州也有多种形式，既有普通抄纸，也有吊帘抄纸；既有单人抄纸，也有双人抄纸。作为中原汉族造纸传统的覆盖区域，目前贵州手工造纸生产基本采用抄纸法，浇纸法以黔东南苗族侗族自治州的从江、榕江、黎平三个少数民族县为典型，贞丰、丹寨两县在生产鲜花纸时，也部分采用浇纸法。从晒纸方式来说，贵州也有焙干、太阳晒干、自然阴干等多种方式。

　　以上各种手工造纸的制作方式和工艺流程，在贵州省各地仍以活态传承的方式，承载和延续着多民族各自相对独立、各具特色而又有着内在联系的中国手工纸非物质文化遗产基因。

（五）计数方式多样性

　　贵州不少地方的造纸户在造纸时，用各种方式计算所抄纸数量。最常见的计数方式有十进制、二十进制，也有五十进制的。此外，关岭县沙营乡造纸户采用的是十一

石阡汤山镇香树园村仡佬族白皮纸切料
工序
Trimming the papermaking materials: one
procedure in making white bast paper by the
Gelo Ethnic Group in Xiangshuyuan Village of
Tangshan Town in Shiqian County

进制，当地造纸户为什么采用这种不太方便换算的计算方式，调查组在调查中未能获知原因。最有特色的应是紫云县采用的米草芯（米草芯把）计数，为了计数，还要使用专门的经特定工艺制作的米草芯。

（六）品种和用途多样性

贵州省手工造纸从品种和用途上来看，有生产、生活用纸，有书法、绘画用纸，有丧葬、祭祀用纸，还有宗教、节庆用纸。可以写家谱以记载家族的历史，可以做成纸钱焚烧，也可以抄经书、糊窗户、做风筝、做纸扇纸伞等满足日常生活的需求。手工造纸对贵州百姓生产劳动和日常生活的方方面面有着重要的作用。

三
贵州手工造纸相关民俗、禁忌和文化现象的丰富性

3

Diverse Customs, Taboos and Cultural
Phenomena of Handmade Paper
in Guizhou Province

贵州省手工造纸蕴含丰富的与纸相关的民俗和文化传统，现选择一些进行介绍。

（一）祭祀造纸祖师蔡伦

在贵州省多个造纸地，都有关于祖师蔡伦造纸的传说，而且诸多造纸地都流传着蔡伦造纸时，湿纸揭不开，后梦到用纸药方才成纸的传说。最有趣的一例发生在镇宁县，镇宁造纸户饶有兴趣地向调查组成员讲述——祖师蔡伦造出了纸，但纸撕揭不下来，苦思冥想，不得其解。后一怒之下，将纸垛扔到地上，恰巧有只猪将纸垛拱翻，纸因此可以撕下来。蔡伦目睹这一状况，深深感叹：猪比我还聪明啊！故造纸后人称猪为"猪拱先师"。虽然20世纪60年代后镇宁县造纸业态已渐趋式微，但调查组进村时见到有些造纸户的中堂上仍然供奉着蔡伦菩萨与猪拱先师。问及供奉时长，所调查的造纸户都说从开始造纸时就已供奉蔡伦菩萨与猪拱先师。

与祭祀天地君亲师一起祭祀蔡伦
和猪拱先师
Cai Lun and Mr. Pig are worshipped
together with gods and ancestors

025

第一章
Chapter I

贵州省手工造纸概述 | Introduction to Handmade Paper in Guizhou Province

第二节
Section 2

由于蔡伦是贵州造纸民众记忆中公认的祖师爷，贵州多地都有祭祀蔡伦的行业习俗，造纸户通常在中堂或专门辟出一个房间供奉蔡伦的牌位或画像。有的造纸点，比如都匀市和龙里县，还建有蔡伦庙，而六枝特区则是在轩辕宫里供奉蔡伦像。各地祭祀蔡伦的时间、仪式仪规不太一样，有关这一文化的区域特征详情尚待进一步挖掘和研究。

（二）唱造纸歌

虽然丹寨县南皋乡石桥村最先是汉族造纸，但制作白皮纸的技艺传到石桥后，逐渐为石桥苗族的工人所掌握和发扬，造纸也逐渐成为当地苗族文化的一部分。在丹寨县、剑河县和凯里市一带的苗族民间，流传着《造纸歌》《找书找纸歌》，歌唱历史上苗族先民制造"竹纸""绵纸"（白皮纸）及造纸工具、工艺等（前文已有介绍）。由此可见，传统造纸已经融入当地少数民族歌舞表达的文化中，成为具有民族特色的日常生活积淀元素。

（三）敬惜字纸和敬纸惜纸

手工纸生产费时费力，而且中国历史上有对文化崇敬和尊重的传统，因此国人在传统上普遍对手工纸产品非常敬重和爱惜。贵州有着与敬纸惜纸相关的敬惜字纸的传统，比如正安县至少有两处化字塔：一处位于俭坪乡合作村繁荣村民组，一处位于班竹乡旦坪完小附近。化字塔也叫字库塔，是先民专门用来焚化字纸的地方。不让废弃的字纸任意抛撒、腐烂而统一焚化之俗，表达着古人对传播知识的字纸的敬重和爱惜之情。这种敬惜字纸的传统一直传承到当代，对于保存古代文化典籍有着非常积极的意义。

（四）与造纸相关的民俗禁忌

在贵州省的多数造纸地，造纸的主要工作通常由男性完成，女性不接触造纸的主要工序，仅仅从事辅助性的造纸工作。但性别方面的禁忌也呈现出多样性：有些地方性别方面的禁忌比较明显，有些地方则已经不那么严格，手工造纸技艺可以传给女儿，也允许女儿出嫁后带到夫家。

不过较特别的是，在榕江县本里村和九秋村的侗族与苗族造纸文化，从江县翠里乡高华村的瑶族和高增乡小黄村、占里村的侗族造纸文化以及黎平县茅贡乡地扪村的侗族造纸文化中，构皮纸的造纸工艺都是只传女、不传男。这些村落的少数民族造纸文化认为造纸工艺是女人的工艺，男人则往往只做一些简单的协助工作。而且传承习俗也较为开放，传承人可以是本族、本村的乡民，也可以是外村的亲戚。

若干地区少数民族女性主导造纸的传统，形成原因有多种，据调查组在中国西南地区的田野调查和研究，其中一种可能是：上述少数民族造纸村寨基本上是贵州仅有的浇纸法集中流行地区，在调查中发现，造纸村民认为浇纸技术性要求较高，要很细心才能浇得均匀，因此像纺织、绣花等技艺活一样，适合相对安静细心的女性承担。

榕江县本里村侗族女性在浇纸
A female Dong papermaker pouring
paper pulp on the papermaking screen
in Benli Village of Rongjiang County

当然，或许还有其他影响因素存在，或者是多种因素复合的结果。

全面考察和普查贵州全省的手工造纸状况后，调查组的倾向性判断是：随着社会、经济、技术、文化在工业化、城市化大潮中的不断演进，贵州省手工造纸的现代应用范围也随着机制纸的普遍使用而渐趋萎缩。再加上当代剧烈的由农业乡土社会向新型工业社会的变迁，以及民间习俗随着代际观念大转移的快速改变，历史上曾经丰富多样的贵州手工纸，有相当一部分退出生产型传承历史舞台的态势已在所难免。现在，即使在曾经交通不便、地处偏僻的贵州省诸多造纸村落社区里，手工造纸技艺也已成为迫切需要保护的人类非物质文化遗产了。

第三节
贵州省手工造纸的保护与研究现状

一
贵州省手工造纸文化遗产的资源特征

1
Characteristics of Existing Handmade Paper Heritage Resources in Guizhou Province

从调查组对贵州省多轮田野与文献调研所获知的信息判断，贵州省手工造纸的传习与分布现状虽令人担忧，但相对而言总体状态尚不算太差，喜忧参半，具体特征如下。

（一）资源品类丰富多样

在工业化、城镇化、信息化（网络传播化）的冲击下，中国手工造纸这一传统业态面临生存挑战。在不到半个世纪的时间里，曾经非常普遍地分布在中国大地上的手工造纸作坊已经消亡大半，除了安徽泾县和四川夹江等少数中国书画用纸之都依然兴旺外，大部分中国的造纸村落处境艰难，著名纸乡消失的情况也不在少数。

贵州当然也受到了上述大潮的冲击，整体手工造纸业态呈收缩态势，地方历史名纸如都匀白皮纸、都匀铁笔蜡纸、镇宁皮纸等一批纸品完全消失，金沙竹纸、贞丰竹纸等一批纸品活态传习中断，态势令人忧虑。

但是，当代贵州手工造纸资源的丰富多样性仍然给调查组留下了深刻的印象：

（1）非物质文化遗产项目级别高、数量多。在我国手工造纸的经典名地中，贵州省的手工造纸地并不突出。列数我国手工造纸名地，有泾县、夹江、富阳、丽江、迁安、墨玉、德格……似乎一下数不到贵州。但出乎意料的是，2006年文化部公布第一批国家级非物质文化遗产名录，贵州省有三个造纸县的纸品名列其中，即丹寨县石桥村的苗族皮纸、贵阳市乌当区香纸沟的布依族竹纸、贞丰县龙井村的皮纸，这在全国是绝无仅有的（见表1.4）。

（2）少数民族文化多样性呈现相当丰富。从民族来说，不仅布依、瑶、侗、土家、仡佬、苗、彝、黎等多民族各自维系着本民族文化生活所需的手工造纸技艺，而且由于贵州各民族"大散居、小聚居"的特色保存至今，因此即便是同一个民族的手工造纸，在不同的县与乡村也呈现出技艺和文化的丰富多样性。如同为布依族的竹纸，黔西南安龙县坝盘村的竹纸、黔中贵阳乌当区香纸沟的竹纸、黔南荔波县尧古村的竹纸，其技艺路径和文化故事均具有小区域的独立性，并没有出现因民族的紧密型共有文化而产生手工造纸技艺文化的同一化现象。

表1.4 第一批"非遗"全国纸项目分布表
Table 1.4 Distribution of paper preserved by the National Intangible Cultural Heritage program in China

批准号	保护项目名称	保护地点
VIII-65	宣纸制作技艺	安徽省泾县
VIII-66	铅山连四纸制作技艺	江西省铅山县
VIII-67	皮纸制作技艺	贵州省贵阳市、贞丰县、丹寨县
VIII-68	傣族、纳西族手工造纸技艺	云南省临沧市、香格里拉县
VIII-69	藏族造纸技艺	西藏自治区
VIII-70	维吾尔族桑皮纸制作技艺	新疆维吾尔自治区吐鲁番地区
VIII-71	竹纸制作技艺	四川省夹江县、浙江省富阳市

（二）原生态技艺广泛分布特征依然鲜明

从20世纪晚期开始，机制与半机制纸开始快速流行，在整个中国形成了较为强劲的替代式冲击浪潮，特别是缺乏专有或特色使用需求的中低端手工纸，在全国一批业态聚集区快速演化，如名气很大的河北省迁安市（县）的桑皮纸聚集区、四川省会理县与浙江省富阳市（县）的南方竹纸聚集区，基本上业态已完全被机制和半机制纸改变替代。

但是，当代贵州省较为良好的手工造纸原生态依然令人难忘：

（1）贵州手工造纸分布地域之广、之普遍及数量之多都是调查组入黔之前没有想到的。根据调查组七年半的田野普查工作（可能还有遗漏与缺失），已成为调查对象的手工造纸村落有44个，分布在贵州的31个县（区、市），覆盖了全省9个地级市（州）。这种资源存量现状和分布特征在全国其他省区中都是非常少见的。

（2）调查组在多达44个造纸村落的调查中发现，除了少量活态传承中断的情况，大多数造纸村依然维系着家庭槽户独立生存的传统原生业态。即便是造纸农户很多，如黔东南苗族侗族自治州岑巩县、丹寨县，毕节市纳雍县等，也依然呈现农村自足手工技艺的传统，转向半机械纸或雇工型纸厂（坊）的较少，这与全国很多地域的现状趋势多有不同。贵州省手工造纸的原生态技艺活态生存方式如何广泛地维系，是值得深入探究的问题。

岑巩乡间连排的手工纸槽坊
A row of handmade papermaking mills in Cengong County

（三）活态保护面临的挑战迅速凸显

从调查组进行的田野普查研究获得的口述与乡土文献信息来看，贵州省手工造纸当前面临的生产性传承压力主要来自三个方面：

（1）贵州省的纸品主要分为两大类，一类是以构树皮为原料的皮纸，另一类是以竹子为原料的竹纸，而且以后者数量更大。从调查统计信息可见，在已收录的47种贵州手工纸中，竹纸有21种，占44.7%。但贵州手工竹纸普遍的用途在经济性上趋于最低端，即以乡土祭祀焚烧为主。在21种竹纸中，仅用于祭祀焚烧的有16种，即盘县竹纸、安龙布依族竹纸、贞丰竹纸、关岭布依族苗族竹纸、紫云竹纸、惠水竹纸、龙里竹纸、荔波布依族竹纸、金沙竹纸、三穗侗族竹纸、印江土家族竹纸、凯里苗族竹纸、从江秀塘瑶族竹纸、务川仡佬族竹纸、余庆竹纸、黄平苗族竹纸，占比高达76.2%。贵州竹纸虽然在文献记载中也有过相对丰富的中高端用途，但当代的问题是中高端用途几乎完全丧失，贵州没有能发育出像夹江竹纸和富阳竹纸那样以中国书画用纸为终端消费的技艺聚集业态。

同时调查中发现，祭祀焚烧纸售价很低，而且面临机制祭祀竹纸倾销式的压力，性价比或者投入产出比在当代社会已凸显从业劣势。

（2）贵州省手工造纸面临的另一大压力是现代性模式培育和建立不易。由于贵州自然地理和民族分布具有如前已述及的特征，手工造纸村落较普遍地分布在地域偏远、道路通达性较差的山地环境，交通不便、信息流通和产品流通困难，因此要按照非物质文化遗产生产性传承的模式强化交流与流通、输入现代先进知识以及融入旅游文化业态做大做强颇为不易。

例如，调查组曾在多次田野调查中面临汽车无法到达的窘境，像位于九万大山腹地的从江县秀塘壮族乡打格村，调查组第一次因雨天无法进入而放弃，一年后第二次持续晴天后雇摩托车从乡政府出发在高山上骑行约三个小时才到达造纸点；又如岑巩县的白水村、从江县的高华村等，也是必须乘坐越野车或改乘当地农用车才能到达的地区。

（3）上述两大压力直接形成了第三大压力——后继乏人或后继无人现象突出，这是手工造纸生产性保护中十分关键的要素。改革开放以来，中国社会迅速走向工业化或城镇化，乡村的中青年人群离乡入城"打工"形成潮流，因为在城市的工厂做工和从事服务业比乡下挣钱多，而且城市繁华热闹、接近时尚、发展空间大，这些都极容易导致手工造纸后继乏人或后继无人的现象出现。

贵州的农村人外出"打工"在调查组入黔时已非常普遍。手工造纸是一个相当辛苦的职业，从早到晚，日复一日，经济收益的比较优势不断下降，加上多数造纸村落处于偏远的山地，交流单调，生活寂寞，交际圈很小（因为造纸会占据生活的大部分时间），年轻人对传承这门手艺的动力普遍较弱。在调查中，44个造纸村落里青年人造纸非常少见，多数是中年人或老年人在造纸。例如金沙竹纸传人陈昌财和皮纸传人王丕全、盘县竹纸传人何联庆与董华祥的所有子女都在外"打工"。而且要么是中老年人独立支撑，要么是老年人因年事已高难以再持续下去而导致传承中断，年轻一代不仅大多数不会造纸，而且曾经学过的少数人也已远走外乡，不愿再从事这种辛苦寂寞的职业，几乎看不到祖业向下传承的希望。

二
贵州省对手工造纸已经
进行的保护工作

2
Efforts to Protect Handmade Paper in Guizhou Province

当然，贵州也有传承良好的手工造纸聚落，但总体不平衡，后继乏人状态是令人忧虑的。

（一）宏观政策与制度建设推进方面的进展

在全国非物质文化遗产保护方面，贵州政府推动层面的工作在全国各省中是相当突出的，而且成效也确实很显著，逐步凝聚成以"多彩贵州"为主题的多民族文化遗产保护发展局面快速复兴的良好态势。其代表性进展可总结为：

1. 法规建设上的进展

（1）2012年3月30日，贵州省人大常委会正式通过《贵州省非物质文化遗产保护条例》（以下简称《条例》），同年5月1日，《条例》以地方法规形式正式在全省颁布实施。贵州是全国以地方法规形式促进"非遗"保护事业最早的省份，在正式颁布之前，该《条例》已经以草案形式试行数年并修订多次。

（2）2014年6月13日，《贵州省非物质文化遗产保护发展规划（2014—2020年）》（以下简称《规划》）由贵州省委办公厅、贵州省人民政府办公厅正式颁布实施，这是全国31个省级区域的第一个非物质文化遗产整体保护发展规划。《规划》明确而具体地部署了8项重点目标性任务：

开展非物质文化遗产资源深度调查，建设数据库；

对非物质文化遗产实施整体性保护和生产性保护；

培养非物质文化遗产保护人才队伍；

开展非物质文化遗产保护理论研究；

合理利用非物质文化遗产；

推动非物质文化遗产精品创作；

开展非物质文化遗产系列活动及品牌建设；

建设非物质文化遗产展示交流平台。

第一次将习惯上由文化部门承担的非物质文化遗产保护发展工作上升为政府和全体贵州省民的行动，并正式成立由贵州省委与省政府领导担任正副组长的贵州省非物质文化遗产保护发展工作领导小组，这对贵州省以及全中国的非物质文化遗产保护均具有里程碑式的意义。当然，贵州多民族手工造纸"非遗"业态在强促进的保护发展行动中，无疑会获得更积极的关注和支撑。

2. 机制建设上的进展

（1）四级"非遗"保护体系已系统性建立。

贵州是全国"非遗"保护体系建立水平较高的省份。中国国家级"非遗"保护名录和省级"非遗"保护名录实施项目均已认定了4批，国家级和省级传承人的推荐和认定也各进行了4批。国家级名录入项74项125处，传承人57名；省级名录入项440项568处，传承人301名。已建立黔东南国家级民族文化生态保护实验区1个，已建立包括丹寨县石桥村手工造纸（石桥黔山古法造纸合作社，2011年入选）在内的国家级生产性保护示范基地3个，侗族大歌入选人类非物质文化遗产代表作名录。

同时，市（州）、县两级"非遗"保护项目与传承人申报入选这一更为基础的工作在贵州也正有序推进，在省、市（州）、县三级"非遗"保护工作机构和工作团队普遍建立的保障下，市（州）和县一级的名录和传承人库正在丰富和完善中。

（2）手工造纸领域的"非遗"名录和传承人推选成果丰硕。

仅以省级的工作推进来看，至2014年12月，共4批"非遗"名录入选项目，包括了9个县（区）的造纸及相关技艺，分别是丹寨县（石桥古法造纸技艺）、贞丰县（小屯白绵纸造纸工艺）、贵阳市乌当区（乌当手工土纸制作工艺）、三穗县（土法造纸工艺）、盘县（土法造纸工艺）、惠水县（土法造纸工艺）、长顺县（土法造纸工艺）、岑巩县（民间火纸制作技艺）、正安县（民间纸扎技艺）；共4批传承人，包括了7位手工造纸技术专家，分别是王兴武（丹寨县）、尤兴伦（贞丰县）、罗守全（乌当区）、杨再祥（三穗县）、何联庆（盘县）、李发田（长顺县）、潘玉华（丹寨县）。

从手工造纸的这一示例来看，其保护发展的制度性安排价值已得到凸显。

（二）资源深耕与政策落地的促进

1. 资金保障进展

（1）贵州省在非物质文化遗产保护方面的政府资金投入一直处于主导地位，仅以省级财政的直接划拨为例，2005年开始每年划拨"非遗"保护省级资金100万元，2009年增加到每年1 150万元，2012年增加到每年1 630万元，2014年在原来基数上每年再增加1 000万元，其递增势头相当良好。在省级财政投入比例上，贵州省投入"非遗"的资金在全国处于最靠前的位置（信息来源：贵州省文化厅长答《贵州日报》记者专访，2009年9月）。

从2009年开始，贵州省对获得国家级、省级、市（州）级的非物质文化遗产传承人称号的技艺专家分别给予每年8 000元、5 000元和3 000元的省级津贴支持。就贵州的财政实力而言，这体现了贵州省对非物质文化遗产保护的高强度倾斜性支持。

（2）手工造纸领域，丹寨县的做法可被视为一个范例：丹寨县的石桥造纸是国家级非物质文化遗产的品牌，也是国家级生产性保护示范的品牌，当然县里其他的高品质资源也较丰富，如国家级保护名录中的"芒筒芦笙祭祀乐舞"等。丹寨地方采取的保护措施是将每年住房开发投资里的1%专项投入"非遗"的传承、发掘、整理、保护工作中，同时划拨500万元财政资金，用于设立"非遗发展基金"，划拨200万元财政资金，用于设立"文化遗产保护基金"，并注册了"石桥古法造纸"等6个文化品牌的商标。

当然，除丹寨县外，印江县的做法也值得关注。印江虽然尚未能列入国家级和省级"非遗"名录中，但该地手工造纸传统悠久，业态直至当代覆盖面积仍较为广泛。2010年11月，印江县启动了"合水古法造纸作坊"维修工程，投入25万元专项资金，对合水镇兴旺村下寨、蔡家湾、木腊村桥头等共计76个古法造纸作坊进行维修或重建，其中维修45间，重建31间，涉及手工纸生产户231户，总面积达2 950.74 m²。这种系统性支持最基础活态生产平台的举措对乡土技艺的传习具有显著的积极意义。

2. 传播与教育发展

（1）该项促进工作的一个重要象征是推进平台的建立和不断完善。2003年，《贵州省民间文化保护条例》颁布；2004年7月，贵州省正式建立"民族民间文化保护委员会"，并于2006年9月更名为"贵州省非物质文化遗产保护委员会"，各地（州）也成立了相应机构；2009年，成立"贵州非物质文化遗产保护工作专家委员会"，50余名民族文化遗产专家受聘为第一届专家委员。

从1995年开始，在国家文物局和挪威政府的联合资助下，贵州省先后建立了一批文化生态博物馆，如六枝梭戛生态博物馆、花溪镇山布依文化生态馆、黎平堂安侗文化生态馆、锦屏隆里文化生态馆等。2011年12月，贵州省首批14家省级"非遗"生产

六枝梭戛村亚洲第一座民族文化生态博物馆
The first Ethnic Cultural Eco-Museum in Asia, located in Suoga Village of Liuzhi Special Area

性保护示范基地建立。

2007年，贵州省民族民间文化资源信息网络建设项目经过激烈的竞争，成功获得世界银行小额赠款支持，贵州民族民间文化资源信息网（http://www.gzfefax.com）迅速建成并开通，遍布于全省的公众志愿者信息员网络滚动壮大，成为"非遗"保护发展重要的公民资源平台。

（2）系列对外传播工作充满生气。早在1982年9月，中国古代传统技术展演团赴加拿大展演，丹寨石桥纸厂的造纸技师杨大文代表中国手工造纸技艺在世界知名的多伦多科学中心进行演示。2010年前后，为推动非物质文化遗产的传播，《山地文明的典藏·贵州非物质文化遗产》系列丛书大型出版工程正式启动，《水族马尾绣》等第一批图书正式发行，与贵州省手工造纸技艺相关的丛书的出版工作也正在进行中。

2009年8月，位于黔东南苗族侗族自治州的凯里学院正式创立《原生态民族文化学刊》，同时举行"凯里学院原生态民族文化特色课程丛书"的出版仪式，并正式筹办"原生态民族文化"大学教育专业。

在更基础的乡区一级，相关宣传工作也在以多彩多姿的面貌推进。如贞丰县文广局组织编写了"贞丰县非物质文化遗产丛书"，包括4项国家级、12项省级和50余项市县级的"非遗"项目，其中一个重点是名列国家级"非遗"的贞丰皮纸技艺和文化。以丹寨县为主题拍摄了电影《云上太阳》，其中石桥古法造纸是一个重要的展示内容。该影片获第十七届美国赛多纳国际电影节最佳外语片、最佳摄影、最佳影片提名三项大奖，影片的播映对石桥造纸技艺的国际影响力提升具有显著效果。

（3）面向中小学教育的"非遗"传播是贵州多民族文化传承的使命。早在2002年10月，贵州省民委和省教育厅就联合下发了《关于在全省各级各类学校开展民族民间文化教育的实施意见》，明确要求各地（州）县推动乡土"非遗"文化进课堂、进村

寨，该项由政府部门牵头的"非遗"保护发展促进行动已产生了良好的效果。

以黔东南的黎平县为例，黎平为侗族"非遗"文化的经典示范地区，名列人类非物质文化遗产代表作名录的侗族大歌在黎平仍有传习，而地扪侗族手工造纸也是黎平当代活态传承的重要技艺文化。2005年，黎平县编印《国家风景名胜区——黎平侗乡简明读本》，2007年，黎平县编印从小学到高中全系列的教材《民族文化知识读本》1~4册，免费发放到全县所有学生手中。同时，黎平县教育局印发《黎平县民族文化进课堂实施方案》，明确要求所有学校必须开课，每周安排1~2个与之相关的课外活动，并确定黎平一中、茅贡地扪小学、岩洞中学3所学校为首批民族民间文化进校园教学研究基地，每两年全县召开一次教学研讨会。

（三）保护发展强度迅速提升背景下的问题

（1）贵州省在非物质文化遗产保护发展方面的工作成效显著，措施也日趋强劲有力，但"非遗"保护面临着内生的原文化生态与发展的新文化生态的平衡矛盾，由此引发出"非遗"保护工作的复杂性。

贵州本土的学者对此已有较清晰的思考，蔡群等人提出："非物质文化遗产的最大特点是'非物质性'。从这一点出发，对其进行保护主要应从以下几个方面考虑：第一，保护现存的技艺主角和培养高水平的技艺传承者；第二，从现代开发的地域对文化形式进行抢救——记录、描写和转移；第三，改造现有的局部环境或再造遗产存在的环境。"[32]

根据对国际主流的"非遗"保护方式的总结，现有的模式包括家庭传承、学校教育、旅游与开发、整体人文生态保护、数字化与影像保护等。

（2）从贵州手工造纸业态的资源特征和发展现状来看，值得思考的"非遗"保护问题包括：家庭传承与家庭年轻一代丧失传习动力的问题，旅游开发与原生技艺环境破坏的问题，偏远分散的造纸槽坊与整体文化生态保护实施困难的问题，环境保护升级与乡村聚集业态污染控制的问题，快速消亡的低端纸文化与影像抢救性保护重高端轻低端的错位问题，中低端造纸技艺同质化与学校教育丰富多样性追求不一致的问题，强政策安排的同一性促进与原生技艺文化丰富多样性保持的冲突问题，技艺传习人群现代知识薄弱与新传播销售业态建立的障碍问题。

[32]
蔡群,任荣喜,邱望标.贵州少数民族非物质文化遗产的数字化保护方法研究[J].贵州工业大学学报(自然科学版),2007,36(4):43-46.

贵州省是手工造纸文化积淀很深厚的区域，但贵州手工造纸的研究工作却起步较晚，而且显得相对零散破碎，至今都没有一部系统研究贵州手工造纸的专门著述，加之研究工作缺乏综述性的积累，研究对象集中在丹寨、贞丰、乌当、长顺、黎平等有限的几个造纸地，像新拓展的普安、惠水、石阡及六枝的研究论文均为本调查组成员基于《中国手工纸文库》的田野与文献成果提炼而成。贵州大部分的手工造纸点都缺乏研究积累。

有关贵州手工造纸研究成果的情况综述如下：

（1）1984年，中国历史博物馆的祝大震在贵州田野调查的基础上，发表《贵州省丹寨县白皮纸传统生产工艺的考察》[33]一文，对丹寨县石桥村苗族皮纸的制作原料、工具和工艺进行了较详细的描述，对该地所用洗料袋和竹骨纸焙的独特性做了介绍。1996年，祝大震在《论贵州少数民族地区的传统造纸术及其影响》[34]一文中，对丹寨石桥村造纸进行了再次介绍，同时对盘县老厂镇竹纸的工艺进行了描述性研究。祝大震的工作在现代贵州手工纸工艺研究上具有开拓价值。

（2）1991年，贵州省博物馆梁太鹤等人在对贵州全省传统民族工艺广泛调研多年的基础上，完成了《贵州传统工艺研究》[35]的田野报告，其中包括对20世纪80年代贵州手工造纸地及相关工艺的调查，范围涉及贵州省内的多数县级区域。梁太鹤的工作中虽然造纸只是一小部分内容，叙述简略，而且地域覆盖也欠完整，但这是对贵州手工造纸地点第一次较为系统的田野确认，具有较为重要的指南价值。

（3）老一代中国纸史研究者王诗文所著《中国传统手工纸事典》[36]，对从造纸起源直至现代中国手工纸的原料、产地、工艺、用途及现状进行了叙述性介绍，范围涉及整个中国，其中对贵州省手工造纸有简单的介绍。《中国传统手工纸事典》由于涉及面过广，因而对贵州手工造纸业态的描述整体性与详细度不足是很正常的。

（4）吴正光在《贵州的造纸文化》[37]一文中，对贵州以丹寨石桥村手工造纸为重心的手工造纸村落现状及技艺做了很简单的介绍，涉及对象包括丹寨县石桥村、乌当区陇脚村、盘县老厂村、六枝特区龙潭村、印江县合水村、兴仁县三道沟、普安县水箐村、广顺县翁贵村，共计8个手工造纸点，其中有的造纸点已经废弃。

[33]
祝大震.贵州省丹寨县白皮纸传统生产工艺的考察[Z]//贵州省文物管理委员会,贵州省文化出版厅.贵州省文物工作资料汇编,1984,5:3-7.

[34]
祝大震.论贵州少数民族地区的传统造纸术及其影响[C]//中国科学技术史学会少数民族科技史研究会,延边科学技术大学.第二届中国少数民族科技史国际学术讨论会论文集.北京:社会科学文献出版社,1996:359-362.

[35]
贵州省博物馆传统工艺课题组.贵州传统工艺研究[Z].贵阳:贵州省博物馆,1991.

[36]
王诗文.中国传统手工纸事典[M].台北:台湾树火纪念纸文化基金会,2001:24.

[37]
吴正光.贵州的造纸文化[J].当代贵州,2005(21):53.

第一章
Chapter I

贵州省手工造纸概述
Introduction to
Handmade Paper
in Guizhou Province

第三节
Section 3

[38]
祖明.行将消失的技艺——长顺翁贵村手工造纸作坊调查手记[J]//黔南州文学艺术联合会,黔南州民间文艺家协会.守护精神的家园——文化与田野在黔南.北京:作家出版社,2006:407-416.

[39]
刘仁庆.我国少数民族地区的传统手工纸[J].纸和造纸,2007,26(5):89-91.

[40]
魏来,张引,李玉梅.黔东南民族地区农村家庭手工业发展问题思考:基于丹寨县两个村的调查[J].贵州农业科学,2008,36(4):172-175.

[41]
韦登亮.皮纸制作技艺传承人——罗守全[M]//贵州省文化厅,贵州省非物质文化遗产保护中心.传衍文脉——贵州省非物质文化遗产项目代表性传承人小传.贵阳:贵州民族出版社,2009:33-35.

[42]
邓国城.贞丰小屯白棉纸手工制作技艺传承人——刘世阳[M]//贵州省文化厅,贵州省非物质文化遗产保护中心.传衍文脉——贵州省非物质文化遗产项目代表性传承人小传.贵阳:贵州民族出版社,2009:36-40.

[43]
戴聪.论民族地区非物质文化遗产的保护与传承——以黔东南州丹寨县为例[J].内蒙古农业大学学报(社会科学版),2009,11(5):197-198,222.

[44]
曾芸.民族地区非物质文化遗产开发与保护研究——以贵州石桥古法造纸为例[J].大众文艺,2010(2):187.

Library of Chinese Handmade Paper

中国手工纸文库

贵州 卷·上卷 Guizhou I

（5）祖明在《行将消失的技艺——长顺翁贵村手工造纸作坊调查手记》[38]一文中,对贵州手工造纸和使用手工纸的历史进行了简要回顾,同时从历史、传承、原料、工具、工艺等方面,对长顺县翁贵村的手工造纸进行了详细的田野调查记录,这是第一篇较深入系统研究贵州传统纸乡翁贵造纸的论文。

（6）刘仁庆在《我国少数民族地区的传统手工纸》[39]一文中,选择了4种当代少数民族的、有影响的传统手工造纸进行介绍,其中涉及贵州以丹寨为中心的苗族皮纸制作技艺。

（7）魏来等在《黔东南民族地区农村家庭手工业发展问题思考:基于丹寨县两个村的调查》[40]一文中,从农村家庭式手工业这一角度,对石桥村的白皮纸业态现状、发展特点、发展障碍、发展模式与对策进行了较深入的探讨及思考。

（8）韦登亮在《皮纸制作技艺传承人——罗守全》[41]一文中,对贵阳市乌当区陇脚村布依族"皮纸"制作技艺及国家级"非遗"传承人罗守全做了图文配合的叙述性介绍。但有一个问题或许与国家第一批"非遗"项目申报认定的材料有关,陇脚村生产的是布依族竹纸,而"非遗"项目2006年国家名录上列的是"皮纸制作技艺"（贵州省贵阳市、贞丰县、丹寨县）。因此,韦登亮文中介绍的陇脚村是用竹子造竹纸,但标题却用了"皮纸"。韦登亮的这篇文章是专为贵州省"非遗"国家级传承人写的小传,这应该是韦文标题与内容不符的重要原因。

（9）邓国城在《贞丰小屯白棉纸手工制作技艺传承人——刘世阳》[42]一文中,对贞丰县小屯乡白绵纸制作工艺与工具,以及代表性传承人刘仕阳做了图文并茂的叙述。

（10）戴聪在《论民族地区非物质文化遗产的保护与传承——以黔东南州丹寨县为例》[43]一文中,对丹寨石桥村皮纸技艺的传承保护有示例性探讨。2007年戴聪曾作为大学生支教团成员在丹寨县工作一年,有对该县"非遗"的系列田野调查积累。其曾与余世明、张维娜合作,在《贵州大学学报》（社会科学版）2010年第3期发表过《民族地区非物质文化遗产现状调查——以黔东南州丹寨县为例》的田野报告性论文,其中对石桥村皮纸有若干描述,但与前文有较多交集。

（11）曾芸在《民族地区非物质文化遗产开发与保护研究——以贵州石桥古法造纸为例》[44]一文中,从资源品质、产品市场、资源效用、开发条件、开发路径、保护模式等角度,对石桥村苗族皮纸进行了较深入的剖析,提出了若干可资参考的研究思路。

[45]
陈虹利,韦丹芳.西南民族地区手工造纸研究综述[J].广西民族大学学报(自然科学版),2010,16(4):21-27.

（12）陈虹利等在《西南民族地区手工造纸研究综述》[45]一文中，对中国西南省区少数民族手工造纸技艺和传习的研究现状进行了综述，或许是贵州手工造纸研究本身薄弱，它对贵州的叙述在对比之下显得相当简略，某些重要的研究成果未能述及。

[46]
陈彪,张义忠.贵州普安县卡塘村手工皮纸工艺调查[J].纸和造纸,2010,29(7):76-79.

（13）陈彪等在《贵州普安县卡塘村手工皮纸工艺调查》[46]一文中，对普安皮纸的工艺、材料、工具和传承进行了基于田野调查的描述分析。

[47]
陈彪,李金海,刘婧,等.石阡县香树园村仡佬族白皮纸的考察研究[J].广西民族大学学报(自然科学版),2011,17(1):30-36,63.

（14）陈彪等在《石阡县香树园村仡佬族白皮纸的考察研究》[47]一文中，对石阡仡佬族白皮纸的制作工艺、技术特点、销售状况、经济效益、传承状态等进行了基于田野调查的描述分析。

[48]
田茂旺.贵州白水河村传统手工造纸工艺现状调查研究[J].四川民族学院学报,2011,20(5):25-29.

[49]
田茂旺.贵州白水河村传统手工造纸保护研究[J].西南民族大学学报(人文社会科学版),2011(7):51-56.

[50]
马颖娜.地扪侗族传统手工造纸调查[J].百色学院学报,2012,25(4):45-50.

（15）田茂旺在《贵州白水河村传统手工造纸工艺现状调查研究》[48]和《贵州白水河村传统手工造纸保护研究》[49]两篇文章中，对贵阳市乌当区新堡布依族乡白水河村手工香纸（竹纸）的原料、工艺、工具等进行了系统介绍，并对该村手工香纸业态衰微的现状及原因进行了分析，提出了若干开发性保护传承的思路。

（16）马颖娜在《地扪侗族传统手工造纸调查》[50]一文中，对黎平县地扪侗族乡的侗族手工造纸业态现状进行了较为深入的田野调查，对工艺状态及特性、用途变迁及原因、造纸人的社会关系网络及主体感受进行了基于社会学和人类学方法的研究。

[51]
李金海.贵州省六枝特区中寨乡手工造纸工艺变革及其对纸张性能影响研究[D].合肥:中国科学技术大学,2012.

（17）李金海在其硕士学位论文《贵州省六枝特区中寨乡手工造纸工艺变革及其对纸张性能影响研究》[51]中，从六枝皮纸的工艺调研、纸张性能测试分析以及工艺变革演化状况等角度，对六枝皮纸进行了较为系统的研究，其特色之一是采用了技术测试数据来描述该纸品的特性。

[52]
秦颖.中国少数民族传统手工造纸技术源流初探——以西南少数民族地区为例[R].复旦大学望道学者研究课题报告,2008.

（18）秦颖在其研究报告《中国少数民族传统手工造纸技术源流初探——以西南少数民族地区为例》[52]中，对云南、广西、贵州三地的少数民族手工造纸的地域分布、技术特点与应用特点，以及基于地理信息系统工具分析的技术源流区域体系分布、技术流传路线进行了探讨。但该报告以云南为中心，贵州手工造纸部分涉及很少，很难反映贵州手工造纸的业态与技艺传播状况。

[53]
范生姣.非物质文化遗产向非物质经济产业转变的路径研究——以贵州石桥古法造纸为例[J].凯里学院学报,2013,31(1):50-53.

（19）范生姣在《非物质文化遗产向非物质经济产业转变的路径研究——以贵州石桥古法造纸为例》[53]一文中，从一个较独特的经济学视角探讨了石桥皮纸的文化产品特征及产业化发展的路径与空间。

[54]
张建世.西南少数民族传统手工造纸遗产的保护初探[J].中华文化论坛,2011(3):16-21.

[55]
杨正文,杨洪松.中国贵州省少数民族手工制纸技艺变迁考察[J].韩国民族造型学报(第六辑),2006(5):32-45.

（20）张建世在《西南少数民族传统手工造纸遗产的保护初探》[54]一文中，综述了藏、傣、纳西、白、彝、瑶、侗、苗、布依、土家等少数民族的代表性手工造纸产地与工艺变迁，其中贵州部分对石桥苗族造纸进行了较为侧重的分析，对贞丰和黎平的造纸也有简要介绍。

（21）杨正文等在《中国贵州省少数民族手工制纸技艺变迁考察》[55]一文中，对贵州的丹寨县石桥村（苗族）、黎平县地扪村（侗族）、贞丰县小屯村（布依族）手工纸制作的原料、滑剂、工序及工艺变化进行了描述性分析。其研究较为规范，但对贵州手工造纸的整体面貌缺乏描述，目标仅仅在三个点上。

（22）当然，除了上述以刊物论文为主的研究进展，另有三个渠道研究和传播贵州手工造纸的文章也应在关注的视野内。

① 当代地方志对若干造纸聚落和业态的记述。这方面的记载虽有旧方志的内容沿袭，但也有对当代业态新的刻画，新方志这方面的记述较丰富，市（州）、县、乡镇都有，如《遵义市志》《关岭县志》《老厂镇志》等。

② 主要由各级政治协商会议文史委员会主持编印的地方文史资料，其中时见有乡土造纸技艺、民俗、历史等方面的回忆文章。这类文章多为当事人亲历亲闻或田野调查的记述，因此也具有一定的参考价值，如《黔南州文史资料》《贞丰县文史资料》等。

③ 贵州本地报纸或网站刊登的对手工造纸文化旅游宣传类的短文，多为记者采风式报道，一般研究内涵偏弱。

综观整个贵州手工造纸研究的状况，在西南地区相比云南、四川以及广西都显薄弱，而且相关研究高度集中在丹寨县石桥村苗族皮纸方面，旁及乌当区新堡乡布依族竹纸、黎平县地扪乡侗族皮纸等很少的造纸聚落，研究的广泛性和均衡度较不理想。

《中国手工纸文库·贵州卷》历经七年半时间的田野调查，力求完整地刻画贵州全省在21世纪初的手工造纸业态全貌，同时也按照规范研究的方式，对能够获得信息的造纸村落和业态逐一进行独立的描述和记录。

调查组成员与梁太鹤（左）交
流贵州手工纸分布
A researcher interviewing Liang Taihe
(left) on the distribution of handmade
paper in Guizhou Province

第二章
六盘水市

Chapter II
Liupanshui City

第一节

盘县

皮纸

贵州省
Guizhou Province

六盘水市
Liupanshui City

盘 县
Panxian County

调查对象

羊场布依族白族苗族乡
下午行政村
皮纸

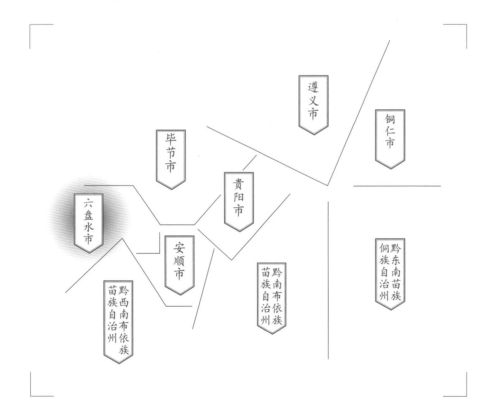

Section 1
Bast Paper
in Panxian County

Subject

Bast Paper in Xiawu Administrative Village
of Yangchang Bouyei, Bai and Miao Town

一

盘县皮纸的
基础信息及分布

1

Basic Information and Distribution of
Bast Paper in Panxian County

当代盘县手工皮纸的制作地集中在羊场布依族白族苗族乡（以下简称羊场乡）。羊场乡隶属六盘水市盘县，聚居着布依、白、苗、彝等少数民族。据造纸人郑福玉等人回忆，羊场乡下午村的手工皮纸制作至少有百年历史，民国年间已有关于其生产销售的历史记载。调查组2009年8月入村调查时，全村约有350户在造纸（调查时下午村共有1 360户村民），手工造纸在当代仍维持着相当大的规模。

下午村制作皮纸主要以当地出产的楮皮为原料，生产的皮纸手感绵柔，在云贵地区手工皮料纸里属质量较好的品种，主要销往以六盘水市为中心的黔西南地区和云南省东北部的宣威地区，调查时仍呈旺销状态。

盘县皮纸用途较广，可用于祭奠、包装、机器擦拭、书写等。

⊙1

⊙1
村口背料小景
A villager carrying a bundle of
paper mulberry bark

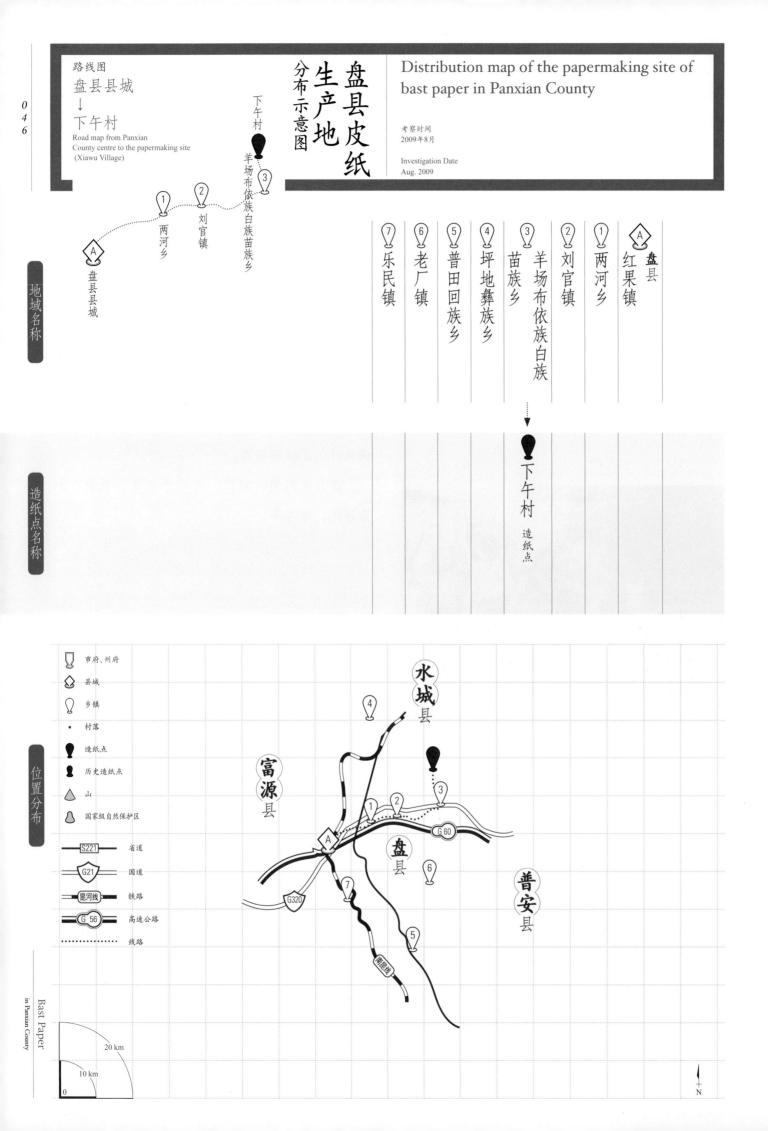

路线图
盘县县城
↓
下午村
Road map from Panxian
County centre to the papermaking site
(Xiawu Village)

盘县皮纸
生产地
分布示意图

Distribution map of the papermaking site of
bast paper in Panxian County

考察时间
2009年8月

Investigation Date
Aug. 2009

地域名称

下午村
羊场布依族白族苗族乡

③

②
刘官镇

①
两河乡

Ⓐ
盘县县城

盘县 红果镇

① 两河乡

② 刘官镇

③ 羊场布依族白族苗族乡

④ 坪地彝族乡

⑤ 普田回族乡

⑥ 老厂镇

⑦ 乐民镇

造纸点名称

下午村 造纸点

位置分布

市府、州府
县城
乡镇
村落
造纸点
历史造纸点
山
国家级自然保护区

S221　省道
G21　国道
昆河线　铁路
G 56　高速公路
　　　线路

水城县
富源县
盘县
普安县

G 60
G320
昆昆线

20 km
10 km
0

N

Bast Paper
in Panxian County

047

Chapter II

第二章

六盘水市

Liupanshui City

第1节

Section 1

盘县皮纸

二
盘县皮纸生产的
人文地理环境

2

The Cultural and Geographic
Environment of Bast Paper
in Panxian County

⊙ 1

⊙ 2

⊙
2
普安州文庙
Local Confucian Temple in Pu'an Prefecture

⊙
1
盘县山地风光
Landscape of Panxian County

盘县位于贵州省的西部、六盘水市的西南部，与云南省的宣威市及富源县接壤，县域面积4 056 km²。盘县地处贵州省通往云南省的交通要道以及滇、黔、桂三省的结合部，素有"黔滇咽喉"之称。盘县交通区位优势较突出，东距贵阳市368 km，西距昆明市298 km。调查时已有"320国道"由东向西横贯县境，南昆铁路、贵昆铁路盘西支线、水红铁路在县城红果镇交会，另有水盘高速公路正在建设之中。

盘县是珠江水系南北盘江支流的分水岭，境内层峦叠嶂、山高谷深，是云贵高原中段的过渡区域。最高海拔2 865 m，最低海拔735 m，相对高差较大，气候立体分层特征较突出。年平均降水量1 400 mm，年平均气温15.2 ℃，是典型的亚热带高原季风气候，冬暖夏凉。

盘县地域古为西南夷的夜郎属地，晋时置西安县。唐贞观八年（634年）置盘州，因盘江而得名。元代初年置普安路。明永乐十三年（1415年）改置普安州。清宣统元年（1909年）改名盘州厅。民国二年（1913年）正式定名为盘县。20世纪60年代，因开发盘县优质煤田，于1965年由原盘县划出9个公社，云南省宣威地区划出3个公社设立盘县矿区（后称盘县特区）。1970年，盘县特区与盘县合并，仍名盘县特区。1999年恢复盘县名，县政府驻地迁至红果镇。2009年盘县辖37个乡镇，总人口118万，其中少数民族人口19.2万，包括布依、苗、白、彝等26个少数民族。

盘县矿产资源丰富，其中煤炭是全县的支柱，超过80%的经济产出来源于煤炭产业。据2009年的探测数据，全县煤炭远景储量380亿吨，探明储量105亿吨，约占中国南方煤炭大省贵州省煤炭总储量的15%。作为"江南煤都"主煤仓的盘县，煤田面积达649 km²，而且以煤质特优著称，年产240万吨的松河煤田煤资源被认为是中国长江以南区域最优质的焦煤资源。盘县的水电联动力也相当典型，全县年原煤产能3 999万吨，电力装机容量3.6×10⁶ kW，有盘江煤电公司、盘南电厂等较大型煤电机构，已成为中国"西电东送"的重要基地。

盘县境内有"大洞竹海""坡上草原""古银杏"3个省级风景名胜区，景区覆盖面积近600 km²，约占县域面积的1/7。拥有全国重点文物保护单位1处——古人类文化遗址"盘县大洞"；贵州省级重点文物保护单位2处——"普安州文庙""盘县会议旧址"。盘县民间的少数民族节庆与歌舞文化丰富多样，不仅有布依歌节、踩花节、火把节、古尔邦节、耍马节、元宵节、开斋节等传统多民族节庆流行，海马舞、傩舞、撒麻舞、羊皮鼓舞、芦笙舞等歌舞文化也盛行于当代盘县民间生活中。

"彝族山歌"和"布依族盘歌"2项国家级非物质文化遗产以及其他诸多省市级非物质文化遗产富集于此，风景名胜众多，旧石器中期遗址"盘县大洞"见证了盘县的悠久历史。在"1993年全国十大考古新发现"中，"盘县大洞遗址"名列榜首，属全国重点文物保护单位。县城南郊的碧云洞，自明代以来为文人所青睐，留下了许多诗文摹刻，著名地理学家徐霞客曾在游记中对此详加描述。妥乐村的千株银杏形成特色景区，全村共拥有古银杏1 200余株，其中大部分树龄都在300年以上。而老厂镇则有万亩竹海，所产竹根水为一种特别的软质矿水。

羊场原名拖落刺，后因按十二甲子推导，逢"羊"日在拖落刺赶场而得名。羊场乡位于盘县东北部，距县政府驻地红果镇72 km，东与普安县隔河相望，为县域东部边界乡，下辖16个行政村，乡域面积136 km²。羊场乡为多民族聚居的地区，布依族、白族、苗族、彝族等少数民族人口约占总人口的42%。民族文化遗产资源丰富而且显示度较高，羊场地域性流行的"布依族盘歌"被列入第二批国家级非物质文化遗产名录，成为中国布依族歌舞艺术的经典样式之一。羊场乡的木叶演奏艺术源远流长，有"木叶艺术之乡"的美誉，走出了有国际影响的木叶演奏家罗文军等民族民间艺术家。

历史上，羊场之地因逢"羊"日赶场而得名，时至今日"赶场"这一乡俗依然是乡民生活中的一件大事。羊场乡在21世纪初仍为四邻八乡农产品的集散中心和民间文化交流中心，其中九场坝小商品流通市场在当地有很高的知名度。"赶场转场"成为羊场乡当代商业文化的一道风景线。

羊场乡资源产业中较为突出的是水电与煤炭。清水河电站，装机容量1 200 kW；滴水岩电站，装机容量600 kW。煤炭已勘测储量10.9亿吨，调查时全乡建有7座煤矿、3个洗煤厂，其中羊场煤矿年产能已达60万吨，整体经济实力较强，百姓较富裕。

⊙1

三

盘县皮纸的历史与传承

3

History and Inheritance of Bast Paper
in Panxian County

⊙2

⊙3

1949年以前，盘县几乎家家户户造纸，1975年的羊场区曾办有梅子沟纸厂，共有50~60个工人。盘县羊场乡的皮纸生产已有较长历史，但在调查和文献研究中均未找到关于早期历史的文字记述，只是在田野访谈时从造纸户的叙述中得知20世纪初即有成规模的技艺传习，且1949年前的郑家河村几乎家家造纸。至于该地皮纸生产的准确起源时间和技艺来源，尚无法得出确切的结论。

2009年8月，调查组进入羊场乡下午行政村郑家河自然村对盘县皮纸的历史与传承情况进行了较深入的考察，并重点采访了造纸人郑福玉和高荣美。

从访谈中获得的造纸信息来看，整个下午村手工造纸业态在历史上发育较好，民国年间已形成家家户户造纸的兴旺局面。1975年，曾兴办过的梅子沟纸厂，共有造纸工50~60个，集体化生产，由当时的生产队从县里的土产公司与供销社统一采购原料，同时也由生产队统一派推销员往云南、贵州两省相邻地区进行售卖，如黔西南与滇东北的宣威等地。1980年造纸厂关闭后，生产方式又变为一家一户的造纸作坊模式。

造纸人郑福玉是调查组在郑家河自然村重点采访的对象。郑福玉，1950年出生，16岁（即1966年）开始造纸，至调查组入村调查时已有43年的造纸经历。调查组采访的另一对象高荣美，时任下午村妇女主任，1965年出生，作为造纸新人，仅有2年的造纸经历。根据在下午行政村和郑家河自然村调研时获得的信息，直至调查时，盘县皮纸在下午行政村仍有较好的技艺传习规模，虽然与高峰时期的从业人数相比有大幅度下降，但其业态在当代仍属良好。

调查组成员与造纸人交流
A researcher communicating with a
papermaker

⊙3

调查组成员采访郑福玉等人
Researchers interviewing Zhen Fuyu and
other papermakers

⊙2

⊙ 1

泡楮皮

Soaking paper mulberry bark

四
盘县皮纸的
生产工艺与技术分析

4
Papermaking Technique and Technical Analysis of Bast Paper in Panxian County

（一）
盘县皮纸的生产原料与辅料

盘县皮纸的主要生产原料是当地产出的楮皮。楮树为构树的一类，因此下午村所产的楮皮纸属构皮纸的范畴。楮皮纤维结构韧性较好，是中国传统的优质造纸原料，在羊场乡一带分布广泛，且楮树为速生树种，易种植，因而原料的可持续利用相对来说有保障。

盘县皮纸生产中使用的辅料为石灰、纯碱（1980年以前使用柴灰）和罗汉松根汁。石灰的功用主要是在蒸煮楮皮料时使其软化；纯碱在当地也被称为白碱，用碱煮料能对所造纸起到增白作用；罗汉松根汁则作为制作原料的纸药。

⊙2

（二）
盘县皮纸的生产工艺流程

根据调查组2009年8月的实地考察，总结盘县皮纸的基本制作工艺流程如下：

壹	贰	叁	肆	伍	陆	柒	捌	玖	拾	拾壹	拾贰	拾叁
● 砍楮枝	剥皮	晒皮	捆皮	泡皮	拆皮	浆皮	上皮甑	翻皮子	摆石灰皮子	清皮	揉麻壳皮	榨皮子

贰拾柒	贰拾陆	贰拾伍	贰拾肆	贰拾叁	贰拾贰	贰拾壹	贰拾	拾玖	拾捌	拾柒	拾陆	拾伍	拾肆
◀ 捆纸	理纸	拆纸	晒纸	榨纸	抄纸	放滑粉	打槽	洗料	打料	堆料	生蒸地灰皮	蒸地灰皮料	擦碱

壹
砍 楮 枝
1

下午村造纸户传习着对造纸原料可持续利用的传统，三年砍伐两次，给楮树以可持续发展的恢复期。羊场乡一带楮树资源丰富，当地造纸户通常的采料方式是自己砍或请人砍，一般以每年清明节前后约半个月时间最宜。

贰
剥 皮
2

砍完楮树枝之后，通常要尽快把树皮剥下来，以免树皮变干不好剥。下午村的习惯是所有剥下的楮皮都要。阴雨天一般不剥皮，因为湿楮皮经雨淋后会变红，造出的纸会偏黄。一人一天可剥60 kg湿楮皮（约合干楮皮20 kg）。

叁
晒 皮
3

将楮皮晒干，如果天晴，晒一天（当地称"一个对时"）即可；如果遇上下雨天，则要在屋内晾2~3天。

肆
捆 皮
4　⊙1

把晒干的楮皮扎成捆子，每捆质量约2.5 kg，若干小捆可捆成一大捆，质量小的约10 kg，质量大的可达40 kg。

⊙1
捆好的干楮皮
Bundles of dried paper mulberry bark

⊙2

伍
泡 皮
5　　　⊙2

将成捆的楮皮放在盛有清水的泡料塘里浸泡，一般需要4天。50 kg干楮皮浸泡后重量会增至75 kg左右。

陆
拆 皮
6

将泡好的成大捆楮皮再拆分成小把，一般一大捆可以拆成30小把。

柒
浆 皮
7　　　⊙3

浆楮皮用的材料是熟石灰。50 kg干楮皮约需25 kg石灰。浆皮工序需三人分工合作完成，一人将楮皮置于石灰浆中浸泡，一人拉出已浆过的楮皮，一人用工具堆楮皮，三人一天可浆约800 kg干楮皮。

⊙3

⊙4

⊙5

捌
上甑
8　　　⊙4⊙5

当地也称"煮皮"。把楮皮料在浆料池中浆3~4天后捞出，滤干上面的水，用皮钩将楮皮料放入甑子。甑子，实为煮料的土窑，中间有甑锅，底部可烧火，甑锅上放成排的木棒以堆放浆好的楮皮料。甑锅有进水口和出水口，可用于循环换水。楮皮料堆放到甑锅上面后，中间要留直径15 cm左右的透气孔，一直到楮皮料所堆高度的1/2以上，然后上面再覆盖严实。皮料最高可堆至超出甑子1~2 m，上面用塑料布盖好后再用石头（或木头）压紧。一甑最少可蒸料1 250 kg，最多则可超过3 000 kg。

第二章

Chapter II

六 盘 水 市

Liupanshui City

第 一 节

Section 1

盘县皮纸

⊙
甑锅 5
Wok for steaming the papermaking materials

上甑 4
Putting the papermaking materials in the kiln

浆楮皮 3
Fermenting paper mulberry bark in limewater

泡楮皮 2
Soaking paper mulberry bark

中国手工纸文库

Library of Chinese Handmade Paper

玖
翻 皮 子
9 ⊙6

上甑蒸6~7天后需要翻动一次，然后再蒸6~7天即可"煮熟"。所用燃料为当地盛产的泥煤，一天需要用300 kg泥煤，一次完整的蒸料过程需要用3 600~4 200 kg泥煤。

拾
摆 石 灰 皮
10 ⊙7

楮皮料"煮熟"后，先用皮钩将其拉到洗料塘中，再往洗料塘中注水，将楮皮料洗干净，然后放在洗料塘边晾干，晾晒的同时给洗料塘换上清水。

拾壹
清 皮
11 ⊙8⊙9

把已洗过的楮皮料在洗料塘中多次浸泡并捞出，浸泡时间一般为3~4天，晾晒时间一般为1天。如此反复3~4次才能完成这道工序，炎热的夏天需用时半个月，寒冷的冬天则需20天。

⊙6

拾贰
揉 麻 壳
12

先把已洗干净石灰浆的楮皮料上的黑壳揉掉，然后再到塘中"摆"（即清洗）干净。通常，8个工人一天可揉1 500 kg楮皮料。

⊙7

⊙8

⊙9

⊙
8 / 9
清皮
Cleaning the bark

⊙
7
摆石灰皮
Cleaning the fermented bark

⊙
6
蒸料
Steaming the papermaking materials

Bast Paper
in Panxian County

拾叁
榨 皮 子

13   ⊙10⊙11

用榨床（旧时用木榨，调查时已使用金属榨）将已完成揉麻壳工序的湿楮皮料的水分尽量榨干，一榨约可榨出600 kg干楮皮料，一天一般可榨两榨，此工序需要两个人协同操作。

⊙11

拾肆
擦 碱

14

传统工艺用"柴灰"，比如玉米秸秆灰，50 kg干楮皮料要用20 kg柴灰。约从1980年开始用纯碱，其做法是把碱撒在楮皮料上并擦均匀，1 500 kg楮皮要用75 kg纯碱，七八个工人一天才能完成这道工序。

⊙10

⊙12

拾伍
蒸 地 灰 皮

15   ⊙12

将擦好碱的皮料再放入甑锅，上面需要盖塑料布并用石头或木头压住，大火蒸三天。

拾陆
生 料

16

用皮钩把再次蒸好的楮皮料从甑锅里捞出来，放在洗料塘中用清水泡一天一夜后捞起来背回纸坊。

拾柒
堆 料

17

把背回来的楮皮料堆在塑料布上，避免将楮皮料弄脏，因为落了灰或粘了土的楮皮料容易发黑，会影响所造纸的品质。

⊙ 10 / 11
榨皮子
Pressing wet papermaking materials to squeeze water out

⊙ 12
蒸地灰皮
Steaming the papermaking materials with alkali

拾捌
打　料
18

调查时流行的做法是先用刀将楮皮料砍断，然后用打浆机打浆。打半小时的料大约可抄1 000张纸，这样便可满足一天的用料需求。浆料都是提前一天准备好的，效率很高。而传统的打料方式则用的是脚碓，脚踩碓杆，将一把料放在碓臼上，一个人放料，两个人踩碓。一把料打300次左右，用时约半小时，一般一天用脚碓打九把料即够用。脚碓打料相比机器明显耗力费工，因而调查时已经很少用这一方式了。

拾玖
洗　料
19　⊙13⊙14

把打好的料用布质的料单兜住放入水中洗净，洗净后用脚将其踩干。

⊙13

贰拾
打　槽
20

将洗净的料放入纸槽内，用槽棍搅槽，通常搅25分钟左右。

贰拾壹
放　滑　粉
21

传统工艺用的是罗汉松根，将树根刮皮后放入浸缸，泡一天后待黏液浸出即可使用。使用时用纱布将浸泡好的汁液中的渣子过滤掉得到滑液水，然后将滑液水倒入打好的纸槽里并搅拌均匀，通常抄一槽纸需加六桶滑液水，一次加完。一个造纸户一个月要用

⊙14

100 kg左右的罗汉松根。1999年下午村造纸户开始用化学纸药（聚丙烯酰胺），一天约需0.05 kg，调查时化学纸药的价格为30元/kg。

踩 ⊙
干 14
Squeezing water out by stamping the papermaking materials

洗 ⊙
料 13
Cleaning the papermaking materials

Bast Paper
in Panxian County

⊙15

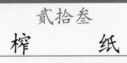

贰拾贰
抄　纸

22　⊙15~⊙18

下午村抄纸工艺手法分两道，头道挖水，先用双手端纸帘斜伸入纸浆中，然后前后拨水2~3次；第二道再挖水，然后拨水，游水后端离开水面滤水，将抄出的湿纸模倒扣在榨床的木板上，一人一天约可抄1 000张纸。

⊙18

⊙16

⊙17

贰拾叁
榨　纸

23　⊙19

当倒扣在榨床上的湿纸模堆积到一定厚度时即可进行榨纸，20世纪均使用木榨，大约2002年开始使用金属螺旋杆榨床，2005年开始改用千斤顶。木榨虽然便宜，但会因用力不均匀而影响榨纸质量。用千斤顶压纸，用力的均匀性容易掌握，不易把纸压爆。传统木榨通常需要到第二天才可以揭、晒纸，而千斤顶一次榨纸用时约20分钟，大大缩短了耗时，湿纸可当天榨干。

⊙19

⊙
榨纸
19
Pressing the paper

抄纸 ⊙
15
/
18
Scooping and lifting the papermaking screen out of water and turning it upside down on the board

⊙20

⊙21

贰拾肆
晒　纸

24　⊙20⊙21

将榨好的半湿纸揭下，用棕刷将其刷在墙上晾干。天晴时，一天即可晒干收纸；天阴时，所需时间则长一些。不过调查时据郑福玉等人回忆，以前下午村流行用火炕型的纸焙焙纸，用煤作为燃料，但今天已经弃用这一方式了。

贰拾伍
拆　纸

25　⊙22⊙23

由于下午村晒纸的方式是多张湿纸同时刷上墙晒，所以晒干后需要将纸分开揭下，此为拆纸。

⊙22

⊙23

⊙
晒
纸
20
/
21
Drying the paper

拆
纸 ⊙
22
/
23
Peeling the paper down

贰拾陆
理 纸

26 ⊙24~⊙26

用盖方（一种长木块）将揭下的纸按70张/刀或100张/刀折叠好并拍打结实。当地习俗是老人过世装殓用纸为100张/刀，其他用途为70张/刀。2刀为1合，5合为1捆。

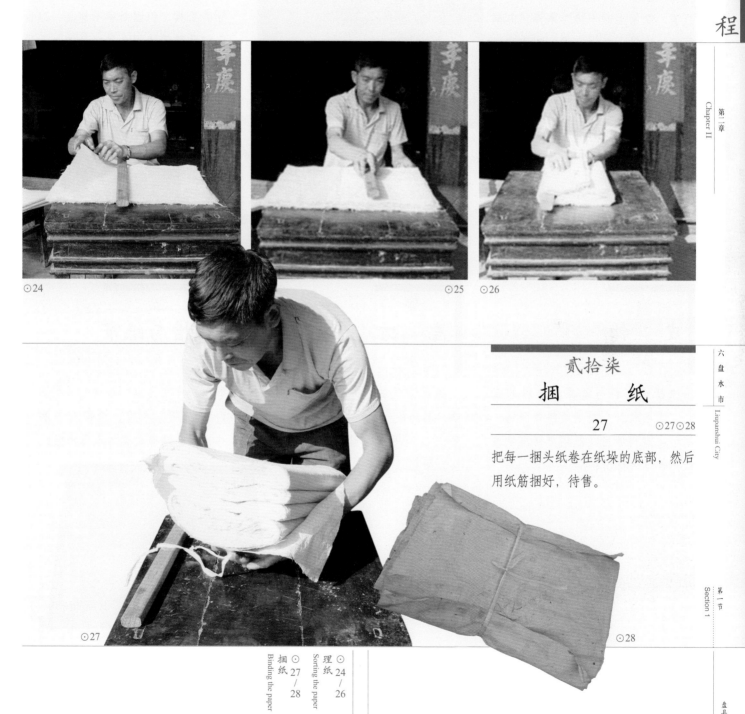

⊙24

⊙25 ⊙26

贰拾染
捆 纸

27 ⊙27⊙28

把每一捆头纸卷在纸垛的底部，然后用纸筋捆好，待售。

⊙27

⊙28

捆纸 ⊙
27
/
28
Binding the paper

理纸 ⊙
24
/
26
Sorting the paper

（三）

盘县皮纸生产使用的
主要工具设备

壹
甑 子
1

用于煮料的土窑。窑底部如炉膛，可以放置燃料加热，中间安放一口甑锅，甑锅上架一排排木棒，如同蒸笼的笼屉，甑锅有进、出水口。蒸料时，木棒上放待蒸煮的楮皮料，木棒下的甑锅内放清水。

⊙1

贰
木 榨
2

下午村传统工艺中用的是木质的榨床，即将湿楮皮料及湿纸模压去水分的工具，但因效率不够高，21世纪初已普遍使用金属材料的千斤顶作纸榨。下午村传统木榨一般由榨纸板、压条、榨砣、榨杆以及钢丝绳等组成。

⊙2

叁
皮 钩
3

用来捞楮皮料与蒸煮楮皮料的工具。木质长杆，前端装铁质倒钩，用于从泡料塘里或甑锅里捞出浆过或蒸煮过的楮皮料。

肆
盖 方
4

一种长条状的木块，主要用于理纸。其功能一是作折叠纸时的界尺用，二是用来将叠好的纸拍打结实、平整。

伍
纸槽与纸帘
5

下午村郑福玉家的纸槽约齐腰高，内槽较深，木质。纸帘有多种尺寸，帘前端有较宽的木质挡板。

⊙3

⊙ 甑子 1
Kiln for steaming the papermaking materials

⊙ 木榨 2
Wooden presser

纸帘 3
Papermaking screen

Bast Paper
in Panxian County

（四）

盘县皮纸的性能分析

中国科学技术大学手工纸实验室测试小组对盘县下午村皮纸所作的性能分析，包括厚度、定量、紧度、抗张力、抗张强度、白度、纤维长度和纤维宽度8个指标。每一指标重复测量若干次后求平均值，其中厚度抽取10个样本进行测试，定量抽取5个样本进行测试，抗张力横向和纵向各抽取10个样本进行测试，白度抽取10个样本进行测试，纤维长度测试了200根纤维，纤维宽度测试了300根纤维。表中列出各参数的最大、最小值及测量若干次所得到的平均值或者计算结果。《贵州卷》后续各节的纸样测试均参照此方式进行。

对调查组所采集的下午村皮纸进行测试分析，得到其相关性能参数，见表2.1。

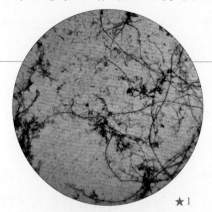

★1
★2

表2.1 下午村皮纸的相关性能参数
Table 2.1　Performance parameters of bast paper in Xiawu Village

指标		单位	最大值	最小值	平均值
厚度		mm	0.115	0.070	0.085
定量		g/m²	—		16.1
紧度		g/cm³	—	—	0.189
抗张力	纵向	N	9.4	6.0	7.5
	横向	N	4.3	3.5	4.0
抗张强度		kN/m	—	—	0.383
白度		%	48.6	47.2	47.7
纤维长度		mm	16.71	1.21	3.88
纤维宽度		μm	29.0	1.0	10.0

由表2.1可知，所测下午村皮纸最厚约是最薄的1.64倍，所取各样本数值均接近平均值，厚薄差异相对较小，经计算，其相对标准偏差为1.60%。皮纸的平均定量为16.1 g/m²。所测皮纸的紧度为0.189 g/cm³。

经计算，其抗张强度为0.383 kN/m，抗张强度值较小。

所测下午村皮纸白度平均值为47.7%，白度最大值约是最小值的1.03倍，相对标准偏差为0.50%，差异相对较小。

所测下午村皮纸纤维长度：最长16.71 mm，最短1.21 mm，平均3.88 mm；纤维宽度：最宽29.0 μm，最窄1.0 μm，平均10.0 μm。所测皮纸在10倍、20倍物镜下观测的纤维形态分别见图★1、图★2。

★2 下午村皮纸纤维形态图（20×）
Fibers of bast paper in Xiawu Village
(20× objective)

★1 下午村皮纸纤维形态图（10×）
Fibers of bast paper in Xiawu Village
(10× objective)

Library of Chinese Handmade Paper

中国手工纸文库

贵 州 卷·上卷 | Guizhou I

五
盘县皮纸的用途与销售情况

5
Uses and Sales of Bast Paper in Panxian County

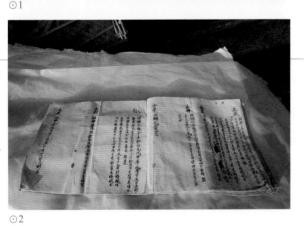

⊙ 1

⊙ 2

⊙ 1 / 2
旧日的文书
Old documents written on bast paper

盘县皮纸用途比较广泛，老人过世装殓，祭祀，制作挂青的钱串、纸钱、宝天钱，擦机器，抄古书，盖房子等都要用到。以前曾用糯米浆抄白纸，抄出来的纸可以用于包装月饼。

（一）盘县皮纸的主要用途

盘县及以下午村为生产基地的楮皮纸质量较优，手感绵软柔韧，白度也因工艺相对精致（如熟料法蒸料充分等）而较高，因而在历史上区域流通较好，用途也较广。

1. 丧礼及祭奠用纸

这是下午村皮纸最传统的用途，也是延续至21世纪的大宗用途，包括家中老人去世装殓时的习俗用纸、祭礼用纸、制作挂青的钱串用纸等。这一用途与乡民风俗关系密切，到调查时依然产销两旺。

2. 抄写用纸

下午村生产的皮纸绵白且韧性好，适合抄写文书档案或古籍资料，在机制纸印刷技术及产品普及之前，这一用途曾经是盘县皮纸的重要用途。今天这一用途因技术与材料的演化而处于消亡状态。

3. 包装用纸

下午村生产的皮纸曾经在乡间被广泛用于食品及物品包装。调查中据郑福玉回忆，下午村曾经在生产中添加糯米浆抄造楮皮纸，抄出的纸较普通皮纸更为洁白细腻，当地曾流行将这种特别制作的纸作为月饼的包装纸，不过今天这一用途也基本消失。

4. 擦拭机器用纸

下午村的楮皮绵料纸因柔韧性好在当代开拓了擦拭机器的新用途，黔西南及滇东一带均有需求。

关于盘县皮纸的传统用途，调查中还获知旧日乡间盖房子要用到楮皮浆料以增加黏性与拉力，但具体的使用方式因年代久远而难知其详了。

（二）盘县皮纸的销售情况

下午村生产的皮纸一直以关注品质、有集合规模的状态传习。产品主销区域除盘县本地域外，还有贵州西部的六盘水市、黔西南布依族苗族自治州以及云南东北部的宣威地区。

下午村生产的皮纸有多种尺寸，调查时最流行的是50 cm×60 cm，另有57 cm×57 cm、50 cm×50 cm、47 cm×43 cm等多种尺寸。

盘县皮纸的销售价格在1975年梅子沟纸厂（联社）运营时，分别为一等纸19.5元/捆，二等纸18元/捆，三等纸17元/捆。

以郑福玉纸坊的生产情况来看，2008年两人造纸，年使用干楮皮约2 500 kg，生产成品纸约200捆（按每捆700张计，约有140 000张）。

六

盘县皮纸的相关民俗与文化事象

6

Folk Customs and Culture of
Bast Paper in Panxian County

1. "祭蔡伦"

在下午行政村及郑家河自然村的实地考察中，调查组成员通过对若干造纸户的深入访谈，发现当地造纸文化中祭蔡伦的仪式颇为流行。据郑福玉等造纸人描述，按照传统的做法，几乎每家造纸作坊在每一次蒸煮构皮前都有祭拜蔡伦先师的活动，其目的是企盼行业祖师能保佑造出好纸。此外，郑家河村每年都有较为正式的集体祭祀蔡伦先师的仪式，村里也有

⊙3
纸甑旁的祭祀小龛
Niche for worship beside the papermaking kiln

中国手工纸文库
Library of Chinese Handmade Paper

专门的祭祀场所，从中可见当代造纸户尊敬传统造纸技艺的文化遗传心理。

2. 专门的手工皮纸交易市场

羊场乡的手工皮纸生产一直维系着较大规模，在下午村驻地附近，一个由造纸农户自发集聚而形成的手工皮纸交易市场颇具特色。调查时了解到，该集市为专门的手工皮纸市场，每隔一周开市一天，下午村的造纸户们通常会将自己生产的手工皮纸拿到集市上售卖，同时在集市上采购造纸用的原料与工具。欲购买盘县手工皮纸的商人与消费者也会直接到集市上采购。

下午村的手工纸交易特色是专业市场模式，而中国绝大多数乡土手工纸的交易是在家中或综合农贸集市中进行的，手工纸只是农贸市场中的一个产品而已。像下午村手工皮纸交易市场这样规模化、专业化、定期化的纸品市场极为罕见，具有鲜明的地域文化特色。

3. "人七劳三"与"工分制"

贵 州 卷·上卷 | Guizhou I

调查中据郑福玉等造纸人回忆，1975年左右兴办集体所有的梅子沟纸厂时，50~60个造纸工人统一由生产队按工分计酬。其主要模式是"人七劳三"，即按照人头分工占70%，按照造纸劳动分工占30%，每个造纸工人标准的工分是10分。1捆纸10刀，计15个工分，而所造纸按品质分三等，一等纸每捆奖励1元钱，二等纸、三等纸则没有奖励。

推销人员也由生产队统一外派，每一次外出按60个标准工分计，不管实际外出时间长短，同时超出生产队（纸厂）定价以上的部分收入归推销人员个人。鉴于当时的社会状况，所有推销人员均需当年的人民公社（乡级建制）开证明，证明其是公家委托的合法行为，不属于私人倒买倒卖的"投机倒把"行为，以避免被关押扣留或罚没手工纸产品。

Bast Paper in Panxian County

七
盘县皮纸的
保护现状与发展思考

7
Preservation and Development of
Bast Paper in Panxian County

⊙1

（一）盘县皮纸传承与保护的现状

调查中获知，盘县皮纸在民国时期就已存在一定的生产规模，直到21世纪初，盘县境内手工造纸工艺仍保持完整，且呈现较好的聚集度与市场流通性。

1. 生产性传承与保护具有一定的规模

在羊场乡下午村调查时发现，皮纸工艺生产性的传承仍有较强的生命力。例如郑家河村约有80%的农户利用农闲时间制作手工皮纸，从事造纸的人既有70岁的老纸工，也有曾外出打工后又返村造纸的年轻人，这使得郑家河村手工纸生产呈现出持续发展的态势。

2. 生产性传承与保护中的创新

值得一提的是，盘县皮纸在生产传承中呈现出诸多创新，如榨纸工序中以前用的是木榨，木榨工艺虽然正宗、传统，但费力、费时，且可能会由于用力不均而压坏纸张。约2002年，村里造纸技工对榨纸工具进行了创新性改进，用螺旋杆

⊙2

加压进行榨纸，节省了人力，提高了效率。2005年当地改用千斤顶，使榨纸效率大幅度提升，并消除了榨纸中用力不均的弊端。这种工具改进既保留了传统工艺的精髓，又使得这里的手工造纸技艺能够随时代发展而有更好的适应性与更强的生命力。

3. 手工皮纸专业市场的发育与发展

在郑家河村调查时发现，该地手工造纸传承与保护的一个重要特色是当地手工造纸生产已与专业市场紧密相连。下午村由当地造纸户自发汇聚形成的手工纸销售市场以及规模化手工纸集市每隔一周开市一天，周边的手工造纸户都到手工纸集市上采购手工纸原料、相应造纸工具等，也将自己生产的手工纸拿到集市上去卖，同时各地的手工纸商人也在集市上采购手工纸。下午村手工造纸专业市场使得当地的手工纸生产较好地实现了产销地衔接及相应的工艺技术的市场化传承与保护。

4. 煤炭资源的开发对手工造纸技艺的传承与保护造成了冲击

调查中发现，煤炭资源的开发导致相当一部分造纸户转行，因为采煤比手工造纸收益高。

（二）盘县皮纸传承与保护的思考

1. 应考虑推进建立手工造纸传承与保护的机制

由于盘县羊场乡下午村的手工造纸农户多、规模大，工具体系亦多种水平和层次并存，生产性传承人覆盖不同年龄段，建议制订乡土性的手工造纸文化遗产保护计划，加强对代表性传承人的保护及登记，建立档案制度，使当代技艺文化传习发展进入区域性的规制体系，进而将乡土技艺纳入一定的文化产业系统。同时，由地方政府资助或补贴建立手工造纸技术与文化的培训机制，对乡土化特色技艺传承人和工具制造人进行专业化培训，确保盘县手工造纸文化遗产生产性

传承与保护的当代性延续。

2. 应考虑建设小区域、专门的手工造纸文化生态保护区

文化生态保护区主要是指在一个特定的区域中，通过有效的保护措施，修复一个非物质文化遗产（口头传说和表述，包括作为非物质文化遗产媒介的语言，表演艺术，社会风俗、礼仪、节庆，有关自然界和宇宙的知识与实践，传统手工艺技能等以及与上述传统文化表现形式相关的文化空间）和与之相关的物质文化遗产（不可移动文物、可移动文物、历史文化街区和村镇等），二者互相依存，与人们的生产生活密切相关，并与自然环境、经济环境、社会环境和谐相处的生态环境。当代中国已在国家层面建立了若干示范性文化生态保护区，且这也已成为文化遗产保护的重要内容，对全面提高文化遗产保护水平颇具价值。盘县羊场乡下午村手工造纸生产技术类型丰富，工具体系多样，传承人员技术全面，交易市场发育与发展富有特色，尤为突出的是21世纪以来当地农户手工造纸生产仍呈现集中连片的局面，具备建立文化生态保护区的诸多有利因素。

在具体的建设工作中，可将以下工作原则作为建设指导：

（1）以人为本原则。

通过对当地手工造纸文化遗产和传承人的保护，保障和实现当地民众的基本文化权益，培养当地民众的手工造纸文化自觉意识。

（2）注重生态原则。

注重对当地农户手工造纸文化遗产生存、发展生态的保护，优化当地农户手工造纸文化遗产保存、延续的生态环境，维持当地民族手工造纸的文化多样性，增强当地手工造纸优质文化基因，促使当地手工造纸文化能够持续健康发展。

（3）统筹兼顾原则。

当地手工造纸文化传承与保护中应当坚持物质文化遗产保护和非物质文化遗产保护相结合、文化生态保护和自然生态保护相结合，注重当地不同造纸村庄之间的合作，统筹规划，点面结合，分步实施，将当地手工造纸文化生态保护实验区建设纳入当地国民经济和社会发展规划，纳入当地城镇建设和新农村建设规划。

（4）共同保护原则。

发挥当地政府的主导作用，坚持依法保护，建立健全的当地手工造纸保护实验区工作机制。科学制订保护规划，加大经费投入，加强保护工作队伍建设，加强宣传教育，发挥当地民众在手工造纸文化遗产保护中的主体作用，鼓励当地民众、企事业单位、文化教育机构、其他社会组织积极参与文化遗产和生态环境的保护工作。

⊙1

⊙ 1
废弃烘纸房里的造纸老人
An old papermaker in an abandoned drying room

⊙ 2

村里随处可见的造纸工具遗迹

Papermaking tools scattered everywhere in the village

皮纸

下午村皮纸透光摄影图
A photo of bast paper in Xiawu Village
seen through the light

第二节

盘县

竹纸

贵州省
Guizhou Province

六盘水市
Liupanshui City

盘县
Panxian County

调查对象

老厂镇
竹纸

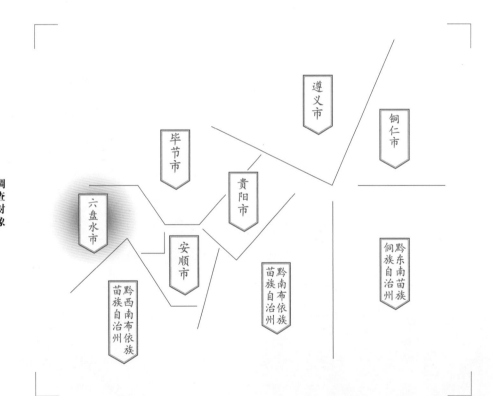

Section 2
Bamboo Paper
in Panxian County

Subject

Bamboo Paper in Laochang Town

一

盘县竹纸的
基础信息及分布

1

Basic Information and Distribution of
Bamboo Paper in Panxian County

竹纸是盘县另一种历史悠久的手工纸种类，生产地点集中在县内老厂镇。老厂镇位于盘县东南方，有黎、布依等9个少数民族聚居，但从事造纸的却只有汉族。盘县竹纸的历史可以追溯到清康熙年间，《老厂镇志》[1]记述为袁姓家族从四川引入竹纸生产技艺，而调查中获知的信息是由董姓家族首先从四川引入技艺。

盘县竹纸的主要生产原料是老厂镇出产的灰竹与金竹，也有掺用少量梭草、稻草及麦草的混料生产情况。

老厂镇是全国较少见的手工纸作坊大规模集聚生产的历史基地，20世纪六七十年代镇造纸联社下辖5个造纸分社，每个分社又管理着一批手工造纸作坊，长年从业人数有1 700~1 800人，而且不使用任何现代化机械进行生产。2010年12月调查时，盘县竹纸已是贵州省非物质文化遗产保护项目，有董华祥、何联庆2位省级代表性传承人。

老厂镇的造纸点主要分布在老厂居委会（村）、黑土坡居委会（村）、石门坎居委会（村）、席草坪居委会（村）、滑石坡居委会（村）5处，调查时5个村均有成批的造纸作坊遗存，但仍在造纸的造纸户已很少。

⊙1

⊙
1

老
厂
村
小
景
View of Laochang Village

[1] 袁占平,李枝玲,等.老厂镇志[Z].《老厂镇志》编纂委员会编印,2008:100.

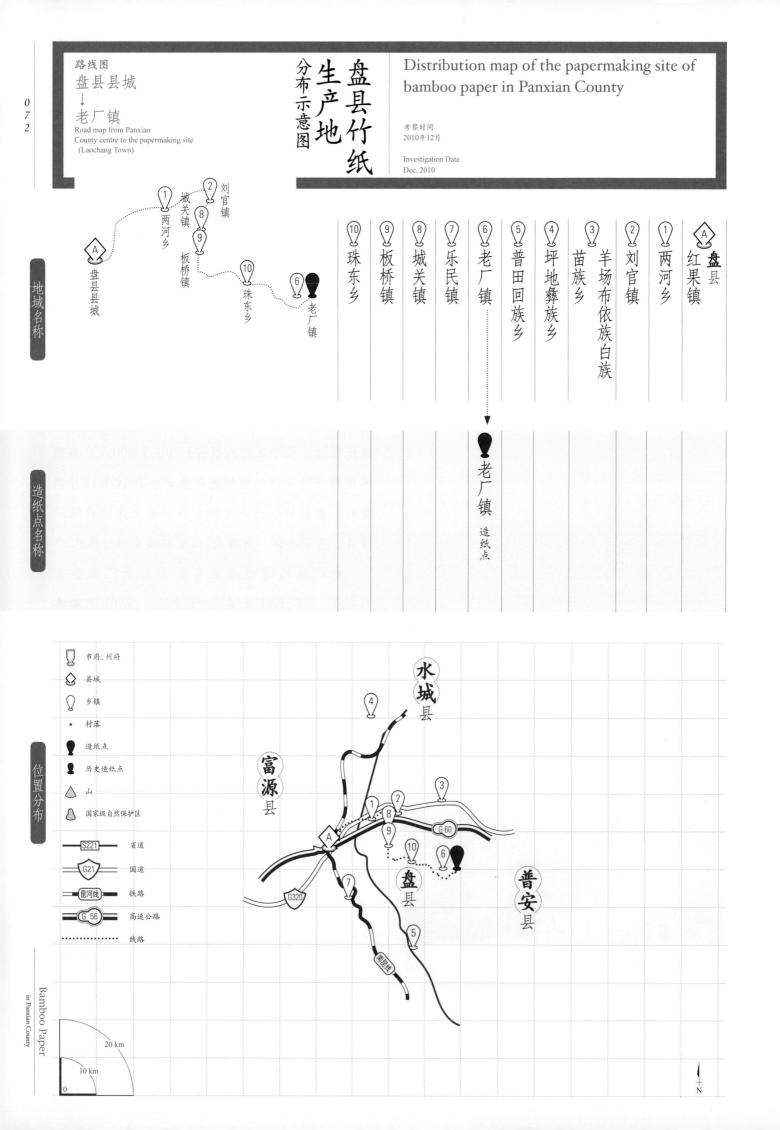

路线图
盘县县城
↓
老厂镇
Road map from Panxian
County centre to the papermaking site
(Laochang Town)

盘县竹纸
生产地
分布示意图

Distribution map of the papermaking site of
bamboo paper in Panxian County

考察时间
2010年12月

Investigation Date
Dec. 2010

地域名称

① 两河乡
城关镇
② 刘官镇
⑧
⑨ 板桥镇
A 盘县县城
⑩ 珠东乡
⑥ 老厂镇

⑩ 珠东乡
⑨ 板桥镇
⑧ 城关镇
⑦ 乐民镇
⑥ 老厂镇
⑤ 普田回族乡
④ 坪地彝族乡
③ 羊场布依族白族苗族乡
② 刘官镇
① 两河乡
A 盘县 红果镇

造纸点名称

老厂镇 造纸点

位置分布

市府、州府
县城
乡镇
村落
造纸点
历史造纸点
山
国家级自然保护区

S221 省道
G21 国道
昆河线 铁路
G 56 高速公路
线路

水城县
富源县
盘县
普安县

Bamboo Paper
in Panxian County

20 km
10 km
0

N

二

盘县竹纸生产的
人文地理环境

2

The Cultural and Geographic
Environment of Bamboo Paper
in Panxian County

⊙ 1

⊙ 2

有关盘县的人文地理环境已经在"盘县皮纸"一节系统介绍，兹从略。

盘县老厂镇与生产皮纸的羊场乡均与黔西南布依族苗族自治州的普安县接壤，老厂镇位于盘县正东偏南，羊场乡位于盘县正东偏北。老厂镇地处东经104°45′～105°54′、北纬25°32′～25°40′，境内森林覆盖率达63.8%，山多林密，海拔落差大，年平均降水量约1 400 mm，地形特征为典型的碳酸岩喀斯特地貌。镇域内气候温和，冬无严寒，夏无酷暑，属亚热带季风气候。

老厂地域历史上因属云贵高原深山僻地，明代以前的状况湮没无闻，目前获知的信息源于旧版州县志及若干族谱记载："明代初年，朱元璋派军队远征云南，后有远征军后代钟姓、袁姓、孔姓和董姓4支移居老厂境内，当年建造的石拱桥和造纸作坊今日仍存遗迹，时间在公元1600~1700年这一阶段，隶属普安州盘县管辖地域。"老厂镇的行政建制在历史沿革中有多轮变化，民国时期是以方、保、甲为体制，即盘县老厂方下辖11保，每保之下以自然寨子设甲，由甲长管理。2004年是离调查组入镇最近一次的建制调整：老厂镇共辖老厂居委会等6个居委会，石门村等12个行政村。

老厂镇是贵州西南重要的林业资源密集区，是贵州省著名的竹海区域。1999年，老厂竹海与相邻珠东乡境内的盘县大洞一起被评为贵州省级风景名胜区，全称为"大洞竹海风景名胜区"，有白果岭、竹溪、竹海3个景区，包括竹根溪、天生桥、十里竹溪、古驿道、古造纸作坊、朱家竹木寨、席草坪村寨等20多个景点。

老厂与优势林竹资源相关的另一产品是"竹根水"，这是在老厂特殊的竹海与林土条件下形成的一种极低矿化的天然极软水。其原理为竹海里的玄武岩孔洞隙水沿山地斜坡渗流，与岩石、

第二章
Chapter II

六 盘 水 市
Liupanshui City

第二节
Section 2

盘县竹纸

竹根及土壤进行充分的交换净化，形成具有明显清凉甘甜口感的天然纯净水，目前形成的品牌统称"乌蒙竹根水"。1994年1月5日，中国科学院贵阳地球化学研究所主持的专家鉴定结论认为，其"属国际首次发现的在老厂区域特殊水文地质与生态环境条件下形成的一种新型极低矿化度、极低硬度、超低钠的天然极优质纯净水"[2]。

盘县是中国南方重要的煤炭资源基地，盛产优质煤，目前已探明无烟煤储量近3亿吨。镇区建有2个较大的煤矿，即银逢煤矿和色绿云贵煤矿，设计产能均为15万吨/年，已经成为老厂镇甚至盘县的经济支柱[3]。

老厂镇是一个多民族聚居的区域，共有布依、黎、侗、水、苗等9个少数民族，但仍以汉族人口为最多。按2007年底的统计，老厂镇共8 750户，常住人口30 700。全镇较有显示度的节庆活动是每年从正月初一到初五的民间耍马节，节庆时在野外有一系列表演游艺歌舞的各民族联欢，场面宏大。

老厂作为省级风景名胜区的重要组成部分，数万亩竹海以及春天竹林、杜鹃花海的美景，口碑极好；已有300余年历史的手工造纸作坊群多片旧址与遗迹是重要的文化观光景点，而独具特色的乌蒙竹根水也让人印象深刻。在距老厂镇区仅6 km的珠东乡境内，有全国著名的旧石器中期人类文明遗址——盘县大洞，其位居1993年全国十大考古新发现的榜首，规模之大与典型性之突出堪称中国南方旧石器文化的代表性样本；在40 km之外，即有著名的丹霞山，它是民间俗称的中国佛教八小名山之一。

⊙1

⊙2

[2] 袁占平,李枝玲,等.老厂镇志[Z].《老厂镇志》编纂委员会编印,2008:102.

[3] 袁占平,李枝玲,等.老厂镇志[Z].《老厂镇志》编纂委员会编印,2008:7.

⊙1
老厂村造纸作坊群街区旧址
Former papermaking mills in Laochang Village

⊙2
老厂优质煤
High quality coal produced in Laochang Town

中国手工纸文库
Library of Chinese Handmade Paper

贵州 卷·上卷 | Guizhou I

Bamboo Paper
in Panxian County

三
盘县竹纸的历史与传承

3

History and Inheritance of Bamboo Paper
in Panxian County

可印证的老厂镇生产竹纸的历史，迄今已有约300年。据2008年编印的《老厂镇志》记述，明初朱元璋派大军远征云南时，即已有驻防滇南的中原家族迁移老厂，最早移居的相传为钟姓和袁姓。虽然在模糊的民间记忆和口头传说中，认为两姓迁入后才有造白板纸或造土纸的历史，造纸人董华祥也介绍说有那时留下来的窑孔遗址作为证据，但老厂手工造纸的信史（在今传老厂董氏家谱上有明确记载）则始于清康熙晚期。公元1700年前后，今老厂董氏十二世祖董耀先（老厂董氏第一代）从当时的普安州十里坪（时盘县属普安州管辖）移居老厂，并弃农耕而司造纸之业[4]。开始时是利用老厂当地盛产的茨竹和苦竹等作为造纸原料，后因本地竹所造的纸往往发黑，董耀先和其子董文龙便在乾隆初年从今四川省的罗山地区（董华祥在调查时的另一说法则是四川省的夹江地区）引种更适宜造纸的灰竹和金竹到老厂，经过近300年的培育，灰竹和金竹已成为老厂的重要竹种。

老厂地名的由来也与手工造纸有直接关系，按照2008年编印的《老厂镇地方志》的说法，老厂是"老纸厂"的简称，"老厂的起源是以造纸命名，原名'老纸厂'，沿袭300余年来，还是古老传统的手工造纸作坊——老厂"[5]。至于这"老纸厂"最初命名是什么时间，由于缺乏权威的依据而无法确定。而调查中民间更为流行的说法是董姓移民之后造纸业在老厂蔚为大观，以此为生的董、彭、杨、李等姓世袭此业，手工造纸作坊和窑孔遍布全镇，以手工造纸为生的民众占90%以上，因此而得名纸厂，后代人则习称为"老纸厂"。

[4] 袁占平，李枝玲，等.老厂镇志[Z].《老厂镇志》编纂委员会编印,2008:7,102.

[5] 袁占平，李枝玲，等.老厂镇志[Z].《老厂镇志》编纂委员会编印,2008:10.

⊙3
《董氏族谱》封面
The cover of *Genealogy of the Dongs*

⊙4
非物质文化遗产代表性传承人
董华祥
Dong Huaxiang, a representative inheritor
of intangible cultural heritage

老厂镇造纸的特点是规模大、分布广，高峰期呈现全民造纸的盛况。从调查组获得的调查信息及相关乡土史志资料来看，清乾隆年间老厂造纸已成规模，但当时主体产品是颜色发黄且纸质粗糙的"裹脚纸"。清嘉庆、道光年间，开始从四川引种灰竹等作为大批量原料使用，所造纸的品质得以迅速提高，颜色变白，纸质变细，并开始销往云南等地。民国初年开始改进工艺抄造"写字纸"（即当地竹纸中的高档产品——毛边纸）。该纸品以细滑洁白、抖动时响声悦耳而扬名，并逐步成为向马来西亚等东南亚国家出口的较大宗手工特产。

老厂镇在1949年以后曾经是中华人民共和国大规模聚集型纯手工造纸的一个样板。老厂自古以来的造纸业态都以家庭为单位进行生产和传承，每一户都是一条小的生产线，但人民公社及公有制经济的实践给老厂手工造纸业态带来了新的面貌。据调查组专访的贵州省非物质文化遗产——盘县竹纸的代表性传承人董华祥回忆，

1961年，盘县政府在老厂镇正式筹建国营盘县纸厂，辖5个车间，分别设在镇属的黑土坡村、席草坪村、石门坎村、滑石坡村及镇区所在的老厂村，有1 700~1 800名工人，全部采用传统手工工艺，把此前每家每户分散作业的业态改为集中的工厂式业态。

20世纪60年代中期，贵州省政府相关部门曾经有将机器造纸引入盘县造纸厂的计划，当时选点定在滑石坡村的车间，但因多种原因未能实施而改投入到兴义州，盘县纸厂因此一直保持了工厂型规模化纯手工造纸的模式。

机器生产目标未能实现导致国营盘县纸厂的所有制方式发生了变化，纸厂不再是国有模式，而是改为集体所有的造纸联社，由盘县轻工业局主管。这一模式持续到1991~1992年，后来造纸联社逐渐解散，除镇区的老厂村联社分社外，其余4个村的联社资产都被承包给村民造纸户。1997~1998年，老厂村的造纸联社分社也宣告解散，盘县竹纸的生产又回到个体造纸作坊生产模式。

从国营盘县纸厂建立到1980年前后，盘县竹纸曾经是贵州省对外贸易专项采购的外销产品，每年外贸公司都会来老厂订货并销往东南亚。据董华祥介绍，1980年以后外贸公司就很少来购纸了。

另一个值得关注的事件是，老厂虽然生产的是一般竹纸，但在20世纪80年代曾专门从联社选派技术工人到四川省夹江县学习造"宣纸"的技术（实际上为夹江产的书画竹纸），但未能成功引入。20世纪90年代前期，老厂又从夹江县请来了一位造纸师傅进行现场指导，最终成功地造出

"宣纸"并掌握其技能。夹江师傅走后，老厂只生产过一年的"宣纸"，此后再也没生产过。据董华祥介绍，过去曾经有多批人来采购"宣纸"，如今当地再也找不着这种纸的样品了，这是极为遗憾的事。

21世纪以来，盘县竹纸的传承处于不良状态，由于盘县煤炭资源的开发非常红火，从业者收入较高，生产盘县竹纸这种价格低廉产品的传习已经后继无人，镇区老厂居委会（村）的作坊到2009年已全部停产，其余几个历史造纸片区

仍在生产的造纸户也已很少。以黑土坡居委会（村）为例，这个历史上家家户户都造纸的千人村落，至2010年12月16日调查组入村时，仍坚持全年造纸的只有何联庆及其妻子赵本美了，且何联庆本人是贵州省级的"非遗"代表性传承人。另有2户仍在断断续续造纸，但已不将其作为主业经营了。对比数十年前的兴盛场面，现在可以说是近于烟熄灶冷了。

⊙3

⊙2

⊙4

⊙5

2 记述老厂造纸历史的乡土文献
Local literature on papermaking history in Laochang Village

3 何联庆忆造纸旧事
He Lianqing recalling the old days of papermaking

4 何联庆抄纸的小纸坊
He Lianqing's papermaking mill

5 国营盘县造纸厂的旧车间外景
Former workshop of state-run Panxian Papermaking Factory

四

盘县竹纸的
生产工艺与技术分析

4

Papermaking Technique and Technical
Analysis of Bamboo Paper
in Panxian County

（一）

盘县竹纸的生产原料与辅料

    盘县竹纸的生产原料为老厂镇本地出产的灰竹与金竹，也有造纸户添加梭草或稻草作为辅料，老厂镇造纸户认为灰竹与金竹能造出品质好的竹纸，而当地生长的其他竹类原料则造不出品质好的纸，如造出的纸纸色发黑等。造纸所用纸药为罗汉松根的汁液，当地音译为"桦树"。此外，石灰、纯碱和烧碱也是生产过程中必备的辅料。

（二）

盘县竹纸的生产工艺流程

    据传，盘县竹纸的生产有72道工序，调查组2010年12月在老厂访谈时，何联庆、董华祥及其他几位造纸人均言之凿凿，但再进一步探询具体是哪72道工序，却没人说得清楚。针对延续数百年未间断的老厂镇竹纸制作工序，调查组通过对多位造纸人的访谈考察以及同《老厂镇志》等资料的比照，将其归纳如下：

壹	贰	叁	肆	伍	陆	柒	捌	玖	拾	拾壹	拾贰	拾叁	拾肆
砍竹	敲竹	煮料	踩竹麻	洗料	二次煮料	二次洗料	沤浸	舂料	打槽加滑	抄纸	压榨	烘干	包装

壹 砍竹

1 ⊙1

老厂的造纸户们通常是每年端午节后砍刚长出竹叶的嫩竹，过早或过晚砍下的竹子都不适合造纸。砍下竹子后去掉竹枝和竹叶，扎成捆子并背到造纸专用的土窑（窑孔）旁。当地主要是集中砍伐嫩竹以备全年使用。

贰 敲竹

2

用棒槌或斧子敲击竹子，然后把敲好的竹子用竹篾扎成捆子备用。敲竹主要是为了把竹管敲破，方便下一工序中的石灰浆水渗透进去。

叁 煮料

3 ⊙2

把敲好的竹料平铺式码放在窑中，加入石灰浆水，然后再铺第二层、第三层……每铺一层竹料加一次石灰浆水，所加石灰浆水的量以能看见竹料上有白浆为标准。铺放到预定位置后，放水把竹子全部淹没，便可开始煮料。煮料一般需20~30天时间。通过蒸煮把竹料煮趴煮软，在煮料过程中要不断加水以保证竹料的湿润度。由于老厂本地盛产优质煤，因此当地一般用煤而不用柴草来煮料。

⊙2

⊙1

肆 踩竹麻

4 ⊙3

把煮好的竹料从窑里取出，用当地造纸工艺中极富特色的工具——布质钉鞋踩竹料，通常踩竹料需要一天时间，数十人同时作业，有踩的，有用锄头等工具进一步敲击使竹纤维分离变软。钉鞋虽然是由布料制成的，但踩多次后会因石灰浆水混合液的

浸泡而变得硬挺。钉鞋踩料的作用是把竹料踩成分离状的麻丝大小的竹纤维，据何联庆介绍，老厂当地认为经过这道工序后的竹料才叫作竹麻。另据董华祥介绍，踩竹麻这道工序传统中由专门的包工组织完成。

⊙3

Bamboo Paper
in Panxian County

⊙
1
老厂旁的新竹
Bamboo springing up by Laochang Village

⊙
2
煮料用的造纸窑
Papermaking kiln for steaming the papermaking materials

⊙
3
何联庆家踩竹麻用的布质钉鞋
Spiked cloth shoes for stamping the papermaking materials (owned by He Lianqing)

伍
洗 料
5 　　　⊙4

把踩好的竹麻放入造纸窑附近的水池中进行冲洗（洗竹麻的水池一般在窑旁依地形凿砌而成），每天洗一遍，最少洗五遍，要求高的洗六遍，以把附着在竹麻纤维上的石灰残液和杂质洗净为准。如果清洗不干净会导致所造的竹纸颜色发黄，也容易使后续抄纸的工人双手受石灰残留物侵蚀而开裂。据说另一重要原因是，过去来老厂镇买竹纸的顾客都懂得抖纸辨质量，只有用冲洗干净的竹麻才能造出有响声的好纸，用没洗干净的竹麻造出的纸在抖纸时不会发出声音。

⊙4

陆
二 次 煮 料
6 　　　⊙5

把洗净的竹麻再次放入窑中，并将纯碱和烧碱的混合液泼到竹麻上，通常的比例是若按500 kg竹麻计算，大致要放20 kg的纯碱与烧碱混合液（据何联庆介绍，1 kg烧碱可抵2 kg纯碱），烧碱在这道工序中的作用是软化，而纯碱在这道工序中的作用是增白。然后放水浸没竹麻，煮料15~20天，便可将竹麻煮成软的竹浆团。

柒
二 次 洗 料
7

把窑内的碱水通过出水的孔洞放干净，然后加清水入窑漂洗，一般要洗五遍以上，直到竹浆团中没有碱水为止，这一过程正常情况下需要七天左右。过去加清水入窑是将竹管一剖两半以接山上的水，现在则多用塑料管或胶皮管。

捌
沤 浸
8

用冷水漂洗过的竹麻浆料会变硬，这是正常洗料后的状态。后在煮料的窑里放入清水以浸泡竹麻，约需30天，竹麻浆料因发酵而生热，这时浆团纤维又会变软，通常这一发酵过程能使温度上升至20 ℃。窑中浸泡完成的浆料标准为色白有光泽，若是发黑或呈黄色则为次品料。

⊙5

⊙5
废弃的老厂煮料窑
Abandoned boiling kiln in Laochang Village

⊙4
老厂村旧窑边的洗料池
Pool for cleaning the papermaking materials near an old kiln in Laochang Village

中国手工纸文库

Library of Chinese Handmade Paper

玖 舂料

9 ⊙6

把已浸沤好的竹麻浆料团用筐背到抄纸作坊，放入纸坑，用脚碓将料舂成泥状，使纤维明显帚化。通常需要两小时才能把抄10刀左右纸的竹麻料的竹纤维舂断。

⊙6

拾 打槽加滑

10 ⊙7

将舂好的竹麻料放入纸槽，纸槽内通常已有适量清水，用打槽杆将浆纸纤维搅散，使其均匀分布于水中，当地造纸人一般称此过程为"潮纸"。然后放入罗汉松根的浸泡液即滑水。据董华祥介绍，滑水的作用是使竹麻的断碎纤维均匀悬浮于纸槽中。老厂镇本地少有罗汉

拾壹 抄纸

11 ⊙8~⊙11

在抄纸架上将纸帘放于水槽中来回轻荡，这时纸浆会在纸帘上形成薄膜，然后将纸帘倒扣在压榨用的木板上，一张湿纸便形成了。一位抄纸工一天可抄纸500张以上。老厂的纸帘都是竹质的，据董华祥介绍，过去都是老厂人自己制作帘子，现在因生意不景气没有人再制作了。

松，通常是近邻的珠东乡和玛依镇农民在乡间挖出来后于集市上卖给老厂的造纸户。滑水用量不足会导致抄出的纸不亮滑、厚薄不均匀，从而影响纸的分层和美观。

⊙7

⊙
6
调查组成员试踩何联庆家的脚碓
A researcher trying the foot pestle in He
Lianqing's house

⊙
7
老厂镇黑土坡村的纸槽
Papermaking trough belonging to Heitupo
Village of Laochang Town

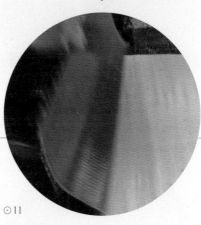

⊙9

⊙10

⊙11

拾贰
压 榨

12   ⊙12

当抄出的湿纸在压榨用的木板上堆积到一定厚度时，便可将叠放成长方体形状的湿纸入榨，上铺榨板，用榨杆榨出湿纸中的大量水分。

⊙12

⊙
8 / 11
何联庆正在抄纸
He Lianqing making paper

⊙
12
何联庆家待榨的湿纸垛
Wet paper pile to be pressed and dried in He Lianqing's house

中国手工纸文库

Library of Chinese Handmade Paper

拾叁
烘　干

13　⊙13~⊙17

用背纸板将榨好的纸从抄纸作坊背到烘纸房，在火墙旁将湿纸一张张揭开，并用扫纸刷将其刷贴在火墙上烘干。老厂的烘纸火墙均以煤为燃料。盘县竹纸上墙烘干时有一种较特别的做法，即将2~3张纸一起刷上墙烘干，由于煤火旺，这样做对烘干并无影响，也会加快刷纸的进度，但揭下时会导致两张纸之间不光滑。

拾肆
包　装

14

将烘干后的纸揭下，按每100张为1刀码放，每50刀为1件捆好打包，即为成品。总体而言，盘县竹纸的当代工艺仍相当传统，基本上采用古法延续的手工技艺与材料，只是在漂白时有些造纸户会添加漂白用的化工材料。

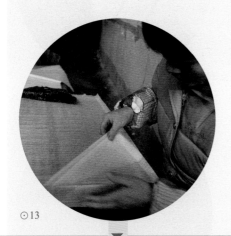

⊙13

⊙16

⊙17

⊙14

⊙15

⊙
13
/
16
赵本美正在揭纸上墙

Zhao Benmei peeling the paper down and pasting it on the wall for drying

⊙
17
烘纸的火墙

Wall for drying the paper

（三）

盘县竹纸生产使用的
主要工具设备

壹
脚碓
1

木质，主要用在春料工序中，有时也被用于春破新鲜竹料。

⊙18

贰
木榨
2

木质，用于榨干从抄纸槽中抄出的湿纸。

⊙19

叁
窑孔
3

用砖或水泥砌成的煮竹麻的用具，形如大锅，下部有烧煤的火道，实为野外的大型纸甑。

⊙20

肆
钉鞋
4

盘县竹纸生产中极具特色的工具，用布料制成，鞋底有金属鼓钉，主要用于踩经过蒸煮的竹料，以达到分离纤维的目的。

⊙21

⊙22

伍
背纸板
5

木质的人工背纸工具，用于将压榨好的湿纸从抄纸作坊背到烘纸房。

⊙23

⊙
23
背
纸
板
Board for carrying the wet paper

⊙
钉鞋 22
Spiked shoes for stamping the papermaking materials

⊙
21
废弃的窑孔内部
Inner view of an abandoned papermaking kiln

⊙
老厂村的废弃窑孔 20
Abandoned papermaking kiln in Laochang Village

⊙
老厂镇何联庆家的木榨 19
Wooden presser in He Lianqing's house in Laochang Town

⊙
打浆的脚碓 18
Foot pestle for beating the papermaking materials

（四）

盘县竹纸的性能分析

对老厂镇生产的竹纸进行测试分析，得到其相关性能参数，见表2.2。

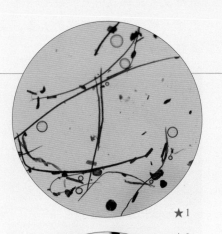

★1

★2

表2.2 老厂镇竹纸的相关性能参数
Table 2.2 Performance parameters of bamboo paper in Laochang Town

指标		单位	最大值	最小值	平均值
厚度		mm	0.060	0.040	0.049
定量		g/m²	—		15.5
紧度		g/cm³	—	—	0.316
抗张力	纵向	N	14.1	11.7	12.8
	横向	N	11.7	6.0	7.6
抗张强度		kN/m	—	—	0.680
白度		%	40.0	39.2	39.7
纤维长度		mm	6.15	0.51	2.10
纤维宽度		μm	20.0	2.0	9.0

由表2.2可知，所测老厂镇竹纸最厚是最薄的1.5倍，厚薄差异相对较小，经计算，其相对标准偏差为0.58%。竹纸的平均定量为15.5 g/m²。所测竹纸的紧度为0.316 g/cm³。

经计算，其抗张强度为0.680 kN/m，抗张强度值较小。

所测老厂镇竹纸白度平均值为39.7%，白度最大值约是最小值的1.02倍，相对标准偏差为

0.21%，差异相对较小。

所测老厂镇竹纸的纤维长度：最长6.15 mm，最短0.51 mm，平均2.10 mm；纤维宽度：最宽20.0 μm，最窄2.0 μm，平均9.0 μm。所测竹纸在10倍、20倍物镜下观测的纤维形态分别见图★1、图★2。

性

能

分

析

Bamboo Paper
in Panxian County

★
2
老厂镇竹纸纤维形态图（20×）
Fibers of bamboo paper in Laochang Town
(20× objective)

★
1
老厂镇竹纸纤维形态图（10×）
Fibers of bamboo paper in Laochang Town
(10× objective)

五

盘县竹纸的
用途与销售情况

5

Uses and Sales of Bamboo Paper
in Panxian County

（一）盘县竹纸的用途

盘县竹纸历史上曾经是中国西南区域大宗销售的手工制品，与区域百姓生活的关联度较高，有过很普遍的区域使用及国外销售历史，调查时已呈全面下滑状态。综合盘县竹纸使用的历史情况，其主要的用途为：

1.丧葬祭奠用纸

盘县老厂造的竹纸大多颜色偏黄、价格低廉，因而适合作为丧葬祭奠用纸，这是盘县竹纸的最主要用途。调查中，据何联庆、董华祥两位传承人回忆，丧葬祭奠用纸是内外销的主体，历史上曾销往云南省和马来西亚等地。其主要尺寸为77 cm×52 cm，每100张为1刀。目前仍在生产的竹纸也多为此用途。

2.包装用纸

这是黔西滇东一带乡间的传统用途，主要用来包装食品。据何联庆与赵本美回忆，过去当地用老厂竹纸包装食品的现象很普遍，供销社和乡间小店里大多用这种纸包装食品。今天由于塑料袋等的流行，用竹纸包装食品已较少见。但何联庆提供了这样的信息：2009年曾有上海客商来买他的竹纸，说要带回上海检测，若符合要求，将作为包装用纸大批订购。关于具体用途，何联庆只记得是茶叶包装一类。这一信息说明当代已有拓展盘县竹纸包装用途的新尝试。

3.书写用纸

这具体是指老厂当地所说的毛边纸，又称写字纸。纸品细白光滑，始造于民国初年，用于写练毛笔字、学生写作业或记账。这一纸品在民国年间一度市场需求旺盛，除供应本地外，还批量销往云南昆明。据说民国晚期，这一纸品质量经不断改进，已生产出"宫堆""二帘""新闻""对角"等地方名纸，1949年后统一尺寸和名称，即为毛边纸，20世纪80年代前也有较多的国外销售记录。不过从目前的情况来看，这一市场似乎已萎缩消失。

4. 制造花炮用纸

竹纸在西南诸省区常常被作为花炮（鞭炮、焰火类）的填裹纸，盘县竹纸历史上也曾被用于制造花炮，目前这一市场也已萎缩。

5. 卫生用纸

据董华祥回忆，民国时期到中华人民共和国成立这一阶段盘县本地和邻近的云南省富源县一带流行用老厂生产的竹纸作为卫生纸，随着当代机制卫生纸的普及，这一用途已完全失去了市场。

从调查组考察时掌握的信息来看，盘县竹纸新拓展的功用尚不明朗，且传统用途趋于全面萎缩。

（二）盘县竹纸的销售情况

历史上，盘县竹纸的销售曾经格外辉煌，是内外销的大宗商品，这从集中分布在老厂镇的大规模造纸作坊旧址可以看出。关于盘县竹纸在1949年以前较长历史阶段的销售情况，未获得翔实的资料记述，据老厂造纸户的回忆及2008年编纂的镇志的描述，似乎晚清到民国年间一直兴旺，甚至一度内销云南和外销东南亚。据董华祥回忆，民国年间他家有人驻点在昆明销纸，定期搭盘县开往昆明的车发货，足见数量之大。1949年后的生产销售情况，可分国营纸厂联社阶段和联社解体后两部分来叙述。

（1）20世纪60年代初至20世纪90年代初，是老厂镇造纸历史上的一个辉煌期。据董华祥描述，从1961年组建国营盘县纸厂到1992年前后集体性质的造纸联社解体，前后约30年，形成了从业人员1 700~1 800人、纸槽300余个、窑孔150多座的集群规模，年产纸量高达50万刀/年（老厂、黑土坡、席草坪、石门坎、滑石坡5个车间总量）。按全员人均计算约为290刀/（人·年），即29 000张/（人·年）。至于价格，以1970~1980

年来说，据赵本美回忆，当时内销价格较低的约1元/刀（每刀100张），根据质量高低，最优者可卖到1.5元/刀；外销价格约1.7元/刀，当然也是分等级定价格，主销马来西亚一带。外贸公司来收购时还有质量要求，每刀质量应为0.85~0.90 kg，若小于此标准，则为不合格品。

按年产销量50万刀计算，如果内外销比例各半，则当时每年销售总收入为70万~75万元，人均销售收入约为430元，这在20世纪70年代的西南乡村还是相当可观的。当时属于联社集体所有制，产供销都由联社统一操作，每一造纸户记工分，统一分配收入。

（2）1992年前后造纸联社解体，抄纸作坊与窑孔等资源基本上被分配到造纸户手里，形成散户独立生产经营的小手工艺从业模式，盘县老厂镇竹纸生产总体上呈全面下滑趋势。据调查组2010年12月了解到的信息，镇部老厂居委会（村）所有的造纸作坊都已停业，最后一户董华祥于2009年停止生产；黑土坡居委会（村）尚有三户仍在造纸，长年不间断造纸的只有何联庆一户；而席草坪、石门坎、滑石坡三个村也均只有数户仍在断断续续造纸。综合上述从业信息，可以大致判定当前盘县老厂竹纸的生产销售量已相当少了。

以何联庆、赵本美这户为例：何家两人全年造纸，生产量约为2 000刀/年，按2009年的价格计算，77 cm×52 cm尺寸的纸每刀约28元，另有一种当地人称为"两尺一寸"的纸每刀16~18元。以每种尺寸各1 000刀及其上限价格来算，两种尺寸的纸全部销售完的年收益分别约为28 000元（1 000刀×28元/刀）、18 000元（1 000刀×18元/刀），总计46 000元。为生产这2 000刀纸，何家还有不少成本支出，包括竹原料（造纸户按新制度没有田产，一般分配有山场及竹林，何家自己山场上的竹子

是远远不够的，需要购买大部分的原料）、石灰（黑土坡本村有人专门烧石灰，50 kg约为20元，何家年需石灰约20 000 kg，约支出8 000元，而且要自己运到作坊）、煤（老厂虽然盛产优质煤，但十分畅销，何家需要购买）、碱等。据何联庆测算，除去各种必需的成本，平均每天能挣约40元，即使按全年（以365天计算）满工生产的收益计算，两人的年收入也只有约14 600元。按照何

⊙ 1
何联庆家中待售的成捆竹纸
Bundles of bamboo paper for sale in He Lianqing's house

⊙ 2
正忆旧日辉煌的董华祥
Dong Huaxiang recalling the past glorious days of papermaking

⊙ 3
荒废倒塌的老厂房
Abandoned papermaking factory

联庆家的产销收入及老厂镇陪同调查干部的分析估算，老厂镇的竹纸2010年全部产销量应在15 000刀以下，销售额应在35万元以内。

盘县竹纸曾是贵州省的大宗外销手工业产品，有80~100年的东南亚区域外销历史，其中马来西亚是重要的销售地。内销除贵州本地特别是黔西地区外，还长期销往云南、湖南、四川等省。据董华祥等人回忆，1992年以后河南、上海的客商也曾数次前往老厂买纸。

⊙1

六

盘县竹纸的
相关民俗与文化事象

6

Folk Customs and Culture of Bamboo
Paper in Panxian County

1. "祭蔡伦"

老厂在历史上曾是一个以纸为生的地方，因而造纸在人们心中的地位一度是相当崇高的，弥漫着鲜明强烈的纸文化气息。据《老厂镇志》中"没落的手工造纸术"一章记载，旧时"每年的6~7月份，也就是煮纸的那天（因为每年都要到端午节以后嫩竹才会长出来，这时才能砍到适合造竹纸的新竹原料），人们就会组织祭蔡伦师傅的活动，通常用本地的大红公鸡血祭，以求生产安全和得到'纸神'的指点，保佑来年纸的品质更

⊙
1
调查组成员与何联庆交流销售情况
Researchers talking with He Lianqing about the sales of handmade paper

上一层楼，能卖个好价钱"[6]。

另据董华祥回忆，直到20世纪50年代初，老厂镇旧年造纸质量不好、卖不出好价钱的造纸户，会在踩竹麻时杀两只公鸡给临时短工们打牙祭，也有不少造纸户会在开工时杀公鸡，希望祖师保佑窑孔不要渗漏。董华祥还记得，到20世纪60年代前期，还有少数造纸户供"蔡伦先师"（牌位），逢年过节时会祭拜。

2. 造纸谚语

（1）"太阳不晒雨不淋，活路赶干越精神。"

盘县历史上是一个相当偏僻贫穷的地方，深山中交通极为不便，土质差，土层浅，水土易流失，耕地肥力差，竹林资源和优势煤炭资源尚无法开发利用，老百姓所能看到的只有纸商、纸贩进出带来的利益。而且造纸户的大部分生产工序都在屋棚内完成，日不晒，雨不淋，足以让在田边山场长年劳作的老百姓羡慕。据调查了解，当年老厂镇附近的适龄女子都以能嫁到老厂以造纸为生的手工业农户家为荣。至于国营纸厂和联社时期，就更以嫁到造纸工人家为荣，不但旱涝保收，而且工作环境相对舒适。老厂纸工也有一句颇显自得的时谚："太阳不晒雨不淋，活路赶干越精神。"

（2）"七十二道工序，还差一口气。"

这是当地造纸行业的流行语。老厂手工纸生产历史久远，规模集聚，操作流程在不断传承、交流中变得丰富而复杂。老厂地方史志等资料及传承人被访谈时均提及老厂手工造纸有72道工序之说，虽然具体是哪72道尚不明确，但足以说明手工造纸不易。至于"还差一口气"的说法，据

董华祥介绍，既有更进一步强调工艺复杂及技艺难掌握的用意，也含有谋事在人、成事在天的内涵。不过调查组在贵州其他造纸点调查时，还了解到有另一说法：前面已有很多工序，但扫纸刷将湿纸刷在墙上烘干时，还需要再吹一口气，这样才能得到好纸。董华祥就特别自豪地表示，他的技术水平高，对工艺的把握和操作经验也比别人好，因此造出的纸一直供不应求，而且常常是先交钱后取纸，价格也不能下调。

（3）"夜挑灯笼去造纸。"

这是旧日老厂造纸的特别景观。老厂是中国较少见的纯手工造纸大规模连片活体传承区域，特别是在国营盘县纸厂和造纸联社阶段。当时由于选择五个村建五个车间进行集中化生产，形成了老厂历史上工人化模式造纸的特别阶段，集中作业、统一产供销、计工分分配收入，由此也产

○2

○3

[6] 袁占平、李枝玲，等. 老厂镇志[Z].《老厂镇志》编纂委员会编印, 2008:100.

○3 调查组成员与董华祥考察老纸厂车间
A researcher and Dong Huaxiang visiting a former papermaking workshop

○2 调查组成员练习揭纸
A researcher practicing the procedure of peeling the paper down

生了有意思的作业文化。据何联庆、赵本美和黑土坡另一位家中有造纸历史的中年妇女回忆，20世纪70年代联社时期，黑土坡车间生产很旺盛，外贸订购的单子一直饱满，造纸工人们也精神昂扬，通常凌晨5点前就到车间去抄纸，也有一些夜里两三点钟就起床去车间抄纸的，各村落的纸工挑着灯笼（也有少数用手电筒）从漆黑的深山各处聚集到车间，形成了当年造纸社的一大景观。当然，这一景象不独是黑土坡村的，其余四个车间工人同样挑灯笼夜行。何联庆等人谈及旧事旧景时依然怀念不已。

（4）"不吃竹笋为造纸。"

老厂竹海是贵州名景，每年竹笋产量很大，但老厂造竹纸的原料是嫩竹，若吃笋就没有嫩竹了。且历史上盘县竹纸产量一直很大，对嫩竹需求量大，久而久之，就形成了老厂人约定俗成的习惯——不挖笋，不吃笋。

七

盘县竹纸的保护现状与发展思考

7

Preservation and Development of Bamboo Paper in Panxian County

盘县竹纸是传统名纸，而且以大规模生产与大宗销售著称于中国西南地区及东南亚，但以目前的保护现状而言，却呈现出相当复杂的衰微趋势，主要表现在以下几个方面：

1. 盘县竹纸的生产性保护工作方面

盘县竹纸的生产性保护工作是技艺传承的核心，但近年来却一直在逆境中进行，其难度及压力可想而知。从造纸联社全面解体开始，百家千户造纸的盛况不复存在，整个盘县竹纸的生产沦落到只有寥寥几户坚持造纸的萧条地步，随时会有停产的可能。

当然，从地方政府保护意识和造纸世家传承光大祖业凤愿两方面来看，老厂人在逆境中坚持生产性保护的努力还是值得肯定的，其标志性事件可概述为：

（1）在从造纸联社向散户生产过渡的近20年里，老厂镇地方政府鉴于竹纸售价日见低廉的不利情形，曾数度努力尝试抄造性价比更高的纸品，如20世纪80年代造纸联社即派人去四川省夹江县学习"宣纸"（实为竹纸类书画纸）生产技术；20世纪90年代初曾专门从夹江县请了一位技师来老厂传艺，并成功生产了约一年时间的"竹宣"（应为竹纸类书画纸）；2004年当地试图利用国家专项资金扶植地方特色优势产业，镇政府相关人士与董华祥等人又协商贷款造"竹宣"，可惜联手协作最终未能成功。

（2）面对造纸产业萎缩的局面，政府也曾从市场拓展方面去努力，如盘县工商局2008年曾引介上海客商来老厂购纸并与镇政府人员交流投资办造纸厂的可能性；在2008年编印的《老厂镇志》中专设"没落的手工造纸术"一章探讨手工造纸产业的出路。

（3）在收益日见下滑的形势下，代表性造纸户充满传承责任的坚持令人感动。如董华祥18岁学造纸，是家族造纸的第四代继承人，他的三个儿子、一个女儿全在县城及安顺市务工（他的第二个儿子曾跟他一直干到21世纪初，参与造纸共18年），董老则坚持到2009年，他67岁时才因力不从心而停止生产。老人带调查组成员到他前一年还在工作的纸坊，并表示若有年轻人接班他还可以再指导着一起干。又如何联庆一家，其子女全在外面务工，夫妻俩全年坚持生产，获得的收入比儿子到附近煤矿打工要低很多，大约只有其1/3（2010年在煤矿务工月收入一般为3 500~4 500元），辛苦程度却不逊色于外出务工。调查中，何联庆与赵本美都表示祖业要维持下去。此外何联庆还说，他从1976年至今造纸已有35年，又成了省非物质文化遗产代表性传承人，不干会于心不安！

2. 盘县竹纸的文化旅游拓展性保护工作方面

盘县竹纸的文化旅游拓展性保护工作已初步展开。由于盘县竹纸的集聚性成片技艺活体已基本成为历史形态，但是旧址旧迹在老厂区域尚有较为完整的成片保存，因而从文化及旅游层面进行的保护性开发俨然是一个值得认真对待的现实问题，如果延滞时间过长，势必会导致这一重要资源聚落被完全损坏。

⊙1

⊙2

⊙
1
在废弃不久的旧车间门口的董华祥老人
Dong Huaxiang standing by a door of newly abandoned papermaking workshop

2
随处可见的废弃造纸旧迹
Abandoned papermaking sites can be seen everywhere

目前老厂地方政府已开展了初步工作，标志性的有：

（1）老厂镇政府编制彩印宣传册《贵州省风景名胜区——盘县老厂竹海》。观光地图中除盘县大洞景点外，还特别标出了老厂造纸厂、石门坎造纸厂、席草坪造纸厂、黑土坡造纸厂四个景点，给予造纸旧址大力宣传。

（2）积极申报非物质文化遗产保护项目及代表性传承人。到2010年12月调查组入镇为止，已成功地将盘县竹纸列入省级保护名录，并有董华祥、何联庆两位贵州省级代表性传承人，使盘县竹纸进入了国家四级非物质文化遗产保护主流系统。

基于盘县竹纸在历史上的重要影响和集聚性生产业态的文化样本意义突出，面对机制纸的替代性优势和手工造纸行业经济性劣势凸显等趋势，为盘县竹纸这一经典文化遗产标本谋划未来传承方式已迫在眉睫。调查组通过与造纸户及镇、村政府人员交流，现场考察及对历史资料进行梳理，形成了有关发展传承的若干思考：

（1）由于老厂造纸产业群已瓦解，零散分布且数量骤减的造纸户很难靠自己的力量使业态传承下去，因此需要地方政府制定盘县竹纸的生产性传承与文化性传承专项方案，在此基础上聚集关联性资源共谋生存之路。

（2）盘县竹纸的优质产品在历史上是贵州产毛边纸的重要品种，曾经是书画与学生作业的大宗用纸，也曾一度作为包装用纸等流行。目前，老厂产的竹纸主要用于祭祀，走向竹纸的低端产品线，而这类低端产品很难在机制纸的冲击下保持效力并彰显文化特性。因此，从贵州省"非遗"保护的层面审视，探索以盘县竹纸为样本的竹纸中高端消费市场具有特殊意义。

（3）老厂作为纯手工大规模集聚造纸的经典，目前还留存着尚未明显损坏的造纸遗址群，如老厂居委会（村）的生产车间，到2009年才停止生产，纸坊、烤房、窑孔等都保存了下来，因此存在两条开发利用的路径：其一是作为工业旅游的一个半活态样板申请项目支持，纳入观光性

⊙1

⊙2

⊙
1
老厂镇编印的宣传材料
Propaganda brochure of Laochang Town
⊙
2
废弃的造纸车间
Abandoned papermaking workshop

095

第二章

Chapter II

六盘水市

Liupanshui City

第二节

Section 2

盘县竹纸

⊙3

⊙ 3

国营盘县造纸厂旧大门

Gate of the former state-run Panxian
Papermaking Factory

（包括体验式）保护；其二是作为招商项目纳入政府文化产业项目库，并编制出具有吸引力的项目招商计划书。由于仍具低成本恢复可能的连片旧址资源存续时间较短，因此这一工作的推进是相当迫切的。

（4）作为中国大规模手工集聚造纸的突出样本之一，盘县竹纸产业的视频记录十分重要。虽然竹纸可能会以散户形式继续传承，但对在中国手工造纸文化史上有样本意义的大规模组织化造纸联社模式进行影像文化叙述的价值十分显著，若其在"非遗"文化记忆基因库中缺失了，将成为无法补救的损失。

Bamboo Paper
in Panxian County

竹纸

老厂镇竹纸透光摄影图
A photo of bamboo paper in Laochang Town
seen through the light

第三节

六枝彝族苗族仡佬族

皮纸

贵州省
Guizhou Province

六盘水市
Liupanshui City

六枝特区
Liuzhi Special Area

调查对象

中寨苗族彝族布依族乡
火坑行政村
彝族苗族仡佬族皮纸

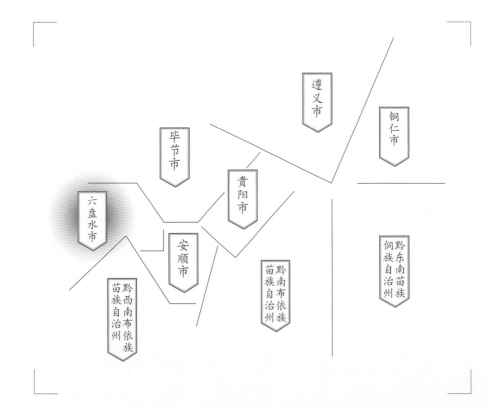

Section 3
Bast Paper by the Yi,
Miao and Gelo Ethnic Groups
in Liuzhi Special Area

Subject
Bast Paper by the Yi, Miao and Gelo Ethnic
Groups in Huokeng Administrative Village
of Zhongzhai Miao, Yi and Bouyei Town

一
六枝彝族苗族仡佬族皮纸的
基础信息及分布

1

Basic Information and Distribution of
Bast Paper by the Yi, Miao and Gelo
Ethnic Groups in Liuzhi Special Area

⊙1

六枝皮纸是指六枝特区郎岱镇与中寨苗族彝族布依族乡（以下简称中寨乡）一带以构树皮为主要原料生产的手工纸。据调查组已掌握的文献资料信息，在自清乾隆时期以来近300年的历史中，六枝境内至少有堕却、岩脚、上营盘、郎岱、中寨等五处较大规模的手工皮纸产地，其中郎岱和中寨两处在20世纪60年代仍然大规模生产手工纸。

郎岱镇位于六盘水市东部，距六枝特区政府驻地约32 km。中寨乡与郎岱镇接壤，位于六枝特区政府所在地西南方，距特区政府驻地约65 km。两地造纸工艺基本相同，所产皮纸主要用于当地居民丧葬装殓、祭祀挂青、印书抄书以及食品包装等。

2009年8月，调查组在六枝特区调查时，大规模的皮纸生产均已不复存在（见表2.3），中寨火坑村仍然有小规模的皮纸生产，所获信息均由当地彝族与苗族造纸户口述而得。

表2.3 六枝特区历史上手工纸生产的地点及现状
Table 2.3 Handmade papermaking sites in history and their current status in Liuzhi Special Area

历史上手工纸生产的地点	记载时间	主要纸品种类	现状	资料来源
堕却乡破落寨	清康熙六十一年（1722年）	草纸	停产	《六盘水市志·乡镇企业志》
岩脚镇木贡村	清康熙六十一年（1722年）	草纸	停产	《六盘水市志·乡镇企业志》
上营盘（今桃花公园北侧）	民国二十五年（1936年）	草纸	停产	《民国郎岱县访稿》
龙潭（今堕却乡龙潭村）	民国二十五年（1936年）	草纸	停产	《民国郎岱县访稿》
中寨乡火坑村	民国二十六年（1937年）	皮纸	小规模生产	《六盘水市志·乡镇企业志》
郎岱镇	民国二十七年（1938年）	皮纸	停产	《六盘水市志·大事记》

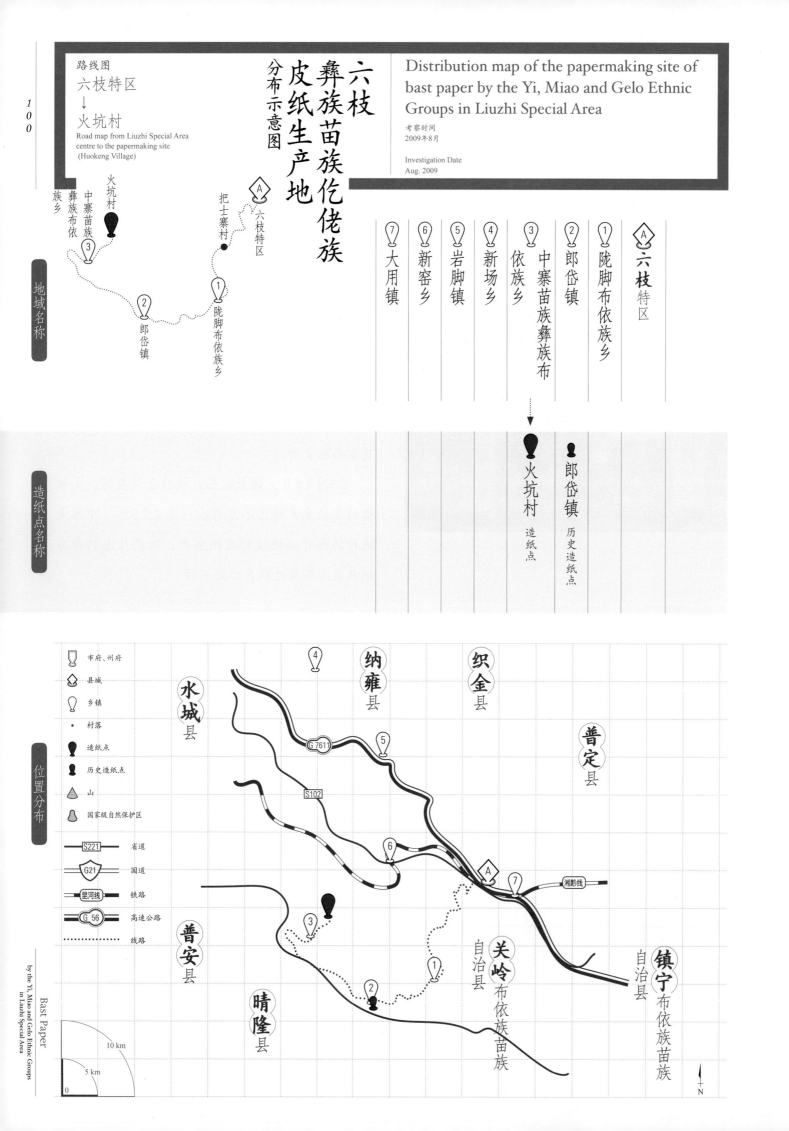

路线图
六枝特区
↓
火坑村
Road map from Liuzhi Special Area centre to the papermaking site (Huokeng Village)

六枝
彝族苗族仡佬族
皮纸生产地
分布示意图

Distribution map of the papermaking site of bast paper by the Yi, Miao and Gelo Ethnic Groups in Liuzhi Special Area

考察时间
2009年8月

Investigation Date
Aug. 2009

火坑村
中寨苗族
彝族布依
族乡

把士寨村

六枝特区

陇脚布依族乡

郎岱镇

A 六枝特区

⑦ 大用镇
⑥ 新窑乡
⑤ 岩脚镇
④ 新场乡
③ 中寨苗族彝族布依族乡
② 郎岱镇
① 陇脚布依族乡
A 六枝特区

地域名称

造纸点名称

火坑村 造纸点

郎岱镇 历史造纸点

位置分布

市府、州府
县城
乡镇
村落
造纸点
历史造纸点
山
国家级自然保护区

S221 省道
G21 国道
昆河线 铁路
G 56 高速公路
线路

水城县
纳雍县
织金县
普定县
普安县
晴隆县
关岭布依族苗族自治县
镇宁布依族苗族自治县

G 761
S102
湘黔线

10 km
5 km
0

N

Bast Paper
by the Yi, Miao and Gelo Ethnic Groups
in Liuzhi Special Area

二
六枝彝族苗族仡佬族皮纸生产的人文地理环境

2

The Cultural and Geographic
Environment of Bast Paper by the Yi,
Miao and Gelo Ethnic Groups
in Liuzhi Special Area

⊙1

六枝特区隶属六盘水市，位于贵州省西部、六盘水市东部，总面积1 792 km²。六枝特区地处东经105°08′～105°43′、北纬 25°59′～26°33′。东接普定、镇宁布依族苗族自治县，西邻普安、水城、晴隆县，北连织金、纳雍县，南接关岭布依族苗族自治县。

六枝文化源远流长，为夜郎文化的发祥地。秦至西晋属夜郎地，明代设郎岱长官司，清康熙六年（1667年）划归安顺府管辖。康熙十八年（1679年）改陇氏土司为外委千总，由二目统领，一目管郎岱本枝，一目管六枝。雍正九年（1731年）设郎岱厅。民国二年（1913年）设郎岱县，1960年改设六枝市，1966年恢复郎岱县，同时设立六枝特区。组建特区的目的主要是配合当地开发煤炭资源，新修铁路，以及贵州当年为备战而兴起的"大三线建设"。1970年，六枝特区和郎岱县合并为六枝特区，归六盘水地区（1978年改为六盘水市）管辖。

由2010年第6次人口普查数据知，六枝特区有人口49.46万，境内居住着汉、彝、苗、布依、仡佬、白等32个民族，少数民族人口占总人口的30.52%。

六枝特区地处云贵高原乌蒙山与苗岭山的相接地段，五指山横贯特区中部，分水岭以北属长江水系，以南属珠江水系。境内海拔最高2 126.9 m（老王山），最低609.5 m（北盘江出境处），相对高差1 517.4 m，岩溶地貌发育较为典型。六枝为中亚热带季风气候，年平均降水量1 519.1 mm。

六枝境内历史文化资源比较丰富。早在5万年前的石器时代，这里就已经有了人类活动的遗

⊙1
老王山风光
Landscape of Laowang Mountain

中国手工纸文库
Library of Chinese Handmade Paper

迹[7]。20世纪80年代，先后在六枝特区发现了桃花洞、店子洞、肖家洞等多处古人类遗址，出土了一批刮削器、砍砸器、石核、人类股骨化石等旧石器晚期的珍贵文物[8]。六枝地界古属牂牁国，春秋战国至西汉初属古夜郎文化腹心地，现今六枝的牂牁江省级风景名胜区分布着大量古代夜郎国的文化遗存[9]。

梭嘎长角苗风情景区2008年被评为"贵州省十大魅力旅游景区"，该景区距六枝城区45 km，以奇特的头饰、艳丽的服饰、精美的刺绣，以及动人的低音乐舞而闻名。长角苗是独一性非常强的苗族分支，人口仅存4 000，聚居在六枝与织金县交界处、海拔2 000 m左右的崇山峻岭中，以戴长角头饰为部族特征。长角苗的三眼箫是一种独特的乐器，此箫管只有3个眼孔，以单艾竹（7节）制作而成，旋律悠扬，曲调低徊，音色十分优美。

坐落在梭戛乡高兴村的"中国贵州六枝梭戛生态博物馆"是中国与挪威政府从20世纪末开始共同建设的我国第一座生态博物馆。该生态博物馆所在地是长角苗的故乡，其民族文化资源非常丰富。

月亮河夜郎布依文化生态园是六枝另一个少数民族风情浓郁的景区，因月亮河蜿蜒流过景区而得名。国家级非物质文化遗产"布依铜鼓十二则"、世界上最大的铜鼓及最长的山脊文化长廊均分布在该景区，有"中华布依第一村"之美誉。

六枝洗马河温泉景区是苗族一个特别小的分支——四印苗的聚居地。四印苗得名于其独特的服饰，该民族分支流行在衣裙的前胸后背和衣袖的中段绣上由四个大印拼成的图案，据说这是为了纪念其富有传奇色彩的始祖司漤司妹。同时，景区内的著名景点三涨水是黄果树瀑布的发源地。

郎岱古城位于今郎岱镇，清雍正九年（1731年）始建石城一座，乾隆二十四年（1759年）建木城一座，同治十年（1871年）复建木城完工，并刻《郎岱木城碑记》以志。古城为滇黔古驿道的必经之地，相传古代夜郎国王曾多次在此地巡查督战，吴三桂三进云南也都经此而行。郎岱得名于城外老王山（古称郎山）和城内岱山。郎岱被认为是古夜郎国的心腹之地，也有曾为夜郎古都一说。据旧版《安顺府志》记载，夜郎之名，源于郎山、夜山，郎岱即古之郎山，夜山在普安厅兴义府界。

⊙1

⊙2

⊙3

⊙4

贵　州　卷·上卷｜Guizhou I

Bast Paper
by the Yi, Miao and Gelo Ethnic Groups
in Liuzhi Special Area

⊙1
牂牁江风光
Scenery of Zangke River

⊙2
郎岱古镇一角
A section of Langdai Town

⊙3／4
长角苗人居住的村落
A village where Longhorn Miao people live

[7] 六枝特区地方志编纂委员会.六枝特区志[M].贵阳:贵州人民出版社,2002:37.

[8] 六枝特区地方志编纂委员会.六枝特区志[M].贵阳:贵州人民出版社,2002:26.

[9] 唐黔春.贵州省六枝特区旅游业发展浅析[J].贵州民族研究,2006,26(4):67-71.

三

六枝彝族苗族仡佬族皮纸的历史与传承

3

History and Inheritance of Bast Paper by the Yi, Miao and Gelo Ethnic Groups in Liuzhi Special Area

六枝的手工纸生产历史跨度非常大，在超过400年的漫长岁月里，六枝特区历史上最早的手工纸记录是以梭草、芦苇、茨竹为原料的草纸生产。早在明嘉靖年间，贵州省盘县东部、六枝西部一带就已生产一种叫作"裹脚纸"的草纸，主要配合火镰燧石以供取火之用。这种"裹脚纸"也叫作"火纸""火枚纸"，先卷一个铅笔粗细的纸卷，以火镰击打燧石冒出的火星点燃火纸，可保持纸的一端一直燃烧，用嘴对其吹气即冒明火，可用于日常生火。

清康熙三十九年（1700年）程氏三世祖"程廉由六枝堕却（今六枝特区堕却乡）破落寨迁木贡（今六枝特区岩脚镇木贡村）开办草纸厂"[10]，开始了对山上刺竹、滑竹、苦竹、斑竹、荆竹和绵竹的开发利用。咸丰元年（1851年）编纂的《安顺府志》卷十七《物产》"郎岱厅专产"一节中有"草纸，出堕却"[11]的记载。这是咸丰《安顺府志》中唯一一处关于手工纸产地的记载，足以说明当时堕却草纸作为地方"专产"的独特地位。同治年间，羊场（今六枝特区岩脚镇羊场村）有王、田、陈、施、彭、晏等姓富户选址木贡办纸厂[12]。一时间，造纸业出现了空前繁荣的景象，造纸业鼎盛时，用于煮纸的窑子（用石头砌成，圆形，直径约4 m，深约3 m）和碾竹麻的碾房有40余处，抄纸的槽房有90多间，规模相当可观[13]。

民国时期，六枝的手工造纸仍基本沿用传统工艺，但是造纸业态出现了一些明显的变化。

首先，手工纸生产中皮纸的地位开始显现。调查组在中寨乡火坑村实地考察时了解到，造纸户一般认为当地皮纸生产有200多年的历史。

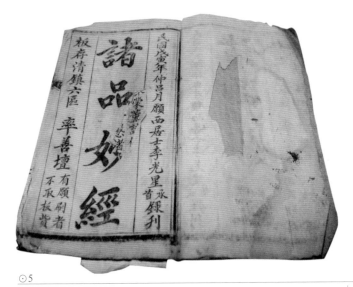

⊙5

⊙ 5
民国年间的皮纸印本书籍
A copy of book printed on bast paper during the Republican Era of China

[10] 六盘水市地方志编纂委员会.六盘水市志·乡镇企业志[M].贵阳:贵州人民出版社,2001:205.

[11] [清]常恩.咸丰《安顺府志》卷十七《物产》[M].清咸丰元年(1851年)刻本.

[12] 六枝特区地方志编纂委员会.六枝特区志[M].贵阳:贵州人民出版社,2002:423.

[13] 程明.木贡造纸史略[M]//中国人民政治协商会议贵州省六枝特区委员会.六枝文史资料选辑:第二辑.贵阳:贵州人民出版社,1987:60.

从目前所见的地方史料看，民国年间才开始有"白纸"（即皮纸）生产的记载。民国二十五年（1936年）葛咏谷等人在《民国郎岱县访稿》中记载："草纸，系以棉竹制成。出距城四十里之地上营盘者，张页较大，亦较厚。多销安顺、镇宁、普定、织金等县。每至秋季，商旅云集，年销十万元以上。……白纸，出二区火坑者最佳，距城三十五里。其他各处亦有制造者。年销万元以上。"[14]

其次，手工纸的生产方式逐步趋向多元化。之前单纯的农闲生产、农忙停产的兼业生产出现分化，一部分原副业造纸的农村家庭，脱离农业成为专业手工造纸户，同时出现雇工和手工作坊式的手工纸厂。这一时期六枝在原先作坊式生产的基础上，在现在的中寨乡火坑村和郎岱镇罗垭冲两个地方出现两处手工纸工厂化的生产。民国二十六年（1937年）郎岱的中寨火坑造纸厂成立，年生产皮纸20万刀[15]。民国二十七年（1938年），郎岱县创办郎岱造纸厂，有职工25人，年产纸3 200捆[16]。

最后，社会对纸的需求变化迅速。贵州著名实业家华之鸿在清宣统三年（1911年）创办文通书局以后，对郎岱等地区手工造纸厂做技术改造，并收购产品，带动了手工纸质量的提升。尤其是抗日战争期间，大批文教机构的内迁大幅提升了纸的需求量，手工纸生产量出现空前增长。六枝承担了贵州部分新闻纸的生产，收入可观，造纸一度盛极一时。据民国三十六年（1947年）的统计，当年郎岱县生产皮纸30万刀，折合100吨，生产草纸20万刀，折合50吨。草纸和皮纸的产量均排在贵州全省第六位[17]。在经历了10年的繁荣之后，六枝的手工纸产业遭遇了重大的挫折。抗日战争胜利后，文教机构迁回沿海，纸的需求量回落，加之民国三十七年（1948年）郎岱境内竹子大部分开花，损失无数，竹麻产量锐减，境内造纸厂部分歇业，草纸产量下降[18]。

从20世纪50年代初开始，六枝的手工纸生产逐步恢复，并在1956年一度达到约13.4万元的年产值（见表2.4）。与此同时，手工纸从业者开始探索新的生产销售组织形式。1955年，中寨区火坑村成立白纸手工业供销生产合作社，社员15人，集股金660元。1956年，堕却、郎岱各建一个草纸手工业供销生产合作社[19]。然而好景不长，1958年，生产方式的调整遭遇严重的问题，挫伤了生产者的积极性，手工纸产量再度骤降。同时，由于大办钢铁的需要，六枝山林竹木被大量砍伐，造纸原料供给锐减，多数造纸户停产。这一轮灾难性的打击使六枝的手工造纸业元气大伤，它直接导致20世纪60年代以后草纸和白纸生产原料紧缺，加上机制纸充斥市场，造纸户逐年减少，直到最后规模化的手工造纸全部停止。

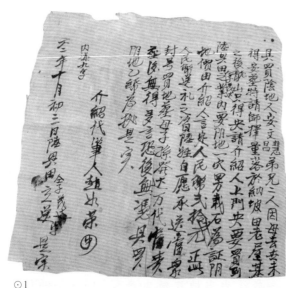

[14] 葛咏谷，等.民国郎岱县访稿[M]//民国二十五年（1936年）稿本（未编纂）.贵州省图书馆据安顺县图书馆藏本（编为八卷）复制油印本,1966:413.

[15] 六盘水市地方志编纂委员会.六盘水市志·乡镇企业志[M].贵阳:贵州人民出版社,2001:204.

[16] 六盘水市地方志编纂委员会.六盘水市志·大事记（1276—1991）[M].贵阳:贵州人民出版社,1992:28.

[17] 贵州省地方志编纂委员会.贵州省志·轻纺工业志[M].贵阳:贵州人民出版社,1993:54.

[18] 六盘水市地方志编纂委员会.六盘水市志·乡镇企业志[M].贵阳:贵州人民出版社,2001:206.

[19] 六枝特区地方志编纂委员会.六枝特区志[M].贵阳:贵州人民出版社,2002:424.

中国手工纸文库
Library of Chinese Handmade Paper

贵州卷·上卷 Guizhou I

Bast Paper
by the Yi, Miao and Gelo Ethnic Groups in Liuzhi Special Area

1961年6月，六枝特区"工交党组"（中国共产党六枝特区工业与交通行业党组）在《关于白皮纸的生产情况的调查报告》中指出，"六枝火坑白皮纸厂、郎岱公社白皮纸厂，没有随着社会主义建设需要进行安排生产，造成产量逐年下降，质量低劣，火坑101户专业或兼业造纸户，1958年仅3人造纸20捆，1959年8人造纸130捆。1961年1月到5月，郎岱公社白皮纸厂产量下降幅度更大，13人产纸15捆"[20]。

六枝造纸业历史较为悠久，品质也曾颇受青睐。然而，由于生产者大多停业时间过久，关于手工纸残存的民间记忆已经逐渐模糊，生产技艺的传承也难以理清。据当地有10代造纸历史的付氏后代付立言介绍，雍正后期至清末，二夹皮纸曾经作为贡品进贡朝廷。手工造纸劳动强度大，一人难以单独完成规模化生产，以木贡村为例，几十家纸槽户家家都要雇佣劳力，周围十几公里的农户随时可来厂里做工。自从办起纸厂，深山里的村庄变成了富庶之地，所以就有了"一厂富千家，千家护一厂"[21]的说法。在手工纸的生产劳动过程中，造纸师傅也常常会父带子、兄带弟，生产劳作的同时实现了技艺的传承。

2009年8月，调查组前往六枝特区郎岱镇与中寨乡，在郎岱镇原一小学教师付立谟的陪同下，对陈舜鼎等造纸人进行了调查。据陈舜鼎介绍，其祖父陈邦兴、父亲陈尧卿均造过纸，他本人1948年出生，于1960年开始造纸，1965年陈家停止造纸。郎岱镇在1958年左右成立集体化的白纸生产合作社，20世纪60年代中期后郎岱镇就不再造纸了。

调查组了解到中寨乡火坑白纸厂农具社还有手工造纸，但也只有肖忠志一家在造。当地造纸的主要有三姓：肖、李、安，原来肖、李造纸产量几乎一样多，安姓造纸较少。肖姓为彝族，李姓为苗族，安姓为仡佬族。调查组成员对彝族造纸人肖忠志及仡佬族造纸人安文惠、陈开英夫妇进行了调查。安文惠、陈开英夫妇时年均为73岁。

表2.4　1950~1964年六枝手工纸生产的基本情况
Table 2.4　Handmade papermaking data in Liuzhi Special Area between 1950 and 1964

年份	草纸生产（含兼业）（户，人）	草纸产值（万元）	白纸生产（含兼业）（户，人）	白纸产值（万元）
1950	47，67	1.61	—	—
1954	269，—	—	37,64	0.96
1956	297，407	11.83	—	1.56
1964	78，137	3.38	—	—

注：本表根据《六枝特区志》（2002年）"造纸印刷"一节整理。

[20] 六盘水市地方志编纂委员会.六盘水市志·乡镇企业志[M].贵阳:贵州人民出版社,2001:206.

[21] 程明.木贡造纸史略[M]//中国人民政治协商会议贵州省六枝特区委员会.六枝文史资料选辑:第二辑.贵阳:贵州人民出版社,1987:61.

四
六枝彝族苗族仡佬族皮纸的
生产工艺与技术分析

4
Papermaking Technique and
Technical Analysis of Bast Paper by
the Yi, Miao and Gelo Ethnic Groups
in Liuzhi Special Area

（一）

六枝彝族苗族仡佬族皮纸的生产原料与辅料

调查时六枝皮纸的原料为构树皮，辅料包括火碱、漂精、滑等。传统皮纸生产使用石灰和草木灰，不用火碱和漂精。

1. 构树皮

六枝皮纸的主要原料是构树皮。当年中寨和郎岱一带的造纸户众多，本地所产构树皮数量无法满足造纸需求，多数构树皮购自附近的毛口镇（毛口镇海拔低、温度高，构树生长较快，两年就可以砍一次）。每年农历三至四月间，当地属上水期，气温升高，降雨增多，利于构树生长，也是砍刮构树皮的最佳时间。一般来说，嫩构树皮比老构树皮质量好，以一年生最佳，但由于嫩树的收益率较低，村民不舍得砍刮"送粜"。

2. 石灰或火碱

制作传统六枝皮纸要使用石灰腌泡纸料，干构树皮和石灰的质量比约为2：1，5 000 kg干构树皮需2 500 kg左右的石灰。20世纪末造纸户开始使用化工原料氢氧化钠（NaOH，俗称火碱）代替石灰腌泡纸料，干构树皮和火碱的质量比约为25：1。

3. 漂精

六枝皮纸制作的传统工艺中只在蒸煮时增加草木灰（柴灰），草木灰有一定的漂白作用。工艺改变后，要在纸料中加入漂白剂，多了漂白环节。所用"漂精"是指化学漂白剂次氯酸盐液体，1 000 kg干构树皮需用200 kg漂精。

⊙1

火碱
⊙1
Caustic soda (sodium hydroxide)

4.滑（纸药）

六枝皮纸生产所用的纸药是罗汉松根汁，当地人称"狼基沙"。

（二）

六枝彝族苗族仡佬族皮纸的生产工艺流程

调查组在实地考察中了解到，六枝皮纸传统生产工艺流程包括26道工序：

壹	贰	叁	肆	伍	陆	柒	捌	玖	拾
泡构皮	滤水	煮构皮	清构皮	漂构皮	二次滤水	榨皮	揉皮	二次清皮	榨二道皮

贰拾	拾玖	拾捌	拾柒	拾陆	拾伍	拾肆	拾叁	拾贰	拾壹
抄纸	和槽	放滑	打槽	洗料	打皮	榨干	提皮	蒸二道皮	腌碱

贰拾壹	贰拾贰	贰拾叁	贰拾肆	贰拾伍	贰拾陆
榨纸	晒纸	拆纸	折纸	理纸	捆纸

壹

泡 构 皮

1 ⊙1

将买来的干构皮扎成10~20 kg的捆
子，并整捆放进水塘（当地称"皮
塘"）浸泡七天左右，直到构皮柔
软。浸泡时，水须淹没构皮。

⊙1

⊙2

贰

滤 水

2 ⊙2⊙3

将泡好后的构皮从水中捞出，码放
在皮塘坎沿上，使水分自然流出。

⊙3

⊙ 1
泡构皮
Soaking paper mulberry bark

⊙ 2 / 3
滤水
Withdrawing and airing soaked paper
mulberry bark

叁
煮 构 皮
3

传统蒸煮构皮时要将构皮码放到甑锅内，一层层堆紧，起初中间留一个直径大约20 cm的孔，装到整个高度2/3以后，将孔盖住。留孔的目的是便于将构皮"蒸趴"，使蒸透后纸料收缩。蒸煮5天左右，等收缩稳定时，要用草和泥巴盖住甑锅的顶部，再蒸15天左右。现在的工艺有所不同，要按5 000 kg干构皮配180~200 kg火碱的比例，放进甑锅蒸煮。蒸煮前，将构皮码放在甑锅内，皮料须低于甑口2~3 cm，水要淹没构皮，码放好后用塑料布盖住，加热到水沸腾（用无烟块煤烧3~4天水就能沸腾，使用其他煤要6天左右才能沸腾）。甑锅内的水沸腾以后还要再维持加热和保温2~3天。一次蒸煮过程中若水分蒸发较少则无须再加水，一天加2~3次火，需用煤150~200 kg。

肆
清 皮
4

构皮在甑锅中加热和浸焖以后，要用皮钩将其钩出来，放入皮塘中。皮塘中的水要保持流动状态，将构皮在流动的水中用手搓揉，把碱水、黑壳洗掉，直至流出的水变清为止。

伍
漂 构 皮
5

将漂精放入皮塘并搅匀，再放入蒸煮过的构皮，浸泡漂白一天（一般每1 000 kg干构皮需用约200 kg漂精）。

陆
二 次 滤 水
6

将漂白好的构皮捞出来，再次放在皮塘坎沿上排出水分。

柒
榨 皮
7

将构皮盘起榨干水分，通常这道工序要持续一天，1~2个人操作即可。

捌
揉 皮
8

将榨好的皮料放在皮塘里过水后揉搓，将黑壳揉掉。这道工序很耗体力和时间，7~8个人不间断劳作，一天大约只能揉1 000 kg皮料。

玖
二 次 清 皮
9

把揉搓好的皮料放入有清水的皮塘中，直至冲洗干净。

拾

榨 二 道 皮

10

重复"榨皮"工序。

拾壹

腌 碱

11

经过二次压榨的皮料需用草木灰作腌碱处理，每50 kg构皮要用1斗（1斗等于10升）柴灰。

拾贰

蒸 二 道 皮

12

二次蒸煮时要将腌碱处理过的构树皮料放入皮甑里蒸15天左右。等水沸腾以后通常每天要加一次水、两次煤，一天约耗煤200 kg。

拾叁

提 皮

13

二次蒸煮以后要把皮料从甑锅内提拉出来，运到皮塘里把腌碱清洗干净。

拾肆

榨 干

14

洗净腌碱的皮料要再次榨干，用竹筐背到纸棚堆成皮料垛并盖好。每天抄多少纸就取多少料来打碓，随用随打。要始终避免纸料被风吹干，否则在下一道"打皮"工序中容易起筋，难以打融纸浆。

拾伍

打 皮

15 ⊙4⊙5

将皮料放到脚碓上反复锤打，使皮料的纤维充分散开。通常，在一个脚碓上一天可打20 kg干构皮的纸料，20~24个皮板，可抄大约12刀纸。打好一个皮板约需10分钟时间。打皮时一般需要两个人同时操作，一个人踩碓，另一个人翻料。

⊙4

○5

拾捌

放　滑

18

事先要把罗汉松根清洗干净，将根部的皮层割开，以便树根里的黏液流入制滑的水池里。滑药做好以后要及时使用，时间长了容易失效，造成浪费，一次加工的滑药不宜过多，25 kg左右的罗汉松根可制出约1 kg的滑药，够一天使用。加入滑药时，要将其搅匀，并缓缓倒入纸槽内。一般每天加滑3~4次，每次加滑约300 g。

拾陆

洗　　料

16　　　　○6

首先，要将粗麻布（现多用尼龙网布）制成的料单的两个角分别挂在两根木柱上，再用双脚踩住料单的另外两个角。然后，把皮料放到料单上用手搅拌漂洗，一次可以洗5~6个皮板。最后把洗好后的纸料拎起来，滤水、挤干。

拾柒

打　槽

17

在正常抄纸的情况下，每天上午和下午要各向纸槽内加放一次纸料。事先要将洗好挤干的皮料搬到纸槽旁边备用。将纸料投放到纸槽内以后，要用竹棍搅拌约10分钟，使纸料在水中均匀分布。

拾玖

和　槽

19

放滑之后，用小竹棍轻轻搅拌，大约需要20分钟，搅拌时不可用力过猛，否则容易将滑打"醒"（即滑的黏度降低），还要再次加滑。

○6

○ 4 / 5
打皮
Hammering the bark with a foot pestle

○ 6
洗料
Cleaning the papermaking materials

贰拾
抄　纸
20　　⊙7~⊙10

最初抄起的约10张纸叫开槽纸，抄开槽纸的时候动作要迅速，要舀两次水，开槽纸的厚度是其余皮纸的两倍，与夹纸相仿，如果厚度不够则揭纸时容易撕破。抄起纸以后将纸帘反扣在垛板上，使皮纸平整地留在垛板上。舀起的皮纸靠领头棍的一侧略厚，靠纸尾棍的一侧略薄，这也是为了方便从较厚的角入手揭纸。50 kg干皮的纸料通常大约可以抄纸三天。

贰拾贰
晒　纸
22

将纸逐张揭开，并错位重叠贴到纸焙或墙上烘干或晒干。从上往下叫一贴，一贴皮纸有200张左右。在传统工艺中没有晒纸的环节，而是把湿纸贴在纸焙上，用火烘干，大的纸焙可烘7~8贴，纸焙中的火较大的时候一天可烘纸两次。现在工艺中通常是把纸贴在墙上自然阴干，或者太阳晒干，一面墙一般可晒5~6贴，完成整个晒纸过程需2~3天。

⊙7

⊙8

⊙9

⊙10

贰拾壹
榨　纸
21

抄好的皮纸要先在垛板上静置约12小时，再用木榨压出水分。如果抄完纸即刻压榨，水流出的速度过快，则很容易把皮纸榨裂，出现废品。榨纸时随着水分的挤出，纸的厚度变薄。完成一次榨纸要在木榨杠杆的支点加两次木块，大约需半小时。

贰拾叁

折　纸

23　⊙11⊙12

皮纸晒干以后，要先用右手将纸的右上角揭开，再向左下方揭开，同时左手轻轻夹住纸张的左上方，将整张皮纸揭下，并码放整齐。揭纸时速度要快，否则皮纸容易起皱，卖相不好，甚至会撕破皮纸，造成废品。

⊙11

⊙12

贰拾肆

折　纸

24

把揭下的皮纸从左右两边往中间折，折成原纸的一半宽，按80张为1刀，成刀地重叠放好。

贰拾伍

理　纸

25　⊙13

以刀为单位，用专用切纸刀将折好的皮纸理齐，并逐一裁去毛边。

贰拾陆

捆　纸

26

以20刀为1捆，每捆都用纸壳包裹。这种纸壳由晒纸时最后的2~3张纸叠合而成，其厚度是普通纸的2~3倍。皮纸的两头用纸绳捆好等待出售。

⊙13

在六枝境内的郎岱和中寨，过去有相同的传统皮纸制作工艺流程，现在仍然维持着小规模生产的中寨皮纸制作工艺已经发生部分改变（见表2.5）。

表2.5　传统和现代六枝皮纸生产工艺对照表
Table 2.5　Contrast of traditional and modern papermaking techniques of bast paper in Liuzhi Special Area

工序	现代工艺	传统工艺
腌皮料	5 000 kg干构皮需要约200 kg烧碱	5 000 kg干构皮需要约2 500 kg石灰
煮构皮	1次蒸煮，甑内水煮沸后，保温2~3天。其间无须加水，每天加2~3次煤	2次蒸煮，共需20天左右。每天加1次水、2~3次煤
漂构皮	将漂精放入塘内并搅拌均匀，再放入构皮漂白	不添加漂白剂
晒纸	贴在纸墙上晒干或自然风干	贴在纸焙上烘干

（三）

六枝彝族苗族仡佬族皮纸生产使用的
主要工具设备

壹 皮 塘
1

用于洗皮、清皮的水池，水池沿口大小为500 cm×300 cm，池深：进水处（上面）110 cm，出水处（下面）60 cm，有斜度。

贰 皮 甑
2

用水泥、石头砌成的蒸料设备，甑口直径200 cm，甑深250 cm，甑底有铁锅，锅上架若干木棍，蒸煮前将皮料直接码放在木棍上。

⊙1

叁 抄纸槽
3

抄纸时盛放纸浆的水池，长135 cm，宽120 cm，深85 cm（靠近操作者一侧）和110 cm（远离操作者一侧）。

肆 纸 帘
4

由竹丝编制而成的抄纸工具，具体尺寸根据市场和用户的需要定制。火坑村正在使用的纸帘由于使用时间久，已经残破，纸帘中间穿竹丝的线已经错位，纸帘两侧还用塑料纸包边缝制。

⊙2

伍 滑 缸
5

存放制备好的滑药的池子，长90 cm，宽80 cm，深85 cm。

陆
垛 板
6

抄纸时盛放湿纸和榨纸时承载压力的木板，长115 cm，宽76 cm，厚7 cm。

柒
数 码
7

方言为"码码"，是由木珠、木棒和铁丝组成的二十进位计算抄纸数量的工具。有上下2行，每行各20颗木珠，每抄1张纸就由左到右拨上面1颗木珠，上面一行每颗木珠表示1张纸；下面一行每颗木珠表示20张纸，4颗木珠（80张纸）就表示1刀纸。

⊙3

捌
脚 碓
8

打散构皮纤维的工具，包括一个巨型木槌、两块支撑木槌长柄的石质支点，以及一块石质圆柱体的脚碓座。脚碓座的上面刻有纵横细槽，以便在木槌的反复击打下将构皮纤维尽快打散。

⊙4

⊙5

⊙
5
脚碓
Foot pestle

⊙
4
脚碓座
Stone board under the foot pestle

⊙
3
计数器
Paper counting apparatus

中国手工纸文库

工 具 设 备

贵　州　卷·上卷　|　Guizhou I

⊙6

⊙
6
纸槽和纸榨
Papermaking trough and pressing device

（四）

六枝彝族苗族仡佬族皮纸的性能分析

（1）六枝中寨火坑皮纸。

对火坑村生产的皮纸进行测试分析，得到其相关性能参数，见表2.6。

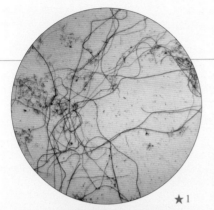

★1

★2

表2.6 火坑村皮纸的相关性能参数
Table 2.6 Performance parameters of bast paper in Huokeng Village

指标		单位	最大值	最小值	平均值
厚度		mm	0.090	0.060	0.067
定量		g/m²	—	—	16.7
紧度		g/cm³	—	—	0.249
抗张力	纵向	N	16.3	11.8	14.3
	横向	N	6.5	3.3	4.7
抗张强度		kN/m	—	—	0.633
白度		%	68.1	67.3	67.5
纤维长度		mm	12.61	0.93	4.00
纤维宽度		μm	22.0	3.0	11.0

由表2.6可知，所测火坑村皮纸最厚是最薄的1.5倍，厚薄差异相对较小，经计算，其相对标准偏差为1.06%。皮纸的平均定量为16.7 g/m²。所测皮纸的紧度为0.249 g/cm³。

经计算，其抗张强度为0.633 kN/m，抗张强度值较小。

所测火坑村皮纸白度平均值为67.5%，白度最大值约是最小值的1.01倍，相对标准偏差为0.23%，差异相对较小。

所测火坑村皮纸的纤维长度：最长12.61 mm，最短0.93 mm，平均4.00 mm；纤维宽度：最宽22.0 μm，最窄3.0 μm，平均11.0 μm。所测皮纸在10倍、20倍物镜下观测的纤维形态分别见图★1、图★2。

★2 火坑村皮纸纤维形态图（20×）
Fibers of bast paper in Huokeng Village (20× objective)

★1 火坑村皮纸纤维形态图（10×）
Fibers of bast paper in Huokeng Village (10× objective)

（2）六枝郎岱皮纸。

对郎岱镇生产的皮纸进行测试分析，得到其相关性能参数，见表2.7。

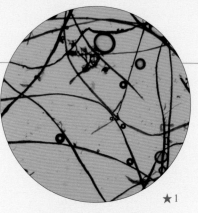

★1

★2

表2.7　郎岱镇皮纸的相关性能参数
Table 2.7　Performance parameters of bast paper in Langdai Town

指标		单位	最大值	最小值	平均值
厚度		mm	0.120	0.080	0.093
定量		g/m²	—	—	16.7
紧度		g/cm³	—	—	0.180
抗张力	纵向	N	9.8	5.8	7.5
	横向	N	2.5	1.2	1.7
抗张强度		kN/m	—	—	0.307
白度		%	46.7	42.0	43.0
纤维长度		mm	10.35	1.38	4.63
纤维宽度		μm	30.0	5.0	14.0

由表2.8可知，所测郎岱镇皮纸最厚是最薄的1.5倍，厚薄差异相对较小，经计算，其相对标准偏差为1.38%。皮纸的平均定量为16.7 g/m²。所测皮纸的紧度为0.180 g/cm³。

经计算，其抗张强度为0.307 kN/m，抗张强度值较小。

所测郎岱镇皮纸白度平均值为43.0%，白度最大值约是最小值的1.11倍，相对标准偏差为

0.13%，白度差异相对较小。

所测郎岱镇皮纸的纤维长度：最长10.35 mm，最短1.38 mm，平均4.63 mm；纤维宽度：最宽30.0 μm，最窄5.0 μm，平均14.0 μm。在10倍、20倍物镜下观测的纤维形态分别见图★1、图★2。

★1
郎岱镇皮纸纤维形态图（10×）
Fibers of bast paper in Langdai Town
(10× objective)

★2
郎岱镇皮纸纤维形态图（20×）
Fibers of bast paper in Langdai Town
(20× objective)

五
六枝彝族苗族仡佬族皮纸的用途与销售情况

5

Uses and Sales of Bast Paper by the Yi, Miao and Gelo Ethnic Groups in Liuzhi Special Area

⊙1

（一）六枝彝族苗族仡佬族皮纸的用途

1. 写字、印书（抄书）

旧时当地学生的练习本和书本是用六枝自产的皮纸印制的，每逢开学的时候皮纸都会供不应求。各种民间抄书所用的纸以皮纸居多，调查组拍到一本"公元一九七零年古历正月廿日订"的《观音灵签》抄本，正是使用了当地生产的构皮纸。在纸业兴盛的年代，有一种坊间时常听到的说法叫作"抄白纸就像抄票子一样"，这说明与其他谋生手段相比，造纸更容易获利。

2. 装殓

当地在装殓过世的老人时，会在其脚下放木炭，四周用白纸填缝隙，普通人家用的是皮纸，家庭环境较差的用草纸，而生活富裕的则用丝绸。

3. 制作挂青的钱串

清明上坟时会带上一串用皮纸剪成的纸串，挂在坟前。

4. 制作被子

过去六枝百姓生活相当艰苦，每遇寒冷天气，当地买不起棉花和棉被的人会用皮纸做成1 cm左右厚的被子来取暖。由于年代久远，纸做成的被子只停留在人们的记忆中，现在已经很难看到实物。

5. 制作食品袋

六枝皮纸柔软而坚韧，当地居民认为其透气性好，多用作食品的包装，与没有用皮纸包装的食物相比，用皮纸包装的食物保存时间更长。更多的人则是用六枝皮纸包装茶叶，有了皮纸的包装，茶叶不易发霉、变质。

6. 制作灯笼

六枝特区是一个多民族的大家庭，传统节日习俗的传承较好，皮纸可以用来糊纸龙灯，以及剪纸刺绣、裱龙糊凤，用于宗教活动及传统节日装饰。

中国手工纸文库

Library of Chinese Handmade Paper

7. 填充衣服夹层

当地做衣服也会用到皮纸，在棉衣或夹衣中加入皮纸，不仅会有利于衣服的定型，更有助于衣服的平整。

8. 制作纸钱

当地俗语也称"纸钱"为"望钱"，依逝者过世时的年纪确定烧几刀纸，每10岁加1刀纸，比如90岁或90多岁就要烧9刀纸。

9. 糊墙壁

当地大多数居民会在逢年过节的时候用皮纸将屋内的墙壁重新糊裱，以增加节日气氛。

⊙ 1

(二) 六枝彝族苗族仡佬族皮纸的销售情况

清末民国初年，六枝皮纸主要用来满足当地的生活和学习之需，质量好的皮纸则销往贵阳等地。相比之下，草纸的产量更大，销售收入更高，"多销安顺、镇宁、普定、织金等县。每至秋季，商旅云集，年销十万元以上（鸡场河出产者只销附近各地）"[22]。到了20世纪50年代，六枝产的草纸仍然大量销往安顺、水城等地[23]。

六枝手工纸曾经是当地财政收入的重要来

源。历史上郎岱地方经济十分落后，"向无关税……民贫不能税征于众"。到了清光绪年间，造纸业已成繁荣之势，"纸捐"开始出现。"厅属产纸向利外销，唯系草纸之一类。始于光绪三十一年（1905年）兴学需款，方有纸捐之发起焉。其时，尚多困难。三十四年（1908年）始行推畅。纸之行销不同，各就其简单之法以抽征。"这种纸捐有市捐和厂捐之分。其中，市捐是面向市场手工纸交易者，依据交易量收取的捐税。"岩脚乃厅属第一繁盛之区。赶场有纸市，每卖纸一挑，抽银三分，可得三十两。由团绅经理，故乡人有以牙税呼之。积少成多，为学费之一助，并不厂抽，盖以市面为贷集之地故也。"厂捐则是面向手工纸生产者，依据生产规模收取的捐税。"龙潭等地之一方面则与岩脚不同。纸虽有市而家卖者多，远商赴厂习以为常，故按户抽捐，分为上、中、下三等以为率，一年一次，共可获银三十两，由各团绅经理。"[24] 从这些记述中可以看出，手工造纸曾经对当地经济和教育的发展产生过重要的影响。

[22] 蔺咏谷,等.民国郎岱县访稿[M]//民国二十五年(1936年)稿本(未编纂).贵州省图书馆据安顺县图书馆藏本(编为八卷)复制油印本,1966:410.

[23] 六枝特区地方志编纂委员会.六枝特区志[M].贵阳:贵州人民出版社,2002:422.

[24] 蔺咏谷,等.民国郎岱县访稿[M]//民国二十五年(1936年)稿本(未编纂).贵州省图书馆据安顺县图书馆藏本(编为八卷)复制油印本,1966:420.

六
六枝彝族苗族仡佬族皮纸的
相关民俗与文化现象

6
Folk Customs and Culture of Bast
Paper by the Yi, Miao and Gelo
Ethnic Groups in Liuzhi Special Area

⊙2

⊙3

(一) 祭蔡伦

六枝地方的造纸从业者都把蔡伦看作守护神。当地居民根据各家从事的职业性质不同,礼敬不同的神灵。当地造纸人家的神位上都祭有"蔡伦造纸先师"的牌位。另外,据当年的纸工回忆,在20世纪30年代的时候,郎岱的造纸户在轩辕宫(今观音阁)举办过礼敬蔡伦的仪式。

(二) 烧纸

据《民国郎岱县访稿》卷二《风土志》记载,民国年间六枝有烧纸的丧葬习俗,如果有人过世,"街邻与亲友者亦先后备香烛纸钱来丧家对棺行三叩礼,俗称为烧纸"[25]。

⊙
3
观音阁
Guanyin (Goddess of Mercy) Pavilion

⊙
2
造纸户堂屋供奉的牌位
Memorial tablets in a papermaker's house

[25] 葛咏谷,等.民国郎岱县访稿
[M]//民国二十五年(1936年)
稿本(未编纂).贵州省图书馆
据安顺县图书馆藏本(编为
八卷)复制油印本,1966:409.

七

六枝彝族苗族仡佬族皮纸的
保护现状与发展思考

7

Preservation and Development of
Bast Paper by the Yi, Miao and Gelo
Ethnic Groups in Liuzhi Special Area

Library of Chinese Handmade Paper

中国手工纸文库

贵 州 卷·上卷 | Guizhou I

Bast Paper
by the Yi, Miao and Gelo Ethnic Groups
in Liuzhi Special Area

（一）六枝彝族苗族仡佬族皮纸的保护现状

第一，生产性传承与保护艰难维系。首先是由于手工纸生产工艺难度大、习艺周期长、收入低，尤其是抄纸、晒纸等工序复杂，工作辛苦，年轻人不愿学。六枝皮纸的生产规模明显萎缩，目前郎岱手工纸的生产性传承与保护已经停止，只有中寨还小规模存在着，手工纸的生产性传承与保护已经后继乏人。再者，受经济效益的驱使，多种现代化机械和化工产品正在不断取代传统的加工器具和用料，具有特色的手工纸传统工艺难以为继。在机制纸的冲击下，传统造纸工艺的生产性保护与传承更为艰难；同时，由于当地煤矿开采的收益较手工造纸高得多，手工造纸在与当地煤矿产业的发展竞争中缺乏收益上的竞争力。

第二，文化性传承与保护仍有相当的积淀。六枝历史上属古夜郎故地，六枝特区是汉、彝、苗、布依等30多个民族的聚居区，区内有郎岱古城、郎岱木城碑记及神秘的老王山（古郎山）。区域文化中有夜郎故地浓郁神秘的文化基因，如布依族的赶表、苗族的晒月亮、彝族的赶山节、仡佬族的吃新年等，丰富多彩的区域民族文化为当地手工纸的传承与保护积淀了深厚的文化基础。至今，当地居民仍有诸多习俗支撑着手工造纸传承与保护，如祭蔡伦、传统节日里祭奠祖先神灵、本族亲人过世和宗祠祭祀用自己生产的手工纸等。

第三，政府和民间对地方手工纸的保护已付出努力。1985年，六枝特区堕却乡龙潭村古代造纸作坊被列为市级第一批文物保护单位。1990

（二）六枝彝族苗族仡佬族皮纸的发展思考

第一，结合民族民间文化遗产保护工程，加强对民族手工造纸技艺文化的普查，加大对手工造纸文物的征集力度，特别是加大对民族用纸习惯、民族祭祀习惯、造纸工具制造方法，以及手工造纸独特的文化生态的整体保护。

第二，在基础教育中适当增加与手工造纸相关的传统民族文化内容。可在当地的民族中小学和一些中等职业学校开展包括当地手工造纸技术文化在内的民族文化进课堂活动。

第三，在郎岱古镇、夜郎文化旅游园、牂牁江风景名胜区等历史文化旅游资源开发利用中融入手工造纸的生产性传承业态，并与当地民族特色浓郁的旅游业相结合，设办专门的造纸作坊，在增加经济收益的基础上使传统造纸工艺更具传承动力。

年，贵州省博物馆梁太鹤印行研究报告《贵州传统工艺研究》，六枝皮纸名列其中。2003年，地方政府发布[2003]140号文件，成立了"六枝特区民族文化遗产调查领导小组"，同年11月，又批准成立"六枝特区少数民族古籍翻译整理中心"，新列3个编制，入财政预算开支。2004年后，六枝特区"月亮河布依文化园"等一批民族文化旅游园区进入实施建设阶段。这些有益的探索和实践为当地手工造纸的传承与保护提供了可资利用的基础条件。

1
艰难生存的小造纸槽坊
A small papermaking mill that barely survived

2
调查组成员与中寨造纸村民在纸甑旁
Researchers and papermakers standing by a papermaking kiln in Zhongzhai Town

3
郎岱老街
An old street in Langdai Town

六枝郎岱山镇

彝族苗族仡佬族

皮纸

Bast Paper
by the Yi, Miao and Gelo Ethnic Groups
in Langdai Town of Liuzhi Special Area

彝族苗族仡佬族

郎岱镇皮纸透光摄影图
A photo of bast paper in Langdai Town
seen through the light

六枝中寨乡
彝族苗族仡佬族

Golden Paper
by the Yi, Miao and Gelo Ethnic Groups
in Zhongzhai Town of Liuzhi Special Area

黄金纸

火坑村黄金纸透光摄影图
A photo of golden paper in Huokeng Village
seen through the light

六枝中寨乡
彝族苗族仡佬族

白绵纸

Baimian Paper
by the Yi, Miao and Gelo Ethnic Groups
in Zhongzhai Town of Liuzhi Special Area

火坑村白绵纸透光摄影图
A photo of Baimian paper in Huokeng Village
seen through the light

第三章
黔西南布依族苗族自治州

Chapter III
Qianxinan Bouyei and Miao Autonomous Prefecture

第一节

普安

皮纸

贵州省
Guizhou Province

黔西南布依族苗族自治州
Qianxinan Bouyei and Miao Autonomous Prefecture

普安县
Pu'an County

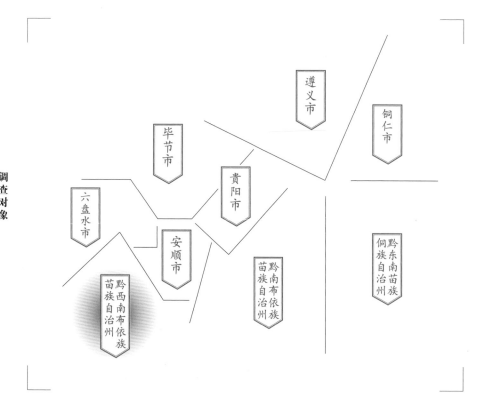

遵义市

铜仁市

毕节市

贵阳市

六盘水市

安顺市

黔西南布依族苗族自治州

黔南布依族苗族自治州

黔东南苗族侗族自治州

调查对象

白沙乡
卡塘行政村
河沟头村民组
皮纸

Section 1
Bast Paper
in Pu'an County

Subject

Bast Paper in Hegoutou Villagers' Group of Katang
Administrative Village in Baisha Town

一

普安皮纸的
基础信息及分布

1
Basic Information and Distribution of
Bast Paper in Pu'an County

据调查组2009年8月对普安县的实地调查，按照造纸家族口述记忆的说法，普安皮纸已有500年左右的历史，而乡邦文献则记述，普安皮纸已有200年以上的历史。普安皮纸在民国年间曾作为旺销产品远销昆明、水城、六枝等地，而且生产地分布一度非常广。但调查时，普安皮纸的制造规模已较大萎缩，目前主要分布在白沙乡卡塘行政村河沟头村民组。其制作工艺中，除腌皮时不再用土灰而改用白碱外，其余均传习着传统的手工造纸工艺。普安皮纸具有纸质绵韧、洁白、拉力强等特点，主要用于祭丧、制作挂青的钱串等。

⊙1

1
3
3

第三章 Chapter III

黔西南布依族
苗族自治州 Qianxinan Bouyei and Miao
Autonomous Prefecture

第一节 Section 1

普安皮纸

⊙ 1
乌蒙山风光
Landscape of Wumeng Mountain

路线图
普安县城
↓
河沟头村
Road map from Pu'an
County centre to the papermaking site
(Hegoutou Village)

普安皮纸
生产地
分布示意图

Distribution map of the papermaking site of
bast paper in Pu'an County

考察时间
2009年8月

Investigation Date
Aug. 2009

河沟头村

③ 白沙乡

② 罐子窑镇

窝沿乡

① 普安县城

Ⓐ 普安县城

地域名称

Ⓐ 普安县
盘水镇

① 窝沿乡

② 罐子窑镇

③ 白沙乡

④ 高棉乡

⑤ 龙吟镇

⑥ 青山镇

⑦ 罗汉乡

造纸点名称

河沟头村 造纸点

位置分布

市府、州府
县城
乡镇
村落
造纸点
历史造纸点
山
国家级自然保护区

S221　省道
G21　国道
昆河线　铁路
G 56　高速公路
线路

水城县

六枝特区

盘县

普安县

横冲㮿子

晴隆县

兴义市

兴仁县

⑤

③

②

①

Ⓐ G320

④

⑦ S313

⑥

10 km

5 km

0

N

二

普安皮纸生产的
人文地理环境

2

The Cultural and Geographic
Environment of Bast Paper
in Pu'an County

⊙ 1
野生古茶树王
Ancient wild tea tree

⊙ 2
出土的古茶籽化石
Unearthed ancient tea seed fossil

普安县位于贵州省西南部的乌蒙山区，隶属黔西南布依族苗族自治州，地处东经104°51′～105°9′、北纬25°18′～26°10′；东邻晴隆县，南与兴仁县、兴义市相连，西接盘县，北与水城县和六枝特区接壤。普安县城距离省会贵阳240 km，县政府驻地盘水镇。

普安县属南北盘江的分水岭地带，乌蒙山脉横贯全境，将县域分为南北两部分，有横冲梁子、乌蒙山、卡子坡山、普纳山与乌都河、马别河、新寨河、石古河等主要山系河流，最高峰横冲梁子海拔2 084.6 m，最低点石古河谷海拔633 m，平均海拔1 400 m。

普安县地貌呈南北走向的长条状，南北长96.6 km，东西宽33 km，总面积1 429 km²，辖8镇6乡，耕地面积162.55 km²，居住着汉、苗、布依、回、彝、黎、白、水、侗等30多个民族。普安县属亚热带湿季风气候带，冬无严寒，夏无酷暑，年平均温度约14 ℃，年平均降水量1 395 mm。

普安远古属百越之地，"普"字源于"濮"字之谐音，"安"字意为"安定"，即濮越人平安生息之地。普安之地周秦时期属夜郎文化区，汉至明分属西平州、普安路、安南卫、安顺府，先后有漏江、普安卫、普安州等名。清顺治十八年（1661年）正式定名为普安县，寓"普天之下，芸芸众生，平安生息"之意。

普安物产丰富，最具代表性的是被誉为"中国古茶树茶叶之乡"的品牌资源。1980年，科研人员在普安与晴隆交界的云头大山的笋家箐发现新生代第三纪四球茶的茶籽化石一块，其距今已有100多万年的历史，为世界上现存最早的茶籽化石。2011年，科研人员又在与笋家箐相邻的江西坡镇、新店镇、青山镇等地发现2万余株野生古茶树及古茶树王。2011年10月21日，普安县被授予第一个"中国古茶树之乡"荣誉称号，并被中国茶叶研究所、云南省农业科学院茶叶研究所、贵州省茶业科学研究所认定为世界重要茶树原产地。地方政府每年都会举办"中国普安春茶节",有"细寨银峰""细寨雪芽"等知名茶叶品牌。

普安县的矿产资源以煤炭和黄金的丰富储量而知名,其中煤炭的理论储量172亿吨,黄金储量800~1 000金属吨(一种根据金属含量百分比计算的价格单元),均具有很好的工业化前景。其交通便捷,沪昆高速过境并在普安有出口,"320国道"也在普安有出口。

普安县著名的文化景观主要有夜郎遗址群、白沙古驿道、"横山歌圩"及特产龙溪石砚。

夜郎遗址群分布在青山镇、雪浦乡、新店乡境内,面积约400 km²,由铜鼓山遗址、大坡顶遗址、大营山遗址等11处夜郎遗址组成。经贵州省考古部门挖掘认定,铜鼓山遗址为已发现的夜郎国唯一的大型青铜兵器冶炼基地及王族饰品加工

⊙1

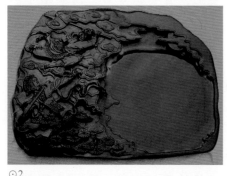

⊙2

厂,大坡顶为纺织中心,大营山为夜郎王府及军事要塞。

白沙古驿道为贵州省级文物保护单位。从白沙社区二寨登72道坎,翻卡子坡直上老鹰岩至晴隆县叶家河,有约10 km古驿道保存完好,今称"白沙古驿道"。驿道由约1.65 m长的青石板铺成,石板路上留有诸多约16 cm深的旧日马蹄印。距县城38 km处的驿道上,存有3处古烽火台遗址,最完整的一处今称"白沙烽火台"。

"横山歌圩"产生于距县城25 km的横山,是县境内江西坡镇、地瓜镇、新店乡百余村寨的地理中心。每逢民族节日或月明之夜,彝族山民都会在山顶的旷地歌舞欢聚,祖辈传习绵绵不绝。在现代,邻近的布依、苗及汉等民族也会积极参与,主要有彝族"抛绣球"与"海马舞"、布依族"浪哨"、苗族"游方"等游艺歌舞形式的活动。最壮观经典的场面是对歌,通常是山民围坐成圈,多时有40~50圈,每个圈中男女各半,你唱我对,形成大型的歌场、舞场与集市。贵州电视台曾拍摄关于"横山歌圩"的电视专题片。

龙溪石砚为黔西南非物质文化遗产保护项目。砚石产于三板桥镇的九龙山,制砚始于明洪武年间。清道光年间县学训导李荣萱写有《龙溪砚歌》,清咸丰年间张之洞写有《龙溪砚记》。龙溪砚品质优异,民间形容其"呵气出水,抚之细柔如缎",1980年获全国工艺品展览会二等奖。

白沙乡位于普安县城东北部,距县城31 km,东与晴隆县马场乡、大田乡接壤,南与高棉乡相邻,西与罐子窑镇、窝沿乡毗邻,北连晴隆县花贡镇,是晴隆、普安两县的边沿结合部。清乾隆十七年(1752年),该地设白沙驿,因当地白沙石资源多生(白色大理石储量丰富),故称"白沙"。乡境内地貌多样,以岩溶地貌为主,石山、半石山居多,非耕地资源丰富,辖白沙社区及卡塘、红寨、铁厂、大小寨四个行政村。

⊙4

⊙3

三

普安皮纸的历史与传承

3

History and Inheritance of
Bast Paper in Pu'an County

在白沙乡卡塘行政村河沟头村民组，古法造纸的历史相当悠久，而且当代依然传习有序。据2009年8月调查组入村调查的信息可知，河沟头村有村民90户351人，土著居民过去大多为苗族人，由于历史变迁，一部分苗族人被汉化，另一部分苗族人则远迁晴隆县长流乡居住，调查时的居民绝大多数已为汉族人。

关于该地的造纸历史，据调查时当地居民口述记忆，有一种说法是河沟头村民的祖先约于500年前迁徙进驻此地，携造纸技艺而来，落脚后建造作坊开始手工造纸，至今已传20代。而按照仍然在从事造纸的王家良的家族造纸历史推算，王家在白沙落户的辈分排序依次为"国正仁义礼，智德定家邦，永世克明显，应慧志荣昌"。据王家良回忆，其家族是从湖南迁到此地的，同时带

普安皮纸

⊙4
普安县白沙乡自然风光
Landscape of Baisha Town in Pu'an County

⊙3
通往白沙乡的山道
Mountain road leading to Baisha Town

来造纸技艺落地从业，至王家良已是第9代，王家良能记住姓名的则只有王德荣（祖父）—王定衡（父亲）—王家良—王邦模（长子）4代。调查时，王家良已65岁，若按王氏家族的信史估算，该地造纸应有两三百年的历史。

清末至民国初年，普安白沙著名的启贤堂书铺的印刷用纸正是利用了当地丰富的手工纸行业资源。该书铺创始人为云南曲靖商人崔庆云，崔庆云儿时即随家人赴贵州安顺采购白绵纸回云南销售，后见白沙乡卡塘村所产白绵纸质地优异，于是决定在白沙建启贤堂印书厂，利用当地生产的纸印制书籍。清光绪三年（1877年），崔庆云聘请雕版刻工、印工和装订工，在卡塘村的河沟头建起了启贤堂印书厂，广印四书五经、佛道经书、民间唱本故事等，并在周边州县及云南各地销售。启贤堂书铺的刊本以刊印品质上乘而驰名云、贵两省，销量相当大，并一度设有卡子上陈家和白沙地郑家两家印制分厂，可见当年的用纸规模之大。在当地崔氏家族留存的《崔氏记录》里，记载了启贤堂印书厂在清末民国初年用当地白绵纸起家的盛况。

王家良家族世代造纸，为祖传家族事业，王家良所能证实的是，他爷爷王德荣将造纸技术传给父亲王定衡，父亲王定衡将造纸技术传给王家良，王家良又传给大儿子王邦模，王家良的二儿子也学过造纸，但没有实际造过，两个女儿出嫁前均都帮忙晒过纸。

据调查中王家良等造纸人的叙述，河沟头村在20世纪晚期有接近90%的农户造纸，手工造纸业态的传习非常普及。2007年村中还有10余户造纸，2008年只有5户造纸，2009年仅剩王家良1户造纸。调查时，仍在坚持造纸的王家良及其妻子刘凡英均为60多岁的老人，深感力不从心，而另一位主要技艺传承人朱长勇已73岁，因体力不支和后继无人而被迫歇业。

四
普安皮纸的生产工艺与技术分析

4
Papermaking Technique and Technical Analysis of Bast Paper in Pu'an County

工艺流程

139

Chapter III

黔西南布依族苗族自治州 Qianxinan Bouyei and Miao Autonomous Prefecture

第一节 Section 1

普安皮纸

（一）
普安皮纸的生产原料与辅料

普安皮纸生产所用的原料为楮树，即构树。楮树一般两年砍一次。若楮树太嫩，则皮太薄，产料率低；若楮树太老，则纤维太粗，纸料偏黄，造出的纸也会偏黄。

传统造纸所用的碱主要有石灰和土灰（即灶灰），约自1972年以来，已不用土灰而改用白碱。

所用纸药（当地称"滑"）为罗汉松根汁，先用瓦片将罗汉松根外壳刮掉，然后放入滑缸泡一天即可使用。

（二）
普安皮纸的生产工艺流程

2009年8月，调查组在普安县传统工艺保护相关人士赵兴、赵伟的帮助下，对河沟头村皮纸工艺进行了深入调查，记录其工艺流程为：

壹	贰	叁	肆	伍	陆	柒	捌	玖	拾	拾壹	拾贰	拾叁
砍楮枝	剥楮皮	晒楮皮	泡楮皮	扎皮	摆头道皮	石灰腌皮	装皮	捂皮	蒸皮	捂气	浪石灰	清皮

贰拾陆	贰拾伍	贰拾肆	贰拾叁	贰拾贰	贰拾壹	贰拾	拾玖	拾捌	拾柒	拾陆	拾伍	拾肆
洗料	打皮	堆皮	榨二道皮	揉二道皮	摆二道皮	浪碱	捂二道皮	蒸二道皮	白碱腌皮	抖皮	榨皮	揉皮

贰拾柒	贰拾捌	贰拾玖	叁拾	叁拾壹	叁拾贰	叁拾叁	叁拾肆
打槽	放滑	试浆	抄纸	榨纸	晒纸	揭纸	捆纸

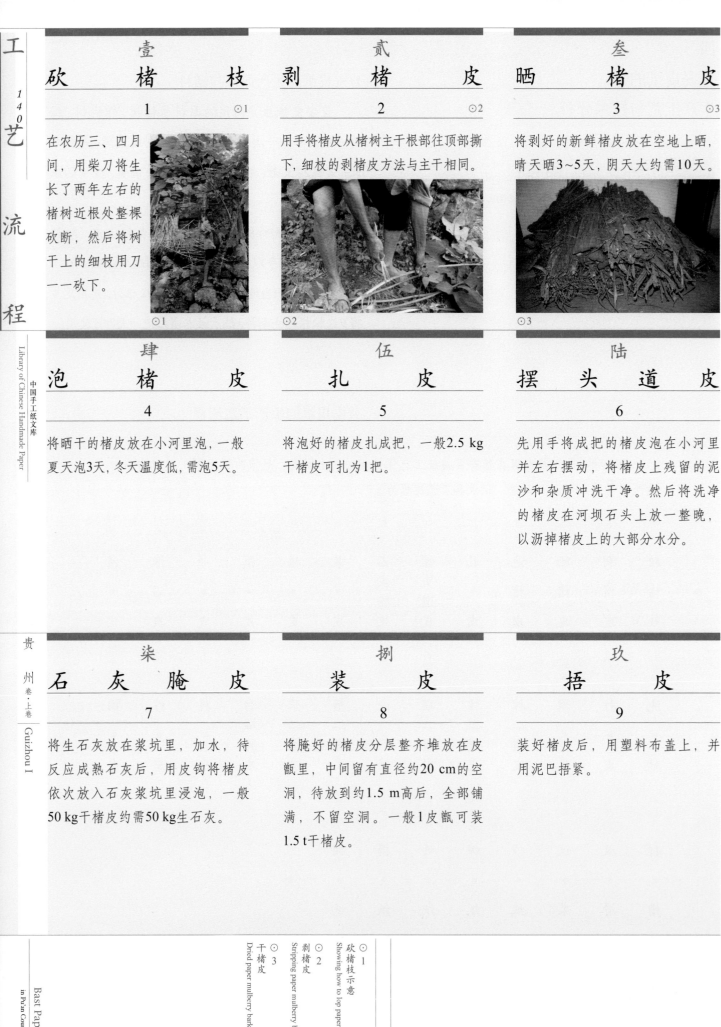

壹
砍 楮 枝
1 ⊙1

在农历三、四月间，用柴刀将生长了两年左右的楮树近根处整棵砍断，然后将树干上的细枝用刀一一砍下。

⊙1

贰
剥 楮 皮
2 ⊙2

用手将楮皮从楮树主干根部往顶部撕下，细枝的剥楮皮方法与主干相同。

⊙2

叁
晒 楮 皮
3 ⊙3

将剥好的新鲜楮皮放在空地上晒，晴天晒3~5天，阴天大约需10天。

⊙3

肆
泡 楮 皮
4

将晒干的楮皮放在小河里泡，一般夏天泡3天，冬天温度低，需泡5天。

伍
扎 皮
5

将泡好的楮皮扎成把，一般2.5 kg干楮皮可扎为1把。

陆
摆 头 道 皮
6

先用手将成把的楮皮泡在小河里并左右摆动，将楮皮上残留的泥沙和杂质冲洗干净。然后将洗净的楮皮在河坝石头上放一整晚，以沥掉楮皮上的大部分水分。

柒
石 灰 腌 皮
7

将生石灰放在浆坑里，加水，待反应成熟石灰后，用皮钩将楮皮依次放入石灰浆坑里浸泡，一般50 kg干楮皮约需50 kg生石灰。

捌
装 皮
8

将腌好的楮皮分层整齐堆放在皮甄里，中间留有直径约20 cm的空洞，待放到约1.5 m高后，全部铺满，不留空洞。一般1皮甄可装1.5 t干楮皮。

玖
捂 皮
9

装好楮皮后，用塑料布盖上，并用泥巴捂紧。

1
砍楮枝示意
Showing how to lop paper mulberry branches

2
剥楮皮
Stripping paper mulberry bark

3
干楮皮
Dried paper mulberry bark

拾
蒸　皮
10

捂皮后，即可蒸皮。1个皮甑火烧3天，需用250 kg煤，烧了3个皮甑火后，将楮皮上下翻转，再烧3个皮甑火。蒸皮时，每天凌晨0~2点往皮甑锅底炕加3~4挑水。

拾壹
捂　气
11

蒸皮结束后，让热气在皮甑里再捂5天。

拾贰
浪　石　灰
12

用皮钩将楮皮钩到清皮塘，并用手摆皮，洗掉大部分石灰后，将楮皮放到河坝石头上。

拾叁
清　皮
13

浪石灰后的楮皮，还需再次清洗，方法同"浪石灰"。

拾肆
揉　皮
14

清皮后，用手轻揉楮皮，将楮皮外层的黑壳揉掉。

拾伍
榨　皮
15

将揉好的楮皮整齐地堆放在木榨底板上，上面再盖块顶板，然后压榨，榨一次约需1.5天，1皮甑楮皮需榨三次。

拾陆
抖　皮
16

用手将榨好的皮抖松。

拾柒
白　碱　腌　皮
17

用白碱腌皮，1皮甑楮皮需120 kg白碱。将1榨皮腌好并堆放到皮甑里需2天时间。1972年以前用土灰来腌皮，1皮甑楮皮需10担土灰，1担为10兜，1兜为10升。当地造纸户认为由于土灰碱性不足，用土灰造的纸不够白，质量不好；白碱的碱性强，造的纸更白，质量更好。

拾捌
蒸　二　道　皮
18

这道工序只需1个皮甑火，依然是在每天凌晨0~2点从皮甑锅底炕加3~4挑水。但用塑料布或麻袋盖上楮皮后，不能再用泥巴捂紧，否则皮容易变黑。

拾玖
捂 二 道 皮
19

蒸好后，再捂1~2天。

贰拾
浪 碱
20

用手将皮依次取出来，并放到河里冲洗一两次，将碱水洗掉。

贰拾壹
摆 二 道 皮
21　⊙4

方法同"摆头道皮"。

⊙4

贰拾贰
揉 二 道 皮
22

方法同"揉皮"。

贰拾叁
榨 二 道 皮
23

1皮甑楮皮依然分成3榨，1榨需耗时1.5天。

贰拾肆
堆 皮
24

将榨好的楮皮堆在家里，并用塑料布盖好。

贰拾伍
打 皮
25　⊙5

用脚碓打皮，直到打融打细为止。一人打皮，一人翻皮，50分钟可打4把皮。当天晚上打的皮，第二天必须用完。

⊙5

摆二道皮示意
⊙
4
Showing how to double clean the bark

打
皮
⊙
5
Hammering the bark with a foot pestle

工 艺 流 程

143

第三章
Chapter III

黔西南布依族
苗族自治州
Qianxinan Bouyei and Miao
Autonomous Prefecture

普安皮纸

Section 1

贰拾陆
洗　料

26　　　⊙6⊙7

将打好的皮料拿到河边，放进置于河水中的料单里，并用手不断搅拌，将污水洗干净即可。洗好后，将料单提出水面，先用手将水挤出，再用脚踩干。

⊙6

⊙7

贰拾柒
打　槽

27　　　⊙8

用布堵住料槽出水口，放水后，将纸料放入料槽，再用槽棍搅拌约20分钟。

⊙8

贰拾捌
放　滑

28

将泡好的滑汁经过料单过滤，加入料槽，再用槽棍搅匀。

贰拾玖
试　浆

29

将帘子浸入浆液，再提起，以检验滑是否足够。若帘子光滑，则说明滑已足够。

⊙ 6
洗料
Cleaning the papermaking materials

⊙ 7
挤水
Squeezing water out of papermaking materials

⊙ 8
堵住出水口
Using cloth to block the water outlet

叁拾
抄　纸
30　⊙9⊙10

在河沟头村，抄纸时前后摆动称作浪水，左右摆动称作游水，将湿纸盖在纸垛上称作盖水。先是由外往内挖水，后浪水三四次，再游水两三次，最后盖水，即得一张纸。熟练的造纸师傅，一天可抄10刀纸。

⊙9

⊙10

⊙9
/
10

抄纸
Scooping and lifting the papermaking screen
out of water and turning it upside down on
the board

叁拾壹
榨 纸
31

抄好纸后，把榨杆装好，第二天早上再进行压榨。一垛纸持续0.5小时即可榨干。

叁拾贰
晒 纸
32

松开榨杆后，将纸垛搬回家，逐张撕开，贴在屋内墙上分层叠晒，每两张纸之间大约间隔0.5 cm，一叠一般有80~100张。天气好时一天即可干；冬天一般要两天才能干；若逢阴雨天，则需将煤置于铁锅中，烧火烘一天一夜才干。1965年以前当地用纸焙烘纸，后来由于煤价日涨，改用自然晒干。

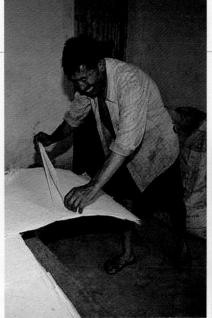

⊙11

⊙12

叁拾叁
揭 纸
33　　　⊙11 ⊙12

纸晒干后，先用手将纸的右上角整体揭开，再一张张将纸揭下来，并理齐。

叁拾肆
捆 纸
34　　　⊙13

将理齐后的纸置于桌上，并将其从中间对折，对折时用木尺对齐；随后用木尺敲打纸，使之平整，再用纸绳捆好。

⊙13

黔西南布依族
苗族自治州
Qianxinan Bouyei and Miao
Autonomous Prefecture

第一节　Section 1

普安 皮纸

⊙
13
敲打纸
Flattening the paper with a wooden ruler

⊙
11
/
12
揭纸
Peeling the paper down

（三）

普安皮纸生产使用的
主要工具设备

壹 纸帘
1

纸帘由苦竹编织而成，左右两边
缝有塑料布，用于确定所抄纸的
大小。

贰 纸帘架
2

纸帘架为木质，前有挡板。

⊙1

叁 料槽
3

各料槽尺寸略有差异，实测料槽
长约185 cm，两头宽约 122 cm，
中间宽约155 cm，高约80 cm。

⊙2

肆 滑缸
4

实测滑缸长约60 cm，宽约55 cm，
高约70 cm。

⊙3

伍 皮甑
5

实测皮甑直径
约200 cm，高约
200 cm。

⊙4

此外，如前所述，河沟头村
1965年以前用纸焙烘纸，据此次调
查，当地纸焙内侧用瓦片垒起，外侧
敷上石灰、煤灰，顶部敷上一种耐火
烧的沙石。王家良认为纸焙外面敷上
石灰、煤灰，可以透气；如果敷上水
泥，则不透气，因而不能用。

⊙ 5 / 4
皮甑
Kiln for steaming the papermaking materials

⊙ 3 / 4
料槽及滑缸
Papermaking trough and the vat for holding
the papermaking mucilage

⊙ 2
纸帘架
Papermaking screen and its supporting
frame

⊙ 1
纸帘及纸帘架

（四）
普安皮纸的性能分析

对普安河沟头村生产的皮纸进行测试分析，得到其相关性能参数，见表3.1。

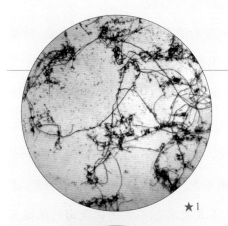

★1

★2

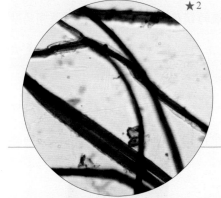

表3.1 河沟头村皮纸的相关性能参数
Table 3.1 Performance parameters of bast paper in Hegoutou Village

指标		单位	最大值	最小值	平均值
厚度		mm	0.110	0.070	0.087
定量		g/m²	—	—	17.9
紧度		g/cm³	—	—	0.206
抗张力	纵向	N	9.7	5.3	7.3
	横向	N	3.6	1.4	2.4
抗张强度		kN/m	—	—	0.323
白度		%	43.5	42.7	43.2
纤维长度		mm	8.81	1.62	3.89
纤维宽度		μm	34.0	2.0	11.0

由表3.1可知，所测河沟头村皮纸最厚约是最薄的1.57倍，经计算，其相对标准偏差为0.01%。皮纸的平均定量为17.9 g/m²。所测皮纸的紧度为0.206 g/cm³。

经计算，其抗张强度为0.323 kN/m，抗张强度值较小。

所测河沟头村皮纸白度平均值为43.2%，白度最大值约是最小值的1.02倍，相对标准偏差为0.26%，差异相对较小。

所测河沟头村皮纸的纤维长度：最长8.81 mm，最短1.62 mm，平均3.89 mm；纤维宽度：最宽34.0 μm，最窄2.0 μm，平均11.0 μm。所测皮纸在10倍、20倍物镜下观测的纤维形态分别见图★1、图★2。

★
2
河沟头村皮纸纤维形态图（20×）
Fibers of bast paper in Hegoutou Village (20× objective)

★
1
河沟头村皮纸纤维形态图（10×）
Fibers of bast paper in Hegoutou Village (10× objective)

（一）普安皮纸的用途

当地单层白绵纸目前主要用于祭祀，在清明节前销量最好。历史上还有抄写书籍、家谱，写文书，书画创作和银行捆钞等用途。夹纸可用于书法创作，以前还可用于写文书，少量夹纸可用于银行捆钞。

（二）普安皮纸的销售情况

造好的纸，一般由造纸户赶场时拿到普安、晴隆的地方市场去卖，目前单层白绵纸售价为16元/刀，二道水白绵纸（即双层白绵纸）售价为50元/刀，1刀为100张。以前卡塘白绵纸还能销到贵州的水城、六枝、纳雍、紫金、金沙等地，甚至远销云南。近年来，外地一些商人因销售纸赚钱不多，纷纷改行；据调查组调查，王家良由于年纪大，不太愿意也不方便把造出的纸运出去销售，所以他家纸的销售区域很有限。以前是用马驮去卖或者坐等商人上门来买，而现在市场状况不是太好，销售量逐渐萎缩。

王家良及其妻子刘凡英两人目前一年造纸约150捆，即1 500刀，其中1 400刀为单层白绵纸，100刀为二

⊙1

⊙2

⊙3

1
保存在竹篓里的卡塘白绵纸
Baimian paper in Katang Village stored in a bamboo basket

⊙
2
用卡塘白绵纸抄写的《崔氏记录》
Records of the Cuis written on Baimian paper in Katang Village

⊙
3
用卡塘白绵纸创作的书法作品
Calligraphy written on Baimian paper in Katang Village

道水白绵纸，根据当地纸价，一年收入为27 400元。

据调查，500 kg干楮皮可抄400刀单层白绵纸，按王家良家的造纸量，一年需2 000 kg干楮皮，相应各种辅料用量及价格如表3.2所示。由表3.2可见，王家良家造纸一年原材料及各种辅料费用约为4 238.8元。

此外，装皮、揉皮、榨皮等工序一般需多人合作，可以换工形式相互帮忙。

除换工外，还可请工。1个工35元，外加一天三顿饭，提供白酒（3.5元/斤）、烟（3.5元/包，一人一包），王家良家2009年请人做了30多个工，大约花费1 300元。

综上所述，王家良家一年造纸相关花费约为5 538.8元，一年造纸纯收益约为21 861.2元。

表3.2　王家良家造纸一年原材料及各种辅料费用表
Table 3.2　Wang Jialiang's annual papermaking cost of raw materials and other auxiliary materials

名　称	单价(元/kg)	数量(kg)	总价（元）
干楮皮	1.2	2 000	2 400
石灰	0.2	2 000	400
煤	0.36	1 330	478.8
白碱	3	120	360
罗汉松根	3	200	600
总计			4 238.8

六
普安皮纸的相关民俗与文化事象

6
Folk Customs and Culture of Bast Paper in Pu'an County

1. "祭蔡伦"

卡塘村民的家神上敬的是"天地君亲师"，由此可见，当地还保留了较多的传统习俗。造纸户都敬蔡伦先师，"蔡伦先师位"在"天地君亲师位"左侧。卡塘村民也认为造纸是蔡伦传下来的，因此造纸户都要供奉蔡伦先师。卡塘村造纸户在大年初二打牙祭时，同时祭蔡伦。此外，过节以及发生与纸有关的一些事情时，如纸好卖或不好卖，纸造得不好等，往往都会举行祭蔡伦活动。纸好卖时祭蔡伦，以求更好卖。次数不定，少则三五次，多则十余次。每次祭祀时会烧半刀纸钱，点两支红蜡烛、五根香。

2. 启贤堂印刷用纸

中华人民共和国成立前，普安有名的启贤堂的印刷用纸正是受益于当地丰富的纸业资源。在

⊙1

⊙2

崔氏家族留存的《崔氏记录》里记载的启贤堂印书厂的相关情况如下：

"曾祖庆云公，生于清朝咸丰辛亥年（1851年），在光绪年间公由曲靖下贵州安顺买棉纸儒书（即四书五经），运上云南出售。路由老鹰岩经过，公见此地出产白棉纸最好，就置买书版，

在老鹰岩找刻字匠人、印刷匠人，买棉纸在此地开设启贤堂印刷厂，由此地放马驮书到曲靖（当时没有汽车），又转运上昆明及各州县销售。启贤堂的书就驰名云贵，书生意大有发展，到民国五年丙辰（1916年），才在老鹰岩新修四角头房子一栋，到民国十一年壬戌（1922年）七月间，公转回曲靖，带领父亲继先上曲靖读书，当年父亲才满十一周岁，同伯父法先、叔父则先，三弟兄同在曲靖后旺街房子里面读书。"

目前，卡塘村崔家还保留着经书印版。

七
普安皮纸的
保护现状与发展思考

7

Preservation and Development of
Bast Paper in Pu'an County

蔡伦先师牌位
Memorial tablets in memory of Cai Lun,
the originator of papermaking

⊙
2
经书印版
Scripture printing plates

⊙
1

（一）普安皮纸的保护现状

据调查了解，普安皮纸工艺相当复杂，经整理，主要工序多达34道。即便工序如此复杂，工人们对每项工艺仍相当讲究，如放滑时将泡好的滑汁经料单过滤后再加入槽内，这样会有效过滤杂质，得到纯净的滑汁。讲究工艺，是传统工艺民俗中精益求精的典型态度。

除对造纸质量精益求精外，卡塘村造纸户对造纸设备也是细心呵护和妥善保管。当地只有在造纸时才把木榨装起来，平时都会拆放在家里，这在其他地方是少见的。若将木榨直接放在外面，因长时间受风吹、日晒、雨淋，木头容易被腐蚀，而把工具放在室内保存，保管条件更好，可以延长木榨的使用时间。若保管得好，一个木榨可用五年；若保管得不好，一个木榨仅能用一

年。该地造纸户在长期的生产实践中，树立了对工具体系的保护意识并积累了多种保护方法，这也是该地技艺文化的一个特点。

据当地造纸人王家良回忆，贵州关岭县沙营乡曾请过本地造纸师傅去他们那里当师傅、修皮甑等。这也从另一个侧面说明了卡塘村造纸技术的深远影响和良好声誉，卡塘村造的皮纸在贵州多个区域一直销量较好也就不难理解了。

目前，皮纸的销售收入对于没有外出务工的王家良夫妇来说，是家庭的主要经济来源。但村里大多数人情况则不同，由于造纸赚钱相对较少，工作又辛苦，村里年轻人大部分宁愿外出打工，也不愿从事造纸工作。从近几年来该地造纸作坊迅速减少的趋势可见形势日益严峻，原来村里90%的家庭都在从事造纸工作，2008年减少至五家，2009年只有王家良一家仍在继续造纸。

（二）普安皮纸的发展思考

对于卡塘村皮纸的未来，王家良也没有太多想法，只是觉得由于自己年纪较大，不能再出去打工，留在家造纸，还能赚点钱。此外，王家良

考虑到自己年纪大了，无力完成打皮等工序，计划购买打皮机。这样，成本虽有所增加，但能节约劳动力，一定程度上也能提高生产效率。这也是造纸户的一种自我保护。

关于普安皮纸的传承与发展，可以考虑从以下几个方面着手操作：

1. 系统、深入地挖掘并记录普安卡塘皮纸的技艺和相关历史、文化

针对目前普安卡塘皮纸的传承不断趋弱的态势，当地政府、文化部门应与相关研究机构合作，尽快对普安卡塘皮纸的历史、技艺及文化进行系统、深入的挖掘和整理，并利用文字、照片、录音、录像等多种手段进行全方位的记录，保留较为完整的资料，便于未来进行研究，若以后普安卡塘皮纸不再生产，必要时还可依此进行复原。

2. 申报市级乃至省级非物质文化遗产

在深入研究的基础上，将普安卡塘皮纸技艺申报为市级和省级非物质文化遗产，并将其传承与保护纳入非物质文化遗产保护体系中，这也有利于普安卡塘皮纸获得更广泛的关注。

3. 与相关研究单位合作，研发一系列适于书画表达的普安卡塘皮纸

如前所述，普安卡塘皮纸的价格低廉源于中高端用途萎缩，价格空间当然难以提升，收益不理想，因而造纸对年轻人的吸引力明显下降。以王家良家为例，其一年造纸纯收益约为21 860元（不计劳力投入），如能与相关研究单位合作，为书画家、书画爱好者研发适于书画表达的普安卡塘皮纸，无疑会大幅提升其利润空间，从而形成持久性的传承动力。

白绵纸

单层

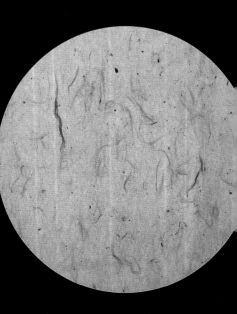

河沟头村白绵纸透光摄影图
A photo of Baimian paper in Hegoutou
Village seen through the light

皮纸

河沟头村皮纸透光摄影图
A photo of bast paper in Hegoutou Village
seen through the light

第二节

安龙布依族
竹纸

贵州省
Guizhou Province

黔西南布依族苗族自治州
Qianxinan Bouyei and Miao Autonomous Prefecture

安龙县
Anlong County

贵 州 卷·上卷 | Guizhou I

调查对象

万峰湖镇
坝盘行政村
布依族竹纸

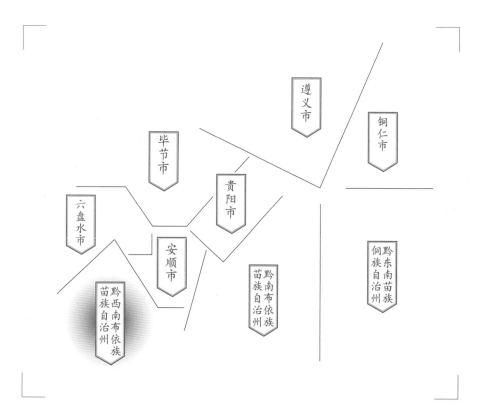

遵义市

铜仁市

毕节市

贵阳市

六盘水市

安顺市

黔东南苗族侗族自治州

黔西南布依族苗族自治州

黔南布依族苗族自治州

Section 2

Bamboo Paper
by the Bouyei Ethnic Group
in Anlong County

Subject

Bamboo Paper by the Bouyei Ethnic Group
in Bapan Administrative Village of Wanfenghu Town

一

安龙布依族竹纸的
基础信息及分布

1

Basic Information and Distribution of
Bamboo Paper by the Bouyei Ethnic Group
in Anlong County

　　安龙县隶属贵州省黔西南布依族苗族自治州，位于贵州省西南部，而竹纸的生产聚集地则为县域西南方向万峰湖镇的坝盘村。坝盘村为经典的布依族村寨，所有村民均为布依族，沿南盘江河谷依水而居。2011年6月（2014年8月又进行过一轮补充调查）调查组入村调查时，全村145户中有80余户从事手工竹纸的生产。

　　坝盘村为传统古法造纸方式保存较为完整的造纸村落，当地造纸户们以将祖先传下来的古法造纸工艺仍得到完整传习为豪，这为研究布依族造纸技艺的文化传统提供了一个鲜活的样本。坝盘村所造纸全部为竹纸，其原料主要为当地满山遍野均可见到的蛮竹及刺竹。生产出来的纸作为冥纸，纸色泛黄，纸面较为粗糙，主要在滇、黔、桂三省区交界的南盘江流域销售。

　　2009年9月，安龙布依族竹纸被列入贵州省级非物质文化遗产名录的扩展名录。

⊙1

1
5
7

第三章 Chapter III

黔西南布依族
苗族自治州
Qianxinan Bouyei and Miao
Autonomous Prefecture

第二节 Section 2

安龙布依族
竹纸

⊙ 1
坝盘村边的南盘江风光
Scenery of Nanpan River alongside
the Bapan Village

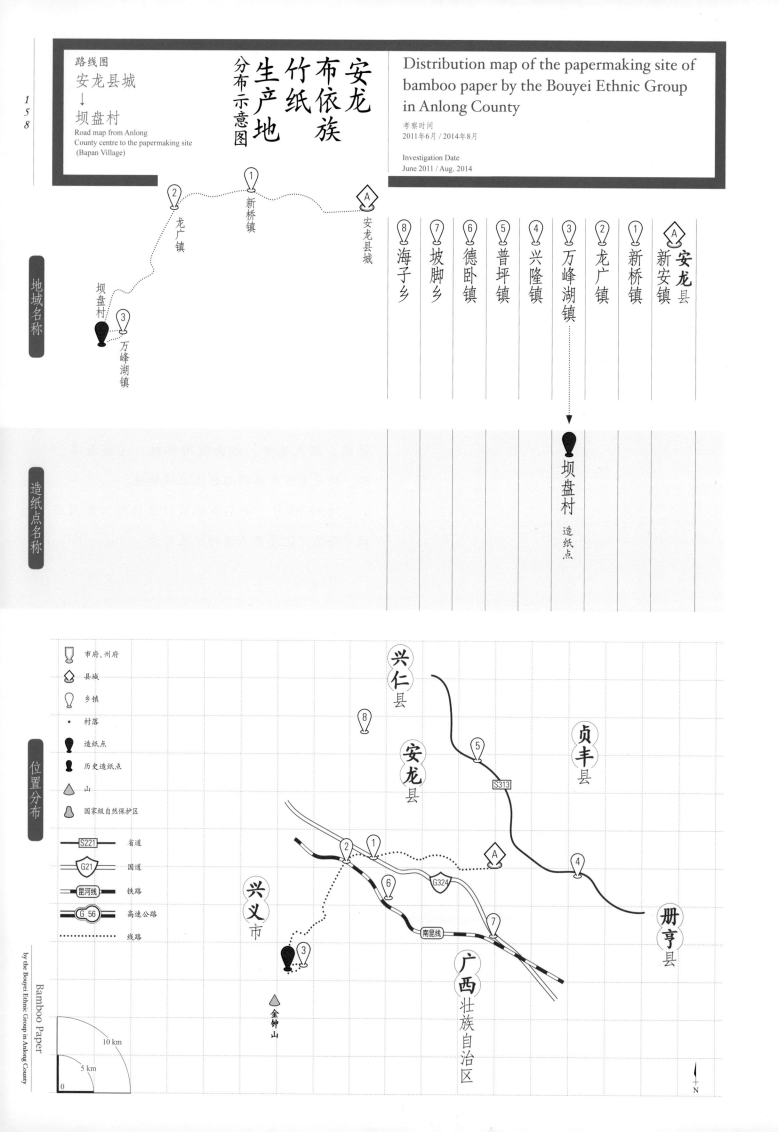

路线图
安龙县城
↓
坝盘村
Road map from Anlong
County centre to the papermaking site
(Bapan Village)

安龙布依族竹纸生产地分布示意图

Distribution map of the papermaking site of
bamboo paper by the Bouyei Ethnic Group
in Anlong County

考察时间
2011年6月 / 2014年8月

Investigation Date
June 2011 / Aug. 2014

地域名称

造纸点名称

位置分布

① 新桥镇
② 龙广镇
Ⓐ 安龙县城
③ 坝盘村
万峰湖镇

⑧ 海子乡
⑦ 坡脚乡
⑥ 德卧镇
⑤ 普坪镇
④ 兴隆镇
③ 万峰湖镇
② 龙广镇
① 新桥镇
Ⓐ 安龙县 新安镇

坝盘村 造纸点

市府、州府
县城
乡镇
村落
造纸点
历史造纸点
山
国家级自然保护区

S221 省道
G21 国道
昆河线 铁路
G56 高速公路
线路

兴仁县
贞丰县
安龙县
兴义市
册亨县
广西壮族自治区
金钟山

S313
G324
南昆线

10 km
5 km
0

N

Bamboo Paper
by the Bouyei Ethnic Group in Anlong County

1
5
9

第三章 Chapter III

黔西南布依族
苗族自治州
Qianxinan Bouyei and Miao
Autonomous Prefecture

第二节 Section 2

安龙布依族竹纸

二

安龙布依族竹纸生产的
人文地理环境

2

The Cultural and Geographic Environment
of Bamboo Paper by the Bouyei Ethnic Group
in Anlong County

⊙1

⊙2

⊙ 1
笃山溶洞
Dushan Karst Cave

⊙ 2
天生桥水电站坝区
Dam area of Tianshengqiao
Hydropower Station

安龙县位于贵州高原的西南部,地处东经104°59′~105°41′、北纬24°55′~25°33′,东南与册亨县、东北与贞丰县、北与兴仁县、西与兴义市接壤,南部隔一条南盘江与广西壮族自治区隆林各族自治县相望。安龙山水资源非常丰富,境内多见喀斯特地貌。

县境西南的仙鹤坪国家森林公园,最高海拔1 756 m,保护区原生态的原始森林弥山漫谷,其中生长着国家一级保护植物云南穗花杉、长瓣兜兰、硬叶兜兰、红豆杉等珍贵野生物种。

位于县境东北边缘的笃山溶洞群是中国神奇瑰丽的溶洞地貌构造之一,已发现30余组溶洞,主洞犀牛洞长达17.6 km,最大的单洞大厅约有80 000 m²。20世纪80年代八国溶洞专家到此考察。笃山溶洞群被誉为"亚洲第一深洞""世界第二大溶洞群"。

南盘江流经县域南缘,在西南端的万峰湖镇,著名的天生桥水电站截江成湖,水域面积176 km²,蓄水1.02×10^{10} m³,1999年竣工。主坝高191 m,号称"亚洲第一高坝",蓄水量相当于76个杭州西湖,亦号称中国新第五大淡水湖。

县域北部的龙头大山绵延百里,高山杜鹃漫山遍野,同时还有十分珍稀的植物辐花苣苔,形成一道令人叹为观止的风景线。

安龙县自然资源丰富,其中比较突出的有:已探明黄金储量22 t,是年产黄金过万两的产金大县;探明优质煤炭储量1.25×10^9 t,主产于县辖龙山镇境内;探明优质石灰岩储量数百亿吨,成为支撑区域水泥生产的重要原料基地。

安龙县水电资源丰沛,著名的天生桥二级水电站装机容量1.32×10^6 kW·h,天生桥一级水电站装机容量1.2×10^6 kW·h,成为中国西南地区重要的能源基地。

历史上安龙地域偏远,交通不便,但发展到调查组探访时的2011年,情况已大为改观。南昆铁路作为西南交通大动脉在安龙建有五个车站,

Library of Chinese Handmade Paper

中国手工纸文库

贵 州 卷·上卷 | Guizhou I

Bamboo Paper

by the Bouyei Ethnic Group in Anlong County

途经四个乡镇；汕昆高速公路G78在安龙境内设有安龙和德卧两个出口；国道及省道连接大部分乡镇，并且形成西往云南、南连广西、北通贵阳的高速公路网络；水路已建成南盘江坡脚码头，航路运输可直航广州、香港。

安龙是一个历史悠久、文化内涵深厚的多民族聚居区。春秋战国时期便有先民开疆拓土时留下的文化遗产，如1983年在县内德卧镇出土的国家一级文物羊角钮青铜钟，即被鉴定为战国时期百越民族的乐器。安龙汉代以来曾长期为夜郎古国辖地，宋代设安隆洞，自此开始成为贵州西南一带的重要行政中心。

明清鼎革的大动荡之际，南明王朝偏安一隅建都于此，永历皇帝朱由榔在安龙组织抵抗南下清军长达四年（1652~1656年）之久，安龙被称为"龙城"。

清初取"帝王安栖处"的"安龙洞"之寓意，曾一度设安龙府管辖贵州西南地域，但在明清两代主要还是作为兴义府的驻地而成为西南名城，统管当时的"盘江八属"。1913年设南笼县，1922年正式改名安龙县。1966年成立安龙布依族苗族自治县，1981年改名安龙县至今。2011年，安龙县的行政区划下辖2个街道办事处、10个镇、5个乡。

安龙县境内的南明文化遗址群落是全国屈指可数的南明历史实物遗存地：三王墓是永历皇帝3个儿子的墓葬，现墓碑、墓志铭仍保存完好；明十八先生墓于1982年被批准为贵州省级重点文物保护单位的重要遗址，位于县城西北天榜山上的马场坝旁，占地约4 000 m²，该遗址墓、祠、

厢房、牌坊、亭、摩崖石刻均保存较为完整，是全国唯一一处保留着当初原貌的南明遗址，记述了当年吴贞毓等18位永历皇帝的辅佐重臣因坚决反抗张献忠大西军旧将孙可望篡位夺权而遇难的事迹。

此外，县内的南明皇室御校场遗址仍存，而被损毁的南明王朝行宫已在重建中。

兴义府试院是安龙县境内另一处很有影响力的文化遗迹，是保存下来的全国两个府试科举考场之一。试院规模宏大，原有考试用房舍209间，旧版《兴义府志》收录有清代修建时的建筑分布图。晚清之际的大学士兼军机大臣张之洞即从此开始发迹。兴义府试院属贵州省级重点文物保护单位，调查时在旧址上已完成大堂、二堂和议事亭等建筑的修复工程。

贵州省级风景名胜区招堤景区是安龙的当代

⊙1

⊙2

⊙ 1
十八先生墓
Tomb of the Eighteen Loyalists
(Ming Dynasty)

⊙ 2
兴义府试院
Imperial Examination Academy
of Xingyi Fu

人文风景地标。清康熙三十三年（1694年），时任安龙镇游击的招国遴有感于陂塘海子（湖）雨季涨水时侵蚀古城墙及良田之患，捐出俸银2 000两，同时亲率工匠、士卒开山取石，挖泥疏浚，筑起一条长近300 m、宽近3 m的石砌长堤。安龙百姓认为此惠民义举堪比杭州西湖的白堤、苏堤，故而命名为招堤（原名招公堤）。乾隆年间，兴义知府杨汇在招堤两侧遍植垂柳。道光年间，知府张烦忙将招堤升高约1.67 m，并在湖中大规模种荷，为水绿波澄、莲白香远的十里荷花与十里垂柳的美景奠定了基础。今天，招堤景区已成为贵州省最大的赏荷避暑胜地，被评为"贵州省十大魅力风景名胜区"。一年一度的"安龙荷花节"已形成较大的区域影响力（2011年已举办到第五届）。2009年，安龙县被评为"中国生

⊙3

⊙4

态旅游示范基地"。

安龙为布依族聚集区。布依族属于古代南方越族系中的"驼越"支系，在南北盘江流域的定居历史悠久。安龙的布依族秉承了民族喜水的文化，多定居于河水边的村寨或平坝，其服饰倾向于蓝、青、黑、白等颜色，男子多穿对襟短衣，女子喜穿蓝黑色百褶长裙，男女多用头巾包头。

位于县城西北30余千米戈塘镇香车河流域的布依族传习着传统的水磨制香技艺，是安龙布依族文化传承的经典代表。香车河原名洞广河，系注入北盘江而流经戈塘镇境内一段河流的别称，河道长7 km，共有洞广、纳利2个行政村，12个自然村寨，其中洞广为布依族聚居地，纳利为苗族聚居地。在洞广村沿河两岸的村落里，布依族村民利用河水流动推动的手工木质小水车，将香樟木或枫香木块磨成木浆，滤水晾晒干后成为香料坨坨，通常一架小水车一天一夜可磨出一个坨坨（即团团的意思），然后配上其他原料制成布依族的"贡香"。由于沿河一带多个村寨几乎家家户户都有制香的传统，经年累月香气飘扬，故流经的河流称为香车河，而洞广村也习惯性地被称为香车河村。

位于县城东北20余千米的钱相乡打凼村寨是

⊙
3
招堤荷花
Lotus pond alongside Zhaodi Causeway

⊙
4
穿民族服饰的布依农妇
Bouyei women wearing ethnic clothing

⊙
5
香车河制香场景
Producing incense in Xiangchehe Village

Library of Chinese Handmade Paper

中国手工纸文库

布依族传统武术的代表性传承地。村民自古崇尚习武，其技击套路自成一体，至今不但武术风习浓郁，名家深潜于乡村，而且保留有旧日抵御外侵的寨门、营盘堡垒、寨墙等武备旧址或遗迹。今天，安龙也是颇有名气的"全国武术之乡"，而这与打函村寨布依族民间习武的传统息息相关。

位于县城西南约60千米的万峰湖镇坝盘村是著名的布依族竹纸技艺和曲艺——"八音坐唱"的代表性传承地。"八音坐唱"是布依族世代相

习的民间曲艺说唱形式，通常说唱艺人团队由8～14人组成，因分持牛骨胡、葫芦琴、月琴、竹鼓、箫筒、包包锣、小马锣、钗8种乐器围圈轮递说唱而得名。演出时不化妆；唱腔用布依语，道白用汉语；有时也加入勒朗、木叶等布依族乐器的伴奏。演唱时，男演员多以高八度音，女演员则维持原调，有正调、正音、长调、反簧调等30多个曲牌。"八音坐唱"的原型据传为中原的唐宋宫廷雅乐，以吹打乐为主，而布依族在传习过程中渐渐发展为以丝竹乐为主、吹打乐为辅的民族样式，有"中国古乐活化石"之誉称。

⊙1

贵州卷·上卷

Guizhou I

Bamboo Paper

by the Bouyei Ethnic Group in Anlong County

三

安龙布依族竹纸的
历史与传承

3

History and Inheritance of Bamboo
Paper by the Bouyei Ethnic Group
in Anlong County

⊙
1

『八音坐唱』表演

Eight Musical Instruments performance

安龙布依族竹纸的当代生产地在万峰湖镇的坝盘村。万峰湖镇古代名为坛罐窑，可见历史上此地曾有比较集中的陶器生产。据乡土传说，因当地民族的纷争冲突在某一时期相当激烈，朝廷不得已派命官调解，该命官不辱朝命，成功地化解了当地的武力纠纷，于是朝廷便将坛罐窑改名为永和镇并一直延续到现代。1991年，因在南盘江永和镇段蓄水建大型电站，昔日的崇山峻岭已成为湖中的百岛千峰，故永和镇更名为万峰湖镇。万峰湖景区已获评为"国家级风景名胜区"。

坝盘村紧邻南盘江依山而建，面积约4.32 km²，以水稻、蔬菜种植和手工造纸为主业。整个行政村只辖1个自然村寨，有3个村民组，全部为布依族村民。

⊙2

2011年6月，调查组前往坝盘村调查手工竹纸的生产情况。据陪同调查的副镇长王昌富先生介绍，当时全村3个村民组共有145户村民，其中80余户从事竹纸的制作，占近60%，其规模和传习都较好，造纸在乡村经济中是一项重要的特色支柱产业。不过坝盘村的当代造纸习俗是兼业模式，即农闲时集中造纸，农忙时专心务农，因而造纸呈现间断式的生产形态。调查组专门就此询问了乡镇干部和造纸村民，得知没有长年不间断的专业造纸户。至于不造纸的村民，农闲时也不干其他活，务农能够满足基本的温饱需求。

6月22日，调查组重点采访了造纸村民王济周。王济周，1968年出生，全家四口人，只有他一人从事竹纸生产。13岁的女儿正在读书，18岁的儿子已外出到广西打工，儿子外出务工前曾在家中学过造竹纸，但因造纸太辛苦而不愿继承祖业。

据王济周回忆，他家已有四五代人从事造纸，至少自祖父辈即有清晰的造纸传承记忆，再往前就模糊不清了，但王济周认为起源应该比祖父辈更早。调查组在乡土调查及能获取的乡邦文献中均未获得有关造纸起源及技艺传入的其他可靠信息。但据王济周等村民的记忆，可推断坝盘村布依族竹纸的历史至少有100年。而至于坝盘村竹纸的技艺是移民输入型还是学习输入型，并未获得任何确切信息。

⊙3

⊙4

⊙2
万峰湖风光
Scenery of Wanfeng Lake

⊙3
坝盘村的民居
Local residences in Bapan Village

⊙4
在纸坊内小憩的王济周
Papermaker Wang Jizhou taking a rest in the papermaking mill

四
安龙布依族竹纸的
生产工艺与技术分析

4
Papermaking
Technique and
Technical Analysis of
Bamboo Paper by the
Bouyei Ethnic Group in
Anlong County

⊙1

（一）

安龙布依族竹纸的生产原料与辅料

坝盘村生产竹纸使用的主料是当地盛产的两种竹子，一种为蛮竹，另一种据王济周介绍为刺竹，因竹子上长了刺而得名。调查组特别就"刺竹"是否为"慈竹"的当地俗名与王济周交流，但并未得到肯定的答案。

造纸主要使用的辅料是用作纸药的仙人掌和浸沤发酵竹料用的石灰。

（二）

安龙布依族竹纸的生产工艺流程

据入村交流考察及对造纸人王济周的采访，调查组了解到坝盘村布依族竹纸的生产工序为：

壹	贰	叁	肆	伍	陆	柒	捌	玖	拾	拾壹	拾贰	拾叁
砍竹	破竹	浸泡	洗净	发酵	二次浸泡	打浆	入槽	加纸药	舀纸	榨纸	晾纸	捆纸

壹
砍竹
1　⊙2

农历腊月至次年三月，砍村庄附近一年生的新竹。坝盘村一带农历四月左右进入雨季，农历六至七月是竹笋快速生长的时期，因此所砍的新竹通常生长了九个月左右。

⊙2

贰
破竹
2

用铁锤或机械锤破竹，然后在太阳下晒干、捆扎。

叁
浸 泡

3 ⊙3

将晒干的竹料捆放入浸泡池中，一层竹料一层石灰码放好，然后加入清水，一般需浸沤60天左右。

⊙3

肆
洗 净

4

将在石灰浆水中沤好的竹料捞出，在水沟或河水中清洗，把竹料中的石灰液及表面杂质洗净。

伍
发 酵

5

将洗净的竹料再次堆放到已放干水的浸泡池里，在料堆上用石头压住，上面再用新鲜树叶覆盖进行发酵，一般需30天左右的时间。

陆
二 次 浸 泡

6 ⊙4

将堆放在发酵完的竹料上的叶子清洗干净，然后在浸泡池中再次放入清水浸泡。

⊙4

柒
打 浆

7 ⊙5

将再次浸泡后的干净竹料捞出后放入石头与木头制成的脚碓里进行打浆，使竹料纤维帚化分丝。坝盘村传统竹纸打浆用的都是脚碓，但调查组入村调查时已流行用金属做成的打浆机器，因为后者效率更高。

⊙5

第三章 Chapter III

黔西南布依族
苗族自治州
Qianxinan Bouyei and Miao
Autonomous Prefecture

第二节 Section 2

安龙布依族 竹纸

⊙3
竹料浸泡池
Pool for soaking the bamboo materials

⊙4
浸泡发酵完竹料的浸泡池
Pool for soaking the fermented bamboo materials

⊙5
王济周家打浆用的脚碓
Wang Jizhou's foot pestle for hammering the papermaking materials

捌 入 槽

8 ⊙6

将竹料浆团放入抄纸槽的清水中，用搅棒或手将竹料浆团打散，使纤维较均匀地分布于水中。

玖 加 纸 药

9 ⊙7

坝盘村竹纸生产使用的纸药是仙人掌汁液。将仙人掌的茎放入水里浸泡，待黏液浸出，纸药槽或缸里的

液体变得黏滑并达到一定浓度时即可使用。使用方法是将浸泡好的仙人掌汁液按一定量倒入纸料浆均匀分布的抄纸槽里，然后用搅棒再次搅打，使纸药液与纤维浆料水液更充分地溶在一起。

⊙6

⊙7

拾 舀 纸

10 ⊙8~⊙11

坝盘当地称抄纸为舀纸。将抄纸竹帘向前斜浸入纸槽的纸浆液中，再向后端舀水，然后轻端出水面，待水从帘子的细竹丝缝中滤掉后，便会在纸帘上留下一层薄薄的纸浆膜（厚薄与舀纸时纸帘停放在纸浆液里的时间长短相关）。然后将纸帘反扣于榨纸用的木板上，揭开纸帘，一张湿纸膜便留在木板或湿纸垛上了。

⊙8

⊙9　⊙10　⊙11

⊙6
正在打槽的王济周
Papermaker Wang Jizhou stirring the papermaking materials

⊙7
添加纸药仙人掌汁水
Adding in cactus extract as papermaking mucilage

⊙8 / 11
舀纸的四个环节
Four procedures of papermaking using a movable papermaking screen

Bamboo Paper
by the Bouyei Ethnic Group in Anlong County

拾壹
榨　纸

11　　⊙12⊙13

在一定量已抄好的湿纸垛上（坝盘村通常是累积到约40 cm厚度）铺一层塑料布，然后在塑料布上放压板，加上木楔块，用钢丝绳套住压杆头，再用木杆转动轴辘绞紧钢丝绳，压出湿纸膜的水分。

⊙12

⊙13

拾贰
晾　纸

12　　⊙14

坝盘村的习俗是将已榨完水的半湿纸从纸棚运回家里，一张张揭开后，以约10张为1贴挂在屋内竹竿或绳子上晾干。

⊙14

拾叁
捆　纸

13　　⊙15

将晾干后的竹纸以2贴为1刀叠放，通常是用干芭蕉树皮作为绳子以180刀为1挑进行捆扎，"挑"是独立的成品纸的销售单元。

⊙15

12 / 13
王济周在榨纸
Wang Jizhou pressing the paper

14
屋内晾纸
Drying the paper inside a house

15
捆纸成挑
Binding the paper

（三）

安龙布依族竹纸生产使用的
主要工具设备

壹

纸帘

1

坝盘村的纸帘由细竹丝编制而
成，帘架中间有提梁式把手，主
要用于从纸槽里舀出湿纸膜。
实测王济周纸坊
使用的纸帘长约
50 cm，宽约35 cm。

⊙1

贰

纸槽

2

由石板围砌而成，主要用于盛放
纸浆液，涉及入槽、加纸药、舀
纸三个工序。实测王济周家纸
坊使用的纸槽长约195 cm，宽约
110 cm，高约90 cm。

⊙2

叁

纸榨

3

用于将湿纸垛中的水分挤除。坝
盘村的纸榨为木质，包括压板、
木楔块、压杆、钢丝绳、辘轳等
部件。

⊙3

⊙4

肆

脚碓

4

坝盘村传统使用的是石质碓
臼、木质碓冲设施，主要用于
打浆工序。但调查组入村调查
时，村里已开始流行用金属做
成的机器打浆。

1
王济周使用的纸帘
Papermaking screen used by Wang Jizhou

2
王济周家的纸槽
Wang Jizhou's papermaking trough

3 / 4
纸榨
Presing device

Bamboo Paper
by the Bouyei Ethnic Group in Anlong County

（四）
安龙布依族竹纸的性能分析

对坝盘村生产的竹纸进行测试分析，得到其相关性能参数，见表3.3。

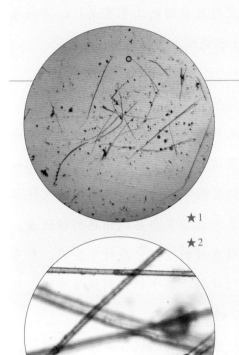

★1

★2

表3.3 坝盘村竹纸的相关性能参数
Table 3.3 Performance parameters of bamboo paper in Bapan Village

指标		单位	最大值	最小值	平均值
厚度		mm	0.240	0.133	0.163
定量		g/m²	—	—	34.7
紧度		g/cm³	—	—	0.213
抗张力	纵向	N	9.4	6.8	7.7
	横向	N	3.8	1.7	2.7
抗张强度		kN/m	—	—	0.347
白度		%	16.9	16.4	16.7
纤维长度		mm	6.97	0.94	2.30
纤维宽度		μm	57.0	3.0	14.0

由表3.3可知，所测坝盘村竹纸最厚约是最薄的1.80倍，经计算，其相对标准偏差为0.32%，纸张厚薄较为不均。竹纸的平均定量为34.7 g/m²。所测竹纸的紧度为0.213 g/cm³。

经计算，其抗张强度为0.347 kN/m，抗张强度值较小。

所测坝盘村竹纸白度平均值为16.7%，白度最大值约是最小值的1.03倍，相对标准偏差为0.15%，差异相对较小。

所测坝盘村竹纸的纤维长度：最长6.97 mm，最短0.94 mm，平均2.30 mm；纤维宽度：最宽57.0 μm，最窄3.0 μm，平均14.0 μm。所测竹纸在10倍、20倍物镜下观测的纤维形态分别见图★1、图★2。

★2 坝盘村竹纸纤维形态图(20×)
Fibers of bamboo paper in Bapan Village (20× objective)

★1 坝盘村竹纸纤维形态图(10×)
Fibers of bamboo paper in Bapan Village (10× objective)

Library of Chinese Handmade Paper

中国手工纸文库

贵

州

卷·上卷

Guizhou I

Bamboo Paper

by the Bouyei Ethnic Group in Anlong County

（一）安龙布依族竹纸的用途

据调查，坝盘村是安龙境内现存的制作竹纸的唯一村落，且坝盘村所造竹纸的用途也很单一，只是作为清明、三月三、春节等民间节日或丧祭礼时的民俗祭祀用纸，包括冥纸冥品（如烧的纸钱与挂青的钱串）等。

坝盘村所产竹纸颜色偏黄，纸质也较粗糙（这与其利用生料法发酵的工艺有关），因而难以在当代拓展出较高端或有特色的用途。

（二）安龙布依族竹纸的销售情况

坝盘村竹纸虽然色黄质粗，但作为冥纸也有其优点，即纸质疏松吸潮，价格也较低廉，因而在南盘江流域仍有较强的来自于民族民间文化习俗的支持，在沿南盘江多个县域销路仍较旺盛。通常的模式是坝盘村的造纸户在村中生产，有专门的收纸人上门收购后集中批发到销售市场，然后再转入零售型的乡镇集市交易。

通常坝盘村竹纸的成纸销售单位为"挑"，1挑3 600张，约15挑为1"个"。2011年的造纸地销售价约为170元/挑。以调查中了解的信息测算，产量最大的造纸户年产出约100挑，属于多人一年较长时间生产业态；而一般造纸户为季节性造纸，年产出约40挑。

以造纸人王济周为例，该户主要为王济周一人造纸，以年产量约40挑计算，全额销售的收入约6 800元，这中间还未除去竹料、石灰等基础成本支出，以及较高强度的劳动力支出。因此王济周无奈地介绍，儿子虽会造竹纸，但因嫌造纸太辛苦且收益低，已放弃祖业外出打工去了。

⊙1

⊙2

⊙
2
一挑竹纸
A bundle of bamboo paper

⊙
1
调查组成员在王济周家
Researchers in Wang Jizhou's house

六

安龙布依族竹纸的
相关民俗与文化事象

6

Folk Customs and Culture of Bamboo
Paper by the Bouyei Ethnic Group
in Anlong County

⊙3

⊙4

1. "三月三神树祭"

坝盘村布依族村民对祭神树的习俗非常重视。村中有一棵树龄高的"神树"，通常每年农历三月初三全村村民都会集体祭神树，由两位德高望重的"寨老"（头领）主持，献祭烧纸，同时杀猪分给全体村民。祭拜完毕后，全村人在神树下会餐，但村外人不能分享猪肉。同时，坝盘布依族有"闲三"习俗，即祭神树仪式时，全村寨的人放下工作休息三天，包括干农活和造竹纸，如果谁偷偷去干活被发现了，要被罚请客。此外，"闲三"时节汽车不能发动驶过村寨，必须要熄火后推着过村，当然，村民有汽车也只是近些年的事，应该被视为与祭神树相伴生的新村俗。

2. 坝盘村名的由来

坝盘作为贵州布依族竹纸生产技艺的重要聚集地，其村名的来历颇具民间传说的逸趣。"坝盘"一名为当地布依族语词的音译，而其原意为"箭头秃了"。相传古代的某一年，有三位寨老为躲避战乱，分别带了一批人到南盘江边寻找栖息地，结果三位寨老都相中了今坝盘村寨这块风水宝地。争执之下，三位寨老决定用射箭方式决胜负。结果，第一位寨老的代表将箭射到目标山岩上，但箭头秃了；第二位寨老的代表将箭射偏了，未能命中目标，于是去了江对岸的科峰村（今属广西）定居；第三位寨老的代表用糯米粑粑粘在箭头上，射在对江岩上，形成了白色岩，于是选择定居在今已淹没在天生岩水库中的粑皓村（布依语音译）。第一位寨老与族人定居此地，该地因"箭头秃了"得名。

⊙3
坝盘村中的神树
Divine tree in Bapan Village

⊙4
坝盘村布依族木屋
Bouyei ethnic cabin in Bapan Village

七

安龙布依族竹纸的
保护现状与发展思考

7
Preservation and Development of Bamboo
Paper by the Bouyei Ethnic Group
in Anlong County

（一）安龙布依族竹纸的保护现状

从调查组入村时获取的相关信息及对万峰湖镇副镇长王昌富等管理者的访谈情况，可了解坝盘村布依族竹纸的技艺保护现状。

（1）总体技艺传承保留原生的活力与活态，在纯粹的民族聚落文化生态的支撑下，这一民族技艺系统仍保持着普遍的传习与规模化生产。

（2）省、市、县三级非物质文化遗产的保护工作良好，安龙布依族竹纸已成为三级保护的支持对象，这为该少数民族技艺文化的当代延续提供了有力保障，为生产性传承与保护输入了动力。

（3）调查时安龙布依族竹纸产地竹林资源充沛，产品的市场销售处于正常状态。虽然竹纸产销情况良好，但由于该纸品用途单一、纸质粗糙而成为最低端用纸，因而售价很低，造纸的实际收益不理想。而且这种回报低的状况随着21世纪初普通劳动者收入快速上升而更加突出，后继无人的关键性隐患愈发凸显。如果不能在效益上解决回报过低带来的压力，安龙布依族竹纸的生产性保护势必陷入难以为继的境地。

⊙1

（二）安龙布依族竹纸的发展思考

安龙县及万峰湖镇旅游资源丰富，而坝盘村布依族"八音坐唱"与布依族竹纸生产也都是人文旅游的优质开发对象，因而将竹纸技艺传承和保护纳入乡村旅游体系去规划是一个可行的选择。在与王昌富副镇长交流时获知，2011年前后全镇作为国家乡村旅游示范点建设获得财政经费支持。虽然最终能有多少经费进入坝盘村文化保护体系尚不可知，但这一引导性资源确实为坝盘村布依族竹纸的保护与发展拓展了空间，即可以纳入乡村旅游示范点来规划与建设，通过导入旅游体验与技艺展示等新市场要素来进行传统民族民间技艺的传习及经营，从而为这一非物质文化遗产的传承输入更强的内生动力。

与此新空间相对应的另一项挑战在于如何开发出乡土竹纸更高端的当代用途。这既是手工造纸业可持续发展对经济回报提升的必然要求，也是乡土竹纸激活当代消费活力对广泛用途的要求。单纯从坝盘村竹纸的既存业态来看，这两项目标目前都难以实现，但如果被成功纳入乡村旅游示范区的建设，则确实有可能以输入型需求激活坝盘村布依族竹纸的当代生命延续。

竹纸

Bamboo Paper
by the Bouyei Ethnic Group
in Anlong County

坝盘村竹纸透光摄影图
A photo of bamboo paper in Bapan Village
seen through the light

贞丰
皮纸

贵州省
Guizhou Province

黔西南布依族苗族自治州
Qianxinan Bouyei and Miao Autonomous Prefecture

贞丰县
Zhenfeng County

调查对象
小屯乡
龙井行政村
皮纸

贵州
龙井行政村
皮纸

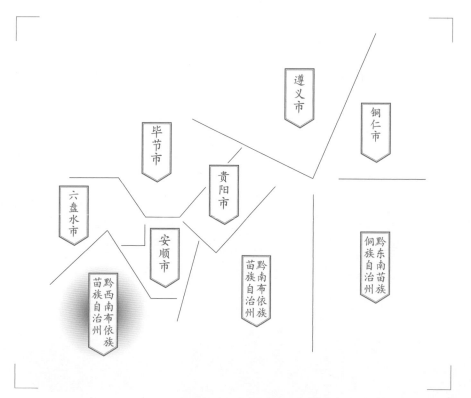

遵义市

铜仁市

毕节市

贵阳市

六盘水市

安顺市

黔东南苗族侗族自治州

黔南布依族苗族自治州

黔西南布依族苗族自治州

Section 3
Bast Paper
in Zhenfeng County

Subject
Bast Paper in Longjing Administrative Village
of Xiaotun Town

一

贞丰皮纸的
基础信息及分布

1
Basic Information and Distribution of
Bast Paper in Zhenfeng County

贞丰皮纸在历史上久负盛名，《咸丰兴义府志》载："纸，产府亲辖之纸槽及安南县之廖箕箐者佳。黔书：'石阡纸，光厚可临帖。'今郡纸质韧而色白，实远胜之。"[1] 足见贞丰皮纸制造技术的特色和历史地位。贵州当地因其纸质如绵，故又称白绵纸。

龙井村所产白绵纸是贞丰皮纸的代表，具有多种用途，如书画创作、抄经、捆钞等。

龙井村所产白绵纸具有韧性大、吸水性强、白度高等特点，其用途存在很大的拓展空间。2006年，以龙井村白绵纸为代表的贞丰"皮纸制作技艺"凭借其良好的活态保护和传承状态，被国家列入首批非物质文化遗产名录，成为当代中国名纸的一种。

[1] [清]张锳.咸丰兴义府志：卷四十三[M].原刊影印本.成都：巴蜀书社,2006:27.

路线图
贞丰县城
↓
龙井村

Road map from Zhenfeng
County centre to the papermaking site
(Longjing Village)

贞丰皮纸
生产地
分布示意图

Distribution map of the papermaking site of
bast paper in Zhenfeng County

考察时间
2009年8月

Investigation Date
Aug. 2009

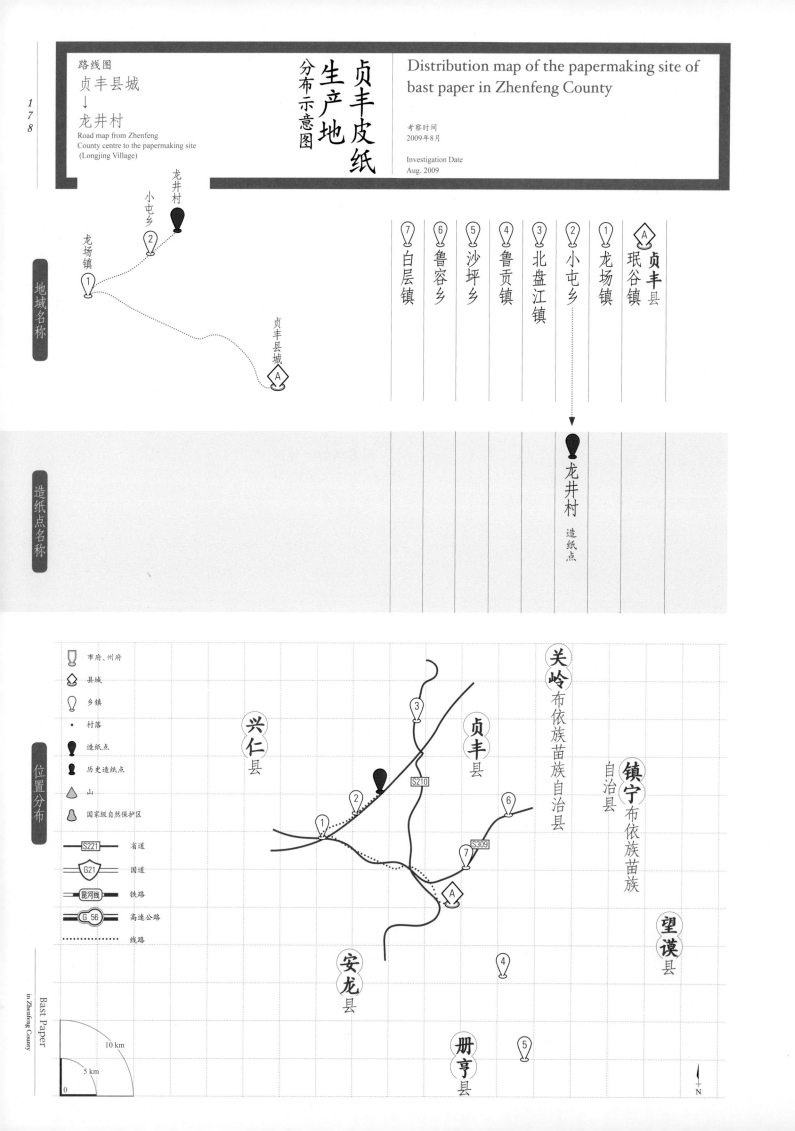

地域名称

龙井村
小屯乡
②
龙场镇
①
贞丰县城
Ⓐ

⑦ 白层镇
⑥ 鲁容乡
⑤ 沙坪乡
④ 鲁贡镇
③ 北盘江镇
② 小屯乡
① 龙场镇
Ⓐ 贞丰县 珉谷镇

造纸点名称

龙井村
造纸点

位置分布

市府、州府
县城
乡镇
· 村落
造纸点
历史造纸点
山
国家级自然保护区

S221 省道
G21 国道
昆河线 铁路
G56 高速公路
······ 线路

关岭 布依族苗族自治县
镇宁 布依族苗族自治县
兴仁县
贞丰县
望谟县
安龙县
册亨县

S210
S309

10 km
5 km
0
N

二
贞丰皮纸生产的
人文地理环境

2

The Cultural and Geographic
Environment of Bast Paper
in Zhenfeng County

⊙1

⊙2

⊙1
洛帆河风光
Scenery of Luofan River

⊙2
双乳奇峰
Breasts-shaped mountains

贞丰县属贵州省黔西南布依族苗族自治州，地处东经105°25′~105°56′、北纬25°07′~25°44′，东邻镇宁布依族苗族自治县、望谟县，南接安龙县、册亨县，西与兴仁县接壤，北与关岭布依族苗族自治县毗邻。

贞丰县位于黔西南布依族苗族自治州中部，平均海拔1 145.4 m，总面积1 511 km²，属亚热带季风气候，年平均气温16.6 ℃。贞丰地处云贵高原向广西低山丘陵过渡的斜坡地带，地势由西北向东南呈阶梯状逐级下降，形成多级台面。西部龙头大山主峰公龙山为境内最高点，海拔1 966.8 m，东南角洛帆河汇入北盘江处，为全县最低点，海拔324 m，相对高差1 642.8 m。

贞丰县，秦为夜郎属地，经历代不断沿革，明代改为永丰州。虽然该地历史悠久，但得名"贞丰"却是清代以后的事，嘉庆皇帝赐该地"忠贞丰茂"匾额，于是取匾额中间"贞丰"二字，将永丰州改为贞丰州，1913年改为贞丰县至今。据2003年的统计资料显示，贞丰县辖6个镇、7个乡，280个村委会、13个居委会。

贞丰县旅游资源丰富，位于北盘江畔，遥睇千山峻峭，万峰挺拔，山清水秀，瑰丽多彩。贞丰县境内北有盘江大峡谷，东北有黄果树瀑布，南有安龙招堤，西有马岭河峡谷，构成了省城贵阳—安顺—龙宫—黄果树瀑布—北盘江大峡谷—贞丰三岔河—安龙招堤—兴义马岭河峡谷这样一条黄金旅游路线。除了有北盘江大峡谷和双乳奇峰等闻名中外的奇景之外，还密布着古夜郎时期的历史遗迹。不仅如此，该地大山里还蕴藏着丰富的矿产资源，其中"水银洞""烂泥沟"为国家级大型金矿，"金山银山"更为本地增添了不少灵气。全县农业发达，耕地面积为181.21 km²，有林地243.26 km²，森林覆盖率为15.2%。县内气候宜人，雨量丰沛，光照充足，适合多种农作物生长，盛产水稻、玉米、小麦、油菜、烟叶、花椒、砂仁、金银花、油桐、茶叶、早熟蔬菜和甘蔗等。

贞丰县居住着布依、苗、回、仡佬、瑶等10

⊙1　　　　　　　　　　⊙2　　　　　　　　　　⊙3

余个民族，全县总人口34.42万，其中少数民族人口16.74万，占总人口的48.63%。贞丰县有着秀丽的山水风光、浓郁的布依风情、古老的历史文化、厚重的人文景观、独特的生物资源和丰富的矿产资源，被誉为"绿色的喀斯特海洋，风情迷人的文化千岛"。境内的布依族村寨大多保持着原始自然生态，村寨里传统的生产、生活习俗依然继承着远古的形式。铜鼓十二则、布依浪哨和布依八音古乐这些布依传统需要在特定的节日才能看到，而传统的手工造纸则随处可见，成为当地一道独特的人文景观。

龙井村距贞丰县城24 km，南距小屯乡政府驻地4 km。从贞丰县城经龙场镇，再前往小屯乡龙井村，在不到30 km路程的地方，有一大片用茅草顶棚遮雨的作坊，这就是古法造纸所在地小屯乡龙井村了。家家户户的造纸作坊都建在溪流两侧，这是因为造纸的整个过程都离不开水。从溪流一头走到另一头，就能目睹造纸的每一道工序，有刚刚运来的构树皮和正在浸泡的仙人掌，也有制作中的纸浆，还有墙上正在晾晒的纸张，俨然一个天然的造纸文化长廊，蔚为大观。

三

贞丰皮纸的历史与传承

3

History and Inheritance of
Bast Paper in Zhenfeng County

据龙井村的武陵郡（武陵郡是龙氏的五个郡望之一）所藏《龙氏家谱》抄本和龙氏来黔始祖石碑记载，龙井村白绵纸加工工艺始于清乾隆年间。乾隆五十九年（1794年），重庆南川县一龙姓男子携妻儿为躲避蝗灾，逃难到此地，生活窘迫，幸遇一乞丐传授造纸技艺。《龙氏家谱》记载乞丐教其将"田地边构树皮剥下，教蒸、教泡、教打、教操，无纸槽则暂用搭谷灌斗，四周用泥缚上，搅拌其中"，经过乞丐示范演练，"我祖月余全会"。当时"此地无人操纸，纸价

⊙ 3
造纸作坊群
Papermaking mills

⊙ 2
龙井村寨风景图
View of Longjing Village

⊙ 1
布依浪哨
Bouyei ethnic courtship ritual

Bast Paper
in Zhenfeng County

甚贵，获利数倍，时或十倍，因时全家大小除生产粮食外，全部投入其业，以至发家"。故事虽有一定的传说成分，但龙井村白绵纸最初的生产状况当大致如其所述。

单就贞丰龙氏一个家族来说，自清乾隆年间起，家族命运虽跌宕起伏，但每次中落之时只要子孙能专心从事造纸，就能渡过难关。如《龙氏家谱》记载，二世祖"顶上门风，紧跟先父业纸"，三世祖、四世祖都以纸为业，但无奈家道中落，到六世祖时，"虽说还是个读书少年就投下书包转上纸槽，天天操纸卖钱买粮，勤苦劳作养活全家"，甚至到了家庭经济稳定后仍弃儒"专以纸为业"。由这一个家族的命运可以大致推测出整个地区的概况，当地纸业经济对传统家族的作用可见一斑。正因如此，龙井造纸传统日渐繁荣。龙井人对造纸技术并不保密，龙家的姑娘外嫁到其他村，又将手艺带到婆家，于是一传十，十传百，贞丰小屯造纸作坊很快就形成了规模。

据龙井村造纸人刘仕阳介绍，1940年龙井白绵纸应邀参加南京赛宝会，受到了与会各方的好评，荣获优胜奖，从而使白绵纸这一传统工艺品广为流传，产品销量骤然攀升。此后的60年间，白绵纸生产几经反复，有了较大的发展。20世纪80年代，白绵纸生产达到鼎盛期，全乡有1 000多户共4 000余人从事白绵纸生产，产品除满足国内需求外，还远销美国、日本、法国等10多个国家和地区。而到了1996年前后，随着乡村入城务工浪潮的兴起，造纸户衰减至500多户。至2009年8月调查组入村调查时，小屯乡仍有500多户人家在从事造纸，其中龙井村就有近450户，保持了聚集业态，造纸仍然是龙井村最主要的经济业态。

黔西南布依族
苗族自治州

Qianxinan Bouyei and Miao
Autonomous Prefecture

Section 3

第三节

贞丰皮纸

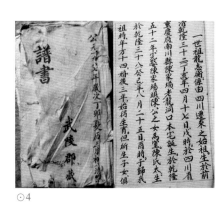

⊙4　　　　⊙5　　　　⊙6

⊙
4 / 5
龙井村的《龙氏家谱》
Genealogy of the Longs in Longjing Village

⊙ 6
龙氏来黔始祖石碑
Stone monument in memory of the ancestors
of the Longs immigrants to Guizhou Province

四
贞丰皮纸的生产工艺与技术分析

4
Papermaking Technique and Technical
Analysis of Bast Paper in Zhenfeng County

⊙1

(一)
贞丰皮纸的生产原料与辅料

龙井村生产白绵纸的主原料是构树皮,传统上使用的辅料包括石灰、草木灰和仙人掌,现代所用的辅料包括烧碱、漂精(即次氯酸)和仙人掌。

构树属桑科落叶乔木,高可达16 m,树皮纤维韧而细长,是手工造纸的优质原料。

传统的龙井村白绵纸生产必须用石灰、草木灰,20世纪80年代以后逐渐改用烧碱和漂精。烧碱主要用于"浆料"工序;漂精可增加构皮的白度,主要用于"漂料"工序。

纸药,当地称为滑,是皮纸生产中的关键辅料。龙井村造纸使用仙人掌汁液作为滑。首先将仙人掌在滑缸里放置一段时间,直至用手拿起来时,仙人掌汁会呈线状流下来,这样即可使用了。使用前先将所有仙人掌取出来,随后让滑缸内的仙人掌汁静置至少一小时,只取用仙人掌汁清液。按严格的工艺要求,每天抄纸前要用帘子把滑缸里的渣、灰等都捞出来。如果是造普通的白绵纸,就没有那么多的讲究,纸工往往会为了省工而不捞出来。

(二)
贞丰皮纸的生产工艺流程

根据调查组的实地调查,龙井村白绵纸的制作工序如下:

壹	贰	叁	肆	伍	陆	柒	捌	玖	拾	拾壹	拾贰
砍	剥	晒	捆	泡	捆	浆	蒸	出	揉	洗	漂
树	皮	皮	皮	料	料	料	料	甑	料	料	料

⊙ 1
泡仙人掌
Soaking the cactus

拾叁 拣料　拾肆 打浆　拾伍 淘料　拾陆 打槽　拾柒 添滑　拾捌 抄纸　拾玖 榨纸　贰拾 晒纸　贰拾壹 揭纸　贰拾贰 理纸　贰拾叁 包装

壹　砍树

1

龙井村附近村民一般在农历二至四月砍1~3年生的构树（人工栽培）。造纸户认为纤维越嫩越好，1年生的、树干直径20 cm左右的构树的皮质量最好。树龄太大的树纤维太老，造出的纸质量不好。农历五六月时也可剥皮，因那时的构皮含水量少、皮薄、质量较差，用火烤干后才能剥，故当地又叫火烤皮。

贰　剥皮

2　⊙2

将整棵树砍下后，再将树枝砍掉，用手由树根往树梢方向把皮完整地撕下来。也可用类似方法对树枝进行剥皮。熟练工一般一天可剥50 kg左右构皮。一棵树干直径10 cm的构树，可剥出1.5~2.5 kg构皮。

⊙2

叁　晒皮

3

皮被剥下来后，置于太阳下晒干，若日照时间较长，一般两天就可以晒干。阴天晾晒时皮容易发红，若逢雨天，须用火烤，皮才能干。如天气不好，得不到颜色较白的皮料，则蒸料后皮也不够白，造出的纸质量不好。

肆　捆皮

4　⊙3

将晒好的皮扎成捆子，大小不定，10~50 kg的都有，扎成捆子是为了便于运输。以前龙井村的造纸户也自己砍树剥皮，但现在是直接购买。

⊙3

⊙
剥皮
2
Stripping the bark

构皮
3
Paper mulberry bark

伍
泡　料
5　　　　⊙4

解开买回来的成捆构树皮，放入水池浸泡1天，如果不急用，也可浸泡1~3天。若浸泡得不好，会影响后面的"蒸料"工序。

⊙4

陆
捆　料
6　　　　⊙5

将构皮扎成捆子，当地称为棵或个，一般50 kg干构皮可捆成30棵左右。捆成小棵便于浆料，也可以不捆。

⊙5

柒
浆　料
7　　　　⊙6

用皮钩将构皮钩入烧碱池里浆，也可以直接在甑子里放一层料，撒一次烧碱，再加水。浆100 kg干构皮需要10 kg烧碱。

⊙6

捌
蒸　料
8　　　　⊙7⊙8

将料堆放在甑子里蒸，用蒸汽锅炉蒸构皮，一次蒸750~900 kg干构皮，需10小时，用煤125 kg。

⊙ 泡料 4
Soaking the papermaking materials

⊙ 捆料 5
Binding the papermaking materials

⊙ 浆料 6
Fermenting the papermaking materials

Bast Paper
in Zhenfeng County

⊙7

⊙8

⊙9

玖
出 甑
9　　⊙9

用皮钩将料钩出来，扔进池子，浸泡一天一夜。

拾
揉 料
10　　⊙10⊙11

把料捞起来，用手将一部分老料、硬壳揉掉。揉料时间不等，如蒸得很透（当地称为蒸得很"趴"），不夹生，一两分钟就能揉好；如果料夹生，则需几分钟。用手搓，不伤料，有些老年人手劲不足，也可用脚踩；年轻人力气大，用脚踩，容易伤料。

⊙10

⊙11

拾壹
洗 料
11　　⊙12

将揉好的料放入池中清洗，把污水（当地叫苦水）挤干，洗完一次后再洗第二次。洗料的目的是将苦水挤掉，这样在漂料时可以少加10%的漂精。

⊙12

拾贰
漂 料
12　　⊙13⊙14

先把漂精倒入池中并搅匀，再把洗好的构皮料放进去，浸泡24小时。100 kg料需加20 kg浓度为15%的漂精。漂精如果加少了或存放的时间过长，就不能起到很好的漂白作用，打浆时需再加漂精。

⊙13

⊙14

⊙
14
漂料
Soaking the bark for bleaching

⊙
13
加漂精
Adding in bleach

⊙
12
洗料
Cleaning the papermaking materials

⊙
11
用脚踩料
Stamping the papermaking materials

⊙
10
揉料
Rubbing the papermaking materials

⊙
9
出甑
Picking the materials out of papermaking kiln

⊙
8
蒸汽锅炉
Steaming boiler

⊙
7
蒸料
Steaming the papermaking materials

拾叁
拣　料
13　　　⊙15

将漂好的料捞起来，挤干，挑回家，将黑壳、疙瘩等杂质拣掉。一般一个人两小时可拣75 kg料，当地称为1函料。

⊙15

⊙16

拾伍
淘　料
15　　　⊙17

将料放入淘箕，置于小溪中，用手转料，使淘箕中间形成旋涡，靠离心力将很细的浑浆（当地称浮浮）淘洗掉，直到旋涡水清，才说明已经淘洗干净，一般淘洗一箕料需十几分钟。

⊙17

拾肆
打　浆
14　　　⊙16

将拣好的料放入打浆槽，用柴油机打浆，一般一次打1函料，需用时约15分钟。

拾陆
打　槽
16　　　⊙18

将淘洗好的料放入纸槽内，加水，用槽棍搅拌均匀。

⊙18

拾柒
添　滑
17　　　⊙19

先向纸槽内加4~5桶共约50 kg的滑液，即仙人掌汁，后再搅匀。加滑的多少需抄纸师傅依照经验进行判断，浓度太大或太小都不行。若滑的浓度太大，则纸会抄得不均匀，甚至抄不下来；若浓度太小，则抄出的纸不光滑，容易产生气泡。如果放入

滑的量过多，就必须再次打槽或加水稀释。打得好的槽，应料清、水清和滑清，当地称为"三清"。

⊙19

⊙
添滑 19
Adding in cactus extract as papermaking mucilage

⊙
打槽 18
Stirring the papermaking materials

⊙
淘料 17
Sieving the papermaking materials

⊙
打浆 16
Beating the papermaking materials with a beating machine

⊙
拣料 15
Picking out the impurities

拾捌
抄　纸

18 ⊙20 ⊙21

抄纸时，将帘棍压在纸帘的左右两边，双手平抬纸帘，一端先沉入纸浆中，接着沉下另一端，向内送，用手摇动一两下，然后用两手把纸帘平提起。转身，把帘上的湿纸缓缓扣在放着塑料薄膜及一张废旧纸帘的木板上，再缓慢揭开纸帘，同时用手从左往右拨动小算盘珠子。

抄纸时，工人用小算盘来计数，靠人一侧一颗小珠子代表1，另一侧一颗小珠子代表10。

⊙20

⊙21

⊙22

拾玖
榨　纸

19 ⊙22

抄完纸后，在湿纸垛上盖一张旧纸帘，上面放塑料布、压板、盖方、马口，放置一段时间，然后上榨。先用扳杆慢慢扳，后休息十几分钟再继续，前三杆一定要慢。压榨时，如用力过大，纸垛会从中破裂。如果不忙，则慢慢扳，静置一夜后，第二天早上再去扳两杆；如果忙，大约需持续1.5小时才能压干，然后起垛。

贰拾
晒　纸

20 ⊙23

将纸垛放在纸架上，用夹子刮纸垛上下两边，将其刮松。接着将右上角撕开，一般先将25张纸的右上角撕开，然后一张张由右上角往左下角撕，再用棕刷将其刷上墙，25张为1沓，2沓为半刀。纸垛一般到只剩5~10张纸时，就不容易固定在纸架上了，这时需用两个夹子将剩下的纸夹在纸架最上面的横梁上，之后再继续晒纸。

⊙23

刮纸 23
Trimming the paper

榨纸 22
Pressing the paper

小算盘 21
Paper counting apparatus

抄纸 20
Scooping and lifting the papermaking screen out of water and turning it upside down on the board

贰拾壹
揭 纸
21 ⊙24⊙25

待纸晒干后，整体撕开一叠纸的左上角或右上角，然后由上往下将纸逐一揭下来。若纸晒得过干，一叠纸被整体揭开，则需两人合作，才可将纸分开。

⊙24　　⊙25

贰拾贰
理 纸
22 ⊙26

揭开半刀纸后，将纸抖齐，折成三折，叠好并理齐。

贰拾叁
包 装
23 ⊙27

以1 000张为1捆进行包装，以前用纸绳在纸头和纸尾处各捆一道。现在一般用塑料绳捆，但也有仍用纸绳捆的。

⊙26　　⊙27

与传统工艺相比，龙井白绵纸的现代工艺发生了一定的变化，如表3.4所示。

表3.4　传统和现代龙井白绵纸生产工艺对照表
Table 3.4　Contrast of traditional and modern papermaking techniques of Baimian paper in Longjing Village

工序	传统工艺	现代工艺
浆料	用石灰浆料，10 kg料需要3 kg石灰	用烧碱浆料，10 kg料需要1 kg烧碱
蒸料	用木甑或石甑蒸料，木甑一次可蒸150~250 kg，需3~4天	用蒸汽机蒸料，一次可蒸750~900 kg，需10个小时
浸漂	用泉水自然洗料	100 kg干构皮得到的料，加20 kg浓度为15%的漂精
打料	用脚碓人力打料，需2人合作	柴油机电动打浆，单人即可操作，75 kg干构皮得到的料，15分钟即可打好
晒纸	纸焙烘纸	太阳晒纸

包装 27
Packing the paper

理纸 26
Sorting the paper

揭纸 24
Peeling the paper down
/
25

Bast Paper
in Zhenfeng County

（三）
贞丰皮纸生产使用的主要工具设备

壹 石 甑 1

用于蒸料，调查时实测石甑直径约161 cm，高约260 cm。

⊙28

贰 木 甑 2

用于蒸料，上小下大，实测木甑上口直径约135 cm，高约200 cm。

⊙29

叁 脚 碓 3

用于春料，实测碓白长约54 cm，宽约47 cm，碓杆长约150 cm，碓木直径约24 cm。

⊙30

肆 纸 槽 4

造纸户所用纸槽大小不完全一致，实测纸槽长约163 cm，最宽处约138 cm，高约80 cm。

⊙31

伍 纸 帘 5

一帘一纸的纸帘长约70 cm，宽约58 cm；一帘二纸的纸帘长约115 cm，宽约58 cm。

⊙32

陆 纸 焙 6

造纸户所用纸焙大小不一，实测纸焙长约300 cm，高约190 cm。

⊙33

⊙ 28 传统木甑、石甑群 Traditional wooden and stone kilns

⊙ 29 木甑 Wooden kiln

⊙ 30 打碓示意 Showing how to beat the papermaking materials

⊙ 31 纸槽及一帘一纸的纸帘 Papermaking trough and papermaking screen that can make one piece of paper

⊙ 32 一帘二纸的纸帘 Papermaking screen that can make two pieces of paper simultaneously

⊙ 33 纸焙 Drying wall

（四）

贞丰皮纸的性能分析

（1）贞丰小屯龙井白绵纸。

对龙井村生产的白绵纸进行测试分析，得到其相关性能参数，见表3.5。

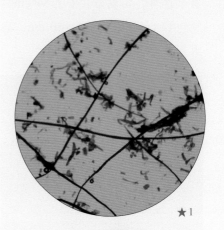

★1

★2

表3.5　龙井村白绵纸的相关性能参数
Table 3.5　Performance parameters of Baimian paper in Longjing Village

指标		单位	最大值	最小值	平均值
厚度		mm	0.090	0.060	0.080
定量		g/m²	—	—	16.0
紧度		g/cm³	—	—	0.200
抗张力	纵向	N	17.7	13.9	16.0
	横向	N	6.2	3.1	4.7
抗张强度		kN/m	—	—	0.690
白度		%	62.1	59.2	61.1
纤维长度		mm	11.94	0.76	5.32
纤维宽度		μm	55.0	3.0	16.0

由表3.5可知，所测龙井村白绵纸最厚是最薄的1.5倍，经计算，其相对标准偏差为0.60%，纸张厚薄较为均匀。白绵纸的平均定量为16.0 g/m²。所测白绵纸的紧度为0.200 g/cm³。

经计算，其抗张强度为0.690 kN/m，抗张强度值小。

所测龙井村白绵纸白度平均值为61.1%，白度较高，白度最大值约是最小值的1.05倍，相对标准偏差为0.09%，差异相对较小。这可能是因为贞丰小屯龙井白绵纸在加工时经过了一定程度的漂白。

所测龙井村白绵纸的纤维长度：最长11.94 mm，最短0.76 mm，平均5.32 mm；纤维宽度：最宽55.0 μm，最窄3.0 μm，平均16.0 μm。所测白绵纸在10倍、20倍物镜下观测的纤维形态分别见图★1、图★2。

★
2
龙井村白绵纸纤维形态图（20×）
Fibers of Baimian paper in Longjing Village
(20× objective)

★
1
龙井村白绵纸纤维形态图（10×）
Fibers of Baimian paper in Longjing Village
(10× objective)

(2) 贞丰小屯龙井灯笼纸。

对龙井村生产的灯笼纸进行测试分析，得到其相关性能参数，见表3.6。

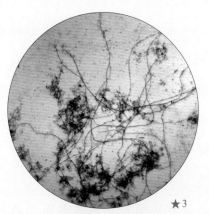

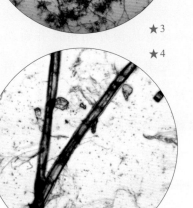

★3

★4

表3.6　龙井村灯笼纸的相关性能参数
Table 3.6　Performance parameters of Denglong (lantern) paper in Longjing Village

指标		单位	最大值	最小值	平均值
厚度		mm	0.130	0.050	0.060
定量		g/m²	—	—	15.8
紧度		g/cm³	—	—	0.263
抗张力	纵向	N	18.6	14.0	16.7
	横向	N	8.0	4.0	6.3
抗张强度		kN/m	—	—	0.767
白度		%	58.1	57.1	57.6
纤维长度		mm	10.40	1.42	4.46
纤维宽度		μm	36.0	1.0	12.0

由表3.6可知，所测龙井村灯笼纸最厚是最薄的2.6倍，经计算，其相对标准偏差为2.50%，纸张厚薄不一。灯笼纸的平均定量为15.8 g/m²。所测灯笼纸的紧度为0.263 g/cm³。

经计算，其抗张强度为0.767 kN/m，抗张强度值较小。

所测龙井村灯笼纸白度平均值为57.6%，白度较高，白度最大值约是最小值的1.02倍，相对标准偏差为0.33%，白度差异相对较小。这可能是因为贞丰小屯龙井灯笼纸在加工时经过了一定程度的漂白。

所测龙井村灯笼纸的纤维长度：最长10.40 mm，最短1.42 mm，平均4.46 mm；纤维宽度：最宽36.0 μm，最窄1.0 μm，平均12.0 μm。所测灯笼纸在10倍、20倍物镜下观测的纤维形态分别见图★3、图★4。

★4 龙井村灯笼纸纤维形态图（20×）
Fibers of Denglong (lantern) paper in Longjing Village (20× objective)

★3 龙井村灯笼纸纤维形态图（10×）
Fibers of Denglong (lantern) paper in Longjing Village (10× objective)

（一）贞丰皮纸的用途

龙井白绵纸是当地民众日常生活用纸，传统上主要用于印书、作画、做风筝、抄家谱、写契书、糊窗户、做灯芯、做爆竹引线和各种民间宗教习俗等，现在还用于包装小商品、银行捆钞票、清洁机械、制作档案文件封条等。

1. 书画创作

龙井村保存着用龙井白绵纸创作的几十年甚至上百年的老画，尽管保存不善，画面受损较严重，但质地至今仍坚韧。近年来，随着龙井白绵纸被列为国家非物质文化遗产，龙井白绵纸宜书宜画的品质逐渐得到国内书画家的认可，其书画创作功能正在不断发育。

2. 抄家谱、写契约

调查中发现不仅有民国时期用龙井白绵纸抄写的家谱、契约，还有20世纪八九十年代用龙井白绵纸书写的家谱、契约。虽然使用量并不大，但可见贞丰白绵纸，尤其是传统的龙井白绵纸质量较为优异，书写流畅，且防腐防蛀，因而当地抄家谱、写契约时都会选用。

⊙1

⊙2

⊙3

⊙
1
书法创作现场
Calligraphy performance

⊙
2 / 3
用龙井白绵纸画的古画
Ancient painting on Baimian paper in
Longjing Village

3. 抄经书

当地盛行道教，有专职的道士群体，道士所用经书习惯上用当地产白绵纸手抄。

此外，调查组也发现有普通村民保留的手抄道教经书，虽然不太多，但仍可见旧白绵纸所抄经书质量较为优异。

4. 印刷

当地传统经文印刷主要采用当地产的白绵纸，此外也有用龙井白绵纸来印神马（指灶神所驱之马）的。

5. 书写

龙井村至今还保留有20世纪50年代用当地产的白绵纸制作的小学生作业本，然而这方面的用途随着机制纸的大量普及，已在不断萎缩，仅民间日常记事有时还用龙井白绵纸。

6. 捆钞

这是近年来拓展的新用途。龙井白绵纸具有相当大的坚韧性，据刘仕阳介绍，用龙井白绵纸搓成的纸绳可承受10 kg的重量，因而近些年贵州多个银行专门到龙井村订制捆钞纸。类似的用途还包括制作档案文件封条。

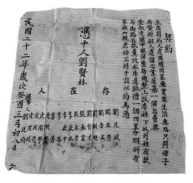

⊙4

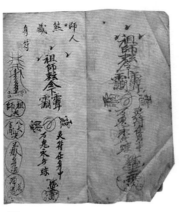

⊙5

⊙6

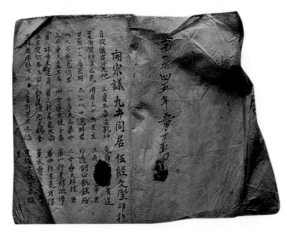

⊙7

⊙4
用龙井白绵纸书写的民国契约
Contract during the Republican Era of China written on Baimian paper in Longjing Village

⊙5／6
经书
Taoist classics

⊙7
1945年的手抄经书
Taoist classics transcript written in 1945

Library of Chinese Handmade Paper

中国手工纸文库

⊙1

⊙2

⊙3

⊙4

⊙5

贵

州 卷·上卷 | Guizhou I

⊙6

⊙7

Bast Paper
in Zhenfeng County

⊙
1
印经文
Printing Taoist classics

⊙
2
印神马
Printing divine horse

⊙
3
神马
Divine horse

⊙
4
20世纪50年代的小学生作业本
Pupil's exercise book used in the 1950s

⊙
5
纸绳
Paper robe

⊙
6
打青
Making grave marker

⊙
7
青
Grave marker

（二）贞丰皮纸的销售情况

贞丰皮纸的销售现在主要靠贞丰本地商人上门购买，据说以前有云南和贵州盘县、六枝、水城等地的商人来收购。也有部分造纸户会运纸到周边市场，如贞丰县的龙场镇、者相镇、珉谷镇等地去售卖，在附近市场一年可卖2 000捆左右。有些造纸户也会将纸运到外县，甚至外市、外省售卖。价格根据市场情况波动，2007年纸价高达160元/捆，后来最低降至135元/捆，2009年纸价又逐渐回升到150元/捆。

近年来，当地造纸户经过改良和创新，制造出诸多新手工纸品种，拓展了白绵纸的生存空间，其产品除销往贵州、云南、四川、广西等地外，也有部分远销美国、泰国和新加坡。

龙井村普通造纸户一年造纸平均约需3 500 kg干构皮，可以生产210捆纸，按目前150元/捆的单价计算，总售价为31 500元。

龙井村普通造纸户一年造纸平均开支如表3.7所示。

表3.7　龙井村普通造纸户一年造纸开支表
Table 3.7　Papermakers' annual papermaking cost in Longjing Village

类别	开支情况	备注
干构皮	3 500 kg×1.3元/kg=4 550元	
烧碱	350 kg×4元/kg=1 400元	
漂精	700 kg×1.8元/kg=1 260元	
煤	1 750 kg×1元/kg=1 750元	
打浆	6元/次×70次=420元	
仙人掌	1 750 kg×0.5元/kg=875元	
帘子	200元	1张可用1.5年，单帘250元，双帘500元，按平均300元算
帘棍折旧	40元	60元/双，可用1.5年
架子折旧	8元	80元/个，可用10年
木榨折旧	15元	300元/个，可用20年
合计	10 518元	

如果不计劳动力投入，龙井村普通造纸户一年造纸可盈利20 000余元。

如果造纸户家庭劳力较多，就可以造出更多的纸，据当地村民介绍，劳力最多的一家一年需用干构皮5 500 kg，一年造纸盈利约33 000元。也正是靠着造纸，龙井村民的生活水平有了很大的提高，造纸已经成为龙井村民的重要经济来源。

值得一提的是，龙井古法造纸国家级非物质文化遗产传承人刘仕阳等人的一系列创新产品，如生态壁纸、花纸、黄金纸、书画纸等，具有相对较高的附加值，这不但为他们带来了更高的经济效益，也拓展了皮纸的用途，为龙井白绵纸的发展带来了新的机遇。

⊙8

195

Chapter III

黔西南布依族
苗族自治州
Qianxinan Bouyei and Miao
Autonomous Prefecture

第三节
Section 3

第三章

贞丰皮纸

(一) 神奇纸袋与龙氏造纸起源传说

据当地龙氏家藏手抄本《龙氏家谱》记载，小屯人抄纸始于清乾隆年间，乾隆五十九年（1794年），龙家的先祖携妻儿为躲避蝗灾从重庆南川县逃难到此地，生活窘迫，难以为继。由于龙家人忠厚，当地好心地主便收留接济他们，全家才得以在此地生存下来。后来为了表达感激之情，这家人一有机会就会慷慨周济一些更穷苦的人。一天，一个衣衫褴褛的乞丐，背捎竹帘，手提纸袋来乞讨，龙家主人很好奇地问："一个纸袋装东西恐怕不结实吧？"但是乞丐很自信，自称所带纸袋装一斗甚至是一挑米都不会破。原来，乞丐家有祖传造纸的好手艺，此纸袋就是由他家祖传绝技所造。

一回生二回熟，龙家先祖每次对乞丐都热情周济，乞丐很感动，表示愿意将造纸技艺传授给龙家先祖。《龙氏家谱》记载了乞丐教其先祖造纸的过程。当时造纸在当地算是稀罕事，"此地无人操纸，纸价甚贵，获利数倍，时或十倍，因时全家大小除生产粮食外，全部投入其业，以至发家"。龙家发家之后，为了感谢乞丐，便到处寻找乞丐，待找到乞丐时，乞丐大笑，顿时四周烟雾环绕，他已化身成一位仙风道骨的老者，腾云驾雾而去。龙家先祖知道是仙人相助之后，世代更加勤奋地创业，同时也带动了当地造纸业的兴旺。

(二) 祭蔡伦

当地人供奉的牌位除了"天地君亲师"外，就是"蔡伦祖师"。据说每年农历三月十一是蔡伦的生日，这一天家家户户凑一份钱，杀一头肥猪、一只鸡，在村头的蔡伦庙焚香祭祖，非常热闹，他们把这个仪式称为"蔡伦会"。龙井村造纸户都要到蔡伦庙祭蔡伦，庙里只敬蔡伦菩萨。

祭蔡伦时，一般由道士主持仪式。有的寨子

也会将村里最有声望的老人奉为上宾，倾听他的祭祀祝辞。先开光，后将猪头、鸡贡于蔡伦像前，再燃香、烧纸、点炮，祈祷来年纸业兴旺，生活幸福美满。

祭蔡伦后，村民各自带饭，在蔡伦庙前一起食用，共同庆祝。

（三）考验造纸新人

老师傅会用多种多样的方式考验造纸新人，比如说，"滑缺了，打槽杆""滑大了，添点滑"。事实上，如果滑缺了，应当添点滑；滑大了，则需打槽杆。将上述两句话反过来说，考验的就是造纸新人是否对造纸基本知识足够熟悉，如果不够熟悉，似懂非懂，就容易做错；而如果非常熟悉，就能轻松通过上述考验。

当地还有教导造纸新人的俗语："手艺手艺，要么就学精，要么不学，道精不手慌。"

（四）谚语

1. 造纸就是腊肉骨头

这句俗谚生动地说明了造纸户对自己所操持的造纸业景况有正确的评估。腊肉骨头吃着香，舍不得丢，但没什么肉，犹如鸡肋，食之无味，弃之可惜。造纸也如此。这从上述的造纸业收支分析可得到更详细的说明。普通造纸户一年造纸盈利约2.1万元，虽非常辛苦但赚钱不是太多；可是若不造纸，就会失去这部分收益，又很可惜。

2. 抄纸徒弟，晒纸师傅

很多地方都认为抄纸的是师傅，因为抄纸最为重要。而在龙井村，却说"抄纸徒弟，晒纸师傅"。因为当地造纸户认为晒纸是一项很有技术含量、非常重要的工作，稍不注意，纸就容易被弄破弄皱，这样即使前面工序做得再好，得到的也只是废纸一张。

⊙ 1 / 2
祭蔡伦
Worshipping Cai Lun, the originator of papermaking

中国手工纸文库
Library of Chinese Handmade Paper

贵州卷·上卷
Guizhou I

Bast Paper
in Zhenfeng County

⊙1

⊙2

1 / 2
国家级『非遗』传承人刘仕阳
（证书上写成『刘世阳』）
Liu Shiyang, an inheritor of National
Intangible Cultural Heritage, and his
Certificate of Honor

（一）龙井村手工造纸传承与保护的机制

在龙井村手工造纸工艺技术的实地考察中，调查组切身地感受到：国家古法造纸的"非遗"传承人所掌握的传统造纸工艺的活力不应在"固化"的保护中实现，"活化"的保护和发展才是激发传统手工造纸工艺活力的根本途径。然而，这种活化的保护仅仅靠少数传承人勉强维持生产是不行的。龙井古法造纸的工艺技术知识体系的传承与保护亟须建立一种长效机制。

1. 政府扶持和地方立法保护

贞丰"皮纸制作技艺"被列入国家非物质文化遗产和贵州省非物质文化遗产名录后，得到了国家和地方政府相关部门的扶持。一方面，贞丰县已把非物质文化遗产的保护工作纳入议事日程，成立了专门的工作领导小组，并拨专款用于非物质文化遗产的国家、省、州、县四级保护名录体系的建设和普查等工作。另一方面，贵州省制定了《贵州省民间文化保护条例》（2003年），其中明确提出要保护民族民间文化传承人及其所掌握的传统工艺制作技艺。

2. 旅游带动

龙井古法造纸被列入国家非物质文化遗产和贵州省非物质文化遗产名录后，古法造纸的活力及其与旅游产业的融合力得以提升。当地旅游主管部门已经开始有意识地组织游客参观古法造纸作坊，也正积极探索古法造纸与旅游产业的有机融合路径。

3. 媒体传播

贞丰"皮纸制作技艺"被列入国家非物质文化遗产和贵州省非物质文化遗产名录后，国家和地方媒体给予了批量报道与多视角的技术和文化解读，包括相关产品和工艺的直接展示。如贵州电视台的《多彩贵州》栏目对"皮纸制作技艺"国家"非遗"传承人刘仕阳的"生态壁纸"做了较为全面的展示，中央电视台《走进科学》栏目组为龙井古法造纸制作了专门的节目。这些传播活动将龙井古法造纸工艺技术的传承与保护带入了一个更为开阔的社会保护环境中。

（二）龙井手工造纸面临的困境及对策建议

1. 建立复原专项资金，着力解决传统工艺技术复原和产品复原的资金短缺问题

产品复原是龙井古法造纸工艺传承的大事，刘仕阳认为，现代的造纸技术由于引进了一定的工业化要素，如机械打浆、化学药品等，致使纸质远不如从前，复原优质传统龙井白绵纸是很迫切的需求。刘仕阳向调查组展示了他家保留的清代时用当地皮纸抄写的经书，经书的用纸更加柔软、平滑、质地精美，手感明显好于现在的龙井白绵纸，他说，现在当地已经生产不出这么好的纸了。然而，复原这些纸不仅需要对现在的诸多造纸工具进行改良，还要选择适当的生态环境和场地，这都需要专项资金的支持，如此方能起步。

2. 建立传统工艺技术创新支持基金，解决装饰艺术和书画用纸的开发与生产资金严重不足的问题

由于传统皮纸用途的萎缩，其工艺技术传承与保护不得不思考开发新的产品或者拓展原有产品的用途。"非遗"传承人刘仕阳已经成功试制了生态壁纸、花纸、黄金纸、书画纸等装饰与书画用纸。然而，批量生产需要在原材料、工具等方面进行系统改良，市场拓展需要人力、财力的支撑，这就需要建立相应的基金来全力促成新产品链的发育，以使贞丰县及龙井村手工造纸产业焕发新的生机。

⊙3

⊙4

⊙
3
龙井村的『非遗』标志
Logo of Intangible Cultural Heritage in Longing Village

⊙
4
清代用龙井白绵纸抄写的经书
Taoist classics written on Baimian paper in Longing Village (Qing Dynasty)

灯笼纸

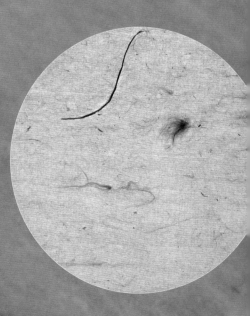

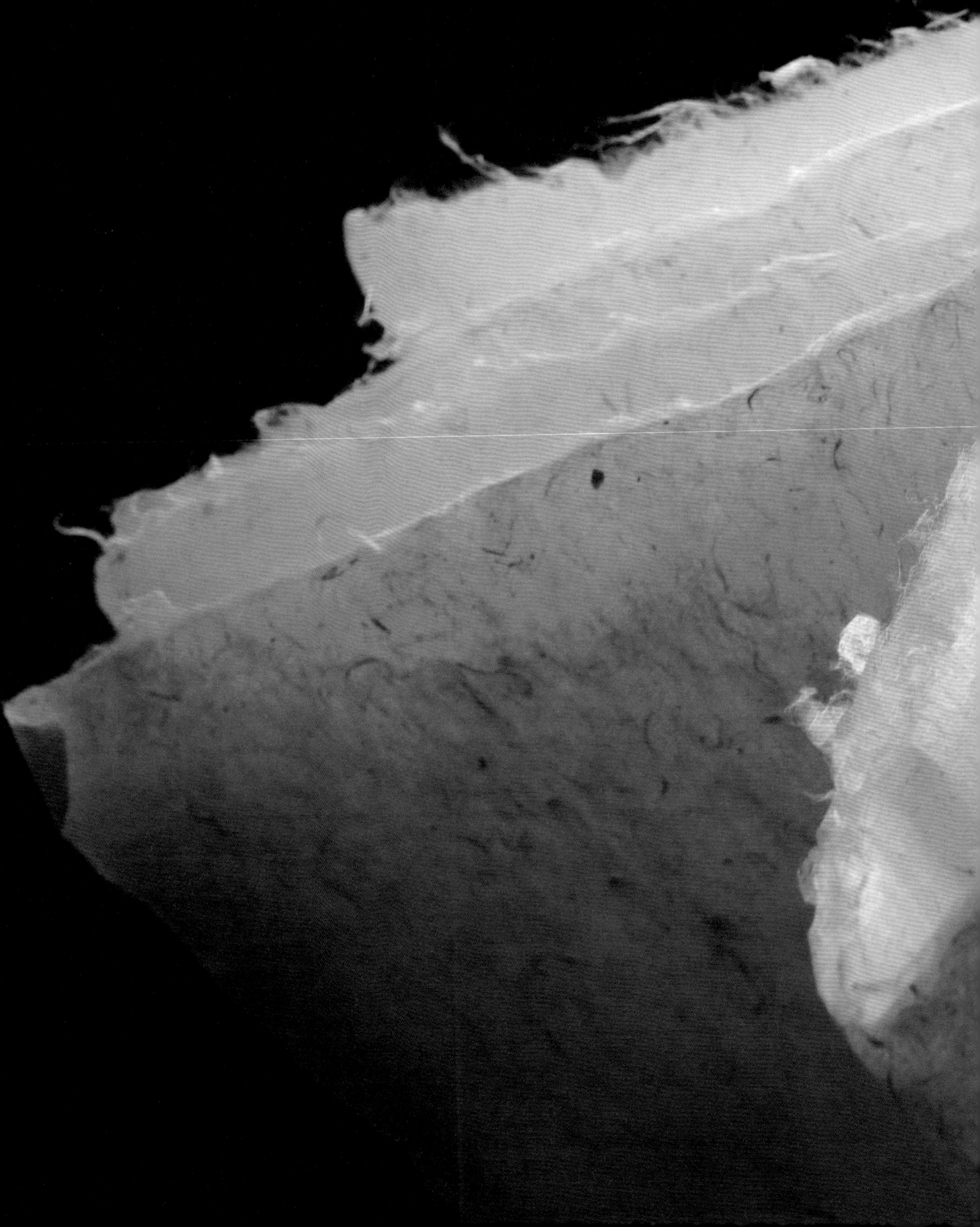

白绵纸

龙井村白绵纸透光摄影图
A photo of Baimian paper in Longjing Village
seen through the light

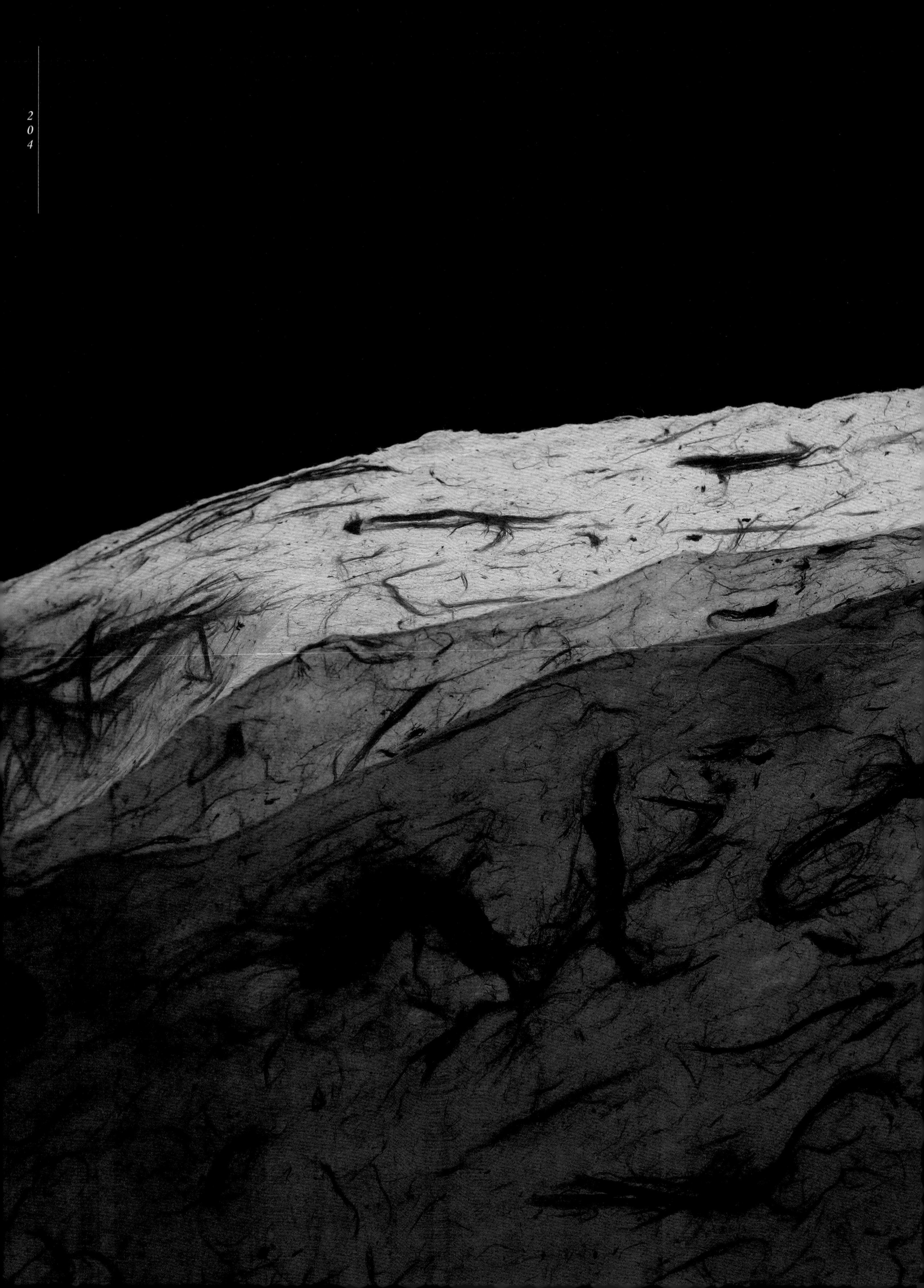

黄筋纸

龙井村黄筋纸透光摄影图
A photo of Huangjin paper in Longjing Village
seen through the light

黑夹纸

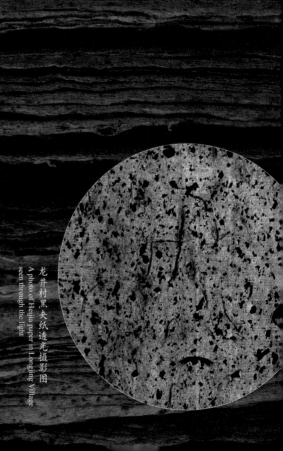

龙井村黑夹纸透光摄影图
A photo of Hejia paper in Longjing Village
seen through the light

贞丰

Bast Paper
in Zhenfeng County

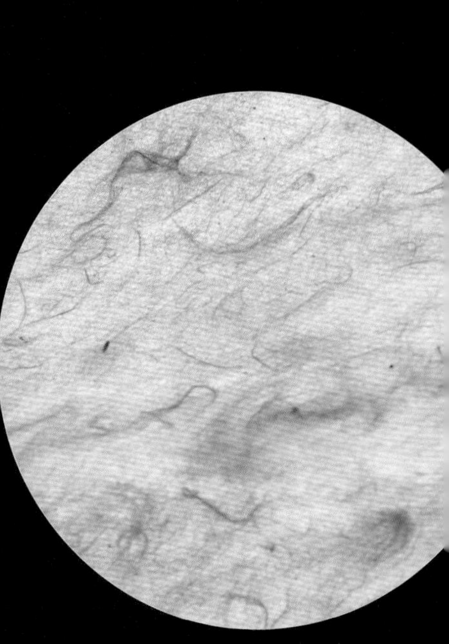

皮纸

龙井村皮纸透光摄影图

A photo of bast paper in Longjing Village
seen through the light

第四节

贞丰布依族
竹纸

贵州省
Guizhou Province

黔西南布依族苗族自治州
Qianxinan Bouyei and Miao Autonomous Prefecture

贞丰县
Zhenfeng County

调查对象
龙场镇
坡柳行政村
布依族竹纸

贵 州 卷·上卷 | Guizhou I

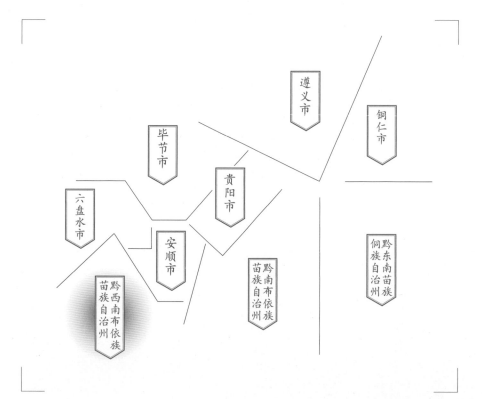

Section 4

Bamboo Paper
by the Bouyei Ethnic Group
in Zhenfeng County

Subject

Bamboo Paper by the Bouyei Ethnic Group
in Poliu Administrative Village of Longchang Town

一

贞丰布依族竹纸的
基础信息及分布

1

Basic Information and Distribution of
Bamboo Paper by the Bouyei Ethnic Group
in Zhenfeng County

贞丰布依族竹纸主要分布在贞丰县龙场镇的坡柳村。贞丰布依族竹纸以绵竹、慈竹、荆竹等为造纸原料，所造纸张颜色微带黄色，主要作为清明、中元等民间节日的祭祀用纸。

⊙ 1

⊙ 1
坡柳村口的土窑
An adobe kiln at the entrance of Poliu
Village

贞丰布依族竹纸生产地分布示意图

Distribution map of the papermaking site of
bamboo paper by the Bouyei Ethnic Group
in Zhenfeng County

考察时间
2009年4月

Investigation Date
Apr. 2009

路线图
贞丰县城
↓
坡柳村
Road map from Zhenfeng
County centre to the papermaking site
(Poliu Village)

坡柳村

贞丰县城
Ⓐ

地域名称

Ⓐ 贞丰县 珉谷镇

① 龙场镇

② 小屯乡

③ 北盘江镇

④ 鲁贡镇

⑤ 沙坪乡

⑥ 鲁容乡

⑦ 白层镇

造纸点名称

坡柳村 造纸点

位置分布

市府、州府

县城

乡镇

村落

造纸点

历史造纸点

山

国家级自然保护区

S221 省道

G21 国道

昆河线 铁路

G 56 高速公路

线路

关岭 布依族苗族自治县

兴仁县

贞丰县

镇宁 布依族苗族自治县

望谟县

S210

S309

安龙县

册亨县

10 km

5 km

0

N

二

贞丰布依族竹纸生产的人文地理环境

2

The Cultural and Geographic Environment of Bamboo Paper by the Bouyei Ethnic Group in Zhenfeng County

贞丰县的人文地理环境已在皮纸部分有较系统的描述，兹不赘述。

龙场镇地处贞丰、兴仁、安龙三县交界地带，位于贞丰县城西部，距县城17 km，关兴公路贯穿全境。东临旗上，南拥龙山山脉，西接兴仁市卡子，北连小屯、木桑。总面积36.36 km²。历史上素有贞丰"西大门"之称。

龙场镇清代时为安南县的会昌里，1914年划归贞丰，设立会昌镇。1941年官方曾改名为文焕镇，得名于旧军阀韩文焕，但民间仍然称为龙场。1949年中华人民共和国成立后设龙场乡、龙场区，1984年改设龙场镇。

龙场集镇形成于明初，迄今已有600多年的历史。原龙场集镇在今龙场西2 km处的簸箩冲，因该地常遭水淹，于清代初年迁至下水桥，发展至嘉庆年间才迁至现址。如今簸箩冲作为最早集镇所在地，已难寻其痕迹，但下水桥大寨中用青石板铺就的古街，仍默默地向人们昭示着它昔日的喧闹与繁荣。

龙场集镇内外自然景观、人文古迹较多，曾有"八大景观""八大庙"之说。

⊙1

⊙2

⊙1
龙场镇小景
Landscape of Longchang Town

⊙2
龙场古镇夜景
Night scene of Longchang Town

三

贞丰布依族竹纸的
历史与传承

3

History and Inheritance of Bamboo
Paper by the Bouyei Ethnic Group
in Zhenfeng County

2009年4月，调查组前往贞丰县龙场镇坡柳村调查贞丰布依族竹纸的历史和工艺。

据时年61岁的造纸师傅黄敬德和坡柳村小学校长黄明友口述，贞丰布依族竹纸的制作技术是明初洪武年间"调北填南"时从江西传过来的。洪武十四年（1381年），明太祖朱元璋命傅友德为征南大将军，督师30万出征云南，以扫清元蒙残余势力。大军途经龙场时，按洪武二年（1369年）定制，"每克一郡，则度地要害，驻兵戍守"。当时龙场并非集镇，乃蛮荒之地，傅友德遂命部属武功将军龚著莲屯兵戍守此地。随着明朝政权的不断巩固，遂从湖广、四川、陕西等地移民屯田至此处，将中原先进的生产力及文化不断引入该地，龙场逐渐形成集镇。

对于家族的造纸历史及传承，黄敬德所能记起来的是他的爷爷会造纸，更早的先辈应该也会造纸，但没有确切的记载和记忆。后来，爷爷将造纸技术传给父亲黄国典，黄国典再传给黄敬德，黄敬德传给儿子黄明堂。但调查时获知的信息是，由于经济收益等原因，2004年该地竹纸已经全部停止制作。

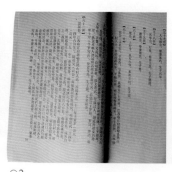

⊙1　　　　　　　⊙2　　　　　　　⊙3

⊙ 1
造纸人黄敬德一家
Papermaker Huang Jingde's family

⊙ 2
《黄氏家谱》
Genealogy of the Huangs

⊙ 3
牌位
Memorial tablets

工艺流程

215

第三章 Chapter III

第四节 Section 4

黔西南布依族苗族自治州 Qianxinan Bouyei and Miao Autonomous Prefecture

贞丰布依族竹纸

四 贞丰布依族竹纸的 生产工艺与技术分析

4 Papermaking Technique and Technical Analysis of Bamboo Paper by the Bouyei Ethnic Group in Zhenfeng County

（一）

贞丰布依族竹纸的生产原料与辅料

1. 竹子

贞丰布依族造竹纸所用竹子大部分为绵竹，另有慈竹、荆竹。农户一般会在农历正月至二月去砍前一年农历七月萌发、基本上还没长出叶子的竹子，再将砍下的竹子砍成竹段，卖给造纸户。2004年，竹子的价格为10元/kg。

2. 仙人掌

贞丰布依族造竹纸所用纸药（当地称为滑）为仙人掌汁。一般一缸可泡50 kg仙人掌，也可以多放，50 kg仙人掌可用来抄10挑左右的纸。用时，先将仙人掌对半剖开，不用去除刺和皮，直接放在滑缸里浸泡。若全是新放入的仙人掌，则需浸泡3~4天，待仙人掌汁液渗出，水变得黏稠，用手摸上去感觉很滑时即可使用。一般一缸滑快用完时，再加新的仙人掌，这样可一直用下去。

（二）

贞丰布依族竹纸的生产工艺流程

根据调查组深入贞丰县龙场镇坡柳村的实地调查，记录坡柳村生产的布依族竹纸工艺流程为：

壹 砍竹 → 贰 断竹 → 叁 破竹 → 肆 捆竹 → 伍 馇料 → 陆 洗料 → 柒 发塘 → 捌 泡料 → 玖 碾料 → 拾 下槽 → 拾壹 放水 → 拾贰 加滑 → 拾叁 打槽 → 拾肆 抄纸 → 拾伍 压水 → 拾陆 榨水 → 拾柒 刮纸 → 拾捌 擦水 → 拾玖 起垛 → 贰拾 晒纸 → 贰拾壹 揭纸 → 贰拾贰 捆纸

工
艺
流
程

216

Library of Chinese Handmade Paper

中国手工纸文库

贵州卷·上卷

Guizhou I

Bamboo Paper by the Bouyei Ethnic Group in Zhenfeng County

壹 砍 竹 1	贰 断 竹 2	叁 破 竹 3
农历正月至二月，农户用柴刀砍伐头年农历七月生的竹子，一天可砍1 000~1 500 kg。	将竹子砍断成段，每段长约2 m，一般一根竹子砍断成3段，也有砍断成2~4段的。	用铁锤或斧头背将竹子锤破，一般一锤就破。一人一天可破竹1 000~1 500 kg。

肆 捆 竹 4	伍 馇 料 5	陆 洗 料 6
当地也叫"捆浆把"，用竹篾将破好的竹子扎成捆子，1捆竹直径15 cm左右，质量10 kg左右。	将竹子成捆整齐地堆放在料塘中，一层料上铺一层石灰，最上面用木棒压住，使料不会浮上来。料塘大小不同，可放竹子的数量也不同，最小的料塘可放4 000 kg，最大的可放7 500 kg，每10 kg料需加7 kg石灰。然后加水，约需浸泡四个月。	用料钩将料钩起来，在料塘里把料沾上的石灰洗掉，然后把料塘洗干净。

柒 发 塘 7	捌 泡 料 8	玖 碾 料 9
将木棒放在料塘底部，再把料整齐地堆放上去，料上用草覆盖，使之发汗三个月。大约从2000年开始，有造纸户改用塑料布，认为用塑料布盖，会使竹料内部温度升高，发汗快，且不会引入杂质；用草盖，热量会有所散失，同时可能混入杂质，导致成纸质量下降。	引清水进料塘浸泡料。据造纸户介绍，如果不用清水浸泡，则竹子容易烂掉；而若用清水浸泡，竹子一年都不会腐烂。	取出一定量的料，用牛碾碾料，一般一次可碾75 kg料，但这样需要"两头黑"，即从天未亮碾到晚上。75 kg料可抄3捆纸，如抄的纸量少，则取料量也同比减少。

工
艺
2
1
7
流
程

Chapter III

第三章

黔西南布依族
苗族自治州
Qianxinan Bouyei and Miao
Autonomous Prefecture

第四节
Section 4

贡羊布依族
2 竹纸

拾

下　槽

10

当天晚上将碾好的料放在槽缸里，加水，用槽棍搅拌十几分钟，将料搅散。

拾壹

放　水

11

第二天抄纸前，把水放掉。

拾贰

加　滑

12

重新加水，并根据经验加一定量的滑。

拾叁

打　槽

13

用槽刮打槽，一般打3分钟左右即可。

方向排列，同时使纸张的厚度更均匀。

⊙1

拾肆

抄　纸

14　　⊙1

抄纸时，先由外往里，再由里往外舀水，接着缓缓平行提出水面，再将左侧向斜上方提，左高右低地将水倒出去，然后转身将纸帘翻盖到湿纸垛上。造纸户强调抄纸前两个舀水动作的重要性，以使纸厚度相对均匀。随后的倒水动作，则是使纤维按同一

拾伍

压　水

15

抄完纸后，在湿纸垛上盖废旧纸帘，接着用盖板轻压，待湿纸垛里的水自然流出一部分后，再逐渐加木板或石块，最后可加至几十千克，让水慢慢析出。

拾陆

榨　纸

16　　⊙2

大约压水1小时后，待纸垛只有较少水流出，再改用绞榨榨纸。榨纸时，先将木板或石块拿掉，在盖板上加码子，并在其上方安装压杆，接着用牛皮榨索将压杆和滚筒连起来，再将榨杆插在滚筒的孔洞里，缓慢扳榨杆，一直扳到纸干为止。一般榨一垛纸扳四次榨杆，每两次

中间休息十几分钟，加两次码子（大约4 cm厚）。

⊙2

⊙
1
纸帘及纸帘架
Papermaking screen and its supporting frame

2
牛皮榨索
Cowhide rope

Library of Chinese Handmade Paper

中国手工纸文库

拾柒

刮 水

17

榨纸后，用纸刮将纸垛四周的水刮掉。

拾捌

擦 水

18

用干布将纸垛四周的水擦干。

拾玖

起 垛

19

松榨，将压杆、码子等拿掉，把纸垛拿起来，平放在纸焙旁的纸板上。

贰拾

晒 纸

20　⊙3⊙4

用手将纸的左下角由下往上揉，然后将纸从左下角往右上角一张张撕开，最后用棕刷把纸刷到墙上。刷纸时，先从中间往上刷，再往下刷。一般一面墙可贴15张纸，上面竖贴9张，下面横贴6张，每个位置只贴1张。晒纸时，先晒远离灶口、温度低的一侧，

⊙3

这样同一面墙上的纸几乎可同时干。如果墙面太干，则需提前往墙上刷米汤，使之有一定的黏性。一般每天在晒纸前刷一次，如果纸不容易掉下来，也可以两三天刷一次。

⊙4

贰拾壹

揭 纸

21

揭纸时，右手拿左上角，左手拿左下角，将纸逐张揭下来，一般15张纸作为1叠，对半叠放在一起，叠前先将纸理齐。

贰拾贰

捆 纸

22　⊙5

60叠为1捆，用竹篾捆好。

⊙5

（三）

贞丰布依族竹纸生产使用的主要工具设备

壹 料塘 1

原来敷料塘多用石灰，现在一般使用水泥。料塘大小不一，所测料塘长约570 cm，宽约375 cm，高约150 cm。

⊙6

贰 槽缸 2

即通常所说的抄纸槽，各家大小不完全一致，所测槽缸长约120 cm，宽约104 cm，高约80 cm。下面略窄，四个角较光滑，料子不会留在角落里。下面有个排水口，底部放一竹子编的槽毡，主要是为了防止料流失。

叁 滑缸 3

各家大小不完全一致，所测滑缸长约90 cm，宽约50 cm，高约70 cm。

⊙7

⊙
7
槽缸及滑缸
Papermaking trough and the vat for holding the papermaking mucilage

⊙
6
料塘
Pond for storing the papermaking materials

（四）

贞丰布依族竹纸的性能分析

对坡柳村生产的竹纸进行测试分析，得到其相关性能参数，见表3.8。

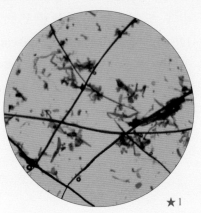

★1

★2

表3.8　坡柳村竹纸的相关性能参数
Table 3.8　Performance parameters of bamboo paper in Poliu Village

指标		单位	最大值	最小值	平均值
厚度		mm	0.222	0.167	0.176
定量		g/m²	—	—	47.0
紧度		g/cm³	—	—	0.267
抗张力	纵向	N	7.4	3.1	5.1
	横向	N	3.9	2.1	3.5
抗张强度		kN/m	—	—	0.287
白度		%	15.9	14.5	15.1
纤维长度		mm	8.92	0.66	3.32
纤维宽度		μm	40.0	3.0	16.0

由表3.8可知，所测坡柳村竹纸最厚约是最薄的1.33倍，经计算，其相对标准偏差为0.18%，纸张厚薄较为一致。竹纸的平均定量为47.0 g/m²。所测竹纸的紧度为0.267 g/cm³。

经计算，其抗张强度为0.287 kN/m，抗张强度值较小。

所测坡柳村竹纸白度平均值为15.1%，白度较低，白度最大值约是最小值的1.10倍，相对标准偏差为0.05%，差异相对较小。

所测坡柳村竹纸的纤维长度：最长8.92 mm，最短0.66 mm，平均3.32 mm；纤维宽度：最宽40.0 μm，最窄3.0 μm，平均16.0 μm。所测竹纸在10倍、20倍物镜下观测的纤维形态分别见图★1、图★2。

五
贞丰布依族竹纸的
用途与销售情况

5
Uses and Sales of Bamboo Paper
by the Bouyei Ethnic Group
in Zhenfeng County

（一）贞丰布依族竹纸的用途

贞丰布依族竹纸一般长51 cm、宽20 cm，旧日曾广泛用于糖、盐等的包装，以及书写、制作卫生用纸和冥纸等，然而如今这些用途大多已被其他材料替代。在完全停工之前，贞丰布依族竹纸仅仅剩下制作冥纸这一用途。

（二）贞丰布依族竹纸的销售情况

坡柳村所造竹纸一般由造纸户拉到龙场去卖，也有人上门来买。黄敬德家当年还在造纸时的情况是：自家三个人参与造纸，同时请四个师傅帮忙，一般是碾料、抄纸、晒纸、杂活各一人。一般一年只在农闲的两个月造纸，产竹纸80挑，即160捆。2003年前后纸价为30元/捆，也就是说黄敬德家一年造纸销售额约为4 800元。

造纸所需的花费，主要包括买竹子、石灰和煤的开销。生产160捆纸，需买4 000 kg生竹子（刚砍下的鲜竹），2003年时生竹子售价为0.1元/kg，黄敬德家共需花费400元；买2 800 kg石灰，当时石灰售价为0.16元/kg，需花费448元；按一天造纸3捆，则总时长为53天，一天要烧60 kg煤，当时煤的价格大约为0.08元/kg，约需花费255元。总开销约1 103元，这还未包括各种工具、设备损耗费用。

黄敬德家虽造纸，但自己不抄纸，而是请师傅来抄纸。师傅工钱不用现金结算，而是每抄6挑纸，师傅得1挑，主人得5挑。因此上述总销售额的六分之五，即4 000元是黄敬德家造纸一年的毛收入，扣除造纸所需花费，所余不足3 000元。此外虽然不用给工钱，但主人还要承担师傅一定的生活费，具体情况是师傅带米来，主人提供菜，不用给烟抽。所以，黄敬德家的总收入再减去菜钱，人均一个月不足500元。

2004年后，坡柳村竹纸已经全部停止生产。2004年、2005年时造纸户只能售卖剩下的手工纸，纸价已上升到50元/捆。

六

贞丰布依族竹纸的
相关民俗与文化事象

6

Folk Customs and Culture of Bamboo
Paper by the Bouyei Ethnic Group
in Zhenfeng County

（一）造纸发家传说

据坡柳村小学校长黄明友口述，他爷爷的祖父曾收留一个逃难女子为女儿，后许配吕家，黄校长称她为老姑太。一次老姑太放牛，牛蹄踩到土地不结实的地方陷下去，蹄子拔出后带出了竹料，后来，她带铲来挖，发现有两塘馇好的料。据说此前有人家在该地造纸，但后来因时代动乱，都逃亡了，逃走前把料用泥土覆盖起来。吕老太无意间发现了这两塘料，后靠这两塘料造纸发家。

（二）过世送纸

现在，在贞丰县龙场镇，每逢老人过世，亲朋好友要去祭奠死者时可送钱、送礼；而以前则是不收礼物的，更不收钱，只要买纸或者挽联去祭奠死者即可。以前不收礼，是因为当地乡间有这样的说法：如收了礼钱，则会被认为是用父母尸骨收礼。

（三）师傅抄纸

在龙场当地，虽然也有造纸户自己抄纸，但更多的是请师傅来抄纸。师傅工钱不用现金结算，而是每抄6挑纸，师傅得1挑，当作报酬即可。同时，师傅来干活，还要自己带米来，主人提供菜，不用给烟抽，这也属当地独特的手工业分工和习俗。一般造纸户家庭经济相对宽裕，因此可开办纸槽，但人手往往不够；而抄纸师傅有技术，但不一定有资金开办纸槽，所以趁农闲时去帮人抄纸。在当地，一般抄纸师傅收入和造纸户人均造纸收入基本相当，但抄纸师傅拥有技术，且无需承担任何风险和投入。调查组在调查中了解到，这种模式一直持续到龙场造纸全部停止才随之结束。

（四）谚语

在龙场镇，旧日抄纸现场还有很多有趣的场景，比如第一天抄的纸，第二天一定要晒完，不然会影响后续工作。因此抄纸和晒纸都有要找对手的说法，即抄纸的人动作麻利，则晒纸的人动作也要麻利，抄纸和晒纸相互比赛，这对提高工作效率很有效。

七
贞丰布依族竹纸的
保护现状与发展思考

7

Preservation and Development of Bamboo
Paper by the Bouyei Ethnic Group
in Zhenfeng County

由于纸价太低，所得的利润也就很少，即使是老造纸人也都不愿再造纸。2004年之后龙场镇已不再造纸，古老的造纸技艺最终消亡。

以造纸人黄敬德为例，他家三个人在农闲时一般会有两个月左右时间在造纸，纯收入不到3 000元，人均一个月不到500元，虽然这是2003年的数据，但也可见造纸利润并不高。据调查，当时打工一天即可有20多元的收入，还没有造纸那么辛苦，同时无需投入也不用承担生产销售的风险。

2009年4月，调查组前去调查时，发现黄敬德家虽然已多年不造纸，但还保留着少量的竹纸和用牛皮制成的榨索。据黄敬德夫妇所说，他们希望以后有机会重新恢复造纸，即使没有打工的收益高，但依然有意愿坚守古老的祖业。造纸对于黄氏夫妇，不仅仅是一般的商品生产，其中还有着家族、文化和民俗的沉淀。

然而，2009年年轻人进城务工一天已可获得70~80元的收入。而传统竹纸价格不可能有很大的上升空间，加之传统工艺生产单位时间的产量也不会有太大的提高，如果再重新开始造纸，哪怕其效益比2003年时高出一倍，人均月收入也不到1 000元。虽然在当地调查时，黄敬德夫妇表示，如果人均一天收入能达到50元，他们还愿意继续造纸，但这只是坚守的愿望，在现代业态的冲击下，传统竹纸的市场萎缩得厉害，黄氏夫妇重操旧业的可能性很小。

针对这一现状，地方政府应当立即考虑对当地刚消亡不久的布依族竹纸的历史、制作工艺、文化等进行全面收集和深入挖掘，形成系统的文字、图片、录音和录像资料，同时收集部分工具、设备以及纸样等，使得贞丰布依族竹纸这项曾经影响过当地人民生计和文化生活的传统工艺能得到博物馆式的保护。

223

第三章 Chapter III

黔西南布依族
苗族自治州
Qianxinan Bouyei and Miao
Autonomous Prefecture

第四节 Section 4

贞丰布依族竹纸

贞丰布依族竹纸

Bamboo Paper by the Bouyei Ethnic Group in Zhenfeng County

坡柳村竹纸透光摄影图
A photo of bamboo paper in Poliu Village seen through the light

第四章
安顺市

Chapter IV
Anshun City

第一节

关岭布依族苗族
竹纸

贵州省
Guizhou Province

安顺市
Anshun City

关岭布依族苗族自治县
Guanling Bouyei and Miao Autonomous County

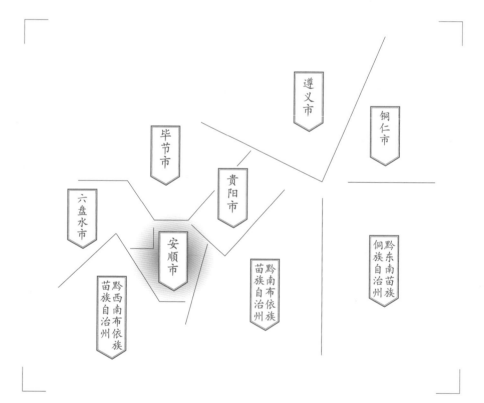

调查对象
永宁镇
紫山行政村
布依族苗族竹纸

贵　州　卷·上卷 ｜ Guizhou I

Section 1
Bamboo Paper
by the Bouyei and Miao Ethnic Groups
in Guanling County

Subject
Bamboo Paper by the Bouyei and Miao Ethnic Groups
in Zishan Administrative Village of Yongning Town

一

关岭布依族苗族竹纸的
基础信息及分布

1

Basic Information and Distribution of
Bamboo Paper by the Bouyei and Miao
Ethnic Groups in Guanling County

关岭布依族苗族竹纸调查时的活态产地在永宁镇紫山村，但2009年4月调查组入村考察时，其业态已有明显的萎缩，仅剩几户造纸村民仍在从事竹纸的生产。该村落竹纸生产的原料主要是绵竹、苦竹和斑竹。受到当地风俗习惯的影响，紫山村所产竹纸主要用来制作乡土祭祀的纸钱，因为纸质较粗糙，生产规模也小，基本上是在本村镇的小区域里自产自销。该地域是布依族苗族聚居区，造纸户以布依族苗族村民为主。

⊙1

⊙
1
关岭花江大峡谷
Huajiang Canyon in Guanling County

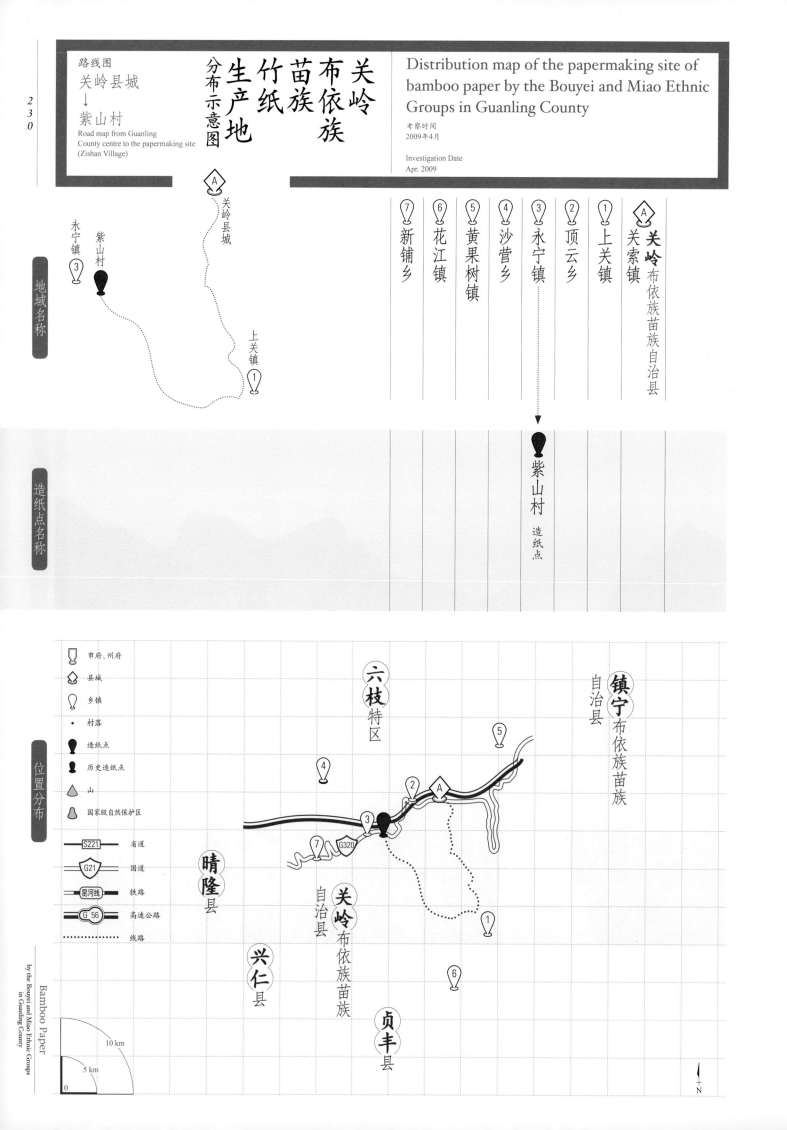

二

关岭布依族苗族竹纸生产的
人文地理环境

2
The Cultural and Geographic
Environment of Bamboo Paper by
the Bouyei and Miao Ethnic Groups
in Guanling County

⊙1

⊙1
关索古驿道
Guansuo Ancient Courier Route

关岭布依族苗族自治县（以下简称关岭县）坐落于云贵高原东部脊状斜坡南侧向广西丘陵倾斜的斜坡地带，调查时县域面积1 468 km²，全县人口36.68万，有汉族、布依族、苗族、彝族、仡佬族等33个民族。该县地势西北高，东南低。境内最高点位于永宁镇的旧屋基大坡，海拔1 850 m，最低点在打邦河注入北盘江的三江口处，海拔370 m。大部分地区海拔高度为800~1 500 m，县城海拔为1 025 m。境内山脉属乌蒙山系，山体多起伏绵延。地貌具有高低起伏大、类型复杂多样的特征，碳酸盐岩分布广泛。岩溶发育，形成岩溶地貌与常态地貌交错分布的独特地形，地貌形态千姿百态，石芽、竖井、漏斗、洼地、谷地、盲谷、丘峰、峰林等到处可见，溶洞、暗河、地下廊道比比皆是，具有典型的喀斯特山区地貌特征。

关岭历史上即以交通区位优越著称于交通不便的贵州，古有"上走云南十八站，下进京城七十二天"的民谚，清康熙皇帝曾特题"滇黔锁钥"以示其地为西南交通枢纽。调查组进入关岭调查时，已有沪昆高速公路、国道"320"线、省道"214"线、关兴高等级公路和水黄高等级公路构成四通八达的公路交通网。

在古代，关岭县与镇宁布依族苗族自治县同为夜郎国属地。相传因三国时期蜀国大将关索在现关岭属地守御而得名关索岭。明洪武五年（1372年），关索岭守御千户所并入永宁州。民国二年（1913年）废州置永宁县。民国三年（1914年）更名关岭县。中华人民共和国成立后，隶属安顺地区。1950年3月23日，关岭县人民政府由花江迁驻关索镇。1952年划归兴义专区。1981年3月21日，按中华人民共和国国务院国函〔1981〕28号文规定，撤销关岭县，改设关岭布依族苗族自治区。1982年2月16日，关岭布依族苗族自治县正式成立。

Library of Chinese Handmade Paper

中国手工纸文库

关岭地区拥有悠久的民间文学创作和艺术创作传统，民间文学创作以少数民族民间叙事诗歌为主，1958年前后创作了大量的民间叙事诗和歌谣。当地丰富的民族艺术和工艺样式有以苗族布依族的织棉、蜡染、桃花、银饰等为主的民族民间传统工艺美术；有主要使用于苗族、布依族村寨的铜鼓、芦笙、唢呐、勒尤、姊妹箫、四弦胡、牛角二胡、月琴、木叶等民族乐器；有流行于民间的木鼓舞、芦笙舞、花棍舞、踩堂舞、玩龙舞、狮子舞、地戏等精彩的民间舞蹈。

关岭历史悠久，千百年来留下了丰富的文物古迹和文物藏品。具有代表性的有神秘难解的"红岩天书""花江崖壁画""花江铁索桥及石刻群"3处省级文物保护单位；有顶云司城垣、双泉寺、关索古驿道、御书楼、培凤阁、灞陵桥、灵龟寺无梁殿、周西成衣冠墓、妙明洞、大佛洞、观音洞、关索洞石刻等12处县级文物保护单位。

关岭境内有中国第一高桥坝陵河大桥、被形容为"地球裂缝"的花江大峡谷，以及距今已有2.2亿年的关岭古生物化石群，因其种类十分丰富，故有"古生物化石联合国"之美誉。

⊙1

⊙2

三

关岭布依族苗族竹纸的历史与传承

3

History and Inheritance of Bamboo Paper
by the Bouyei and Miao Ethnic Groups
in Guanling County

目前，暂未有确切资料证实关岭布依族苗族竹纸从何时开始生产，不过，2009年4月调查组入村进行田野调查时，造纸人的说法是清代就已经开始了，至于是清代什么时段尚不得而知。据重点访谈对象、造纸人瞿能兴介绍，当造纸的人正在造纸时，从头到尾看看就学会了，他自己也是在村里看多了就会造了，并没有拜师傅。其技艺传承可叙述历史并不清晰。

据新版《关岭县志》记载，20世纪50年代初期，关岭每年可造烧纸（即竹纸）511 200刀[1]；

[1] 关岭布依族苗族自治县地方志编纂委员会.关岭布依族苗族自治县县志[M].北京:方志出版社,2001:333.

Bamboo Paper
by the Bouyei and Miao Ethnic Groups
in Guanling County

20世纪50年代中期，一家一户的私营手工造纸业全部改制为全民所有制；20世纪60年代，关岭的手工业逐渐由全民所有制转为集体所有制；"文化大革命"期间，由于历史原因，竹纸一度停产；1978年以后，手工造纸业逐渐以乡村小规模个体生产的方式复活，直至调查组入村时仍呈现个体造纸户的业态。不过，上述记载的数据信息是全县的统计数据，并非紫山村的单独数据，因此，紫山村竹纸历史上生产的独立信息仍然是缺乏的。

四
关岭布依族苗族竹纸的
生产工艺与技术分析

4

Papermaking Technique and
Technical Analysis of Bamboo Paper
by the Bouyei and Miao Ethnic Groups
in Guanling County

（一）
关岭布依族苗族竹纸的生产原料与辅料

关岭县紫山村生产竹纸的原料为绵竹、苦竹和斑竹。根据竹子的不同生长情况，村民每年有计划地采伐竹子：绵竹每年四五月份开始生长，砍竹子的时间则在每年的十二月到次年的元月；苦竹每年二三月份生长，次年六七月份砍；砍斑竹的时间和绵竹基本一致。紫山村比较特别的习惯是，在砍竹子的过程中，以砍废竹子（不能正常生长的竹子）为主，好的竹子留作母竹。村落周围的山上就生长着竹子，由于这些竹子不能满足紫山村造纸的需求，故需要从其他地区购买。从后一情况来看，砍废竹子的习俗与竹子资源不丰富有关。

关岭紫山村造竹纸使用的纸药为仙人掌汁。首先将仙人掌砍回来，切成小片，放至滑缸内浸泡。每次约放50 kg仙人掌，泡到倾倒时汁液像线一样即可使用，一般要泡7天左右。泡一次可用3~5天，具体可根据实际情况边加边用。

Library of Chinese Handmade Paper

中国手工纸文库

贵　州 卷·上卷 | Guizhou I

Bamboo Paper
by the Bouyei and Miao Ethnic Groups
in Guanling County

（二）
关岭布依族苗族竹纸的生产工艺流程

　　关岭竹纸的生产基本上是以家庭为单位完成的，由于调查时造纸户因农忙等原因未在生产，因此调查组特请造纸人对部分工艺进行演示和解说。

　　根据对紫山村竹纸制作过程的实地了解和对造纸村民的采访，以及对重点调查户瞿能兴的访谈，获知该村竹纸制作工序如下：

壹	贰	叁	肆	伍	陆	柒	捌	玖	拾
砍竹	破竹	晒竹	烧石灰	打浆把	下窑	生火	洗竹麻	发汗	提汗

贰拾	拾玖	拾捌	拾柒	拾陆	拾伍	拾肆	拾叁	拾贰	拾壹
揭纸	晒纸	抹纸	榨纸	抄纸	打滑面	下槽	踩料	打浆	煮料

⊙
1
紫山村自然环境
Natural environment of Ziishan Village

壹

砍　竹

1　⊙2

通常选择生长半年左右不能正常生长的竹子，用斧子将竹子砍成段，每段2~2.5 m，然后捆好。生长情况好的竹子一般不砍，而是留作母竹或建设材料。

⊙2

贰

破　竹

2

把捆好的竹子运到造纸场地，拆开成捆的竹子，用工具把竹管打散打破。常用的工具有斧头、锤子等。

叁

晒　竹

3　⊙3

通常每年从农历三月中下旬开始，把打破的竹段放置在墙脚、路边等处晾晒，一般要晾晒45天左右，晒干后的竹子在当地通常被称作竹麻。

⊙3

肆

烧　石　灰

4

先用水泥和灰沙"安窑锅"，在"打浆把"工序前的3~4天开始烧石灰。烧一窑生石灰要用2 m³"广子石"。

安 顺 市

Anshun City

Section 1

第1节

关岭布依族苗族竹纸

235竹纸

⊙
3
竹麻
Bamboo materials

⊙
2
紫山村竹林中的竹子
Local bamboo in Zishan Village

伍

打　浆　把

5　⊙4

用奶浆藤把竹麻捆成把，每把直
径10 cm左右，质量3~3.5 kg，这
一过程被当地人称为打浆把。
通常两个人一个星期可以打完
3 000~3 500 kg竹麻的浆把。

⊙4

陆

下　窑

6　⊙5

把生石灰拉到浆塘，用水将其泡
成石灰浆，再把竹麻放到窑子
里，排放整齐，这样便于取出。
一般放2~3层竹麻后洒石灰浆，连
水带浆泼下去。上面用塑料薄膜
盖上，压一层烂木方，再压石头
（防止竹麻漂起），最后加水直
至浸过竹麻。

⊙5

柒

生　火

7

当天就开始生火，煮一个月，每
3~5天加一次水，要保持水淹过
竹麻，否则竹麻干了，上面的石
灰浆沾在竹子上，形成干浆，就
不易洗掉。

捌

洗　竹　麻

8

用钉耙把料捞起来，放到洗料的
池子内，用清水将竹麻清洗干
净，一般四人四天可清洗干净一
窑料。

玖

发　汗

9

将水滤干后，再把竹麻放到窑子
里，用塑料布盖好，发汗半个月。

拾

提　汗

10

加清水，使之淹没竹麻，生火煮
一个星期左右后把水排掉。

⊙ 4
打浆把
Binding the dried bamboo
⊙ 5
煮料的窑
Kiln for boiling the papermaking materials

Bamboo Paper
by the Bouyei and Miao Ethnic Groups
in Guanling County

拾壹

煮 料

11

提汗后，用泥巴堵住下水孔，加清水，再煮10~15天，料子就形成了。通过观察料子起不起花（即是否有气泡），即可判断料子是否煮好。如果没有花，则说明还没有形成料子，需要继续煮，料子煮好后，整个窑子都会起花。

拾贰

打 浆

12

分批地把料子打捞上来，然后用打浆机打浆（一般用电或柴油作为动力），一次可打150~250 kg干竹麻，可抄一个星期的纸。

拾叁

踩 料

13

把料子拿到踩塘区，传统方式是用脚把料踩融，调查时已流行用电动工具将料搅散搅匀。

拾肆

下 槽

14

一般是头一天晚上下槽，第二天白天抄纸。下槽后，把料搅散，过去用槽棍，现在改用电动工具。具体过程：搅十几分钟，用拱耙翻转纸料，搅好后的纸料称为纸浆。用竹片或垫子作为隔离带，这样水既能排得快，又不会跑料。在底部上方12 cm处，有

"槽ze（当地方音，未能明确具体是哪个字）"，其上蒙一层纱，需要留有空隙，可将水过滤掉。当天晚上把料子里的污水去掉，同时将料沉淀成一层厚度为10~12 cm的纸浆。然后用木棒从上方在纸浆里捅出一些稀疏的孔，以防纸浆漂浮，当天晚上再加清水浸泡。

拾伍

打 滑 面

15

整个过程大概要分成10次。每次用拱耙把料拱起来，约取其厚度的1/10，就足够抄一天的纸。打捞起来后，用槽棍将其搅均匀，并把纸筋捞起来扔掉。用电动工具搅拌后很少出现纸筋，这个工序即可省去。然后加滑水，这主要根据经验来操作，加滑重了，则需多加一部分料，每加一次滑，都要用槽棍搅匀，打一个滑面一般需要5分钟。

拾陆

抄 纸

16 ⊙6

将纸帘先入槽挖头道水，方向为由外向内，然后挖第二道水，由左往右提高纸帘，即可形成经纬交织的纸浆纤维排布。

⊙6

抄纸帘子及帘上纸膜
Papermaking screen with a piece of paper newly made on it

工
艺
流
程

238

中国手工纸文库
Library of Chinese Handmade Paper

贵

州 卷·上卷

Guizhou I

Bamboo Paper
by the Bouyei and Miao Ethnic Groups
in Guanling County

拾柒

榨 纸

17　　　⊙7

在纸垛上面依次放上纸壳（头天抄的纸底）、两块大榨板、底码、一块木墩（木方）、榨杆。慢慢施加压力，过去一般用土榨，用高梆慢慢压，现在则用千斤顶。纸壳的作用是保护上面的纸不会被榨烂。榨一次后，纸垛达到一定的硬度，便可把纸垛分破，再榨第二次。榨干一个纸垛，土榨需要两小时，千斤顶只需40分钟。第一次是四个纸垛一起榨，约需15分钟。分成四个后，一次榨两个，即第一次榨，要榨两次，约需25分钟。

拾捌

抹 纸

18

将纸用棕刷从头到尾抹光滑，四边都要抹。

⊙7

拾玖

晒 纸

19　　　⊙8⊙9

把纸搬回家，将纸从头向尾挂起来，挂到一定高度，每两张纸间隔1 cm左右。16~18张纸为1提，从左到右叠两次。用纸杆将纸顶到屋内竹竿上晾晒，12小时即可晒干。

⊙8

⊙9

⊙ 7
榨纸工具
Device for pressing the paper

⊙ 8 / 9
晒纸
Drying the paper

工
艺
流
程

239

第四章
Chapter IV

安
顺
市
Anshun City

第一节
Section 1

关岭布依族苗族
竹纸

贰拾
揭纸

20　　⊙10~⊙12

待纸晒干后，用手将纸取下来，按相同的头尾顺序，初步理整齐。然后将纸放在凳子上，由左到右将纸一张张撕开，20张为1沓，后用手抖，使之整齐，再将其对折叠放。

⊙10

⊙11　　⊙12

⊙13

⊙14

竹纸生产完成后，村民们将纸捆扎好，通常20沓为1捆，用绳子捆两道，过去用棕叶捆（棕叶需先在火上烤）。打包好的竹纸一般就堆放在家里，售卖或自用时可以直接拿取。

⊙
10
/
12
揭纸
Peeling the paper down

⊙
13
捆纸
Binding the paper

⊙
14
存放的成品竹纸
Final product of bamboo paper

（三）

关岭布依族苗族竹纸生产使用的
主要工具设备

壹
槽 棍
1

实测被调查户所用槽棍的尺寸为：
120 cm×3 cm。

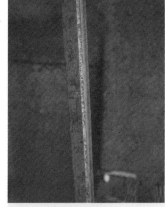

⊙1

贰
帘 架
2

实测被调查户所用帘架的尺寸
为：内103 cm×44 cm，外
114 cm×48 cm。

⊙2

叁
大 盖 板
3

实测被调查户所用大盖板的尺寸
为：110 cm×45 cm，第一次压榨
时用。

⊙3

肆
小 盖 板
4

实测被调查户所用小盖板的尺寸为：
120 cm×18 cm，第二次压榨时用。

伍
窑 子
5

实测被调查户所用窑子的尺寸为：
370 cm×370 cm×270 cm，由石头
砌成，里面有锅沿、出水口，主要
用于煮料。

陆
窑 口
6

实测尺寸为：190 cm×100 cm。加
煤口尺寸为：46 cm×46 cm。调查
时，加煤口已被封上，使用前轻轻
一推，就可打开。

⊙4

⊙ 1
槽棍
Stick for stirring paper pulp
⊙ 2
帘架
Frame for supporting the papermaking screen
⊙ 3
盖板
Wooden boards for pressing the paper
⊙ 4
窑口
Entrance of the papermaking kiln

柒 灰 口
7

又称为"灶口",用途是将烧过的煤灰取出,高为60 cm。

捌 滑 缸
8

实测被调查户所用滑缸的尺寸为:80 cm × 66 cm × 61 cm。

玖 槽 子
9

实测被调查户所用槽子的尺寸为:215 cm × 120 cm × 80 cm。

⊙5

拾 浪水架
10

由两根竹子拼成,呈"T"字形。

拾壹 槽 坎
11

槽子靠人一侧的顶部木头。

⊙6

拾贰 纸 帘
12

实测被调查户所用纸帘的尺寸为:102.5 cm × 35 cm。

⊙7

⊙ 5
槽子
Papermaking trough

⊙ 6
槽坎
Wooden board by the papermaking trough

⊙ 7
纸帘
Papermaking screen

（四）

关岭布依族苗族竹纸的性能分析

对紫山村生产的竹纸进行测试分析，得到其相关性能参数，见表4.1。

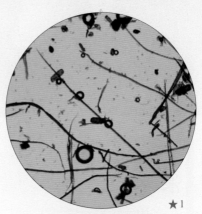

★1

★2

表4.1　紫山村竹纸的相关性能参数
Table 4.1　Performance parameters of bamboo paper in Zishan Village

指标		单位	最大值	最小值	平均值
厚度		mm	0.300	0.210	0.252
定量		g/m²	—	—	57.5
紧度		g/cm³	—	—	0.228
抗张力	纵向	N	13.2	8.0	10.5
	横向	N	4.2	2.0	3.0
抗张强度		kN/m	—	—	0.450
白度		%	16.4	15.7	16.1
纤维长度		mm	4.24	0.62	1.95
纤维宽度		μm	31.0	1.0	11.0

由表4.1可知，所测紫山村竹纸最厚约是最薄的1.43倍，经计算，其相对标准偏差为0.33%，纸张厚薄较为一致。竹纸的平均定量为57.5 g/m²。所测竹纸的紧度为0.228 g/cm³。

经计算，其抗张强度为0.450 kN/m，抗张强度值较小。

所测紫山村竹纸白度平均值为16.1%，白度较低，白度最大值约是最小值的1.04倍，相对标准偏差为0.23%，差异相对较小。

所测紫山村竹纸的纤维长度：最长4.24 mm，最短0.62 mm，平均1.95 mm；纤维宽度：最宽31.0 μm，最窄1.0 μm，平均11.0 μm。所测竹纸在10倍、20倍物镜下观测的纤维形态分别见图★1、图★2。

Bamboo Paper
by the Bouyei and Miao Ethnic Groups
in Guanling County

★
1
紫山村竹纸纤维形态图（10×）
Fibers of bamboo paper in Zishan Village
(10× objective)

★
2
紫山村竹纸纤维形态图（20×）
Fibers of bamboo paper in Zishan Village
(20× objective)

五

关岭布依族苗族竹纸的用途与销售情况

5

Uses and Sales of Bamboo Paper by
the Bouyei and Miao Ethnic Groups
in Guanling County

关岭紫山村竹纸调查时基本上只剩下祭祀这一用途，农户们用半年左右的时间造纸，每天抄纸10~14捆，一般都是自产自销，周边农户需要时上门来取，其余的都放在镇内集市上销售。

调查时，竹子的价格约0.4元/kg，广子石的价格约50元/方，烧3~4天需用1.5 t煤，煤的价格约600元/t。造纸过程中，需要连续烧煤一个月，每天加两次煤，每次用煤约70 kg。打浆时，每次打150~200 kg竹麻，柴油机需要打3~4 h，需消耗约24元柴油。

最近几年，随着贵州城镇化速度与工业化步伐的加快，关岭传统手工生产的竹纸面临着来自纸厂机制竹纸低价倾销的竞争。同样，随着网络经济的兴起，相对地处偏远的关岭传统手工造纸户也开动脑筋搭上新销售方式的顺风车，拓展了销售渠道。现在，通过网上店铺就可以购买到关岭紫山村竹纸。

⊙1　⊙2　⊙3　⊙4

⊙ 1 / 9
现场制作纸钱过程
Procedures of making joss paper

贵　州 卷·上卷 | Guizhou I

⊙5

⊙6

⊙7

⊙8

⊙9

⊙
10

网上销售的关岭布依族苗族
竹纸

Bamboo paper by the Bouyei and Miao
Ethnic Groups in Guanling County sold
online

⊙10

六

关岭布依族苗族竹纸的
相关民俗与文化事象

6

Folk Customs and Culture of Bamboo
Paper by the Bouyei and Miao Ethnic
Groups in Guanling County

关岭布依族苗族竹纸在当代的唯一用途是祭祀。当地在春节、清明节、中元节时都需要使用关岭布依族苗族竹纸。调查发现，从造纸户的成品纸处理和用户的使用习惯来看，一般都是将竹纸直接加工成纸钱，而用户也是直接购买已经打制好的纸钱用于祭祀，未发现用整张竹纸祭祀的做法。

紫山村造竹纸的另一个特别之处是：在砍竹子时会选择有病或残损的，而长得健康、完好的反而被留下来。这一习俗在贵州等西南造竹纸的地区较为少见，究其原因，一方面是当地竹资源不丰富，需要留下健康的竹子来保证原料来源丰富稳定；另一方面也与紫山村竹纸对品质要求较低有关，因为只用作乡间祭祀的纸钱，属于竹纸最低端的用途，原料差一些似乎对销售影响不大。

七

关岭布依族苗族竹纸的
保护现状与发展思考

7

Preservation and Development of
Bamboo Paper by the Bouyei
and Miao Ethnic Groups
in Guanling County

调查时，紫山布依族苗族村是我们发现的关岭竹纸的唯一生产点，至于历史上是否有更多的造纸地，是否有更多民族参与造竹纸均未获得更丰富的信息。关岭布依族苗族竹纸的当代用途单一而且低端，以家庭为单位进行生产，规模小，经济价值低，承受着被现代生产的机制竹纸所替代的压力，生产性传承的压力极大。从非物质文化遗产保护的角度来看，有必要通过影像与文字资料，在村民们有可能因难以为继而停止生产前详细记录下其生产流程和技艺，为中国手工竹纸的生产留下一个历史文化基因样本。

关岭
布依族苗族

竹纸

Bamboo Paper
by the Bouyei and Miao Ethnic Groups
in Guanling County

紫山村竹纸透光摄影图
A photo of bamboo paper in Zishan Village
seen through the light

关岭
布依族苗族
竹纸

Bamboo Paper
by the Bouyei and Miao Ethnic Groups
in Guanling County

紫山村竹纸透光摄影图
A photo of bamboo paper in Zishan Village
seen through the light

第二节

关岭
皮纸

贵州省
Guizhou Province

安顺市
Anshun City

关岭布依族苗族自治县
Guanling Bouyei and Miao Autonomous County

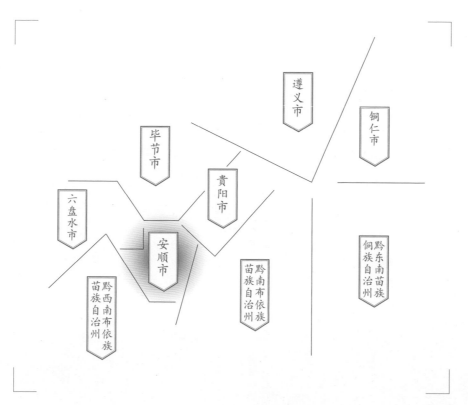

遵义市

铜仁市

毕节市

贵阳市

六盘水市

安顺市

黔南布依族苗族自治州

黔东南苗族侗族自治州

黔西南布依族苗族自治州

调查对象
沙营乡
纸厂行政村
皮纸

Section 2
Bast Paper
in Guanling County

Subject

Bast Paper in Zhichang Administrative Village of Shaying Town

一

关岭皮纸的
基础信息及分布

1
Basic Information and Distribution of
Bast Paper in Guanling County

关岭皮纸所用的原料是沙营乡当地出产的构树皮。从历史记忆来看，民国时期沙营乡的皮纸生产就已经形成了一定的规模，皮纸成为关岭重要的输出商品之一。民国年间的《关岭县志访册》就有"白纸以沙营所制者为佳，销售颇多。草纸产于沙营、亚陇、斑鸠井"[2] 的记载。2009年4月上旬调查组入村调查时，位于沙营乡政府西北4 km处的纸厂村依然是重要的皮纸生产地，在村边蜿蜒起伏的山谷溪边分布着数量可观的纸槽、皮甑等造纸设施。

⊙1

[2] 陈钟华.民国关岭县志访册：卷三[M].贵州省图书馆藏抄本.

⊙
1
沙营乡的一处造纸作坊群
Papermaking mills in Shaying Town

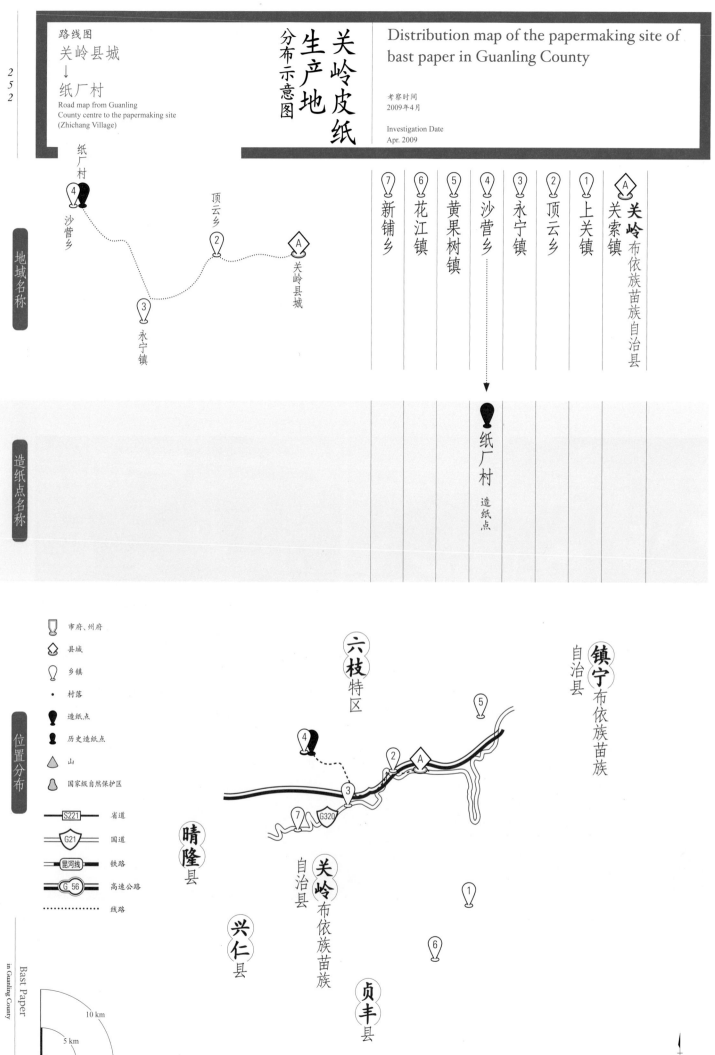

路线图
关岭县城
↓
纸厂村

Road map from Guanling
County centre to the papermaking site
(Zhichang Village)

关岭皮纸
生产地
分布示意图

Distribution map of the papermaking site of
bast paper in Guanling County

考察时间
2009年4月

Investigation Date
Apr. 2009

地域名称

造纸点名称

关岭 布依族苗族自治县

A 关索镇
① 上关镇
② 顶云乡
③ 永宁镇
④ 沙营乡
⑤ 黄果树镇
⑥ 花江镇
⑦ 新铺乡

纸厂村 造纸点

位置分布

市府、州府
县城
乡镇
村落
造纸点
历史造纸点
山
国家级自然保护区

S221 省道
G21 国道
昆河线 铁路
G 56 高速公路
线路

10 km
5 km
0

N

关岭皮纸生产的
人文地理环境

2
The Cultural and Geographic
Environment of Bast Paper
in Guanling County

⊙1

⊙2

关岭布依族苗族自治县（以下简称关岭县）位于安顺市，距贵阳市150 km，为布依族、苗族集聚区，是贵州西部通往云南、广西的交通枢纽，有"滇黔锁钥"之称。沙营乡位于关岭县西南方，距离关岭县城约37 km，地处东经105°25′37″、北纬25°58′20″。

关岭古称永宁州，明代时隶属安顺府，下辖募役、沙营、顶营三司。民国三年（1914年）改州为县，更名关岭。关岭境内资源丰富，有可供开发的非耕地面积630 km²，森林面积230 km²，主要种类有用材林、经济林和薪炭林，各种亚热带林木多达54科117属400余种。县境内现已发现各类中草药1 600余种，其中入典药材425种，每年上市2.5万吨以上。在关岭地区出产的各类中草药中，最著名的是蕕叶芸香。蕕叶芸香只生长在贵州牂牁江流域，自古以来就被本地少数民族居民用于解毒避瘴、养生益寿。

沙营乡总面积83 km²，耕地面积10.3 km²。沙营之名，或源于明初。据嘉靖《贵州通志》记载，明洪武十四年（1381年），沙先以功授沙营长官司。从这一记载推测，沙营地名或许与沙先其人相关。沙营乡属岩溶地貌与常态地貌交错分布的山区，平均海拔1 350 m，年平均气温12.3 ℃，年平均降水量1 597 mm，无霜期269天。其气候温和湿润，植被丰茂，为手工造纸业原料的生长提供了优良的环境。

1
美丽的蕕叶芸香
Beautiful herbal medicine named
C. Nitidissima

2
抽旱烟的布依族老人
An old Bouyei man smoking

三

关岭皮纸的历史与传承

3

History and Inheritance of Bast Paper
in Guanling County

⊙1

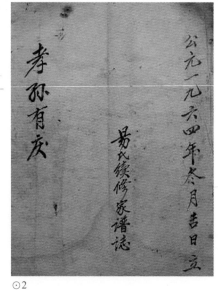

⊙2

关于关岭皮纸的起源,由于调查组掌握的资料有限,目前尚无法详考。据调查组综合的认知,沙营抄纸工艺兴起的上限应不会早于明代。民国时期,沙营的造纸迎来了兴盛期。据《关岭县志》记载,民国三十二年(1943年),关岭县从事白绵纸生产的有80户,从业人员240人,年产白绵纸50 000刀;中华人民共和国成立初期,关岭每年造白绵纸258 556刀,造烧纸511 200刀[3]。另据民国版《沙营县志》记载,沙营的白纸以行销云南最多。从中可以推测其生产规模一定不小。这也告诉我们,在造纸业态兴盛的背后,其处于滇黔交通要道的地理位置也是一个重要的发展助力。

沙营乡造纸技术以家族传承为主。从调查组重点调查的造纸人易发亮(45岁)、王艳(36岁)夫妇提供的《易氏家谱》(手抄本)可以知道,易发亮的父亲易少明从广硐移居纸厂村,开始抄纸,易发亮这户是继承了父亲的手艺。另一方面的信息显示,纸厂村在近些年也得到了别地的技术支持,比如调查组在贵州普安县卡塘村考察时,当地造纸人王家良说:"关岭县沙营乡曾请过本地造纸师傅去当师傅、修皮甑等。"这从一个侧面说明手工造纸技术也在不同地区的横向交流中得以传习和发展。

[3] 关岭布依族苗族自治县地方志编纂委员会.关岭布依族苗族自治县志[M].北京:方志出版社,2001:332-333.

工 艺 流 程

255

第四章 Chapter IV

安 顺 市 Anshun City

第二节 Section 2

关岭皮纸

四
关岭皮纸的生产工艺与技术分析

4
Papermaking Technique and Technical
Analysis of Bast Paper in Guanling County

(一)
关岭皮纸的生产原料与辅料

　　关岭皮纸所用原材料为构皮，由当地自产。民国版《关岭县志》的"资源"类"竹木"条中就有关于构树的记载。调查时获得的信息是，构皮原料的获取有两种途径，有一部分造纸户选择购买干构皮，由于材料易得，1 kg干构皮只需1.2元；另有一部分造纸户选择自己砍树剥皮，自备原料，可见当地原料资源还是相当丰富的。

　　辅料包括火碱、漂精和作为纸药用的杉松树根。

(二)
关岭皮纸的生产工艺流程

　　调查组于2009年4月对关岭沙营乡纸厂村的皮纸生产进行了制造工艺的取点调查，重点访谈了易发亮和王艳夫妇。根据调查归纳，关岭皮纸的制作工艺流程总结如下：

壹	贰	叁	肆	伍	陆	柒	捌	玖	拾	拾壹	拾贰	拾叁
砍树	剥皮	晒皮	泡皮	绑皮	浆皮	煮皮	除碱水	扳干	揉皮	漂皮	二次扳干	腌皮

贰拾柒	贰拾陆	贰拾伍	贰拾肆	贰拾叁	贰拾贰	贰拾壹	贰拾	拾玖	拾捌	拾柒	拾陆	拾伍	拾肆
包装	理纸	折纸	揭纸	晒纸	扳垛子	抄纸	二次搅槽滑	放滑	搅槽	洗料	打皮	二次除碱水	蒸皮

壹

砍 树

1 ⊙1

砍树的时节，一般在打春（立春）以后，一直持续到二月，其间构树正要发芽。以一年生的构树为最好，可整棵砍取。多年生的老树，则可取其树枝使用。

贰

剥 皮

2 ⊙2~⊙4

将构树或树枝拖回家之后剥皮，也可以当场就剥，只将构皮带回家。通常一人一天可剥数十千克构皮。

⊙1

⊙2

⊙3

⊙4

⊙

1
砍树
Lopping paper mulberry trees

2
剥皮
Stripping the bark

⊙
3
装运构皮的竹篓
Bamboo baskets for carrying the bark

⊙
4
驮运构皮的马
A horse carrying the bark

工
艺
流
程

257

第四章
Chapter IV

安
顺
市
Anshun City

第二节
Section 2

关岭皮纸

叁
晒 皮
3 ⊙5

把构皮置于太阳下晒干，只要不下雨，一般2~3天即可晒干。据易发亮介绍，如果构皮淋过雨，所造出纸的颜色就不会很纯正、洁白。

⊙5

肆
泡 皮
4

将构皮放在水边的皮塘里泡三天，泡皮所用水必须是流动的，否则泡出的构皮质量不好，也会影响到所造出纸的颜色。

⊙6

伍
绑 皮
5 ⊙6

将浸泡好的构皮扎成捆子，一般1捆干构皮的质量约2.5 kg。

陆
浆 皮
6

浆皮也叫腌皮，将成捆的构皮放在火碱水里浆一下，然后整齐地堆放在皮甑里的木棒架上。浆1 000 kg干构皮要用100 kg火碱。

柒
煮 皮
7 ⊙7

将水加到皮甑里，水量以淹过树皮为宜，上面用塑料布覆盖，四周再用石头压紧，用煤生火煮五天。一甑一般可煮750 kg树皮，需用煤750 kg，煮的过程中不用加水。据易发亮介绍，以前用石灰蒸皮，需蒸八天。对于改成煮皮的原因，造纸户认为一是省力，时间短；二是所造出纸的质量会更好。

⊙7

捌
除 碱 水
8

用皮钩钩起煮好的构皮，放至皮塘里，直接用水将碱冲洗掉，水大时仅需一天，水小时需两天。

玖

扳　干

9　⊙8

农历六月或十二月农闲时用木榨把构皮榨干，一次可榨750 kg，需榨一天。

⊙8

拾

揉　皮

10

用手把皮里的黑壳揉掉，三人一天可揉完一榨的皮。

拾壹

漂　皮

11

将揉好的构皮放到皮塘里漂洗。

⊙9

拾贰

二　次　扳　干

12　⊙9

用木榨榨去漂洗好的构皮中的水分。

拾叁

腌　皮

13

用火碱腌皮，100 kg构皮需用3 kg火碱。过程同"浆皮"。

拾肆

蒸　皮

14

将水加到皮甑里，水量不超过皮甑里的木棒架，上面用塑料布覆盖，四周再用石头压紧，小火蒸四天，需用350 kg煤。

拾伍

二　次　除　碱　水

15

用皮钩钩起蒸过的构皮，放至皮塘里冲洗以除去碱水，水大时需一天，水小时需两天。

⊙8

木榨

Wooden presser

⊙9

扳干后的构皮

Pressed paper mulberry bark

工
艺
流
程

2
5
9

第四章
Chapter IV

安顺市
Anshun City

第二节
Section 2

关岭皮纸

拾陆
打　皮
16

将除去碱水的构皮拿回家，添加漂精，一般50 kg构皮添加6~7 kg漂精进行漂白。然后用柴油机打皮，一次可打50 kg，约需15分钟。以前靠人力用脚碓打皮，一个人转碓，一个人打皮，一天可打100 kg干构皮。

拾染
洗　料
17　　⊙10

将构皮拿到水边放在"包袱"（塑料网）里冲洗。洗料时，需两个人合作，一人一边抓住"包袱"，进行筛洗，一次可洗3 kg干构皮，约需10分钟。

拾捌
搅　槽
18

将洗好的干构皮放至皮槽中，一次约放15 kg干构皮，用槽棍顺时针、逆时针轮流搅拌约10分钟。

拾玖
放　滑
19　　⊙11

把一缸用杉松树根泡制的滑水一次性加进皮槽里，每缸水有100余千克。滑水是用杉松树的根捣烂后做成的。

⊙10

贰拾
二　次　搅　槽
20　　⊙12

再次用槽棍搅槽，约2分钟即可。

⊙11

⊙12

⊙ 10
包袱（塑料网）
Baofu (plastic net for sieving and cleaning the bark)

⊙ 11
滑水
Papermaking mucilage

⊙ 12
搅槽
Stirring the papermaking materials

中国手工纸文库

Library of Chinese Handmade Paper

贵
州
卷·上卷

Guizhou I

Bast Paper

in Guanling County

贰拾壹

抄　纸

21　⊙13～⊙15

用有竹帘的框架抄造。当地造纸户把抄纸的过程细化为安帘子、挖水、摇水、盖水、倒水等几个操作要领。

⊙13

⊙14

贰拾贰

扳　垛　子

22　⊙16

抄完纸后，用编织袋将纸垛盖好，再于上方放置木板、两个压条、一个砣砣，最后放上榨杆，用榨索绞榨杆，压20分钟。扳垛子过程中要注意用力均匀，速度缓慢、均匀，否则纸垛易爆裂。

⊙15

⊙16

贰拾叁

晒　纸

23　⊙17

松榨，将纸垛放在纸架上，由右上角往左下角一张张撕开，然后用棕刷将纸刷到墙上，纸晒在屋内，就不会被风吹雨淋。纸沿着墙壁从上往下排，每两张之间间隔0.5 cm左右。如果天晴，2天即可晒干，要是遇上阴雨天，则需4～5天。

⊙17

⊙13
安帘子
Fixing the papermaking screen

⊙14
摇水
Stirring paper pulp

⊙15
翻扣上板
Turning the papermaking screen upside down on the board

⊙16
垛子
Wooden presser

⊙17
晒纸
Drying the paper

贰拾肆
揭　纸
24　　⊙18 ⊙19

待纸晒干后，将1贴纸（由上到下的一排纸称为1贴）取下来，后统一从右上角揭开，再由右到左、由上到下地撕。纸被撕下后，用手将其抖平。

⊙18

⊙19

贰拾伍
折　纸
25　　⊙20

将纸抖平后，再用双手将纸在墙角处对折，这样方便理纸。

⊙20

贰拾陆
理　纸
26　　⊙21~⊙24

把纸摊开，左右两侧在1/4处向中间对折，用盖方拍纸10余次，再用手和剪刀把纸的边缘修理整齐。

⊙21

⊙22

⊙23

贰拾柒
包　装
27　　⊙25

将纸理好后，以20刀（1刀80张）作为1捆，用绳子捆好。这就完成了整个造纸过程。

⊙25

⊙24

第四章
Chapter IV

安
顺
市
Anshun City

第二节
Section 2

关岭皮纸

包装 25
Packing the paper

理纸和修纸边
Sorting the paper and trimming the deckle edges

⊙
21
/
24

折纸 20
Folding the paper

揭纸
18
/
19
Peeling the paper down

⊙

（三）

关岭皮纸的性能分析

对纸厂村生产的皮纸进行测试分析，得到其相关性能参数，见表4.2。

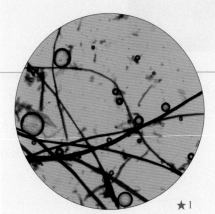

★1

★2

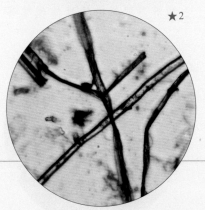

表4.2　纸厂村皮纸的相关性能参数
Table 4.2　Performance parameters of bast paper in Zhichang Village

指标		单位	最大值	最小值	平均值
厚度		mm	0.075	0.060	0.063
定量		g/m²	—	—	18.0
紧度		g/cm³	—	—	0.286
抗张力	纵向	N	11.8	8.4	9.6
	横向	N	7.7	3.5	5.8
抗张强度		kN/m	—	—	0.513
白度		%	45.4	43.9	44.8
纤维长度		mm	9.50	1.43	3.92
纤维宽度		µm	82.0	1.0	12.0

由表4.2可知，所测纸厂村皮纸最厚是最薄的1.25倍，纸张厚薄差异较小，经计算，其相对标准偏差为0.60%。皮纸的平均定量为18.0 g/m²。所测皮纸的紧度为0.286 g/cm³。

经计算，其抗张强度为0.513 kN/m，抗张强度值较小。

所测纸厂村皮纸白度平均值为44.8%，白度最大值约是最小值的1.03倍，相对标准偏差为0.53%，差异相对较小。

所测纸厂村皮纸的纤维长度：最长9.50 mm，最短1.43 mm，平均3.92 mm；纤维宽度：最宽82.0 µm，最窄1.0 µm，平均12.0 µm。所测皮纸在10倍、20倍物镜下观测的纤维形态分别见图★1、图★2。

★1
纸厂村皮纸纤维形态图（10×）
Fibers of bast paper in Zhichang Village
(10× objective)

★2
纸厂村皮纸纤维形态图（20×）
Fibers of bast paper in Zhichang Village
(20× objective)

五
关岭皮纸的
用途与销售情况

5
Uses and Sales of Bast Paper
in Guanling County

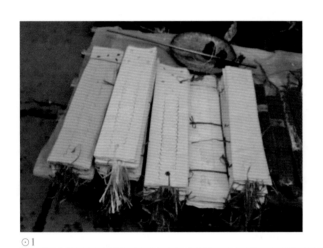

⊙1

⊙2

纸 ⊙
钱 2
⊙
1

皮
纸

Joss paper

Bast paper

关岭皮纸在当地的用途主要分为两大类：

一是祭祀，这也是当代最主要的用途。和贵州其他很多地方一样，清明节是关岭民间祭祀的日子，在这天，各家各户会准备香蜡纸烛、酒肉饭菜，并带到坟上供祭亡人。供毕，席地饮酒吃饭。皮纸的作用就是制作挂在坟头的钱串。另外这种皮纸也被用于包装，主要是作为七月半祭祀竹制纸钱的包装纸。从当代销售情况来看，虽然关岭皮纸的质量优于一般祭祀用的竹纸，但其用途仍然比较低端。

另一个特殊用途是作为当地特色文化的记录载体，比如地戏剧本的记录，但这一用途现在已经弱化。地戏又称"跳神"，是盛行于贵州屯堡区域的一种民间戏曲，主要表演形式是歌和舞，其以粗犷、奔放的艺术个性和深邃的文化内涵，赢得屯堡人的欢迎。该戏种主要分布在以安顺西秀区为中心的区县中，包括临近的平坝、普定、镇宁、关岭、紫云、长顺等地。据《屯堡文化研究与开发》记载，它（地戏剧）的传承全由农村中的土秀才用白皮纸手抄而一代传一代。一部手抄本成了全村人民共有的精神财富[4]。从这一记载中我们可以看到，皮纸充当了当地独特的地戏传承的载体，这一用途又反过来成为皮纸制造发展的动力，两者相辅相成。

据调研中了解的信息可知，民国时期关岭皮纸生产旺盛，主要销往云南，是关岭商品输出最主要的产品之一。随着近代开埠、进口产品的输入和民族工业的发展逐步推进，地方政府开始扶持纺织机器类工业产品的生产，白纸以及草（竹）纸等手工制品的生产逐步萎缩，这样的趋势一直延续到今天。

[4] 俞宗尧.屯堡文化研究与开发[M].
贵阳:贵州人民出版社,2005.

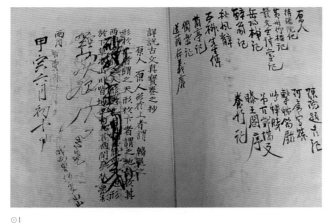

⊙1

中国手工纸文库
Library of Chinese Handmade Paper

贵　州　卷·上卷　Guizhou I

调查组对所调查的两个作坊的产销情况进行了简单统计：生产周期为70天，共加工1 000 kg构皮，年产50捆皮纸，每捆200元，毛销售额10 000元。所产皮纸除供当地使用外，主要的销售市场是六盘水市。

六
关岭皮纸的相关民俗与文化事象

6
Folk Customs and Culture of Bast Paper in Guanling County

⊙2

⊙3

（一）奇特的计数抄纸方式

沙营乡的造纸户在抄纸时，需用计数器上的小珠子来计数。计数器上共有3排小珠子，由外往里依次表示个、十、百位，每抄1张纸，就由左往右拨1颗小珠子。然而有趣的是，虽然每排珠子都为10颗，但沙营乡采用的计数方式不是通常的十进制而是十一进制。图示的数字由里往外依次为4，6，5，实际当时所抄纸张数为 $4 \times 121 + 6 \times 11 + 5 = 555$。

具体操作步骤为：每抄10张纸后，最外面一排的10颗珠子都拨到右边，抄第11张时，再把这10颗珠子全部拨回左边，同时将中间一排的珠子拨1颗到右边。

（二）节日烧纸习俗

1.清明节

清明节是关岭民间祭祀先人的日子。清明这天，各家各户备好蜡烛、香、纸、酒、肉、饭、菜，到坟上祭祀祖先。在坟前摆好供品，在墓上插上坟标，又叫"挂青"，然后烧化纸钱。沙营乡生产的皮纸多半被制作成挂青的钱串使用。另外，若家中有老人过世，当地村民会在"七月半"那天用白纸制作草纸的包装纸信封，把草纸当作纸钱包在里面，"寄"给祖先。

2."七月半"

当地传说这天是祖先回家探亲的日子。从农

⊙1
关岭皮纸手抄本
Manuscript on bast paper in Guanling County

⊙2
计数器
Paper counting apparatus

⊙3
坟头挂青的钱串
Grave marker

历七月初一至十四、十五，家家户户都会在堂屋一侧挂上祖宗牌，设置几案，摆上贡品，迎接"老祖公"回家。到了"七月半"的晚上，祭祖之后，村民们先把封写好的冥钱和用纸印的"夫马神像"一并堆置在自家门口，点香烧化，再把香插在路边，以示送"老祖公"返程。有的人家还会折纸船，内点灯盏，让其顺水漂流，当地称之为"放河灯"。

（三）葬礼用纸习俗

关岭布依族升天幡仪式中的用纸习俗很独特：为祭悼亡灵，要树起一杆"升天幡"。幡杆是一根高大的连根斑竹，竖在灵堂前的院子里，保留的梢叶直冲云天。幡杆中段横着斜挂上两根挑起几吊特大纸马的横担，纸马中间飘着白纸连成的迤逦垂地的"经条"，上面写有亡者的生辰、殁期、寿数、简历以及有关"超度升天"的经文，文首写着"经条引路"等文字。可见，升天幡起着引导亡灵升天的作用。

葬礼中吊丧的殡仪队由内亲结集的数十人组成。根据亲属关系的不同组成不同的殡仪队，各有其独特的称呼，例如女婿家的队伍称为"马郎客"，母舅家的称为"酸汤客"等。每路殡仪队都要按习俗制作一套纸扎的冥伞、冥旗、冥幡、冥房、冥马等祭品，鼓乐喧天地扛举前来。这些纸扎祭品造型富丽而又古风古韵，勾勒出布依族信仰中的超自然世界[5]。

七

关岭皮纸的保护现状与发展思考

7

Preservation and Development of Bast Paper in Guanling County

调查时，关岭皮纸的生产基本上处于村民自主经营的状态，政府保持不扶持也不干涉的态度。调查组从乡政府了解到，沙营乡的发展战略主要侧重于野生中药材的种植。由于气候、土质等多种原因，沙营乡野生中药材资源十分丰富，人工栽培板蓝根已有多年历史，种植面积也很广。手工纸的制作在业态选择中处于劣势而相对不受重视，同时由于造纸与当地植被的保护有一定的冲突，目前的发展比较被动。

调查组认为，贵州是全国非物质文化遗产保护的标杆省份，全省积极发掘培育申报"非遗"项目，全方位倡导保护多民族文化遗产，走"多彩贵州"特色文化旅游模式。在此大背景下，建议关岭县政府与沙营乡政府从政策扶持上处理好保护植被环境和保护手工纸工艺传承的关系，把对关岭传统手工造纸技艺文化的保护措施放到合适的发展规划中。

[5]《关岭布依族苗族自治县概况》编写组.关岭布依族苗族自治县概况[M].贵阳：贵州民族出版社，1985：21-22.

皮纸

纸厂村皮纸透光摄影图
A photo of bast paper in Zhichang Village
seen through the light

第三节

镇宁
皮纸

贵州省
Guizhou Province

安顺市
Anshun City

镇宁布依族苗族自治县
Zhenning Bouyei and Miao Autonomous County

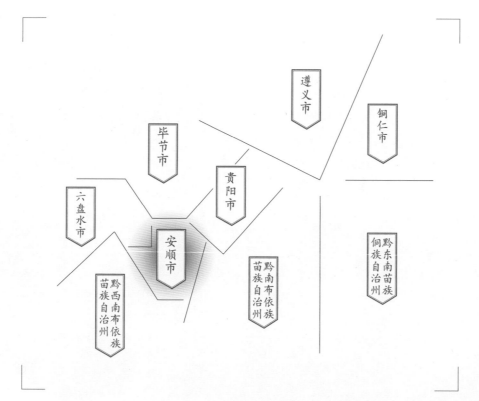

调查对象
江龙镇
竹新行政村
皮纸

Section 3
Bast Paper
in Zhenning County

Subject

Bast Paper in Zhuxin Administrative Village of Jianglong Town

一

镇宁皮纸的
基础信息及分布

1

Basic Information and Distribution of
Bast Paper in Zhenning County

镇宁布依族苗族自治县（以下简称镇宁县）地处贵州西南部，因地处要冲，素有"黔之腹，滇之喉"的誉称。亚洲第一大瀑布——黄果树瀑布就坐落于县境内。造纸地江龙镇位于县域中部，依据2009年4月本调查组入县田野调查时获得的信息，镇宁皮纸的现代生产地仅分布在江龙镇竹新村的一个寨子里。

镇宁皮纸的原料为构树皮，主要购自相邻的关岭布依族苗族自治县，本地只有少量产出；选用的纸药为玄麻根。镇宁皮纸品质优良，纤维细而长，品种分单纸、二夹、四夹等。该皮纸的传统用途相当丰富，包括糊斗笠、做雨伞、糊窗户、擦机器、裱书画、制扇子、包装物品、制爆竹引线、印刷书籍，以及书写绘画等。但非常遗憾的是，由于特殊历史阶段赋税过重等原因，镇宁皮纸已经于20世纪中叶被迫停止生产。

⊙1

⊙
1
江龙镇俯瞰图
Aerial View of Jianglong Town

路线图
镇宁县城
↓
竹新村

Road map from Zhenning
County centre to the papermaking site
(Zhuxin Village)

镇宁皮纸
生产地
分布示意图

Distribution map of the papermaking site of
bast paper in Zhenning County

考察时间
2009年4月

Investigation Date
Apr. 2009

地域名称

Ⓐ
镇宁县城

⑤
募役乡

竹新村

①
江龙镇

⑥
朵卜陇乡

⑤
募役乡

④
本寨乡

③
革利乡

②
良田乡

①
江龙镇

Ⓐ
城关镇
镇宁布依族苗族自治县

竹新村
造纸点

普定县

西秀区

造纸点名称

六枝特区

Ⓐ

G320

⑥

G 60

⑤

①

③

位置分布

市府、州府

县城

乡镇

村落

造纸点

历史造纸点

山

国家级自然保护区

S221 省道

G21 国道

昆河线 铁路

G 56 高速公路

线路

镇宁布依族苗族自治县

紫云苗族布依族自治县

④

关岭布依族苗族自治县

S309

望谟县

②

S309

贞丰县

10 km

5 km

0

N

二

镇宁皮纸生产的
人文地理环境

2

The Cultural and Geographic
Environment of Bast Paper
in Zhenning County

镇宁县位于珠江水系与长江流域分水岭的南侧、苗岭山脉的西段，地处东经105°35′~106°01′、北纬25°25′~26°10′。县域面积1 718 km²，地形呈现出山峦起伏的狭长地带特征，东西宽28 km，南北长84 km。东与紫云苗族布依族自治县接壤，北与普定县、六枝特区毗连。

镇宁县境内地势北高南低，坡度变化较大。县境东北部的茅草坡山主峰为全县最高点，海拔1 678 m；南端良田乡北盘江出县界处为最低点，海拔356 m，相对高差1 322 m。镇宁是一个典型的山区县，山地面积1 098 km²，丘陵面积157.8 km²，分别占全县总面积的63.91%和9.19%。岩溶地貌分布广，占全县总面积60%以上，是贵州省岩溶地貌发育最典型的县区之一。

⊙1

⊙
1
茅草坡山
Maocaopo (thatch) Mountain

镇宁属亚热带湿润季风气候，跨南亚热带、中亚热带、北亚热带及南温带等多个气候带，具有冬暖夏凉、雨热同季等特点。地域性温差较大，自北而南，气温随海拔降低而升高，降水量则相反。全年平均气温16.2 ℃，年无霜期297~345天，年平均降水量1 277 mm，雨量充沛，气候宜人。

镇宁县域建制可以追溯到先秦时期。商周时期为荆州西南城，汉唐为夜郎国领地。元代置和宏州，至正十一年（1351年）改为镇宁州，镇宁之名从此开始。1914年改镇宁州为镇宁县。1963年9月11日，成立镇宁布依族苗族自治县，一直延续至今。

县域内水能、矿产、旅游资源丰富，共有河流31条，水能资源理论蕴藏量344万千瓦时；矿产资源种类多且储量丰富，其中锑矿50万吨，铅锌汞矿4.4万吨，重晶石3 303万吨，大理石1万立方米，煤炭储量42.02亿吨。

镇宁境内旅游资源非常丰富，亚洲第一大瀑布、国家级风景名胜区——黄果树瀑布位于该县，距县城15 km；国家级风景名胜区——龙宫洞距县城22 km。

镇宁全县共辖15个乡（镇），总人口35万余，是多民族聚居县，其中布依族和苗族人口占总人口的60%以上。少数民族的传统节日、风俗习惯、民族歌舞、服饰及手工艺品等构成了该县多姿多彩的民俗文化旅游资源。

江龙镇位于镇宁县中部，东邻革利乡和安顺市西秀区岩腊乡，南连本寨乡，西靠募役乡，北接朵卜陇乡。镇政府所在地距县城27 km。紫黄

⊙ 1
黄果树瀑布
Huangguoshu Waterfall

⊙1

⊙1

公路、镇紫公路由西北向东南横跨该镇，交通便利。该镇辖26个行政村，1个居委会，96个自然村，115个村民组。该镇属亚热带山区气候，雨量充沛，山间多雾，土地较为肥沃，经济作物及农特产品丰富，盛产茶叶、黑葵花、辣椒、土烟叶、油菜籽、樱桃、本地黑毛猪、肉用黄牛、黑山羊等。

竹新村距镇宁县城28 km，距江龙镇政府驻地1 km，气候温暖湿润，适宜多种林木生长。该村共有4个村民组，分别是纸厂、牛市上、新场坝、竹林寨。

三

镇宁皮纸的历史与传承

3
History and Inheritance of Bast Paper
in Zhenning County

⊙1

竹
新
村
风
光
Landscape of Zhuxin Village

镇宁皮纸的历史较为悠久。据《贵州省志·轻纺工业志》记载，镇宁的造纸历史可以追溯到明嘉靖年间，属于贵州省较早出现手工造纸的地区之一，从业者数百人。另据《镇宁文史资料选辑（第4辑）》记载，清代中期，有一毛姓造纸人在纸厂处首创手工造楮皮白纸，旋即发展了十余家造纸户，最后仅存毛姓、陈姓等三四家，年产皮纸仅几千刀（每刀100张，每张面积不及1 m²）。民国三十六年（1947年），镇宁地区年产皮纸100万刀，约332吨，年产量在贵州省居第三位。

2009年4月，调查组前往竹新村对镇宁皮纸进行了较为详细的调查。通过入村调查了解到的传承情况是：

造纸人毛万忠能记起来的毛家造纸传承谱系

如下：毛文珍—毛正兴—毛国珍—毛章龙，由此可见毛家造纸持续到毛万忠的父亲毛章龙这一代，传承脉络清晰的至少有四代，而毛万忠本人没有造过纸。

而造纸人蔡应芳能记起来的蔡家造纸传承谱系如下：蔡天顺—蔡天培—蔡应良（大哥）、蔡应强（二哥）、蔡应芳（老三）。蔡应芳生于1943年，大约于1960年开始造纸，大约坚持了4年。

虽然毛、蔡两户所能记起的造纸传承时间不是太长，但据毛万忠等口述，结合毛家家谱"可应登金伦，在余方文正，国章万仕鑫，洪义天开启……"的辈分记载，毛家在明初"调北征南"时从山东济南迁至遵义大水沟，其祖上毛可温是"调北征南"的将军。后来由于毛体伦被方家杀害，两家恩怨纠缠，毛家"在"辈一支从遵义迁至永宁州下埠马白纸厂，即现在的江龙镇竹新村，白纸厂原处于永宁州和安顺府的交界。据说"在"辈先人的坟墓在毛家大湾，只是已不知是哪一个。到江龙镇定居后，毛余学建议大家重新

造纸，"在"辈的老祖积极响应并购买了罗家水井，开始从事造纸业。

江龙镇现存的毛家家谱已不是毛家从遵义迁到江龙镇时所带的老家谱，据说老家谱原保留在毛章铭家，约1932年毛章铭祖母过世后，房屋逐渐朽烂，毛章铭父亲没保管好老家谱，待20世纪30年代末被发现时，已经腐烂。1983年毛章龙、毛章铭、毛章亮和毛章义4人到花江县毛国辉家请家谱，由于经济能力有限，未去遵义原地。当调查组问及他们如何知道花江有家谱一事时，毛家表示毛国辉的爷爷中过秀才，当过营长，因要续祖，曾到江龙镇抄过家谱。

据蔡应芳口述，蔡家老祖宗在"调北填南"时从江西迁到遵义，100多年前又迁至镇宁的江龙镇。毛家较蔡家更早到江龙镇定居，也更早开始造纸。

据访谈中造纸户回忆，直到1980年，县内朵卜陇乡窑上村的匠人用江龙产白纸造的纸伞由于经久耐用，一直很好卖，匠人曾经提出希望江龙的造纸户继续造纸，毛章龙本人当时也表示愿意。据毛与蔡两家人所说，他们两家都是因为承受不了太重的税收而不再造纸。访谈中毛万忠和蔡应芳均已无法记起具体税收数据，但只从他们讲述的关于蔡家的牛、马和毛家的纸料被拉去抵税的记忆中，就可见税收之重，这应是镇宁皮纸在20世纪60年代突然衰亡的关键原因。

⊙2

⊙3

275

第四章
Chapter IV

安　顺　市
Anshun City

第三节
Section 3

镇宁皮纸

⊙
3
蔡应芳（左）与毛万忠（右）于旧永宁州和安顺府交界处
Cai Yingfang (left) and Mao Wanzhong (right) at the border of Yongning Prefecture and Anshun Fu

⊙
2
毛氏家谱
Genealogy of the Maos

中国手工纸文库
Library of Chinese Handmade Paper

四
镇宁皮纸的生产工艺与技术分析

4
Papermaking Technique and Technical
Analysis of Bast Paper in Zhenning County

2009年4月，调查组前往镇宁县江龙镇竹新村，通过与蔡应芳、毛万忠等多次交流，较为详细地调查了镇宁皮纸的生产工艺。但由于镇宁皮纸停止生产已约半个世纪，因而只能通过访谈与造纸人的演示工艺来考察残存的造纸工具及废址，从而对镇宁皮纸的相关资料进行记录和整理，遗憾的是工艺图片已无法找到。

(一)
镇宁皮纸的生产原料与辅料

经访谈了解，江龙镇竹新村所造皮纸的主要原料为构皮，本地虽有少量构树，但所产构皮不足以满足生产需求，因此生产所用构皮主要从关岭布依族苗族自治县天马扒子场购买。造皮纸时需用玄麻根的汁作为纸药，当地称为"药"。

(二)
镇宁皮纸的生产工艺流程

竹新村制作皮纸的工艺流程如下：

壹	贰	叁	肆	伍	陆	柒	捌	玖	拾	拾壹
砍树	刮皮	泡皮	浆皮	蒸皮	洗皮	泡皮	打皮板	淘料	滤料	搅料

贰拾贰	贰拾壹	贰拾	拾玖	拾捌	拾柒	拾陆	拾伍	拾肆	拾叁	拾贰
捆纸	理纸	揭纸	晒纸	撕纸	二次压榨	分垛	压榨	舀纸	放药	放料

壹
砍 树
1

待每年农历三至四月构树"上水"（即枝条汁液最丰盈的状态）时，即可砍，一般砍2~3年生的构树，其他构树也可以，只要是白构皮就可用。

贰
刮 皮
2

用刀把老皮剥掉，留下白色的嫩皮。

叁
泡 皮
3

将白构皮拿到河边池子里浸泡一天左右。

肆
浆 皮
4

待白构皮泡趴后，用手理好，并挑回家放到石灰池里腌，石灰用量凭经验而定，具体配比数字不详。

伍
蒸 皮
5

往木榍缸的锅内加水，将腌过的皮整理成直径1 m左右的捆子，放在木榍缸的甑桥上，用柴火蒸，蒸7~8小时才能蒸趴。一次最多可蒸100 kg干构皮。以前也曾用煤作为燃料。

陆
洗 皮
6

用皮钩将蒸好的构皮钩出来，拿到河里，用脚踩皮，除净构皮上的石灰，一人半天可以洗干净100 kg构皮。

柒
泡 皮
7

将洗干净的构皮放在河沟里泡一周左右，最少也要4天。

捌
打 皮 板
8

晚上将构皮拿回家，用皮板（打碓）舂。打皮板时1个人翻皮板，2~3个人同时踩碓。打好的皮板被称为料子。一晚上需打完100 kg，才能够满足第二天造纸的需求。

玖
淘 料
9

第二天，将料子放到料兜里，拿到河边淘料，一人一次可淘25~30 kg。淘料时，用手进行搅拌，形成漩涡，直至没有污水为止。淘料耗时的长短与水质情况、构皮好坏都有关，具体来说，若水清，则耗时短些，若水混浊，则耗时长些；若构皮质量好，则耗时短些，若构皮质量差，则耗时长些。淘料一般需要两小时左右，需在舀纸前一天完成。

拾

滤　料

10

把料兜拿出水面，将水滤干，再用手将料子挤压成垛，每垛质量大约10 kg。

拾壹

搅　料

11

将料子挑回家，放在皮撮箕内，并用手搅融。一次可放5~10 kg，搅几分钟即可。

拾贰

放　料

12

将搅融的料放到纸槽内，一次放一皮撮箕。

拾叁

放　药

13

将玄麻根放至药槽里，用脚将黏液踩出来，如玄麻根干了，则需多踩一会，一般踩十几分钟即可。若玄麻根被踩干，第二天就不能继续使

用。踩好后，舀2~3瓢玄麻根汁到纸槽内。用槽杆打槽，如果打不起水波浪，则说明药量充足。一般一天舀4捆纸，需要5~10 kg玄麻根。

⊙1

⊙2

⊙4

⊙3

拾肆

舀　纸

14　　⊙1~⊙4

一张纸帘一次可舀出两张纸，老师傅那边叫提帘，徒弟这边叫包帘。舀纸时，师傅要用大拇指提一下帘子右侧，即上下略倾斜一定角度，右侧被称作纸头，略厚一些。以前舀一张纸是一个人操作，后来舀一帘二纸是两个人合作，据说100多年前就是一帘二纸。一般一天能舀4捆纸，1捆为10刀，1刀为100张，约需100 kg料。

工 艺 流 程

279

Chapter IV

第四章

安 顺 市

Anshun City

第三节 Section 3

镇宁皮纸

拾伍

压榨

15 ⊙5

舀纸完成后，会形成一个纸垛。依次在纸垛上放榨板、木墩、马子、吊杆，将用竹篾制作的圈套在吊杆上，并放一块木块在圈上，同时在木块上加第一块石头，回家吃完饭后再去加第二块石头，重复此步骤直至第二天，总共要加200多千克（七八块）石头，所加的石头质量依次减少。

⊙5

拾陆

分 垛

16

第二天松榨，把一个纸垛分成两个。

拾柒

二 次 压 榨

17

再榨一次。若压榨前湿纸垛厚约50 cm，榨干后约能压缩到20 cm。

拾捌

撕 纸

18

先将纸垛搬回家，然后将纸一张张撕开。先将右上角撕开，然后往左拉。

拾玖

晒 纸

19

手拿棕刷，往墙上刷纸，刷前吹一吹墙，如果不吹则纸撕不下来。两垛待刷的纸，一边一垛。一边可贴五列纸，每列纸从高约170 cm处往下贴，每两张纸相距约1 cm，贴到距地约40 cm，叫"一堵纸"。这样，"一堵纸"约有100张。如果想让纸更快晾干，刷纸时可将纸之间的距离留大些，可扩大至5 cm，甚至10 cm。

贰拾

揭 纸

20

将纸从墙上揭下来，并沿对角线一张张对折，然后从对折处翻回原处，再一张张撕开。对齐后，大约十几张纸作为一叠。

贰拾壹

理 纸

21

以1刀（100张）纸为一份进行整理，将纸全部摊开，用手、小铁片将纸边修理整齐，然后三对折。

贰拾贰

捆 纸

22

10刀为1捆。将夹纸（粘在一起撕不开的纸）撕成条，搓成绳子，在1捆纸的左右各捆一道，完成打包。

以上就完成了整个造纸过程。

调查中还了解到，如果不急于销售，则可待全部纸在纸焙上晒干后再售卖；如果纸张供不应求，来不及全部在纸焙上晒干，则待纸半干后就撕下来，再拿到太阳底下晾干；甚至有时候，如清明时，纸才半干就已被人买去。由此可见旧时镇宁皮纸销售状况之好。

（三）

镇宁皮纸生产使用的
主要工具设备

壹
木榥缸
1

高约2 m，直径约1.5 m，底部有
锅，锅上有甑桥。

贰
料兜
2

下面是尖底，上面呈圆形，高约
70 cm。

叁
药槽
3

长约80 cm，宽约29 cm，高约
20 cm。

⊙1

肆
碓
4

形状不规则，测量残存旧碓最宽处
的尺寸为：长约60 cm，宽约43 cm，
高约20 cm。据说其材质是小青山的
五花石，不容易被打碎。

⊙2

伍
碓权
5

高约75 cm，宽约62 cm，厚约
10 cm。

⊙3

陆
纸帘
6

长约141 cm，宽约51 cm，左中
右各覆盖有一张宽约5 cm的油纸
（当地产的纸刷上桐油，一
张油纸可用半年），所造纸
长约55 cm，宽约51 cm。若
纸帘天天使用，则可用半
年；若使用频率较低，
则可用一年。当地所用纸
帘均从关岭布依族苗族自
治县沙营乡购得。

⊙4

药
槽
1
Trough for holding the papermaking
mucilage

碓
2
Stone pestle

碓权
3
V-shaped stone pestle

纸帘
4
Papermaking screen

柒
焙架
7

垂直高度约180 cm，略有倾斜。侧面上宽约9 cm，下宽约80 cm。

⊙5

捌
帘架
8

由杉木制成，长约154.5 cm，宽约64.5 cm。内有由荆竹制成的帘条。挡头由白杨木制成。

⊙6

玖
纸焙
9

长260~300 cm，高约180 cm，纸焙一侧有火塘，长约1 m，另一侧有六七根木头。上有一木头。外用石灰敷。火塘由砖砌成。最早的燃料是煤，后选用柴作为燃料。

五
镇宁皮纸的
用途与销售情况

5
Uses and Sales of Bast Paper
in Zhenning County

（一）镇宁皮纸的历史用途

1. 制作纸伞

　　镇宁皮纸最重要、最有特色的用途是制作纸伞。

　　镇宁县朵卜陇乡窑上村是纸伞制作的集中地，2009年4月，调查组前去调查时，窑上村共有376户，1 625人，汉族人口占总人口的90%，其他还有布依族、苗族和仡佬族等。据说以前这里有烧砖窑，故称"窑上村"，原来有10余个烧砖窑，大约到民国后期，不再有烧砖窑，但窑上村的名字一直保留了下来。

　　经向窑上村村民孙登友调查得知，孙家始祖在"调北填南"时迁到窑上村，随即开始造纸伞，到孙登友已是第十一代。造纸伞所用白纸必须要求韧性好，原用江龙白纸，后江龙不再造

⊙1

⊙2

纸，则改用紫云县板当白纸。制作纸伞时，先用柿子油将白纸染红，接着把伞骨做成伞样，将红纸糊上去，然后再装上伞柄。伞柄用荆竹制成，而伞骨则用钓鱼竹和斑竹制成。直到20世纪90年代前期，镇宁当地人结婚时都流行用油纸伞。

2. 书写地契

书写地契也是镇宁皮纸的重要用途之一。至今毛家还保留有同治、光绪、宣统、民国时期直到1950年的地契。其中同治四年（1865年）的地契，虽距今已有150余年，但仍保存完好。由此可见当年镇宁皮纸质量之高。

3. 抄经印经用纸

道教在镇宁民间较为盛行，旧日当地道教抄

经印经用的就是镇宁皮纸。调查组在江龙镇调查时还看到用镇宁皮纸抄、印的经书。

4. 祭祀、供神等

镇宁皮纸还用于老人过世的丧仪、制作挂纸（纸正中间再加一根线，一帘抄成四张，专门用来制作挂青的钱串）和制作对联用纸（以前用湖南的红纸）等。

（二）镇宁皮纸的销售情况

根据蔡家人介绍，镇宁皮纸的造纸户通常在农闲时造纸，一般为农历三、四、六、七月。蔡家原有四个人造纸，舀纸两人，晒纸两人，打皮板需另请人。据蔡家人回忆，一般第一天两个男人负责舀纸，第二天两个女人负责刷纸，这样一年要蒸1 500~2 000 kg构皮。当时皮纸的售价为1.9元/捆，而当时0.5元即可买只猪崽，可见纸价之高，因此收益也很可观。

江龙镇原属于永宁州的区域叫纸厂，原属于安顺市的区域叫新场坝。据调查时村民介绍，旧年赶集市卖纸时，纸厂赶龙场，新场坝赶狗场，赶集的日子是用天干地支推算出来的。1951年后，各村寨全部迁到江龙赶场。

⊙ 1/2
窑上村制作的油纸伞
Oil-paper umbrella in Yaoshang Village

283

第四章

Chapter IV

安 顺 市

Anshun City

第三节

Section 3

镇宁 皮纸

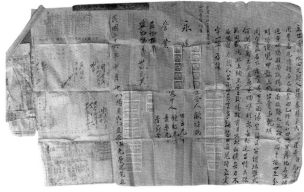

⊙3

⊙4

⊙5

⊙6　⊙7

⊙8

⊙ 3
同治年间的地契
Land certificate during Tongzhi Reign of the Qing Dynasty

⊙ 4
民国时期的地契
Land certificate during the Republican Era of China

⊙ 5
1950年的地契
Land certificate in 1950

⊙ 6 / 7
经文
Scripture of Taoist classics

⊙ 8
对联
Chinese couplets

六
镇宁皮纸的
相关民俗与文化事象

6
Folk Customs and Culture of Bast Paper
in Zhenning County

经调查组现场了解及后续研究，与镇宁皮纸制造相关的特色习俗可归纳如下。

（一）祭蔡伦与猪拱先师

造纸户的中堂上都供有蔡伦菩萨与猪拱先师的牌位。问及供奉多久，所调查的造纸户都说从事造纸伊始就开始供奉。还有不少原来的造纸户，虽然至今已几十年不再造纸，但其中堂上仍供有蔡伦菩萨与猪拱先师的牌位，如蔡应芳家。毛万忠家的中堂上原也供奉蔡伦菩萨与猪拱先师，后毛父改信道教，且不再造纸，两位守护造纸的神明便被撤下中堂。

祭祀造纸祖师的习俗中，祭祀蔡伦是最为常见的，而江龙镇在祭蔡伦的同时，还祭猪拱先师，这在调查组所调查过的其他地区鲜有听闻。关于祭蔡伦菩萨与猪拱先师，江龙镇的造纸人讲了一个很有趣的传说：

据说蔡伦造出了纸，但是撕不下来，他苦思冥想，不得其解。后一怒之下，将纸垛扔到地上，结果纸垛被猪拱翻，纸因此可以撕下来。蔡伦目睹这

⊙1

⊙
1
祭蔡伦与猪拱先师
Worshipping Cai Lun, the originator of
papermaking, and Mr. Pig, who inspired Cai
Lun in the papermaking procedures

一状况，深深感叹：猪比我还聪明啊！故后人称猪为"猪拱先师"。

此外，虽然江龙镇有姓蔡的造纸人，但他们认为自己并不是蔡伦子孙，相比一些地方姓蔡的造纸人习惯性地自称是蔡伦子孙而显得较为特别。

（二）葬俗用纸

镇宁马厂苗族丧俗用纸之处主要有：买水洗尸时，到井边挑水者会先往井里扔几分钱，意思是要买水，舀出水后，在井边放一张白纸，让人知道寨中某家正在办丧事；在堂屋停尸时，男在左女在右，头朝内脚朝外，然后用白纸蒙住脸部，白布盖身，卷一束纸钱放在死者手里；亲女婿送来的祭品中必有一刀纸，其余的丧礼是一头25~50 kg的猪、30 kg米、15 kg酒、一把香、一对蜡烛；在出殡队伍中，一人举火把领路，为死者照明引路，一人带着纸钱跟随其后，每走一步，就扔下一张纸钱，为死者支付"买路钱"。

当地布依族葬俗中，制作"魂幡"的纸很讲究，用纸的张数要与死者所活的年龄一致。比如死者活到80岁，就用80张纸来做。魂幡挂在姑爷送来的魂竿上，魂幡上绕着纸扎的龙。

（三）有关镇宁皮纸的传闻

1. 地契故事

据说江龙镇原是苗族地盘，汉族人较少，但由于汉族人会经营，抄纸、杀猪、酿酒、制麻糖等都做，逐渐地汉人地主增多，而苗族的穷人也增多。于是，苗族人跟汉族人说："若汉族人每年给苗族人一百斤（50 kg）酒、一百只鸡，苗族人就把一座有几亩地的山包给汉族人。"但是，后来汉族人每年只给他们一斤（0.5 kg）白酒、一只白鸡。这是因为当时用纸写地契时，苗族人不认识字，被汉族人欺骗了。

2. 纸被藏族谱

毛国辉家祖上是当地的地主，毛国辉母亲把族谱拆开藏在被窝里，值得一提的是当时已家败，被窝都是用白纸做的。

（四）吹纸的习俗

调查组进行调查时，造纸人都提到这样一个习俗：刷纸时，手拿棕刷将纸往墙上刷，但是刷前要吹一吹，如果不吹，纸就取不下来。

（五）造纸谚语

调查组采集到的谚语有二：

1. "师傅提帘，徒弟帮帘"

意思是说，师傅抄纸要翻转纸帘，徒弟不用。

2. "学了一年，近在眼前；学了十年，远在天边"

这是多年从事造纸的人对造纸技术的感悟，说的是造纸看似简单，其实包含非常丰富的内容，只有通过深入学习后，才会发现越学越觉得没有止境。

286

中国手工纸文库
Library of Chinese Handmade Paper

贵

州
卷·上卷 | Guizhou I

Bast Paper
in Zhenning County

七
镇宁皮纸的
保护现状与发展思考

7
Preservation and Development of
Bast Paper in Zhenning County

（一）镇宁皮纸的保护传承现状概述

据调查的信息显示，由于税收过重，造纸没什么利润，所以竹新村的造纸户于20世纪60年代主动放弃了皮纸生产。与此类似的是，由于造纸伞所需工序多、工时长，虽然能带来一定的经济收入，但其收入没有外出务工多。2003年后，朵卜陇乡窑上村不再生产纸伞。镇宁皮纸、镇宁纸伞从此逐渐从人们的视线中消失了，没能像黄果树瀑布、镇宁波波糖一样，至今仍是镇宁的品牌。

调查组在竹新村调查时，毛万忠把家里所藏的生产于20世纪60年代的皮纸赠送给调查组成员。这些皮纸虽然已有50年左右的历史，而且保管条件不佳，被直接放在中堂前，不但长期接触光线、水汽，甚至祭祀时还有烟熏火绕，但纸质仍很绵韧，除了裸露在外的几张纸外，其他的纸张颜色仍然洁白。由此可见当年镇宁皮纸质量之优，也可更深刻地理解为什么窑上村为了生产纸伞，曾多次建议江龙镇的造纸户继续造纸。

（二）镇宁皮纸恢复生产的可能性

调查组认为，镇宁皮纸恢复生产依然具有可能性。

首先，从人员来说，江龙镇至今还有一些当年有过造纸经历且对手工纸有特别感情的老师傅，如蔡应芳。虽然时过境迁，但他们一直对手工纸保持着深厚的感情，这从他们谈论手工纸相关历史、工艺、经济、民俗等话语中可见一斑；同时，从谈论中也可发现他们对手工纸工艺仍非常熟悉。因此，从人员和工艺角度来说，恢复生产是可行的。

其次，从经济效益来说，皮纸生产目前虽然不能带来太大的经济效益，但优质皮纸的利润空间仍具有较强的可拓展性。

粗略地按两人一天捞2 000帘、一帘二纸来计算，两人一天可捞4 000张纸。其纸长约65 cm，

⊙1

宽约51 cm。与之临近的关岭布依族苗族自治县沙营乡皮纸，长约50 cm，宽约50 cm，售价为0.1元/张。若用此价格作为参照，镇宁皮纸可卖到0.13元/张，则一天捞纸毛收入520元，人均260元。考虑到还有较多其他工序，同时需要一定的成本支出，因此可推测每人每天收入100元左右基本上是可实现的。

（三）镇宁皮纸的复兴及发展建议

1. 拓展纸品的批量应用范围

镇宁皮纸可以开拓新的批量化用途，像捆钞用纸、包装用纸等，尤其是开发成中高端书画用纸，这些都是上乘的镇宁皮纸可以达到的。

2. 恢复纸伞生产，重新打造"手工皮纸+纸伞"品牌链

由于纸伞制作带来的经济效益无法与现代布伞制作相比等，2003年后镇宁纸伞生产业态终止。但与现代布伞相比，优质纸伞具有耐用、防雨效果好等优点，且具有布伞不具有的文化复古风情。作为镇宁皮纸曾经的招牌产品，恢复纸伞生产、打造纸伞品牌具有当代消费市场表达历史价值与文化价值的独特魅力。

3. 将镇宁皮纸的生产销售纳入当地旅游体系

镇宁境内有着高品质的旅游、文化资源，如举世闻名的黄果树瀑布、神奇壮观的喀斯特地貌、悠久神秘的夜郎文化与竹王传说等。因此，可以借助这些资源将镇宁皮纸生产工艺开发成文化旅游体验产品，将参与性较强的工序设计成极具参与性、互动性的旅游项目进行推广。镇宁的游客数量很大，只要有很小部分到黄果树瀑布等

景区旅游的游客参与到皮纸旅游项目中去，就可形成稳定的经济效益和传习效益。

将"镇宁皮纸+纸伞"组合作为镇宁新的旅游产品与文化符号培育，同时开发一系列纸文化延展的旅游产品，如旅游袋、纸盒、定制信笺等，这无疑会为镇宁皮纸的复苏注入强劲动力，同时也可以起到保护和发展镇宁纸伞业态的作用。

⊙2

⊙3

⊙
3
徐霞客黄果树探险纪念碑
Monument in memory of Xu Xiake at Huangguoshu Waterfall

⊙
2
镇宁县内的「竹王后裔」
Descendants of "Bamboo King" in Zhenning County

第四节

紫云
手工纸

贵州省
Guizhou Province

安顺市
Anshun City

紫云苗族布依族自治县
Ziyun Miao and Bouyei Autonomous County

调查对象
板当镇
手工纸

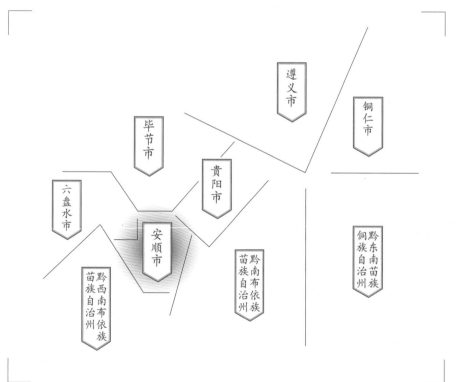

遵义市

铜仁市

毕节市

贵阳市

六盘水市

安顺市

黔东南苗族侗族自治州

黔南布依族苗族自治州

黔西南布依族苗族自治州

Section 4
Handmade Paper
in Ziyun County

Subject
Handmade Paper in Bandang Town

一
紫云手工纸的
基础信息其分布

1

Basic Information and Distribution of
Handmade Paper in Ziyun County

紫云苗族布依族自治县（以下简称紫云县）板当镇是贵州著名的手工纸生产地，此地水质、造纸原料条件均较好，加上造纸技师掌握的造纸技艺标准精细，因此板当白纸以其优异的质量受到了人们的青睐。《续修安顺府志·安顺志》(整理稿)记载："白纸出郎岱云盘与紫云板当，以及贞丰沙营、龙场等处；就中以贞丰沙营与紫云板当所出者为最优。" [6]

板当手工纸制作始于清光绪年间，一直到中华人民共和国成立初期，这里的古法造纸都十分兴盛，主要以生产白纸为主。当地民谚有"于方硐口出大马，白纸出在板当河"的说法，意为硐口于姓人居住的地方大马很有名，而板当白纸与此齐名。不过，当2009年4月调查组来到板当镇时，所见到的只有10余口残留的用于蒸料的石砌古甑，板当古法造纸技术已面临失传困境。

[6] 任可澄,等.续修安顺府志·安顺志[M].贵阳:贵州人民出版社, 1983:269.

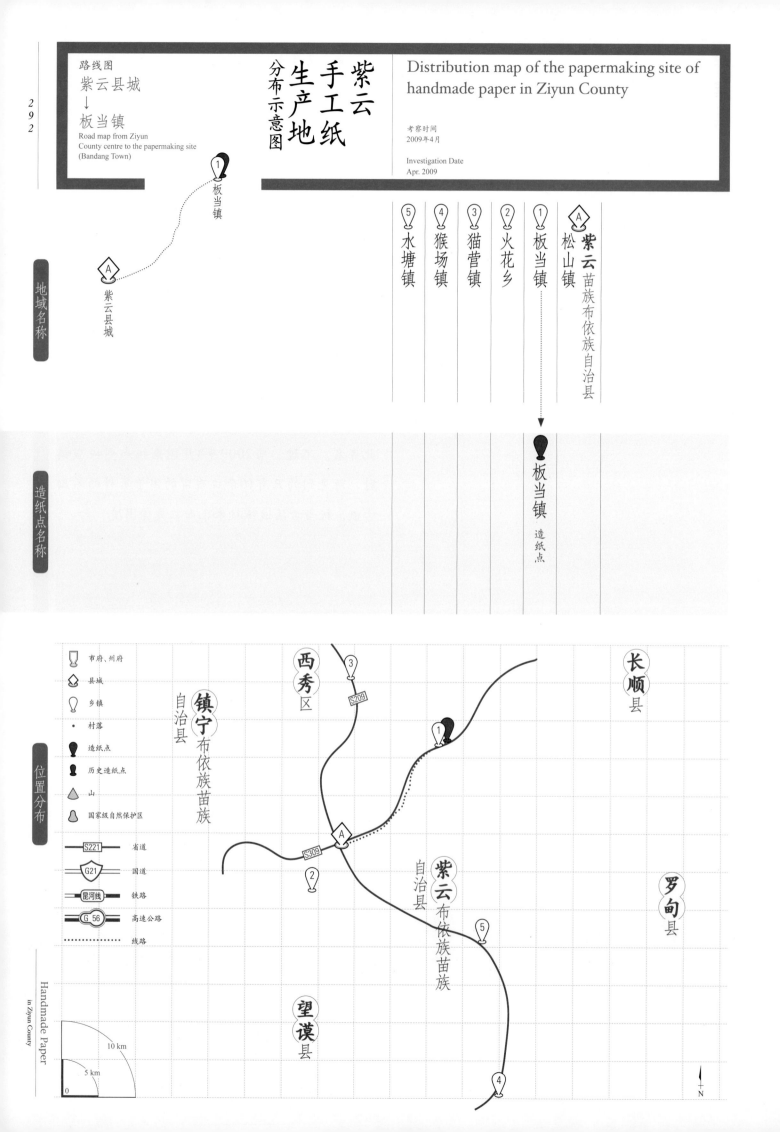

路线图
紫云县城
↓
板当镇
Road map from Ziyun
County centre to the papermaking site
(Bandang Town)

紫云
手工纸
生产地
分布示意图

Distribution map of the papermaking site of
handmade paper in Ziyun County

考察时间
2009年4月

Investigation Date
Apr. 2009

板当镇

A 紫云县城

地域名称

⑤ 水塘镇
④ 猴场镇
③ 猫营镇
② 火花乡
① 板当镇
A 松山镇

紫云 苗族布依族自治县

造纸点名称

板当镇 造纸点

市府、州府
县城
乡镇
· 村落
造纸点
历史造纸点
山
国家级自然保护区

S221 省道
G21 国道
昆河线 铁路
G 56 高速公路
线路

位置分布

西秀区

长顺县

镇宁布依族苗族自治县

S209

③

①

A

S309

②

紫云布依族苗族自治县

罗甸县

⑤

望谟县

④

10 km

5 km

0

N

二

紫云手工纸生产的
人文地理环境

2
The Cultural and Geographic
Environment of Handmade Paper
in Ziyun County

⊙1

⊙
1
板当翠河风光
Scenery of Cuihe River in Bandang Town

紫云县位于贵州省西南部，隶属安顺市，东临长顺、罗甸两县，南界望谟县，西接镇宁布依族苗族自治县，北抵西秀区。地理坐标为东经25°49′、北纬106°5′。

紫云县域总面积2 283 km²，属亚热带湿润季风气候，其四季分明，干湿明显。紫云县辖5个镇、7个乡。

紫云县历史悠久，殷周时期属鬼方辖地，战国时期属夜郎国，晋代属夜郎郡，唐代置降昆县，元代置镇宁州。明嘉靖年间徙镇宁州治于安庄卫（今镇宁县城）。清雍正八年（1730年）于今县城置归化厅。民国二年（1913年）改名紫云县。1958年12月，撤销紫云县，并入长顺、望谟两县。1961年8月，恢复紫云县。1966年2月11日，建立紫云苗族布依族自治县。

紫云县为多民族聚居地区，有汉、苗、布依、瑶、彝、仡佬、侗、回、壮、京、白、水、蒙古、黎等14个民族。少数民族人口占全县总人口的55.55%，其中苗族人口占全县总人口的31.6%，布依族人口占全县总人口的23.67%。境内苗族支系复杂，从使用方言语系可大致分为湘西、黔东及川黔滇方言区，细分又有5个次方言、8个土语，一向为民族学界所重视，称之为苗族三大文化集成地。虽然苗族人口占紫云县总人口的将近1/3，但据现存的史料显示，苗族并非紫云的早期定居者，境内的布依族和仡佬族为此地的早期定居者，苗族与汉族、瑶族和其他少数民族则为后来定居者。

板当镇位于紫云县县境东北部，镇人民政府驻地青山村距县城36 km，地处东经106°14′、北纬25°52′。板当镇总面积213.52 km²，辖25个村委会，289个村民组，10 796户，43 856人。翠河贯穿板当全镇，流经沙坝、新场、摆羊、青梨、跃进等村，从摆羊村下摆羊开始，河谷下切，逐渐形成集险、幽、雄、奇于一身，绵延数十千米的夹山风景。清冽的翠河水既装点着板当充满诗意的沃土，也为板当出好纸带来了得天独厚的条件。

板当夹山风光
Scenery of Jiashan Mountain in Bandang Town

三
紫云手工纸的历史与传承

3

History and Inheritance of Handmade
Paper in Ziyun County

⊙2

⊙3

Chapter IV

第四章

安 顺 市 Anshun City

Section 4

第四节

紫云手工纸

关于紫云手工造纸的起源，据调查时年届72
岁的板当镇造纸人陈国政所述，其曾祖父从长顺
县迁到板当镇后，就开始跟当地人学造纸；其父
于晚清宣统年间出生，由此推断，陈家造纸大约
有150年的历史。这与《紫云苗族布依族自治县
志》所载"该地造纸是清光绪年间由惠水县传
入"在时间上大体是相近的。

板当造纸业在民国时期续有发展，据安顺地
方政协所编的《安顺文史资料选辑（第6辑）》记
载，民国二十年（1931年）安顺成立相关行业的
同业公会。民国三十年（1941年）同业公会改组
成为印刷纸张业公会，公会下分三组：白纸组，
草纸组，印刷、纸张、对联组。

中华人民共和国成立后不久，板当造纸业态
达到高峰，当时涉业人数达300人。1956年板当建
立白纸生产合作社，有抄纸槽16架、纸焙11个、
纸臼5个、工人68人。1958年，白纸生产合作社
改名为板当纸厂，当时年产白纸15吨。同年国家
投资11万元，新招工人101个，于水塘建立县属
国营纸厂，开始生产，一年后遭遇"三年经济困
难"，多数工人返乡务农。1963年，县人民委员
会调整工业布局时将纸厂关闭。1966年，"文化
大革命"开始后，由于历史原因，土纸的年产量
降到10吨。1982年，板当纸厂因亏损而转型生产
白酒，改名紫云青泉酒厂。

据调查时板当纸厂老厂长雷孔珍回忆，1985
年，板当一带又有10余户重操旧业，抄造土
纸，年产量1 000余捆，苦苦维系。2003年，当
地最后一家造纸作坊熄火挂帘，板当造纸业由
此终止。通过板当纸厂的废弃厂房，还可感受
到当年的辉煌，板当纸厂公章也还被雷孔珍一
直珍藏着。

⊙ 2
板当纸厂废弃厂房
Abandoned Bandang Papermaking Factory

⊙ 3
紫云县板当纸厂公章
Official seal of Bandang Papermaking
Factory in Ziyun County

原
料
辅
料

296

中国手工纸文库
Library of Chinese Handmade Paper

贵
州
卷·上卷 | Guizhou I

Handmade Paper
in Ziyun County

四
紫云手工纸的
生产工艺与技术分析

4
Papermaking Technique and
Technical Analysis of Handmade Paper
in Ziyun County

2009年4月，调查组前往板当调查时，采访了原板当纸厂的造纸师傅、板当纸厂老厂长雷孔珍。雷孔珍听说有人要研究板当手工造纸，就兴致勃勃地拿出珍藏已久的旧纸帘开始讲述。紫云手工纸的制造工艺主要根据雷孔珍和陈国政两位旧日造纸老师傅的口述记忆整理而成。

(一)
紫云手工纸的生产原料与辅料

板当制造的手工纸有白纸和草纸两大类，白纸所用原料为构皮，草纸所用原料有斑竹、糯竹、钓鱼竹。与大部分造纸地不同的是，板当的造纸户一般不采集原料，而是由当地村民剥了构树皮或砍了竹子之后卖给纸厂或者造纸户，这是一种同业分工的协作方式。

板当造纸使用的纸药有仙人掌、沙根和滑液，当地把纸药统称为滑水，其制法如下：

(1) 仙人掌：将仙人掌打融，放在缸里浸泡。但当地仙人掌数量少，因此较少使用。

(2) 沙根：为狼基沙树的根，当地数量也很少，且用沙根会伤树的生命力，因此也较少使用。使用方法是，将沙根打融，放在缸里浸泡。一般10 kg沙根可用四天左右。

(3) 滑液：将一种类似冬青树的叶子晒干后，用脚碓碓成粉，再经筛子筛，将筛过的细粉放在桶里，加水，并按三碗干药面加一碗石灰水的比例添加石灰水，然后放到药缸中，加水搅拌，静置一夜，使药渣沉淀，上层清液即为滑液。使用前，用手或者木棒将滑液捞起来，若滑液往下流时呈丝状，则说明可以使用。

（二）

板当白纸的生产工艺流程

　　根据调查组的实地访谈调查，板当白纸的制

作工序如下：

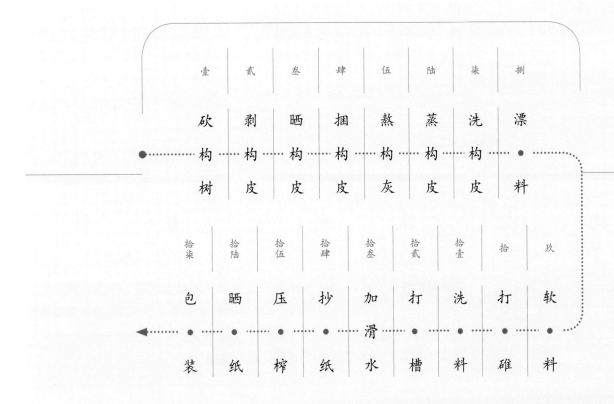

壹			贰			叁		
砍　构　树			**剥　构　皮**			**晒　构　皮**		
1			2			3		

每年农历三月开始砍构树，一般选择砍1~5年生的构树枝。一棵直径约25 cm的构树，可剥出10~15 kg构皮。

一般要将砍下的构树枝条用火烤，这样才容易将构皮剥下来，"上水"（即枝条中汁液最丰盈的状态）那几天不需要用火烤，一剥即下。

将剥下来的构皮置于太阳下晒干。

工
艺

流

程

2
9
8

中国手工纸文库

Library of Chinese Handmade Paper

贵

州 卷·上卷

Guizhou I

Handmade Paper

in Ziyun County

肆　捆　构　皮
4

将晒好的构皮打成捆子，一捆大约15 kg，当地称为一棵。

伍　熬　构　皮
5

用发好的石灰熬构皮，需把构皮熬白，一般熬100 kg干构皮需25 kg石灰。然后将熬白的构皮整齐地堆放在窑子里，窑子最上方用泥巴封紧。

陆　蒸　构　皮
6

将熬过石灰的干构皮整齐堆放在甑桥上，构皮高出甑子约33 cm，高出部分呈尖顶状，外面用稀泥巴敷上。一甑一般可蒸1 050~1 100 kg干构皮，需蒸一个星期，第一天用煤75 kg，以后每天用煤50 kg，中间一般需加3~4次水。

柒　洗　构　皮
7

将蒸好的构皮置于河中，并用脚踩。一般一次可踩20~30棵构皮，约需两小时。构皮踩过之后叫作"料"。

捌　漂　料
8

将踩好的料放于河中，漂一天一夜。

玖　软　料
9

用手和膝盖搓揉，将构皮的硬壳去掉，将料弄软。第二天抄纸需要多少就软多少料，一般为5~6棵，约需三小时。

拾　打　碓
10

一人舂碓，一人转碓。一棵料大约可以舂成四个皮板，舂一个皮板需十几分钟。

拾壹　洗　料
11

将4~5个皮板装入细麻袋，放入河中，左手拎麻袋，右手用木耙上下捅，将浑水捅掉，得到料把。

拾贰　打　槽
12

将洗好的料放到抄纸槽，加水，用槽杆将料打匀。以前两人抄纸，两人各打一边；后来改成一人抄纸，相应改成一人打槽。一般打10分钟左右。

拾叁
加　滑　水

13　　　⊙1

将滑液加在抄纸槽里，用槽杆搅匀，同时将少量纸筋捞出。

⊙1

拾肆
抄　纸

14

师傅提帘，徒弟帮帘。用纸帘舀一次水，两人相互推帘，然后把水倒掉，再重复一次，即抄得一张纸。抄好纸后，师傅左手掐一下纸帘边，使得纸的左边略厚，称为"刮头"。抄纸时，用米芯草把来计数，一把有几百根。抄一张纸则把一根草翻过去，翻完

一把后，再重复上述过程。抄完纸后，算一下最后翻过去的根数和翻完整把的次数，即可算出当天所抄纸数。

拾伍
压　榨

15

抄好纸后，先用盖板盖好，让水流掉一部分，第二天再压榨。如想加快水流失的速度，可以在盖板上加几块石头，最多只能加10~15 kg，不能加多，否则纸会爆。压榨前，在盖板上依次加盖方、马子，然后用构皮制成的绳子扳榨，直到扳不动为止，需用时半小时左右。20世纪六七十年代，当地造纸户从都匀蜡纸厂买来电动压榨机，此后就用电动压榨机来压榨。

拾陆
晒　纸

16

将纸一张张撕开，并用棕丝扎成的纸扫将纸刷到纸焙上，刷过一张之后，将纸扫放到头上，再撕纸，晒纸。一般大约30张纸贴在一起，成为一堆，每两堆纸之间大约相距两指。需晒十几小时，纸才能干。晒干后，由左上往右下一张张撕纸，然后理齐。一般是两人抄纸，两人晒纸。

拾柒
包　装

17

100张纸为1刀，将1刀纸三对折叠好，然后以10刀为1捆，用夹纸包好，再用纸捻捆住两头。

根据雷孔珍的介绍，制造板当白纸最少需要7个人，主要分工如下：打碓2人，抄纸2人，晒纸2人，打杂1人。其中抄纸者均为男性，晒纸者均为女性。

⊙
1
废弃的旧纸槽
Abandoned papermaking trough

（三）

板当竹纸的生产工艺流程

根据调查组的实地访谈调查，板当竹（草）纸的制作工序如下：

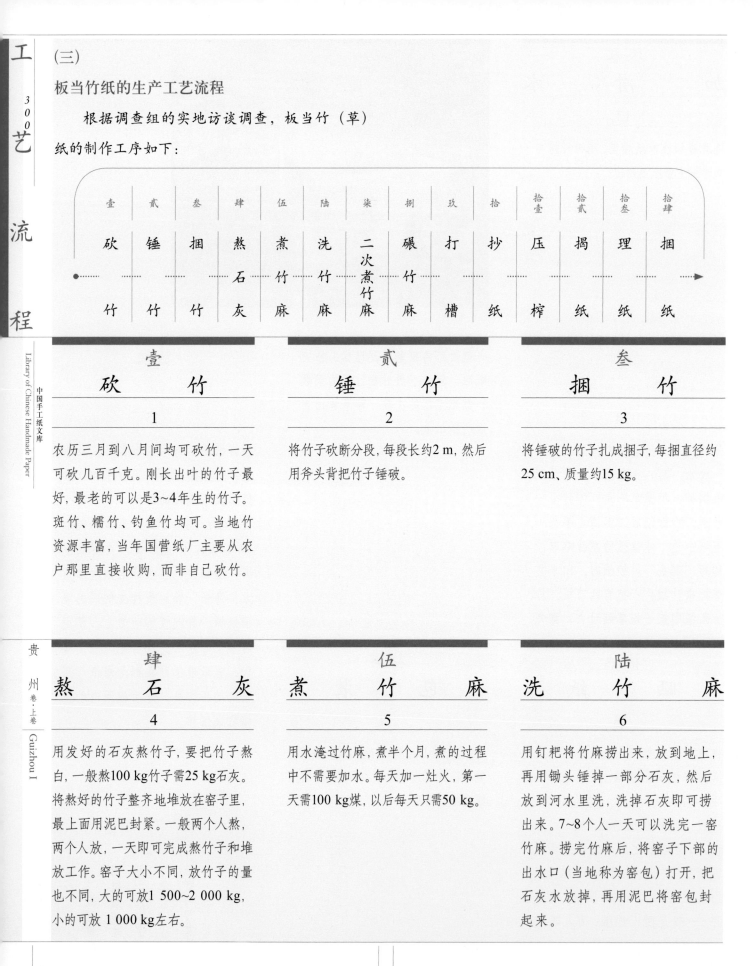

壹	贰	叁	肆	伍	陆	柒	捌	玖	拾	拾壹	拾贰	拾叁	拾肆
砍竹	锤竹	捆竹	熬石灰	煮竹麻	洗竹麻	二次煮竹麻	碾竹麻	打竹槽	抄纸	压榨	揭纸	理纸	捆纸

壹
砍　竹
1

农历三月到八月间均可砍竹，一天可砍几百千克。刚长出叶的竹子最好，最老的可以是3~4年生的竹子。斑竹、糯竹、钓鱼竹均可。当地竹资源丰富，当年国营纸厂主要从农户那里直接收购，而非自己砍竹。

贰
锤　竹
2

将竹子砍断分段，每段长约2 m，然后用斧头背把竹子锤破。

叁
捆　竹
3

将锤破的竹子扎成捆子，每捆直径约25 cm、质量约15 kg。

肆
熬　石　灰
4

用发好的石灰熬竹子，要把竹子熬白，一般熬100 kg竹子需25 kg石灰。将熬好的竹子整齐地堆放在窑子里，最上面用泥巴封紧。一般两个人熬，两个人放，一天即可完成熬竹子和堆放工作。窑子大小不同，放竹子的量也不同，大的可放1 500~2 000 kg，小的可放 1 000 kg左右。

伍
煮　竹　麻
5

用水淹过竹麻，煮半个月，煮的过程中不需要加水。每天加一灶火，第一天需100 kg煤，以后每天只需50 kg。

陆
洗　竹　麻
6

用钉耙将竹麻捞出来，放到地上，再用锄头锤掉一部分石灰，然后放到河水里洗，洗掉石灰即可捞出来。7~8个人一天可以洗完一窑竹麻。捞完竹麻后，将窑子下部的出水口（当地称为窑包）打开，把石灰水放掉，再用泥巴将窑包封起来。

柒
二 次 煮 竹 麻

7

将洗好的竹麻再次整齐地堆放在窑子里,加满水,不需要再用泥巴封盖,再煮半个月。煮的过程中也不需要加水,因为水温不高,挥发量少。第一灶火也是加100 kg煤,后续每天加75 kg左右。

捌
碾 竹 麻

8

将煮好的竹麻捞出,直接用马车拉到水碾旁,用水碓舂碾料。一次可碾250 kg左右,约需半天即可碾完一窑竹麻。

玖
打 槽

9

将碾好的竹麻放到抄纸槽,加水,用槽杆将料打匀。一般打10分钟左右即可。

拾
抄 纸

10

抄纸时先由外往里挖水,再由里往外倒水,接着由右往左一搓,最后左手抬起一偏,倒扣在垫板上即得一张湿纸。当地将抄纸过程简称为"挖来,倒去,一搓,一偏",既简洁明了又极其形象。一个熟练工人一天可以抄大约70 cm高的湿纸跺,称为一榨。

拾壹
压 榨

11

抄好纸后,先用盖板将纸垛盖好,让水先流掉一部分,第二天再压榨。如想加快水流失的速度,可以在盖板上加几块石头,最多只能加10~15 kg,不能加多,否则纸垛易被压爆。压榨前,在盖板上依次加盖方、马子,后用构皮制成的绳子扳榨,直到扳不动为止,大约需用时半小时。压干后,纸跺的厚度大约变到原来的一半,榨干后的纸垛质量为25~30 kg。20世纪六七十年代后,当地造纸户从都匀蜡纸厂买来电动压榨机,此后就用电动压榨机来压榨。

拾贰.
揭 纸

12

用小木槌在压榨好的纸面上划,将纸划松。然后由左下角往左上角撕,再整体由左往右撕。一般20~30张为一沓,将整沓晾在屋内竹竿上,一般晴天需晒三天,阴天则需一周左右。冬天可用火烤,一天一夜就能烤干。

拾叁
理 纸

13

晒干后,将纸取下来并对齐码放。

拾肆
捆 纸

14

以25 kg为一捆,并放两根竹片在纸的两头,用竹篾捆好。

（四）

紫云手工纸生产使用的
主要工具设备

壹
窑　子
1

大小不一。有内径130 cm、高
160 cm，内径170 cm、高220 cm
等尺寸。窑子有入水口，高出地
面约70 cm。

⊙1

贰
抄纸槽
2

调查组测量的抄纸槽长约176 cm，
宽约105 cm，高约63 cm。

叁
水　碾
3

碾盘内径约270 cm，外径约
350 cm。

⊙2
⊙3

肆
纸　帘
4

由细苦竹丝编成，有多种尺寸。

伍
绳　索
5

将构皮晒干，拧成一股股绳子，
三股合成一根绳索。

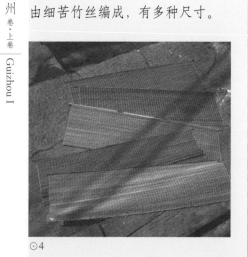

⊙4

⊙
1
废弃的窑子
Abandoned papermaking kiln
⊙
2 / 3
废弃的水碾
Abandoned hydraulic grinder
⊙
4
纸帘
Papermaking screen

Handmade Paper
in Ziyun County

五
紫云手工纸的
用途与销售情况

5

Uses and Sales of Handmade Paper
in Ziyun County

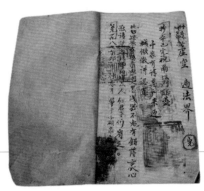

⊙5

⊙6

用板当白纸抄的经书
in Bandang Town
Scripture written on white paper
⊙ 6
做法事时烧纸
ceremonies
Burning handmade paper on religious

（一）紫云手工纸的用途

根据调查组在实地调查时获得的历史记忆，可知板当白纸有100 cm×50 cm（3尺×1.5尺）、50 cm×50 cm（1.5尺×1.5尺）等尺寸，草纸的一般尺寸为93 cm×27 cm（2.8尺×0.8尺）。白纸洁白、光滑、细腻，草纸也较光滑。

板当纸是当地民众日常生活用纸，传统上用于书画、抄家谱、印书、制作被子和蚊帐以及制作卫生用纸和各种民间宗教习俗用纸等。

1. 书画创作

板当纸质量相当优异，尤其是白纸，曾经被大量用于书法、绘画创作，以前道士画画都用板当白纸，至今仍保存有在板当白纸上绘制的几十甚至上百年前的老画。

2. 抄家谱、写地契

板当白纸也被大量用于抄家谱、写地契，过去日常书写也大量使用板当白纸和草纸。

3. 抄经书

当地盛行道教，道士所用经书主要用板当白纸手抄而成。

4. 卫生用纸

妇女卫生用纸主要是板当草纸。

5. 制作被子、蚊帐

这是相当特别的用途，在贵州其他造纸地不多见。据说以前当地穷人用皮板当被子盖，暖和但厚重；还用三层夹纸制作蚊帐，能防蚊子但不透风。

6. 祭祀

如清明挂青、"七月半"封包祭祖等，此类用纸以"七月半"用量最大，清明用量相对较少。老人过世时板当纸也常被用于垫棺材以及做法事时焚烧。

7. 制作雨伞

用于制作油纸伞。

8. 糊墙壁

老百姓常用板当纸糊房屋内的墙壁。

（二）紫云手工纸的销售情况

据《紫云县社会调查》记载，紫云在中华人民共和国成立前夕只有少数几种个体手工业，其中就包括翠河、板当的手工白纸，当时白纸年产量约为74 400刀（每刀100张）。白纸除在本县销售外，也运往安顺等地销售。据《安顺文史资料选辑（第6辑）》记载，安顺经营白纸者约8家，杨姓最多。中华人民共和国成立前，外来纸张量激增，且品种繁多，纸质优良，白纸销路因此锐减，白纸店纷纷改业。中华人民共和国成立后只有土杂商店经销少量白纸。草纸在中华人民共和国成立前用途很广，但主要用于制作冥镪（纸钱）。中华人民共和国成立后因破除迷信，不再用其制作冥镪，包装等也改用其他的纸，这使得几乎无人再生产草纸。

Library of Chinese Handmade Paper

中国手工纸文库

贵 州 卷·上卷 Guizhou I

Handmade Paper in Ziyun County

六
紫云手工纸的相关民俗与文化事象

6
Folk Customs and Culture of
Handmade Paper in Ziyun County

（一）祭蔡伦

板当当地与造纸相关的人家有祭蔡伦的旧俗，每年农历五月二十七为蔡伦生日，那天当地造纸户会抬蔡伦菩萨游街，若看见蔡伦脸上有光，则预示着当年生意好，没看见光则为不好。除此以外，所有造纸和卖纸的老板会"逗钱"（当地音名，即凑钱）杀一两头猪，请全部工人吃饭，即"打拼火"。如有哪个老板不出钱，则工人就把骨头送到他店里去。祭蔡伦那天工人一般都停工放假。

（二）节日用纸

布依族信仰的地神中以土地菩萨为至尊。土地菩萨是布依族村寨的"保护神"，每个村寨都建有土地庙。凡布依族的重要节日，如"六月六"，每家早晚都要用"刀头"（一块方形腊肉）、酒、香、蜡烛、纸等去土地庙供奉土地菩萨，以求其保佑一家一寨终年平安。[7]

[7]紫云苗族布依族自治县志编纂委员会.紫云苗族布依族自治县志[M].贵阳:贵州人民出版社，1991:163-164.

（三）葬礼用纸

当地若有人去世，亲戚们会在出殡前一天赶

来参加哀悼仪式。吊丧者一般会带糯米饭、鸡、猪、祭悼品、素供品、纸人纸马等前来祭奠。孝子孝女跪在大门外迎接来客，吊孝女宾和孝女扶灵痛哭，男宾在灵前烧香化纸，磕头接受孝帕。启灵出殡时，由一年长者手举火把在前引路，一人随后撒冥纸钱，俗称"买路钱"，直至墓地。棺材入土之前阴阳先生用朱砂在其中画一"八卦太极图"，再放一只公鸡进去，俗称"滚井"，此鸡被称为"跳井鸡"。把鸡取出，在墓穴内烧一叠纸钱，叫"热井"，而后才放棺入墓穴。

（四）谚语

在板当流传着这样一句造纸谚语："于方硐口出大马，白纸出在板当河。"意思是说在硐口，姓于的人居住的地方大马很有名，与此相应的板当白纸也极其有名。而板当河正是板当造纸兴盛的重要原因。板当水好，造出的纸也好。具体来说，板当的水夏凉冬暖，一年四季水量都较均匀，很适合浸泡构皮，且有利于工人精工细作。

七
紫云手工纸的
保护现状与发展思考

7
Preservation and Development of Handmade Paper in Ziyun County

板当手工纸虽然盛名一时，但由于用途逐渐减少，主要用途仅剩捆钞和祭祀，板当纸一些历史上曾经有的功能随着时代的变迁逐渐变少以至消亡，如书画创作用纸；有的则逐渐被其他纸所替代，如卫生用纸被现代的卫生纸所替代；而制作被子及蚊帐的功能，则完全不复存在。调查组了解到的信息是，板当大约于2004年后不再有手工造纸。板当手工纸的消亡，主要原因还是社会演化带来的自然选择。

在贵州省大力发展多民族"非遗"技艺文化的新地方规划背景下，活态已中断的板当造纸文化重获新生，是板当镇政府和部分造纸户的诉求和心愿。

调查组在实地调查时，板当镇政府相关人员表示，政府可以出资资助，哪怕只是恢复一两户造纸槽坊，也能使板当手工纸得到延续，同时也可使板当手工纸所承载的造纸工艺和相应的民俗、文化得到传承。

第五章
黔南布依族苗族自治州

Chapter V
Qiannan Bouyei and Miao
Autonomous Prefecture

307

第五章
Chapter V

黔南布依族
苗族自治州
Qiannan Bouyei and Miao
Autonomous Prefecture

Library of Chinese Handmade Paper

中国手工纸文库

第一节

长顺

皮纸

贵州省
Guizhou Province

黔南布依族苗族自治州
Qiannan Bouyei and Miao Autonomous Prefecture

长顺县
Changshun County

贵　州　卷·上卷 | Guizhou I

调查对象
白云山镇
翁贵行政村
皮纸

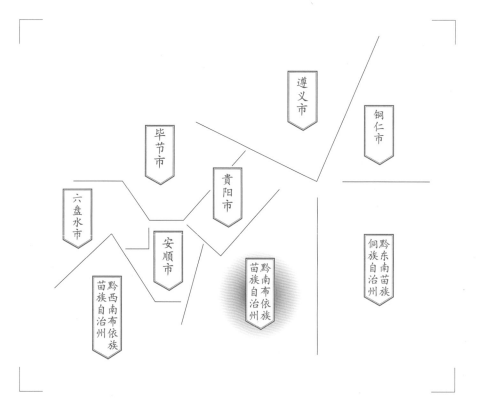

遵义市

铜仁市

毕节市

贵阳市

六盘水市

安顺市

黔南布依族苗族自治州

黔西南布依族苗族自治州

黔东南苗族侗族自治州

Section 1
Bast Paper
in Changshun County

Subject

Bast Paper in Wenggui Administrative Village
of Baiyunshan Town

一
长顺皮纸的
基础信息及分布

1

Basic Information and Distribution of
Bast Paper in Changshun County

调查所称"长顺皮纸"是指长顺县原改尧镇（现白云山镇）翁贵村以构树皮为原料所造的传统手工纸。2009年8月中旬，调查组入村进行了田野考察，并重点访谈了非遗传人王志祥等造纸人。

清道光《贵阳府志》卷四十七载："俗名构皮树，可作纸，又名纸皮树，故贵阳造纸以谷皮（即楮皮）纸为主。""谷皮纸，一曰构皮纸，出定番翁贵，白韧如绵，俗名绵纸，可以制帐，摆所次之，狗场营又次之。其佳者亦洁白光润，可备文房之用；双料者为夹纸，土人以之作伞包物。"[1]

翁贵皮纸在明嘉靖年间就已兴盛，清乾隆年间被列为地方税种上纳，且为上朝贡品，地方史称为"翁贵纸"。"翁"指先师蔡侯，"贵"则指纸的质量高，故名"翁贵"。关于翁贵村名的由来，当地村民有一则传说：仙人张三丰行游至此，向一个村民借火抽烟，村民称忙不理，张三丰扔出两只草鞋变成田里的两条大红鲤鱼，路人纷纷跳入田里"翁到趁鱼"（方言，意为"挤在一起捕鱼"），使村民做不成活。张三丰最后说道："干脆这里以后喊叫'翁贵'算了。"

翁贵村位于长顺县白云山镇东，距离镇政府所在地4 km，所造皮纸色泽洁白，细致而绵韧。因纸品绵洁、经久耐用，异于经典考试用纸南纸，历史上清廷曾专门将其作为科考和殿试试卷用纸。

[1] [清]周作楫.(道光)贵阳府志:卷四十七[M].清咸丰二年（1852年）刊本.

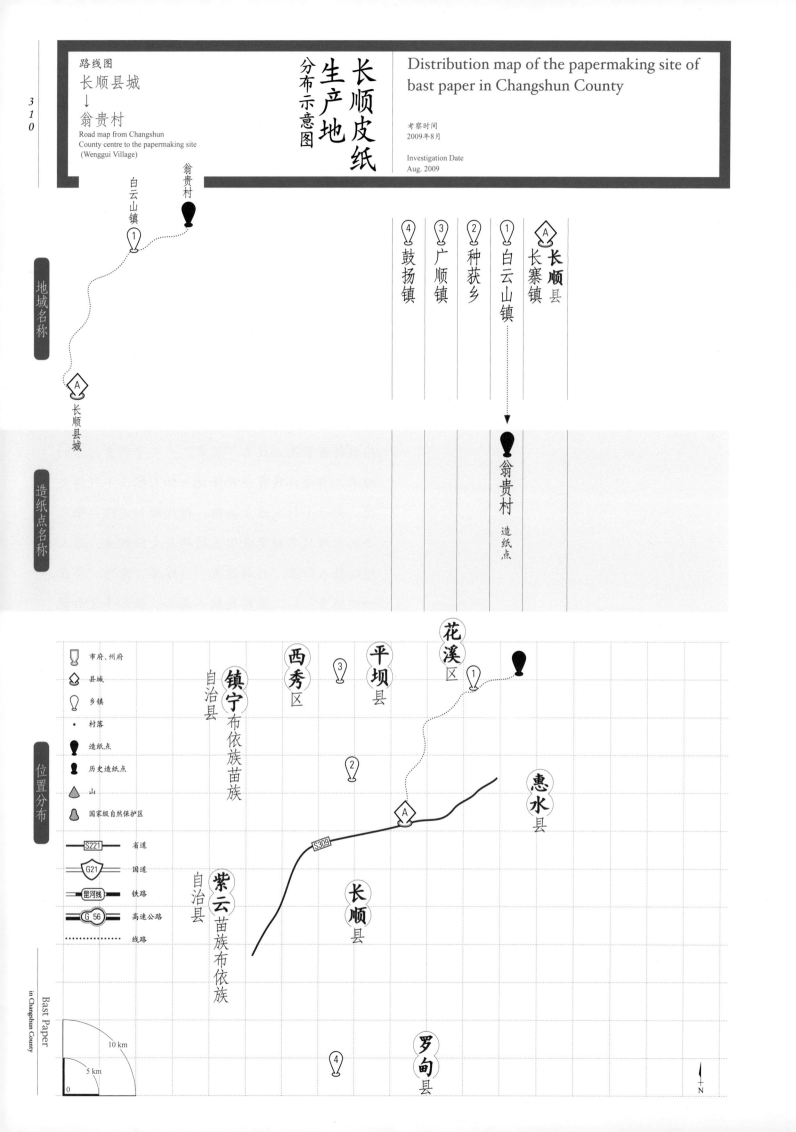

路线图
长顺县城
↓
翁贵村
Road map from Changshun
County centre to the papermaking site
(Wenggui Village)

长顺皮纸
生产地
分布示意图

Distribution map of the papermaking site of
bast paper in Changshun County

考察时间
2009年8月

Investigation Date
Aug. 2009

白云山镇 ①

翁贵村

地域名称

长顺县城 Ⓐ

Ⓐ 长顺县 长寨镇

① 白云山镇

② 种获乡

③ 广顺镇

④ 鼓扬镇

翁贵村 造纸点

造纸点名称

市府、州府
县城
乡镇
· 村落
造纸点
历史造纸点
山
国家级自然保护区

S221 省道
G21 国道
昆河线 铁路
G 56 高速公路
········ 线路

位置分布

花溪 区
平坝 县
西秀 区
③
镇宁 布依族苗族 自治县
②
惠水 县
S309
长顺 县
紫云 苗族布依族 自治县
罗甸 县
④

Ⓐ

0 5 km 10 km

N

Bast Paper
in Changshun County

二

长顺皮纸生产的
人文地理环境

2
The Cultural and Geographic
Environment of Bast Paper
in Changshun County

⊙1

⊙2

从贵阳往南行约60 km可到长顺县。长顺隶属黔南布依族苗族自治州，中古以前曾是夜郎文化故地，后受中原汉人南迁入黔后的"屯堡文化"浸染很深，但布依族、苗族等土著民族文化发育也十分典型。

翁贵村所处的白云山镇有著名的佛教名山白云山。《徐霞客游记》记载："白云山初名螺拥山，以建文君望白云而登，为开山之祖，遂以'白云'名之。"[2] 该地山川秀丽，有着浓郁迷人的布依风情。白云山上古木参天，由东向南建有灵宫殿、大山门、中殿、玉皇阁等主要建筑群，是西南边陲著名的四大佛教名山之一。此地建筑宏伟、层峦叠嶂、梵音缭绕、香火兴盛、万山环绕，传为建文帝隐居之地，远近闻名。

翁贵村位于长顺县白云山镇，地处东经106°13′6″~106°38′48″、北纬25°48′~26°17′30″，北同贵阳接壤，西与安顺毗邻。总面积15.02 km²，距长顺县城28 km，距白云山镇政府所在地4 km，距惠水县城8 km。往北5 km是旅游胜地白云山，往西15 km是夜郎文化遗存丰富的古镇广顺，往西南24 km是国家旅游名胜区杜鹃湖。调查时全村127户，582人，其中汉族人口占总人口的92%。翁贵造纸作坊现位于翁贵村的西面、翁贵河的上游，民国时期则主要分布在翁贵河中下游沿河两岸。

⊙1
白云山
Baiyun Mountain
⊙2
白云山寺院大殿
Great hall of Baiyun Mountain Temple

[2] [明]徐弘祖.徐霞客游记[M].褚绍唐,吴应寿整理.上海:上海古籍出版社,2010:211.

三
长顺皮纸的历史与传承

3
History and Inheritance of Bast Paper
in Changshun County

中国手工纸文库
Library of Chinese Handmade Paper

贵
州 卷·上卷
Guizhou I

Bast Paper
in Changshun County

翁贵村造纸历史可以上溯到明代初年。从洪武年间开始，明廷采取"充边塞"措施，即"调北填南"的政策，汉文化加速输入西南地区，加之贵州建省后，利用行政手段发展手工业生产，造纸术便是其中得益于政策促进的手工业态之一。据道光《广顺州志》记载，翁贵造纸作坊至明万历时已具规模，当地现在仍保留着万历年间的造纸作坊，被誉为造纸工艺的"活化石"。

翁贵造纸以清代时期为最盛，有百余家作坊近千位工人，产品有"盖公纸"（皮纸）、"竹廉纸"（竹纸）、夹纸、黄草纸等。其中，"盖公纸"因其色泽雪白、细致绵扎、质量优良，贵州历史上有"贷于他省者唯纸，以其绵结经久，异于南纸，以楮皮为之，出翁贵者上"。清廷圣谕专门进贡作为科考和殿试试卷用纸。保存下来的清廷试卷纸被史家认定确实源于翁贵。光绪二十一年（1895年），当地造纸还发生过与官府的利益纠纷，以至于政府立"永垂定例"碑明示，虽然该碑残缺，但是依稀可以辨出当时手工造纸的历史概貌。

翁贵皮纸的生产状况在1949年发生突变，因当地土匪与乡土势力发生冲突，土匪恼羞成怒，放火烧毁翁贵村房屋，并将财物掠劫一空。工匠们纷纷迁至平塘、罗甸、都匀、贵阳、安顺等地，这对翁贵造纸来说是一次沉重的打击。但即使这样，当地手工造纸的传统至1949年后仍未曾中断。

20世纪50年代，翁贵手工造纸业从家庭作坊走向合作社的模式，持续辉煌了20余年。1980年后，随着现代生产与生活方式的快速发展，翁贵纸厂于20世纪80年代已衰落到只有几户人家承包经营的冷落境地，其留存的造纸作坊被长顺县人民政府于1993年列为县级重点文物保护单位。仅因为当地人制作祭奠物也不时会需要翁贵皮纸，尚维持着完全无法与旧日相比的微量产销。

⊙1

⊙
1
翁贵古亭
Ancient pavilion in Wengui Village

黔南布依族苗族自治州府都匀的造纸业发展史，更能说明翁贵皮纸的历史影响。据《黔南文史资料选辑（第一辑）》中《都匀白纸业的创建和发展》记载，清光绪初年，本省长顺县广顺区的三位老工人章有银、简成贵、陶义肩挑白纸游乡串县来到都匀，发现都匀盛产皮麻而没有人造纸，便在当地建起了造纸坊。民国中晚期还成立了"造纸业同业工会"。由此可见翁贵造纸对都匀造纸业发展的影响是很直接的。

2009年，长顺土法造纸已入选第二批贵州省级非物质文化遗产名录。

四
长顺皮纸的
生产工艺与技术分析

4
Papermaking Technique and Technical Analysis of Bast Paper in Changshun County

（一）
长顺皮纸的生产原料与辅料

翁贵皮纸的主要原、辅材料为构皮、石灰、草木灰、烧碱、漂精和滑。

当地造纸户所用构皮主要选择生长2年左右的嫩树皮，生长5~6年的构树皮也常被使用，但年限长的构皮表皮上疙瘩多、出浆率小、利用率不高。

滑，即通常说的纸药，是皮纸生产中的关键辅料，翁贵皮纸使用的滑是用被当地人称为糯叶的植物制成的，其制作方法为：造纸工匠将糯叶炒熟、粉碎后浸泡在滑缸内，泡到用手捞出后汁呈线状流下时，即可使用。

（二）
长顺皮纸的生产工艺流程

翁贵皮纸生产工序如下：

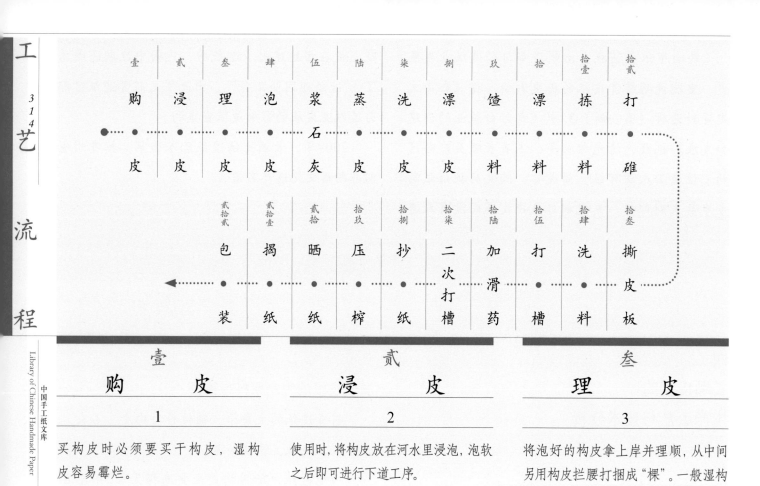

壹	贰	叁	肆	伍	陆	柒	捌	玖	拾	拾壹	拾贰
购皮	浸皮	理皮	泡皮	浆石灰	蒸皮	洗皮	漂皮	馇料	漂料	拣料	打碓

贰拾贰	贰拾壹	贰拾	拾玖	拾捌	拾柒	拾陆	拾伍	拾肆	拾叁
包装	揭纸	晒纸	压榨	抄纸	二次打槽	加滑药	打槽	洗料	撕皮板

壹 购皮

1

买构皮时必须要买干构皮，湿构皮容易霉烂。

贰 浸皮

2

使用时，将构皮放在河水里浸泡，泡软之后即可进行下道工序。

叁 理皮

3

将泡好的构皮拿上岸并理顺，从中间另用构皮拦腰打捆成"棵"。一般湿构皮10~15 kg/棵，干构皮4~5 kg/棵。

肆 泡皮

4

捆好的构皮要放在河里浸泡一周左右。

伍 浆石灰

5 ⊙1

将浸泡好的构皮放在石灰水里过一遍。基本用量是每100 kg干构皮需消耗60 kg石灰。为提高纸的品质，也可以适当增加石灰用量。

⊙1

⊙1
泡料池
Soaking pool

陆
蒸　皮
6　　　　⊙2

将浆好石灰的构皮放到甑锅里蒸，一般一锅能蒸2 250 kg干皮。甑锅底部放水，水面平放木头，再放皮。皮放完后，用谷草覆盖以遮风挡雨。准备好后，大约蒸一周左右，翻锅后再蒸一周。需要消耗1.5~2 t煤。

⊙2

柒
洗　皮
7

将蒸好的构皮拿到河沟里清洗，清洗时需要用脚不断地踩，以便将粘在构皮上的石灰残渣踩脱离。一般一人一天能踩洗250棵左右。

捌
漂　皮
8

将洗好的构皮一棵挨一棵地放在河水里，任河水冲洗两天两夜。再由工人在河里搓揉，将皮上的外壳等杂质搓揉掉。一般是用多少揉多少，一个工人在满负荷工作的情况下一天大约可揉100棵。

玖
馇　料
9

加水入锅内，并在水中放入2.5~3 kg纯碱，再放入揉好的构皮。一锅可放120~130棵构皮，蒸煮一天一夜，需用煤约50 kg。在蒸煮时根据火的大小，可适量加水。

拾
漂　料
10

用钩料棍将蒸煮好的构皮从甑锅里钩出来，放到河水里浸泡一天，让流水将构皮上的纯碱清洗掉，形成漂白构皮纤维料（当地称熟料）。

拾壹
拣　料
11

利用人工方式将漂白构皮纤维料中的老、黑、黄、硬的杂皮以及其他杂质挑选出来。一人一天可拣一锅。选拣完后，再次放入河里清洗。

拾贰
打　碓
12

将熟料放在脚碓中打碎分离并形成皮板。一般由一人踩碓（也有两人踩碓的），一人翻料。每个碓每天可碓50~60棵皮，形成50~60个皮板。

拾叁
撕皮板
13

将皮板撕碎，按每袋三个皮板进行装袋。

⊙
2
甑锅灶口
Entrance of the steaming wok

拾肆

洗　料

14

将装好碎皮的布袋浸入河水里，用料耙来回搅动，在将其搅融的同时，也将皮料（碎皮）中的浑水洗尽。一般洗一袋料耗时10~20分钟。

拾伍

打　槽

15 ⊙3

将洗好的皮料放入纸槽内，并往纸槽内加水，用两根槽棍不停地搅拌，使皮料与水混合、相融。

拾陆

加　滑　药

16

将调好的滑药加入打匀的纸槽内。

拾柒

二　次　打　槽

17

再次用槽棍将滑药与皮料打匀。

⊙3

拾捌

抄　纸

18 ⊙4

两人分站纸槽两侧进行抄纸。用胶布或粗线将纸帘等分成三份，使在抄纸的同时就已经形成一帘三纸。抄纸工采用两次入水法进行抄造，每抄完一张纸，由师傅将纸帘拎到一边的纸板上放好，再继续抄下一张。

⊙4

拾玖

压　榨

19 ⊙5

将抄好的纸垛用盖板盖好，大约20分钟后，等湿纸垛流出的水稍小后再进行压榨。压榨时，纸板上覆有一根木料，木料一头固定在将军柱上，另一头以活动方式进行挤压，直到纸垛中的水流尽为止。

⊙5

⊙3
打槽
Stirring the papermaking materials

⊙4
抄纸
Scooping and lifting the papermaking screen out of water and turning it upside down on the board

⊙5
压榨
Pressing the paper

贰拾
晒　　纸
20　⊙6~⊙8

将纸垛刮松，从一头将湿纸揭下，用棕刷将纸刷贴在纸焙或墙上晾干。若逢阴雨天，就直接将纸贴在经过烧火加热后的纸焙上烘干。翁贵皮纸在晒纸时，采用多层晾晒法，即将揭下的湿纸3~6张

多层贴在纸焙或墙上。如果生产双层皮纸，则可以2张贴在一起晒，晒干后一并揭下。

⊙6

⊙7

⊙8

贰拾壹
揭　　纸
21　⊙9

将贴在纸焙或墙上的纸一张张地揭开，仅留一角不分开，然后将整块多层纸一起揭下，再由两人合作揭开每张纸。

⊙9

贰拾贰
包　　装
22　⊙10

将揭下的纸按80张为1刀或25张为1捆分好，双层皮纸以40张为1刀，再用塑料袋包装（以前只用纸搓成纸绳捆扎）。在工厂化生产时，1刀为100张。

⊙10

Chapter V

第五章

黔南布依族
苗族自治州

Quannan Bouyei and Miao
Autonomous Prefecture

Section 1

第一节

长顺　皮纸

⊙
10
成品纸
Final product of paper

⊙
9
揭纸
Peeling the paper down

⊙
7 / 8
晒纸
Drying the paper

⊙
6
外墙晒纸
Pasting the paper on the wall

（三）

长顺皮纸的性能分析

对翁贵村生产的皮纸进行测试分析，得到其相关性能参数，见表5.1。

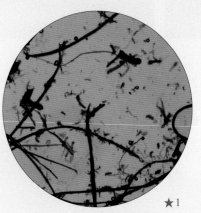

★1

★2

表5.1 翁贵村皮纸的相关性能参数
Table 5.1　Performance parameters of bast paper in Wenggui Village

指标		单位	最大值	最小值	平均值
厚度		mm	0.180	0.120	0.160
定量		g/m²	—	—	43.7
紧度		g/cm³	—	—	0.273
抗张力	纵向	N	28.2	19.6	23.1
	横向	N	11.8	9.1	10.7
抗张强度		kN/m	—	—	1.127
白度		%	39.0	38.1	38.5
纤维长度		mm	11.95	1.83	4.66
纤维宽度		μm	45.0	4.0	15.0

由表5.1可知，所测翁贵村皮纸最厚是最薄的1.5倍，经计算，其相对标准偏差为0.17%，纸张厚薄较为均匀。皮纸的平均定量为43.7 g/m²。所测皮纸的紧度为0.273 g/cm³。

经计算，其抗张强度为1.127 kN/m，抗张强度值较大。

所测翁贵村皮纸白度平均值为38.5%，白度较低，这可能是因为长顺翁贵双层皮纸在加工时没有

经过较强的漂白处理，白度最大值约是最小值的1.02倍，相对标准偏差为0.27%，差异相对较小。

所测翁贵村皮纸的纤维长度：最长11.95 mm，最短1.83 mm，平均4.66 mm；纤维宽度：最宽45.0 μm，最窄4.0 μm，平均15.0 μm。所测皮纸在10倍、20倍物镜下观测的纤维形态分别见图★1、图★2。

★
1
翁贵村双层皮纸纤维形态图（10×）
Fibers of double-layered bast paper in Wenggui Village (10× objective)

★
2
翁贵村双层皮纸纤维形态图（20×）
Fibers of double-layered bast paper in Wenggui Village (20× objective)

五

长顺皮纸的
用途与销售情况

5
Uses and Sales of Bast Paper
in Changshun County

翁贵纸质量优良，历史上用途广泛。据道光《广顺州志》记载，长顺县的造纸业产品有"盖公纸"（皮纸）、"竹廉纸"（竹纸）、夹纸、黄草纸等，其中，"盖公纸"因色泽雪白、细致绵扎、质量优良而进贡朝廷作为科举考试和衙门张榜用纸。目前，翁贵皮纸生产虽然已经萎缩，但其用途依然广泛，从包装、书写、挂山入殓、缝制裱糊到剪花做鞋底多行皆用。

清末是翁贵皮纸最为辉煌的时期，据乡邦文献记载，翁贵皮纸在清初发展很快，有300多户、500余人、80多个纸槽的规模。年产纸20多万刀，每刀银价3两，总产值6万多两白银。清中后期甚至发展到上百家、1 000余人的规模，外销曾经是其销售的重要渠道。翁贵皮纸在清代不但作为地方税种收税上缴，而且作为朝廷科举考试和衙门张榜用纸，清末贵阳官府甚至下令当地只准经销翁贵纸，否则商家不仅会被罚款还要立悔过碑。

调查组2009年8月入村调查的时候，该地的传统造纸业已经大幅萎缩，从业者少，主要是本地老一代的造纸人，生产出来的成品纸一般由造纸人拿到县城去销售。销售区域以本县为主，也有少量销往其他地区，如六枝、盘县、水城等地，省外则在相邻的云南县乡进行销售。

⊙1

⊙ 1
翁贵纸厂旧址
Former site of Wengui Papermaking Factory

第五章 Chapter V

黔南布依族苗族自治州 Qiannan Bouyei and Miao Autonomous Prefecture

第 1 节 Section 1

长顺皮纸

（一）祭蔡伦

据史料记载，早在明初贵州建行省时，就因长顺一带造纸原料丰富，官方和行家选定距省府30 km的翁贵龙王井（泉水处）为造纸基地，建起龙王庙亭，供奉蔡侯（蔡伦）大神牌位。后来发展到当地造纸人家在自家堂屋立祭祀的神位，除"天地君亲师"的牌位之外，就是"蔡伦祖师"的牌位。当地造纸户在每年农历五月二十七蔡伦忌日和农历三月十一蔡伦生日（也有资料表明此日是蔡伦发明造纸的纪念日）都要祭祀蔡伦。那时，造纸户都要到蔡伦庙祭蔡伦，庙里只敬蔡伦菩萨。

（二）布依族丧葬用纸

黔南布依族的丧葬习俗是，丧家停尸于堂屋中的"柳床"上，用白纸盖脸、白布遮身。亲友前来瞻仰时，可揭开白纸。停丧期一般为一天。其间，丧家要书写"当大事"三个白字贴于大门上，并派人通知内亲。入殓时，杉木棺内底铺一层纸钱或白皮纸盖棺。黎明前的寅时或卯时出殡，丧家亲友来到安葬前一天打好的"井"（墓穴）前，在坑中烧些纸钱"暖井"。棺材入墓垒坟。垒好坟后，又将篾编、纸糊的"仙鹤""神马"等罩于坟上。丧家当年用白纸书写大门对联，第二年用绿纸，第三年才用红纸。用红纸表示守孝期已满。在这每一步程序中，手工纸和纸制品都发挥着重要作用。[3]

（三）翁贵造纸歌

翁贵当地造纸有辉煌的历史，人们对其认同度

[3] 贵州省黔南布依族苗族自治州文化局,贵州省黔南布依族苗族自治州民族事务委员会.黔南戏曲音乐[M].贵阳:贵州民族出版社,1994.

很高，这一点从当地流传的《翁贵造纸歌》可以看出，田野调查时所录《翁贵造纸歌》内容如下：

龙井坎上构树花，纸槽建在龙潭下。全靠蔡伦来佑护，造的白纸人人夸。

龙井坎上构树林，纸坊建在翁贵村。天工开物作指导，造的白纸供京城。

（四）"永垂定例"碑与翁贵造纸历史见证

据长顺县古法造纸工艺"非遗"传承人王志祥介绍，十几年前，他们在维修纸坊时无意间在地里发现了一个残碑——"永垂定例"碑。至今关于这通残碑的来历以及它的过去仍然是个谜。中国文化遗产研究院专家吴铁梅对碑中现有的文字进行了断句研究。

"盖闻往圣之遗留，实……自开设纸槽以来，前辈……给上下衙门月纸，自……月内不知何故，擅改旧……因此人人气愤，个个心……摊月纸，自古已然，何敢……希图嫁害，然我东岸槽……石垂名，公开定例，以志……其有槽户芳……王玉山、王幹臣王简茂亭……李元中、吴

秉钧……章子……李如槐、陈连兴、章克明、池有才、章东海、陈连……光绪二十四……"

（注：……表示碑中缺失或暂未识别的字。）

根据断句后的文字意思可推测：碑文中的"给上下衙门月纸"与"摊月纸"很可能是上缴给衙门的纸量，或折成物的数量，涉及纸坊和官方的利益。从碑文上可推测，那时双方发生了纠纷，产生了利益冲突，损害了纸坊、槽户或其他人的利益。于是槽户们联合起来反对，共同维护纸坊的利益。经过协商解决了冲突，并共同约定日后的分配方案，因担心空口无凭，故立此存照，永久执行。不管当年的冲突真相如何，"永垂定例"碑作为历史物证，真实记录了翁贵造纸历史的发展和变迁，为研究者提供了宝贵的造纸文化资料。

⊙1

⊙ 1
"永垂定例"碑
Monument of "Permanent Stipulation"

七

长顺皮纸的
保护现状与发展思考

7

Preservation and Development of
Bast Paper in Changshun County

中国手工纸文库

Library of Chinese Handmade Paper

长顺翁贵皮纸在过去600多年的传承中，有着辉煌的历史记忆，即使在1949年后，也一度成为乡土经济支柱。随着现代生产生活方式的流行，翁贵皮纸的市场逐渐萎缩。调查时，翁贵村以皮纸生产为主的生产生活方式已经发生变化，由于传统工艺繁复，利润微薄，当地年轻一代对传统工艺已失去兴趣，大多选择外出务工，只留下部分老人还在维系着家庭生产，作为其生活补贴之用，皮纸生产业态日渐衰微。

调查组于2009年8月前往调查时，翁贵还存有大面积的旧造纸厂房，但厂房四面透风，仅由砖柱支撑，屋顶不能挡雨，造纸纸槽、碾坊大多废弃。只有少量的造纸户或老工匠在废弃的厂房中清扫出部分设备，在农闲时少量造纸。目前，翁贵造纸艺人大多已年逾五十，后继无人，如再不采取措施进行保护，翁贵皮纸制作技艺的活态将会很快失传。

⊙1

⊙
现存生产厂房
Papermaking factory still in use

但是翁贵造纸作坊的传统文化保护和研究价值已在近年发生了若干变化，通过调查反馈的信息获知，长顺的地方机构正在对翁贵造纸作坊的保护进行关注和支持，初步措施包括以下几点：

（一）对造纸作坊的保护

早在2006年，长顺非物质文化遗产普查小组就先后三次对翁贵古法造纸进行了全面、深入的普查，搜集了大量的文字、图片、录音、录像资料；同年11月，翁贵古法造纸被长顺县列入县级重点非物质文化遗产名录，五位造纸工匠被列为县级非物质文化遗产传承人。2007年，翁贵古法造纸技艺先后被列入黔南州级、贵州省级非物质文化遗产名录。长顺当地政府明确承诺将完成翁贵古法造纸国家级非物质文化遗产名录和两名以上翁贵古法造纸省级非物质文化遗产传承人的申报。

政府已设立了专项保护资金。长顺文化机构承诺用好国家非物质文化遗产保护政策，将每年不少于2万元的翁贵古法造纸保护资金纳入县财政预算，用于造纸作坊基础设施建设，危房维修，原貌的逐步恢复，传承人的产品物价差额、生活补贴等。

（二）对传统造纸资源的合理开发和利用

长顺正在申报白云山镇翁贵古法造纸文化之乡。同时已规划，结合翁贵新农村建设加强翁贵古法造纸作坊下游河道的治理，美化周边环境；结合长顺县文化旅游，打造"潮井—青龙山—翁贵古法造纸文化之乡—白云山帝王佛教文化圣

⊙2
广顺古镇
Guangshun Ancient Town

地—中院布依族民族村寨—广顺夜郎古都遗址—杜鹃湖风景名胜区"旅游风景线。

（三）对手工纸文化扩大宣传领域

2011年10月17日，上海世博会设有"长顺日"。长顺县将当地用古法造纸工艺造出的皮纸赠送给"世博会"，用于古典书籍的修复，并进行了现场书法和绘画表演，以赠游客，让翁贵古法造纸再次受到世人的关注和青睐。

（四）拓展产品市场

长顺县规划成立翁贵古法造纸保护专家组，帮助造纸工匠加强翁贵造纸管理，在工序、工艺、设备等各个环节都做到精益求精，力求使翁贵皮纸纸质更柔韧、细致、白净，增强市场竞争力。

⊙2

皮纸

翁贵村 皮纸 透光摄影图
A photo of bast paper in Wenggui Village
seen through the light

第二节

惠水
竹纸

贵州省
Guizhou Province

黔南布依族苗族自治州
Qiannan Bouyei and Miao Autonomous Prefecture

惠水县
Huishui County

调查对象
芦山镇
竹纸

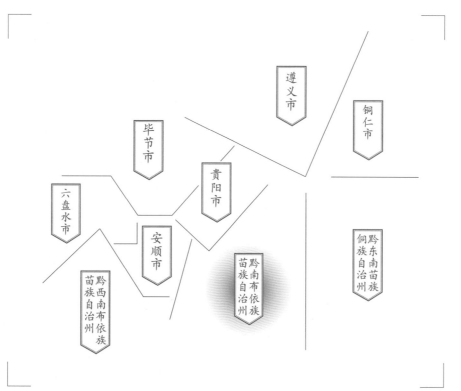

Section 2
Bamboo Paper
in Huishui County

Subject

Bamboo Paper in Lushan Town

一

惠水竹纸的
基础信息及分布

1
Basic Information and Distribution of
Bamboo Paper in Huishui County

惠水县位于贵阳市正南面，隶属黔南布依族苗族自治州。惠水竹纸的主产区位于该县西南部的芦山镇。芦山镇境内最长的河流是芦山河。芦山河岸的硐口、羊马一带的汉族百姓，将以水竹、糯竹、苦竹等为原料生产竹纸作为副业。从当地民间口述记忆可知，造纸技艺始于明末清初，历经300多年。2009年，惠水竹纸被列入第二批贵州省级非物质文化遗产名录，李发田是该项目的省级代表性传承人。

2009年8月，调查组通过实地考察了解到：进入21世纪后，惠水竹纸逐步萎缩，生产规模从20世纪晚期不及鼎盛时期的30%，迅速萎缩至仅存两户，其中一户仍以传统方式造纸，而另一户已经对造纸工艺进行了改变。

芦山以竹为原料生产的纸，被当地人称为"草纸"。这种纸的特点是吸水性很强，当地人认为其非常洁净。竹纸的用途比较单一，主要用于焚烧、随葬、制作挂青的钱串等。惠水竹纸旧日曾被民间用来作为学生习字的纸张，但今已被弃用。惠水竹纸兴盛时期的销售区域覆盖了整个贵州，萎缩后则只在当地销售。

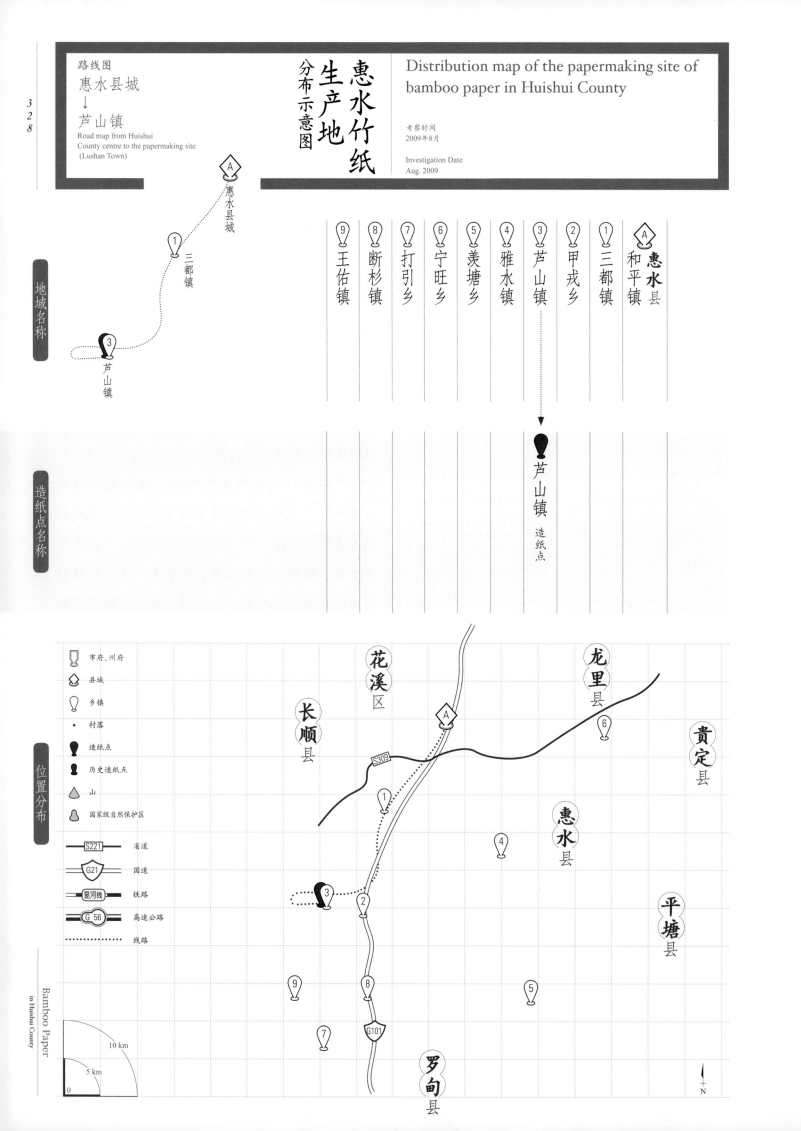

路线图
惠水县城
↓
芦山镇

Road map from Huishui
County centre to the papermaking site
(Lushan Town)

惠水竹纸
生产地
分布示意图

Distribution map of the papermaking site of
bamboo paper in Huishui County

考察时间
2009年8月

Investigation Date
Aug. 2009

A 惠水县城

① 三都镇

③ 芦山镇

地域名称

A 惠水县 和平镇

① 三都镇

② 甲戎乡

③ 芦山镇

④ 雅水镇

⑤ 羡塘乡

⑥ 宁旺乡

⑦ 打引乡

⑧ 断杉镇

⑨ 王佑镇

造纸点名称

芦山镇 造纸点

位置分布

市府、州府
县城
乡镇
村落
造纸点
历史造纸点
山
国家级自然保护区

S221 省道
G21 国道
昆河线 铁路
G 56 高速公路
线路

10 km
5 km
0

Bamboo Paper
in Huishui County

花溪区
长顺县
龙里县
贵定县
惠水县
平塘县
罗甸县

N

二

惠水竹纸生产的
人文地理环境

2
The Cultural and Geographic
Environment of Bamboo Paper
in Huishui County

惠水县东接平塘、贵定，西连长顺，南邻罗甸，北与贵阳、龙里相壤，地处东经106°22′~107°06′、北纬25°41′~26°18′，全县总面积2 470 km²，辖8个镇，17个乡，总人口46万，其中少数民族人口24.9万，居住着汉、布依、苗、回、壮、侗、水等18个民族，人口较多的少数民族有布依族、苗族。

惠水其地历史悠久，春秋前属"荆楚"，春秋时期属牂牁国，春秋末归置夜郎国，三国时设七郡。唐时为清兰县辖地，五代设南宁州，宋置八番地，明建程番府、定番州，民国三十年（1941年）改称惠水县。1958~1963年曾隶属贵阳市，1963年改隶属黔南布依族苗族自治州。

芦山镇位于惠水县西南部，距县城35 km，东以涟江河为界，与断杉、甲戎相望，南邻王佑镇，西与长顺县长寨镇接壤，北是通往惠水及长顺县城的北大门。

芦山镇的土地总面积91.5 km²，人口密度256人/km²，地势西高东低，坝区集中在威王公路沿线，水源丰富，土地肥沃，可耕地面积10.27 km²，其中水田6.72 km²，旱地3.55 km²，森林覆盖率达34%。芦山镇布依族人口占总人口的51%，民族节日有"三月三""四月八""六月六"等，较为特殊的是布依族婚嫁、丧葬等民俗民风，还有流传至今的望郎回、神仙石等民间传说。拥有汉族的花灯、布依族的民歌、中华人民共和国成立初期的剿匪故事、"望郎回"的美丽传说、尚存的民居古屯和古庙、长官司遗址及其山峰"屯堡"、清乾隆年间的古戏楼台等非遗文化和人文景观。

芦山地理由于挤压出露地层的碳酸盐岩山峰形成条鱼背纵贯境内中央，称"雅羊背斜"，境内峰林叠嶂，丘陵遍布，到处都有溶蚀泥盆地和沙页泥盆地。背斜群峰喀斯特溶洞众多，地下河流纵横，其水流不断从各处溶洞和石缝溢出，形成无数沟河溪流，交织流过山地和各大小盆地，为当地的生产、生活提供了丰富的水资源。其中最大的芦山河发源于麦旁村附近的溶洞中，流程11.5 km，天然落差95 m，纵贯芦山全境，是芦山的重要水源。

芦山原名"六山"，因该镇所在地附近的六座大山——凤凰山、狮子山、瓦窑山、夜合山、栗木山、鸭头山而得名。元朝至清康熙三十九年（1700年）间，芦山是长官司所在地，长官司由卢姓世袭，"六山"便被改成了"卢山"。"改土归流"后，常常写为"芦山"。元朝在芦山设置长官司。明洪武四年（1371年），长官司卢经保归附明朝，隶属贵阳军民指挥使司卫。清顺治十五年（1658年），芦山长官司归附清朝。康熙三十九年（1700年），清政府撤掉长官司，改为州直管，实行流官制。此后，芦山便有了实际上的镇制管理。民国沿袭旧制，几经周折。1949年

11月建惠水县，并下设共和、上马、三雅、明华四个区，芦山镇属三雅区。1961年建芦山、雅羊两公社。1991年合并为芦山镇。

芦山人向来重商，从商者占全镇总人口的40%~50%；长年经商者占10%~12%。芦山镇市场繁荣，商业文化源远流长，是周边乡镇及县市的商品集散地，竹器编织、手工土纸为地方特色交易产品。

⊙1

三
惠水竹纸的历史与传承

3
History and Inheritance of Bamboo Paper
in Huishui County

调查组从造纸村民口述记忆获知，惠水竹纸起源于明末清初，至今已有300余年，最初由迁移的汉族人将造纸术带到当地，随着汉族人在当地繁衍生息，造纸术逐渐流传开来。历史上定番州（今惠水）的纸，在清代与印江纸同被指定为贵州科举考试专用纸。惠水的纸张中惠水竹纸占有一定比例，可见该地竹纸是产生过一定影响的。

贵州地方文献研究者的研究显示，到清乾隆年间，硐口、羊马、芦山的朱、刘、卢、孙等几家大户率先办起草纸生产作坊后，乡村造纸业便逐渐发展起来。嘉庆之后，形成了芦山乡村工业的第一个发展时期。造纸户从最初的3户逐步发展到10余户，每一户有七八个窑子。民国初年又进一步发展到近百户，工艺也有所改进，舂竹麻工序由脚碓改为牛拉碾和水车碾。20世纪40年代

为芦山生产竹纸最兴盛时期，牛拉碾和水车碾60多架，抄纸槽发展到180余个，年用竹子150多万千克，年产竹纸50多万千克，有的甚至一家就有七八个纸槽同时抄纸，雇有10余个工人从事生产，生产的竹纸和由竹纸加工的纸钱畅销贵州省内各地。

1952年9月，政府拨款5 000元在硐口村以公私合营的形式吸收部分个体造纸户、技术工人，调入干部共18人，兴办了"惠水利民造纸厂"。该厂当时建有抄纸槽5个、窑子3个、烘纸焙笼6个，年产值15 585元。1954年5月，该厂并入"贵阳虹桥造纸厂"，并进行民间毛边白纸生产。1958年，该厂划回惠水县后称为"硐口纸厂"，为地方国营企业。1959年，有职工30多人，年产竹纸194吨、毛边白纸239刀、纸浆209.5吨，年产值386 563元。1989年，当地办竹纸厂73家，形成了较大规模群体，有的还实现了半机械化生产，产品远销贵阳、安顺、罗甸、长顺以及广西靠近贵州的若干地区。

惠水竹纸作为传统造纸的样本，已被列入贵州省非物质文化遗产名录。

但调查组2009年入镇时看到的现状却是，其传承状况已经相当不好，只有两户在坚持生产。

四

惠水竹纸的
生产工艺与技术分析

4
Papermaking Technique and Technical
Analysis of Bamboo Paper
in Huishui County

⊙1

（一）

惠水竹纸的生产原料与辅料

　　惠水竹纸制作的原、辅料主要包括水竹、糯竹、苦竹、石灰和滑等。

　　水竹用途广泛，其竹笋味鲜甘甜，竹编器具和工艺品美观、耐用，燃烧后能产生竹油、竹炭。其竹油香气浓郁，可用作化妆品的配料等，主干高l~1.5 m，直径3~5 mm，除基部外基本无毛。

　　糯竹，别名香糯竹、糯米香竹、香竹，高9~12 m，直径4~7.5 cm，顶端稍下垂，节间长30~45 cm，傣族习惯于在秆节间灌入糯米煮饭，其味香美，可用于编织围篱等。

　　苦竹，别名四季竹、疏节竹，禾本科唐竹属，高约7 m，直径3~4 cm，节间呈圆筒形，长可达80 cm，无毛，新秆绿色，节下有白圈。

　　芦山造纸所用竹子，不分季节砍伐、收购。产于四季的竹子经过晒干后，便可运至造纸作坊，经过人力或畜力进行碓打。

　　滑，即通常说的纸药。芦山使用的滑为当地人所称的小桦叶或大桦叶。根据造纸户总结的经验，制滑效果较好的为小桦叶。桦叶不能直接使用，需要将带叶的桦树枝放到正在燃烧的窑外进行翻烤，等桦树叶的水分基本被烤干后，将叶子摘下，集中放在碓中打碎成粉状，装袋备用。使用时，取适量桦叶粉放入桶内，加水搅拌均匀后浸泡。浸泡约一小时后，不用进行过滤，直接倒进抄纸旁的滑缸中，并加入适量的水，用槽棍将其搅拌均匀后任其沉淀。次日抄纸时，直接使用上面的淡滑水，沉淀在下面的浓滑液可继续加水使用。

　　基本用量：小桦叶干粉0.75 kg/天或大桦叶干粉1 kg/天。

（二）
惠水竹纸的生产工艺流程

根据调查组实地调查，记录惠水竹纸的工艺流程为：

壹	贰	叁	肆	伍	陆	柒	捌	玖
砍竹竹	舂竹麻	捆浆把	上浆窑	煮竹麻	洗竹麻	发酵竹麻	碾竹麻	挑竹麻

拾柒	拾陆	拾伍	拾肆	拾叁	拾贰	拾壹	拾
切纸	收纸	晾干纸	揭纸	压榨	抄纸	打纸槽	踩竹麻

⊙2

壹
砍　竹
1

农户用刀将竹子整根砍下，然后将其修整成长短大致相同的竹段，以20~30根为1捆，运至造纸户指定的场所。

贰
舂竹麻
2　⊙2

用脚碓将竹子打破，一人踩碓，一人喂料。喂料时可以同时喂2~3根竹子。从竹子的一头开始打碓，直至打完整根。每个脚碓一天可打300多千克竹子。调查时，造纸户已对脚碓进行了改造，以柴油机或电机为动力，提高了劳动效率。

叁
捆浆把
3

将打碎的竹子以10根左右为1捆，扎成捆子。捆扎后的竹子，当地人称为"浆把"。

黔南布依族苗族自治州
Qiannan Bouyei and Miao Autonomous Prefecture

第二节 Section 2

惠水竹纸

⊙2
舂竹麻
Beating the bamboo materials

Library of Chinese Handmade Paper

中国手工纸文库

贵
州
卷·上卷

Guizhou I

Bamboo Paper
in Huishui County

肆

上　窑

4　⊙3⊙4

把浆把放入盛满石灰水的坑里浸泡，待浆把全部浸入石灰水后，直接放进窑子里，并以层为单位按顺序摆放，每层横竖不可交叉，可摆放至高出窑口30余厘米，然后用煤灰压紧并封口。一般来说，每口窑可放10 000 kg竹子，需要200 kg生石灰。

⊙3

⊙4

伍

煮　竹　麻

5

封口后，往上窑时预留的洞内注满水，用煤生火烧窑，每天用煤70 kg左右，连续生火40天，每天早晚各烧一次，每次间隔12小时。烧的时候，插一根木棍在窑洞里，便于掌握水位高低，一旦水少了就要继续加水，直至水满为止。

陆

洗　竹　麻

6

用钉耙将煮好的竹麻钩起，放入窑旁的小河里洗掉石灰。清洗时需要10余个劳力，一窑竹麻要在一天时间内全部洗完。清洗竹麻时，需将窑内的石灰水放掉，并用清水将窑子洗干净。第二天，再将洗净的竹麻依次放回窑内，叠放四层后，牵耕牛在窑内踩，踩实后再放一层竹麻，再踩实，再放竹麻。如此反复，直至将洗净的竹麻放完并踩实为止。然后用塑料薄膜盖实，再用小石头压好进行发酵。

柒

发　酵

7

发酵时，窑内要保持一定的温度。利用窑内余温或在装好窑后继续加热进行发酵。一般发酵20天后要往窑内加一次水；如果天气好、气温高，可10天加一次水；在雨天、气温低的情况下，可延迟为一个月加一次水。加水后，用大火持续烧20天左右，目的是提高水温，加速竹麻腐烂。待竹麻腐烂后，再泡（淹沤）2~3天，便可出窑。

捌

碾　竹　麻

8　⊙5⊙6

将发酵好的竹麻用背篼背到水碾房，一般1槽可碾4挑（8背篼），约250 kg。小槽可碾2~3挑。如果带动水碾的水力大，且24小时不停歇，则可碾4槽。

⊙5

第五章

Chapter V

黔南布依族
苗族自治州

Qiannan Bouyei and Miao
Autonomous Prefecture

⊙7

玖
挑　竹　麻
9

用背篼将碾好的竹麻背到抄纸房。

拾
踩　竹　麻
10

将竹麻放进踩坑，用水浸泡。抄小纸*时，一次可踩10盆；抄大纸时，一次可踩20盆。赤脚（冬季可穿雨靴）踩20分钟左右即可。踩好后，竹麻就变成了抄纸的"纸浆"。将踩过的纸浆一次性倒入槽子里，用滚耙**将纸浆拱散，放水搅拌后浸泡。

拾壹
打　槽
11　⊙7

先将处理好的滑水加进槽内，用槽棍在水面上划动，划匀后，便可抄纸。

打槽
⊙7
Stirring the papermaking materials

水碾的外部
⊙6
Outside of the hydraulic grinder

碾竹麻
⊙5
Grinding the bamboo materials

* 惠水竹纸有两种规格，当地人称大幅面的为大纸，小幅面的为小纸。

** 一种工具，用细竹竿制成，专门用于搅拌纸浆。

工
艺
流
程

3
3
6

中国手工纸文库
Library of Chinese Handmade Paper

贵
州 卷·上卷

Guizhou I

Bamboo Paper
in Huishui County

拾贰
抄　纸
12 ⊙8

惠水竹纸的抄纸工序由单人完成，使用的是拆合式抄纸法，工具由纸帘、纸架、座板（木榨板）等组成。操作工先将纸帘放在帘架上，再将两根帘尺分夹两头并用手固定，采用两次入水、倒水法抄纸。第一次入水为纸帘前边先入水，待水注满帘架时，轻荡一下帘架，抬

起右手将水从左边倒下。第二次入水由后边（靠身体一边）先入水，水布满帘架后，也从左边倒下。随后将帘架一头斜放在纸槽一边的木棍上，另一头放在纸槽边，将帘尺

拿开，手持纸帘，将纸帘的一边放于固定在纸座上方的木桩上，自靠身体一边向外放在纸座上，放好后，从靠身体一边将帘子揭起、掀开，再将纸帘放在帘架上，抄下一张纸。

⊙8

拾叁
压　榨
13

每当所抄湿纸累积到一定量并形成纸垛时，就将纸帘覆盖在纸上不揭下，并将一块与纸帘差不多大的木板覆盖在纸帘上，待纸垛上的水稍干，操作工用双手压住纸板，均匀地用力，使纸垛平整。等纸面平整后，将木板拿下，继续抄纸。

拾肆
揭　纸
14

将榨好的纸垛搬至晾纸处，一张张揭下，一般连续揭13张为1刀，晾在屋内原先搭好的竹竿上。天气较好时，也可揭15张为1刀晾。

拾伍
晾　干
15 ⊙9

惠水竹纸采取晾干方式进行干燥。晾纸的地方均在屋内，一般选择在阁楼上。夏天一般晾4~5天，若逢阴雨天则需11天左右，冬季若不能自然晾干，需在屋内生火烤干。

⊙9

抄
纸 8
Scooping and lifting the papermaking screen
out of water and lifting it upside down on
the board

晾
干 9
Drying the paper

拾陆
收　纸

16

将收下来的纸展开，以13张为1刀，60刀为1捆捆好。

拾柒
切　纸

17　⊙10⊙11

将成品纸用刀裁成小块，从左到右打成9眼，从上到下打成3排，称为"九眼九钱"，主要用于烧化。

⊙10

⊙11

切纸 10　Trimming the paper

打孔 11　Punching holes in the paper

近年来，惠水竹纸制作工序发生了一定的变化，调查时发现两户正在生产的造纸户已有一户将收购来的用牛皮包装纸制成的废纸盒（箱）浸在水池里，用水力搅拌机进行搅拌，加入竹麻制作的纸浆，在圆网造纸机上造纸。这种纸大多被切成「九眼九钱」进行销售。

（三）

惠水竹纸的性能分析

对芦山镇生产的竹纸进行测试分析，得到其相关性能参数，见表5.2。

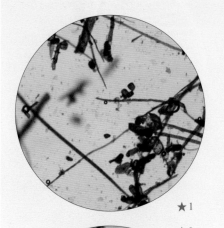

★1

★2

表5.2　芦山镇竹纸的相关性能参数
Table 5.2　Performance parameters of bamboo paper in Lushan Town

指标		单位	最大值	最小值	平均值
厚度		mm	0.280	0.210	0.240
定量		g/m²	—	—	69.7
紧度		g/cm³	—	—	0.290
抗张力	纵向	N	12.7	5.4	9.4
	横向	N	4.7	1.4	3.1
抗张强度		kN/m	—	—	0.417
白度		%	18.0	16.5	16.8
纤维长度		mm	5.45	1.09	2.34
纤维宽度		μm	48.0	5.0	14.0

由表5.2可知，所测芦山镇竹纸最厚约是最薄的1.33倍，厚薄差异相对较小，经计算，其相对标准偏差为0.23%。竹纸的平均定量为69.7 g/m²。所测竹纸的紧度为0.290 g/cm³。

经计算，其抗张强度为0.417 kN/m，抗张强度值较小。

所测芦山镇竹纸白度平均值为16.8%，白度最大值约是最小值的1.09倍，相对标准偏差为0.52%，差异相对较小。

所测芦山镇竹纸的纤维长度：最长5.45 mm，最短1.09 mm，平均2.34 mm；纤维宽度：最宽48.0 μm，最窄5.0 μm，平均14.0 μm。所测竹纸在10倍、20倍物镜下观测的纤维形态分别见图★1、图★2。

五
惠水竹纸的
用途与销售情况

5

Uses and Sales of Bamboo Paper
in Huishui County

在300余年中，惠水竹纸的造纸工艺在当地的汉族群体中传承。最为兴盛时，村中所有的汉族村民均以造纸为业，所产纸张供给当地人用于丧葬、祭祀等。调查时惠水竹纸的用途只剩单一的祭祀，规格为1捆60刀。

惠水竹纸的销售分两种，一种为零售商上门进货，一种为造纸户送货上门到零售商处。主要销售地点在惠水县域。芦山当地村民如果家中急需，也有上门找造纸户直接购买的。

⊙1

Chapter V

黔南布依族
苗族自治州 Qiannan Bouyei and Miao
Autonomous Prefecture

Section 2

惠水竹纸

⊙1
芦山镇上出售惠水竹纸的小商店
Bamboo paper in Huishui County sold in a
small store in Lushan Town

340

中国手工纸文库

Library of Chinese Handmade Paper

贵　州 卷·上卷 | Guizhou I

Bamboo Paper
in Huishui County

（一）劳动分工

虽然惠水及芦山是少数民族聚居区，但竹纸制作技艺一直在当地的汉族人中传承，未闻有少数民族农户生产竹纸。制作中，工艺都由男性完成，即使有女性参加，也只是帮忙打下手，形成了比较典型的分工和技艺传习模式。

（二）祭蔡伦祖师

在造纸业鼎盛时期，芦山建有蔡伦庙，蔡伦庙里只供奉蔡伦，每年的农历五月十七、十月十七，造纸户都会出同样的钱以"打拼火"的方式杀猪宰鸡到蔡伦庙里祭纸祖蔡伦。调查时，蔡伦庙已废弃多年，且旧址已荡然无存。蔡伦庙废弃后，当地造纸户的香案上，在供奉"天地君亲师"牌位下供奉"蔡伦祖师"，每年农历的五月十七、十月十七，以造纸家庭为单位进行祭拜。但据造纸户说，进入21世纪后，此习俗也说不清因何原因自动消失了。

（三）谚语

在芦山，造纸是个极其辛苦的行当，调查中获知当地曾流传过这样的谚语：

嫁郎莫嫁抄纸郎，

嫁给抄纸郎不风光，

年到三十来结账，

扯下一块纸盒补裤裆。

这是旧时芦山造纸工的一种真实的生活写照，造纸辛苦，经济拮据，还得不到应有的尊重，可见旧时这种传统的技艺和职业就已面临尴尬的局面。

七
惠水竹纸的
保护现状与发展思考

7

Preservation and Development of
Bamboo Paper in Huishui County

惠水竹纸作为惠水手工纸的经典品种，在清代与印江纸同被指定为贵州科举考试专用纸。在近代手工业发展的背景下也有过产业文化的繁荣记忆。随着社会的发展、各种机械纸张的冲击，惠水竹纸习字的功能逐步淡出，只留下祭祀的功能。

虽然惠水竹纸已被列入贵州省级非物质文化遗产名录，当地民间人士也努力将惠水竹纸制作技艺往"天然造纸博物馆"这一宣传方向打造，但即使是各方努力奔波，目前惠水竹纸的萎缩态势仍未停止，多口用于蒸煮的窑荒废，只剩下芦山镇峒口村摆达组两户造纸户在艰难维持。其中一户已开始使用牛皮包装纸制成的废纸箱为原料，将其浸泡后，送入打浆机打成浆料，混入竹浆再进行抄制，这种改进后的产品比传统纯竹浆竹纸更细腻、光滑。但这种改进已经失去了惠水竹纸传统手工的原真性，走向了机器造纸同质化的边缘。

有关惠水竹纸保护的建议：

1. 政府投入、纸工参与，建立惠水竹纸保护长效机制

由地方政府根据贵州省非物质文化保护办法和我国颁布实施的《非物质文化遗产法》，专门针对惠水竹纸出台保护条例，划拨专款，对至今还采用传统工艺生产竹纸的生产户进行补贴，重点对厂房、设备和纸工等方面进行补贴，以抢救的方式保护惠水竹纸的"活态"。

2. 旅游带动

惠水竹纸是惠水县唯一用传统造纸法所造的纸种，可考虑将惠水竹纸与当地的旅游线路结合在一起进行推广，使更多的当地人和有识之士熟知这一传统技艺文化样式，唤起地方传承保护惠水竹纸的认同感。

竹纸

芦山镇竹纸透光摄影图
A photo of bamboo paper in Lushan Town
seen through the light

第三节

龙里

竹纸

贵州省
Guizhou Province

黔南布依族苗族自治州
Qiannan Bouyei and Miao Autonomous Prefecture

龙里县
Longli County

调查对象
龙山镇
纸厂行政村
竹纸

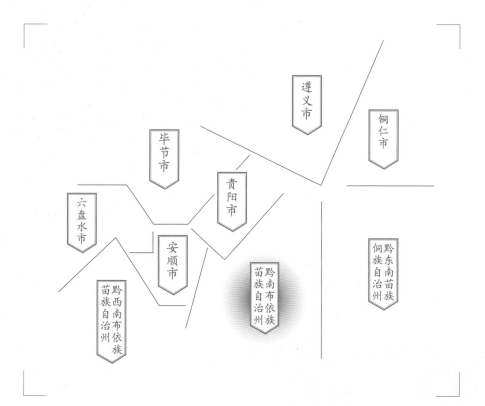

遵义市

铜仁市

毕节市

贵阳市

六盘水市

安顺市

黔南布依族
苗族自治州

黔东南苗族
侗族自治州

黔西南布依族
苗族自治州

Section 3
Bamboo Paper
in Longli County

Subject

Bamboo Paper in Zhichang Administrative Village
of Longshan Town

一

龙里竹纸的
基础信息及分布

1
Basic Information and Distribution of
Bamboo Paper in Longli County

龙里竹纸的代表纸品是龙里县龙山镇猴子沟风景区内深山坳的纸厂村所造的手工纸。该纸品所用原料为当地所产的竹子、芭茅、谷草与麦秸。据《贵州六百年经济史》考证，早在明代龙里就有产纸的历史记录。

龙里竹纸生产所集中的纸厂村，位于龙里县城南，距县城25 km的省级风景名胜区猴子沟峡谷内。村内至今还分布着众多造纸遗存。历史上纸厂村所造的纸因质量和色泽较优，用途广泛，深受龙里和周边地区欢迎，从其一直延续下来的"纸厂"村名，便可知晓造纸在当地的地位和作用。2009年8月入村调查时，纸厂村民们所造的竹纸主要用于祭祀，虽然看上去较为粗糙、原始，但工艺过程却颇为讲究。

调查时，龙里竹纸制作技艺已被列入黔南布依族苗族自治州非物质文化遗产名录。

路线图
龙里县城
↓
纸厂村
Road map from Longli
County centre to the papermaking site
(Zhichang Village)

分布示意图

龙里竹纸
生产地

Distribution map of the papermaking site of bamboo paper in Longli County

考察时间
2009年8月

Investigation Date
Aug. 2009

纸厂村

龙里县城

Ⓐ

地域名称

⑤ 谷脚镇　④ 羊场镇　③ 摆省乡　② 洗马镇　① 麻芝乡　Ⓐ 龙里县 龙山镇

造纸点名称

纸厂村 造纸点

Ⓐ

位置分布

市府、州府
县城
乡镇
· 村落
造纸点
历史造纸点
山
国家级自然保护区

S221　省道
G21　国道
昆河线　铁路
G 56　高速公路
········　线路

开阳县　②　福泉市　贵定县　贵阳市　龙里县　惠水县

G 210　⑤　①　G 60　Ⓐ　黔贵线

④　③

10 km
5 km
0

N

二

龙里竹纸生产的
人文地理环境

2

The Cultural and Geographic
Environment of Bamboo Paper
in Longli County

龙里县位于黔中腹地、苗岭山脉中间，贵阳以东37 km处，地处东经106°45′～107°15′、北纬26°10′～26°49′，东邻贵定、福泉，南接惠水，西面紧邻贵阳市，扼守贵阳的东大门，是东出三湘、南下"两广"都要途经的交通要地。《大明一统志》描述其为"龙里卫，襟山带水，居滇楚要冲"。

龙里县域内山环水绕、林茂花香，清代四川提学佥事江盈科在他的《修城记》中描述道："黔故多石，龙里城内外更多佳石，居民以石为垣，杂植花果，春来花开如绣，有江南之风，……此亦西南徽一胜概也。"从整体上看，龙里从东北到西南纵向呈月牙形，总面积1 521 km²。龙里县境内丘陵、低山、中山与河谷槽地南北相间排列，呈波状起伏。龙里县城海拔1 080 m，属北亚热带季风湿润气候。年平均气温14.8 ℃，降水

⊙1

Library of Chinese Handmade Paper

中国手工纸文库

丰沛，年平均降水量1 100 mm左右，多集中在夏季；气候温和舒适，阳光充沛，冬无严寒，夏无酷暑，是龙里的主要特征。

龙里得名一说为世代相传的"龙之故里"，1931年《今县释名》解释为"以龙氏所居名"；另一说为因当地龙架山而得名，明《贵州图经新志》载："龙架，本山名，卫治其下。"[4] 清康熙十三年（1674年）《贵州通志》记："龙架山在县城南一里，县之镇山也。"

龙里作为一个县级行政区划，自元至元二十年（1283年）置龙里州始，治所在今县境内，"龙里"之名自此，明置龙里卫；清设龙里县，隶属贵阳府；后几经反复，1961年复置龙里县。

龙里居住的主要民族为汉族、布依族和苗族。全县总人口20.7万，其中少数民族人口占37.47%。虽然龙里的苗族并不是周边各地区中分布最多最广的，但是近年来龙里在苗药文化开发和苗药产业发展中也逐渐拥有了相当的知名度。

龙山镇猴子沟省级风景区是龙里竹纸的主要生产地，位于龙里县城以南13 km处，西距贵阳53 km。该风景区主要由高原草场和森林峡谷两类景区组成，是峡谷、沟谷、峰林、峰丛、竖井、天坑、洼地以及由此而形成的自然气候、植被、景观等的有机组合。

三

龙里竹纸的历史与传承

3

History and Inheritance of Bamboo Paper in Longli County

调查组访谈时，当地人对龙里竹纸在周边地区深受欢迎的历史很是自豪，《贵州通史》记述："贵州手工造纸，始于明嘉靖年间，有贵阳、都匀、龙里……生产手工纸……见于记载的有平越卫（今福泉）、龙里卫。"[5] 除此之外，当地还有蔡伦古庙遗存作为见证，该地造纸起源于明代有着多重的证据。

自明至清龙里造纸业一直发展缓慢，直至民国时期，该地手工造纸才得到新的发展。据地方文献记载，彼时"部分农村家庭副业造纸户，脱离农业

[4] [明]沈庠.(弘治)贵州图经新志：卷十一[M].[明]赵瓒等纂修.山东：齐鲁书社，1997.

[5] 何仁仲.贵州通史：第2卷[M].北京：当代中国出版社，2003：246.

成为手工造纸专业户，同时出现了手工作坊式的手工纸厂"。《龙里县志》对民国时期手工纸厂的发展演变有比较详细的记述[6]，如表5.3所示。

表5.3　晚清、民国年间龙里竹纸和草纸历史产量统计
Table 5.3　Output of bamboo paper and straw paper in Longli County during the late Qing Dynasty and the Republican Era of China

名称	大致演变情况
谷冰造纸厂	民国时期主要生产草纸和毛边纸，年产500余刀（每刀100张）；中华人民共和国成立后改名为龙里谷冰纸厂，年产草纸120余担、毛边纸800万张，1964年9月因发生火灾而停产
藕金谷公私纸厂	创建于1943年，主要生产草纸，1944年5月年产纸500余担，质量优良，产品曾参加全省展览并获得好评，1945年因水灾而被迫停产
国翁造纸社	早在清康熙年间，湖南雷、龙等姓迁来，龙里国翁先是烧炭铸锅，后改生产纸。生产鼎盛时期年产土纸2 600担，产值2.8万元，1964年后，由于历史原因，龙里造纸一度受到挫折，艰难维系

　　从表5.3我们可以看到龙里竹纸起源相对较早，从清中后期的家庭式作坊生产，发展到民国时期繁盛的手工作坊式手工纸厂，也曾在近代盛极一时，但是由于种种原因，到20世纪50年代左右已现颓势。

　　近600年的历史进程中，龙里手工造纸一直采用师徒相传、父子相传的方式传承。而目前，据调查得知，由于现代生产和生活方式的快速发展，加上竹纸生产不但利润不高，而且费时费工，因此年轻人均不愿学，原始造纸工艺濒临失传。所幸经过乡土有识之士的持续努力，调查时，龙里竹纸工艺已被列入黔南布依族苗族自治州非物质文化遗产名录。

[6] 贵州省龙里县地方志编纂委员会.龙里县志[M].福州：福建人民出版社，1995：489.

四
龙里竹纸的
生产工艺与技术分析

4
Papermaking Technique and Technical
Analysis of Bamboo Paper
in Longli County

（一）

龙里竹纸的生产原料与辅料

　　龙里竹纸生产的原、辅料主要是以钓鱼竹为主的竹类、石灰和滑等。

　　钓鱼竹，俗名黔竹，别名遵义单竹，属于莉竹属中单竹亚属之一种，秆高5~8 m，直径2~4 cm，材质薄而硬，主要分布在广东和贵州，是贵州造纸和手工编织的重要原料。

⊙1

（二）

龙里竹纸的生产工艺流程

龙里竹纸的制作工序如下：

壹	贰	叁	肆	伍	陆	柒	捌
砍竹	破竹	捆浆把	上窑	煮竹麻	洗竹麻	发酵	碾竹麻

拾陆	拾伍	拾肆	拾叁	拾贰	拾壹	拾	玖
切纸	收纸	晾干	揭纸	压榨	抄纸	打槽	浸泡

壹
砍　竹
1

农户将砍下的竹子修整成长2.5 m 的竹段，每人每天可砍1 000 kg左右竹子。

贰
破　竹
2

用柴刀背将砍好的竹管锤破、打碎。

叁
捆　浆　把
3

将打碎的竹子以每捆直径8 cm左右为1把，1把竹子的质量大约6 kg，放入石灰塘。然后在石灰水里来回拉拽，使竹子被石灰水完全浸润，形成浆把。

○2

陆
洗　竹　麻
6

选择晴朗的天气，用钉耙将煮好的竹麻钩起，敲掉竹麻上的石灰团（现改用牛力踩石灰），然后再运到附近小河里清洗掉竹麻上的石灰。清洗竹麻时原来需要20个劳力，其中4个劳力从窑内钩竹麻，6个劳力运竹麻到河边，10个劳力边敲石灰边清洗；现改用牛力后，节约了人力，但造纸户仍需请人帮忙才能保证在一天时间内把所有的竹麻洗完。一般都是请亲戚帮忙，不需要花钱，如请外人每天需付50元工钱。在清洗竹麻的同时，将窑内的石灰水放掉，用清水将窑冲洗干净。洗好的竹麻当天就要挑回窑里依次放好，放好的竹麻以前需人工拉平，现在为节约时间，使用牛力将竹麻踩实，放好并踩实后，需用200 kg草将其盖好，任其发酵。

肆
上　窑
4

将浆把从石灰塘里提出后，按顺序摆放进窑内，摆放顺序以层为单位，每层横竖不可交叉，一般每窑可放20 000~30 000 kg浆把。放满后，先用茅草（现改为塑料薄膜）盖住，再用泥压紧、封口。

伍
煮　竹　麻
5　○2

封好口后，以煤生火烧窑，第一天用煤100 kg左右，之后每天定时加一次火，需40~50 kg煤，这样可以一直保持窑膛内不灭火。煮好一窑竹麻需2 t左右的煤。当地造纸所用的煤全由造纸户在附近自采，不需外购。

第五章
Chapter V

黔南布依族苗族自治州
Qiannan Bouyei and Miao Autonomous Prefecture

第三节
Section 3

龙里竹纸

○ 2
煮好的竹麻
Boiled bamboo materials

柒

发 酵

7

在发酵时，窑内要维持一定的温度。可以利用窑内余温或装好窑后再继续加温。发酵持续20天后要往窑内加一次水。如果天气好、气温高，可10天加一次水，雨天、气温低的情况下，可延迟至一个月后再加水。加水后，用大火烧20天左右，目的是提高水温，加速竹麻的腐烂。竹麻腐烂后再泡（淹沤）2~3天，便可出窑。

捌

碾 竹 麻

8   ⊙3

将发酵好的竹麻用背篼背至碾房，用马力将之碾碎。一般1碾可碾200 kg竹麻。

玖

浸 泡

9

将1碾竹麻全部放进纸槽内浸泡。

拾

打 槽

10

头一天浸泡在纸槽内的纸浆已沉淀，用槽棍在水面上划动，划匀后，加上纸药便可开始抄纸。

⊙3

拾壹

抄 纸

11   ⊙4

由单人完成，使用的是拆合式抄纸法，工具由纸帘、帘架、座板（木榨板）等组成。操作工先将纸帘放在帘架上，再将两根帘尺分夹两头并用手固定，采用两次入水、倒水法抄纸。第一次入水为纸帘前边先入水，待水注满帘架时，轻荡一下帘架，抬起右手将水从左边倒下。第二次入水为后

⊙4

边（靠身体一边）先入水，水注满帘架后，也从左边倒下。随后将帘架一头斜放在纸槽一边的木棍上，另一头放在纸槽边，将帘尺拿开，手持纸帘，将纸帘的一边放在纸座上方固定的木桩上，自靠身体一边向外放在纸座上，放好后，从靠身体一边将帘子揭起、掀开，再将纸帘放在帘架上，抄下一张纸。

拾贰
压　榨

12 ⊙5⊙6

纸抄到一定量并形成纸垛时，就将纸帘覆盖在纸上而不揭下，用一块与纸帘差不多大小的木板覆盖在纸帘上，待纸垛上的水稍干时，操作工用双手均匀用力压住木板，使纸垛平整。待纸面平整后，将木板拿下，继续抄纸。抄完后，将纸帘取下，用麻布或别的替代物将纸垛盖好，并盖上木

⊙5

板，再将一根有弧度的木料的一头固定好，弧度朝下抵住木板，另一头用钢丝绳（以前用牛皮绳子）紧榨，直至纸垛不出水为止。

拾叁
揭　纸

13

将榨好的纸垛搬至晾纸处，依次揭下，一般连续揭13张为1刀，晾在屋内原先搭好的竹竿上。天气较好时，也可揭15张为1刀一起晾。

拾肆
晾　干

14 ⊙7

⊙7

龙里竹纸均采取晾干方式进行干燥。晾纸的地点均在屋内，一般选择在阁楼上。夏天一般晾4~5天，若逢阴雨天，则需11天左右，冬季若不能自然晾干，需在屋内生火烤干。

拾伍
收　纸

15

纸晾干后，要将其收下来，并将收下来的纸展开，以13张为1刀，60刀为1捆捆好。

拾陆
切　纸

16 ⊙8

将成品纸用刀裁成小块，从左到右打成九眼，从上到下打成三排，称为"九眼九钱"，主要用于祭祀烧化。

⊙8

⊙8
成品纸
Final product of paper

⊙7
晾纸
Drying the paper

⊙6
压榨
Pressing the paper

⊙5
压纸垛
Pressing a pile of paper

性

能

分

析

（三）

龙里竹纸的性能分析

对纸厂村生产的竹纸进行测试分析，得到其相关性能参数，见表5.4。

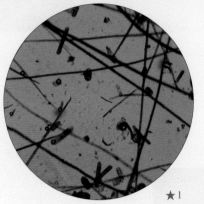

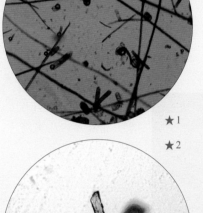

★1

★2

表5.4　纸厂村竹纸的相关性能参数
Table 5.4　Performance parameters of bamboo paper in Zhichang Village

指标		单位	最大值	最小值	平均值
厚度		mm	0.629	0.486	0.563
定量		g/m²	—	—	157.0
紧度		g/cm³	—	—	0.279
抗张力	纵向	N	8.8	4.6	6.5
	横向	N	6.1	2.6	4.7
抗张强度		kN/m	—	—	0.373
白度		%	9.1	7.9	8.4
纤维长度		mm	5.55	0.49	1.83
纤维宽度		μm	28.0	1.0	9.0

由表5.4可知，所测纸厂村竹纸最厚约是最薄的1.29倍，经计算，其相对标准偏差为0.39%，纸张较厚，厚薄较为一致。竹纸的平均定量为157.0 g/m²。所测竹纸的紧度为0.279 g/cm³。

经计算，其抗张强度为0.373 kN/m，抗张强度值较小。

所测纸厂村竹纸白度平均值为8.4%，白度很低。白度最大值约是最小值的1.15倍，相对标准偏差为0.12%，差异相对较小。

所测纸厂村竹纸的纤维长度：最长5.55 mm，最短0.49 mm，平均1.83 mm；纤维宽度：最宽28.0 μm，最窄1.0 μm，平均9.0 μm。所测竹纸在10倍、20倍物镜下观测的纤维形态分别见图★1、图★2。

★1
纸厂村竹纸纤维形态图（10×）
Fibers of bamboo paper in Zhichang Village
(10× objective)

★2
纸厂村竹纸纤维形态图（20×）
Fibers of bamboo paper in Zhichang Village
(20× objective)

五
龙里竹纸的
用途与销售情况

5
Uses and Sales of Bamboo Paper
in Longli County

龙里竹纸过去用途广泛，深受周边地区欢迎，自然销路很好，除了用于日常的书写、丧葬祭祀之外，据《贵州抗战时期经济史》记载，龙里所产的手工纸还用于印刷当时的土报纸[7]。但目前的主要用途是祭祀，在中元节和过年过节时烧给祖先及丧葬所用。

关于龙里竹纸的销售情况，调查组借助历史资料还原了部分民国时期的面貌，如表5.5所示。

表5.5 龙里竹纸销售情况表
Table 5.5 Sales status of bamboo paper in Longli County

时间	大致情况	出处
民国	龙里县民国时期年产草纸45 000刀	《中国近代手工业史资料》
民国	民国十二年（1923年）龙里县开办同义公纸厂，有资本1万元，生产土纸。民国十六年（1927年）龙里县办博文纸厂，有资本1万元	《贵州省志·轻纺工业志》
中华人民共和国成立后	国翁地区从事土纸生产的有17户75人。在对私改造中，全部加入合作社，分为上、中、下国翁三个组。当年共产土纸2 600 t，产值2.8万元，实现利税0.31万元，1961年后，企业实行独立核算，自负盈亏。1964年，大部分职工调至县采石场，企业力量削弱，生产受到影响。1973~1980年，土纸产量累计达4 918 t，年均702.6 t，产值34.43万元，利润2.91万元，上缴税金3.71万元	《贵州省志·轻纺工业志》
中华人民共和国成立后	位于距县城东北46 km的谷冰乡的谷冰造纸厂，分上、下两厂，上厂位于三岔河，下厂位于下谷冰。主要生产草纸和毛边纸，质量较好，除在本县销售外，还畅销贵阳、贵定等地。年产量500余刀(每刀100张)。中华人民共和国成立后纸厂由省公安厅劳改股接管，将下厂合并到上厂。劳改股于1953年奉命转移，将纸厂交由龙里县接管，改名为龙里县谷冰纸厂，县人民政府派人管理。该厂有职工25人，年产毛边纸800万张，草纸120余担，产品由供销社包销	《贵州省志·轻纺工业志》

历史上龙里竹纸有着良好的生产和销售境况，最辉煌的时候，除在本县销售外，还畅销贵阳、贵定等地。由于猴子沟地处深山坳，交通不便，造纸户将竹纸加工后送往集镇的零售商处代销，少有上门购买的货商，所以囿于交通，龙里竹纸大部分还是以本地销售为主。

调查时，该地区手工造纸的辉煌已经不复存在，龙山镇纸厂村传统手工造纸约有60户人家在努力维系。

[7] 熊大宽.贵州抗战时期经济史[M].贵阳：贵州人民出版社，1996：17.

六
龙里竹纸的
相关民俗与文化事象

6

Folk Customs and Culture of
Bamboo Paper in Longli County

⊙1

(一) 祭蔡伦

在龙里县猴子沟纸厂村深山坳现存一座蔡伦庙遗址，蔡伦庙地处东经107°00′41.1″、北纬26°22′41.1″，海拔1 210.7 m，坐东南朝西北，有主殿，主殿两边还有休息间和伙房。蔡伦庙除供奉蔡伦外，还供奉蔡伦婆。该庙毁于1958年。目前尚存遗址100余平方米。从中依稀可以看出，此庙当时以石块垒墙建成。比起附近的民居，该庙别有一番气势。由于损毁时间长，调查组走访的造纸人吴兴义已无法回忆起当时祭蔡伦的盛况。

(二) 习俗

1. 苗族葬礼用纸

主要体现在三个方面：一是苗族老人气绝后，全家烧纸钱，边烧边哭，烧完纸钱，方能将亡人停放于堂屋。二是出殡时，边走边丢"买路钱"（纸钱）。但谷脚地区的苗族人大多不丢"买路钱"，认为此地乃苗家之地，亡魂通行无阻。三是安葬灵柩时，风水先生举行"买山窖界"仪式：灵柩入穴盖土时，"鬼师"领着孝子在距墓前4 m远的东、南、西、北四个方位"买山窖界"（烧纸钱）。先在东方烧纸钱，撒石灰、火炭，洒酒药、鸡血，然后用一系列问答来完成祭祀亡人的程序。

2. 节日祭祀用纸

农历七月初九到十五为中元节，又称"七月半"。这是当地比较重要的一个吊祭祖宗、亡人的节日。从初九起，将祖宗、亡人"接"到家中并祭供，十三（一部分人家在十五）晚上送回。送祖宗回去的晚上，在祭供之后，要化纸烧包，即将纸钱包好，写上祖宗、亡人的名字，像邮寄一样，用火烧掉。有的人家扎纸人、纸马，用锡皮纸折金银锭、做假银币等一并火化。此俗曾一度中止。20世纪80年代后，部分人家恢复了这个习俗，甚至有用纸扎或叠成电视机、收音机、汽车、飞机等现代化模型火化。

七
龙里竹纸的
保护现状与发展思考

7

Preservation and Development of
Bamboo Paper in Longli County

⊙2

龙里造纸过去的辉煌除了在地方文献相关统计记录中有点滴可寻外，只有当地蔡伦庙和部分历史遗存才可见证。

由于是继承古代传统造纸技术，其工序冗繁复杂、耗时耗力，因而造纸成本高，售价远高于市场上同类产品。随着机制竹纸的普及，纸厂村的传统手工造纸受到了很大冲击，只能在夹缝中求生存，市场份额逐渐被挤占。目前只有少数中老年人选择了坚守，因为这是他们唯一的经济来源。村民们大多不愿再从事这项工作，年轻人基本都选择外出务工，造成纸厂村即将面临无人传习造纸技艺的境况。

龙里竹纸的保护需要考虑以下几个方面：

1. 进行业态口述、影像记录和历史遗存的博物馆保护

龙里竹纸制作技艺已被列入黔南布依族苗族自治州非物质文化遗产名录，调查组发现即使是相关申报材料，其历史源流等相关信息的记载也非常有限，因此龙里竹纸的历史记忆亟待挖掘保存。

2. 与旅游文化深度结合

纸厂村所在的猴子沟景区本身就是省级风景名胜区，自然遗产和手工造纸非物质文化遗产，乃至造纸遗存都可以有机结合开发，使之成为景区的文化旅游内容之一，实现相互增值，如此还可以使青年人重拾对从事传统手工造纸的热情，维系传统行业的生存。

3. 拓宽销售渠道

目前的龙里竹纸都是部分老人生产后送到县城销售，渠道单一，而且纸厂村的交通极不便利，在走访纸厂村时，调查组先从龙里县城驱车一个多小时，后弃车步行两个多小时，方才到达。从某种程度上说，这也是龙里竹纸传承发展面临危机的重要原因之一。若能开辟更好的销售渠道，如专人负责销售、集市营销、代理销售、网络宣传等，则更多的人会了解龙里竹纸，进而带动龙里竹纸的生产性传承与发展性保护。

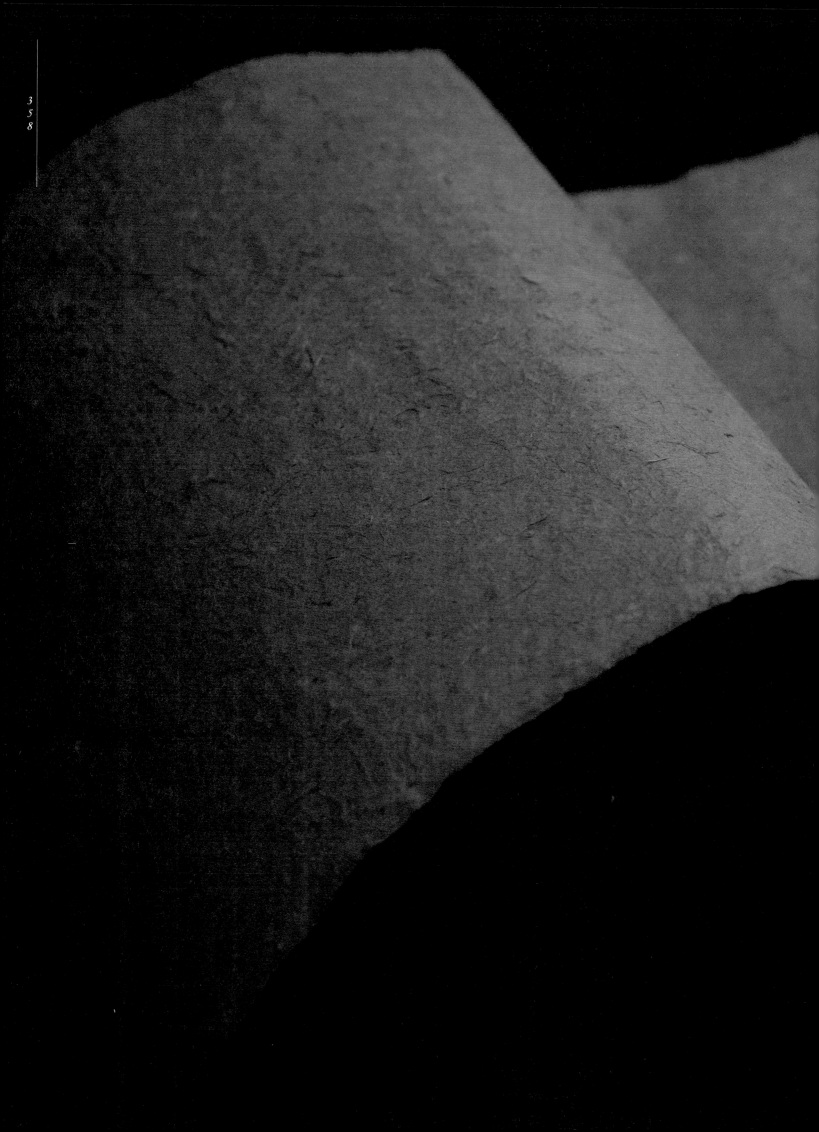

竹纸

纸厂村竹纸透光摄影图
A photo of bamboo paper in Zhichang Village
seen through the light

第四节

荔波布依族

竹纸

贵州省
Guizhou Province

黔南布依族苗族自治州
Qiannan Bouyei and Miao Autonomous Prefecture

荔波县
Libo County

调查对象

永康水族乡
尧古行政村
布依族竹纸

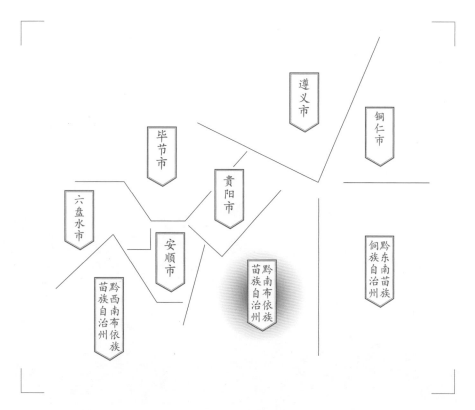

遵义市

铜仁市

毕节市

贵阳市

六盘水市

安顺市

黔南布依族苗族自治州

黔东南苗族侗族自治州

黔西南布依族苗族自治州

Section 4

Bamboo Paper
by the Bouyei Ethnic Group
in Libo County

Subject

Bamboo Paper by the Bouyei Ethnic Group
in Yaogu Administrative Village of Yongkang Shui Town

一

荔波布依族竹纸的
基础信息及分布

1

Basic Information and Distribution of
Bamboo Paper by the Bouyei Ethnic Group
in Libo County

荔波县隶属黔南布依族苗族自治州，尧古村是荔波县永康水族乡的一个布依族村落。2011年7月6~7日和2016年3月23日，调查组两次进入竹纸生产地尧古村，获得的信息是荔波竹纸的生产集中在尧古村的尧古布依寨，两次均只有一户在造纸。

尧古村地处深山区，位于著名的茂兰世界自然遗产保护区门口附近，虽属于永康水族乡，但居民以布依族为主。在尧古村中，有一座上百年的造纸作坊，尧古村黔竹产量充足，村中的覃（布依族姓氏）姓家族至今保留着以黔竹为原料的原始造纸技艺。

荔波布依族竹纸使用当地所产的黔竹配合纸药糯叶加工而成，主要作为村民祭祀用纸，也有一部分被游客作为纪念品购买。

⊙1

⊙
1

尧古村中立着的茂兰景区简介牌
Introduction to Maolan Scenic Spot in Yaogu Village

路线图
荔波县城
↓
尧古村
Road map from Libo
County centre to the papermaking site
(Yaogu Village)

荔波布依族竹纸生产地分布示意图

Distribution map of the papermaking site of bamboo paper by the Bouyei Ethnic Group in Libo County

考察时间
2011年7月 / 2016年3月

Investigation Date
July 2011 / Mar. 2016

荔波县城
Ⓐ

永康水族乡

高坡村
甲棒村
①

尧古村

地域名称

造纸点名称

⑦ 翁昂乡
⑥ 甲良镇
⑤ 茂兰镇
④ 播尧乡
③ 佳荣镇
② 捞村乡
① 永康水族乡

Ⓐ 荔波县
玉屏镇

尧古村
造纸点

位置分布

市府、州府
县城
乡镇
村落
造纸点
历史造纸点
山
国家级自然保护区

S221 省道
G21 国道
昆河线 铁路
G 56 高速公路
线路

三都
水族
自治县

榕江
县

从江
县

独山
县

⑥

S312

S706

③

④

荔波县
Ⓐ

①

⑤

S206

⑦

广西
壮族
自治区

②

15 km

7.5 km

0

N

二
荔波布依族竹纸生产的
人文地理环境

2
The Cultural and Geographic
Environment of Bamboo Paper by the
Bouyei Ethnic Group in Libo County

⊙1

⊙2

荔波县位于黔南边陲，地处东经107°37′~108°18′、北纬25°7′~25°9′，1959年曾一度被合并到独山县，是中共"一大"代表邓恩铭的故乡，有"地球腰带上的绿宝石"之美誉。作为少数民族聚居县，荔波县境内有布依、水、苗、瑶、汉等民族长年混杂而居。1961年6月16日，恢复荔波县建制，隶属黔南布依族苗族自治州至今。荔波位于贵州与广西交界处，面积2 274 km²，辖20个乡镇，3个办事处，总人口约50万，少数民族人口15.65万，人口较多的少数民族有布依族、水族、瑶族、苗族等。在2005年《中国国家地理》杂志主办的"中国最美的地方"评选中，贵州荔波当选为"中国十大最美的地方"之一。

永康水族乡为荔波县下辖的一个民族乡，位于荔波县中部，地处茂兰保护区境内。永康水族乡距离荔波县城直线距离约10 km。境内山清峰奇，有国家级茂兰喀斯特自然保护区，面积27.2 km²，占该乡总面积的26.29%，海拔730 m，年平均气温16.8 ℃，年平均降水量1 350 mm左右。永康境内水族、布依族的民族文化传承悠久，民俗风情浓郁。

尧古行政村辖6个村民小组，4个自然村寨。从荔波县城经过永康乡政府，再往前经过一段盘旋幽静的山路，驶出山口就可以看到古老的尧古村，村子位于茂兰景区门口附近。走进布依族古朴的村寨，可以看到寨子后面有一片遮雨瓦房般的作坊，这就是覃氏古法造纸所在地了。一条小溪从作坊旁边流过，溪水清澈透明，在炎热的夏天里显得特别凉爽。因为造纸的整个过程都离不开水，所以家家户户的造纸作坊都建在溪流两侧。

沿着溪流走，就能目睹造纸的每一道工序：有刚刚从山里砍回来待加工的黔竹，有正在浸泡的竹片，也有制作中的纸浆。作坊前有一个蓄水池，里面的水是供枯水期使用的。尧古有独特的生物资源

⊙1

和丰富的矿产资源，境内的布依族村寨大多保持着原始自然生态，村寨里传统的生产、生活习俗依然保持着远古的形态。

布依族是荔波县分布最广的少数民族，起源于古代濮族的一支和百越的一支。三国时期，诸葛亮发兵征南中又有大量的汉族人融入"濮越"民族，其后的唐、宋、明、清等朝代，均有江西、湖广等地的汉族人不断融合进来。现有人口297万。

布依族有自己的语言、文字和绚丽多彩的服饰以及独特的民居建筑、婚礼、节日文化等。"四月八""端午节龙舟赛""七月半""满月酒""祭神扫寨扫家"等节日让人体味到幽远的习俗、古朴的风情。

三

荔波布依族竹纸的历史与传承

3

History and Inheritance of Bamboo
Paper by the Bouyei Ethnic Group
in Libo County

关于尧古村布依族的造纸历史，调查组一直没有找到相关的文献记载。据调查时相关造纸村民介绍，在清代时这里就已经开始造纸了，至今造纸仍为尧古村民副业收入的主要来源。

尧古村如今仍保留着一座原始的百年造纸作坊，沿袭着一套原始的造纸技术。

2011年7月入村调查时，据尧古村覃自凡造纸老人介绍，尧古村造纸技术的传承一般都是通过父子、师徒的关系进行的，学徒一般不需要交学费，且都是师父包食宿，但是没有工钱。学习掌握情况依学徒的悟性而定，理解能力强的一般一个月就学会了，差的要半年左右，有的学徒甚至一生都学不会。尧古村的古法造纸传习是不分男女的，只是女性承担体力劳动量较小的工作，农忙时一般都是男性做。在尧古村有一位妇女叫覃

⊙1

身着布依族服饰的少女

A maid in Bouyei ethnic clothing

燕菊，今年已经48岁了，是尧古村现今唯一一位会造纸全流程技艺的妇女。

据2016年3月23日补充重点访谈对象尧古村覃自凡老人回忆，他们家族的造纸传承脉络是：有记忆的造纸第一代是祖父覃忠庆，之后父子相传，第二代是他的父亲覃玉林，第三代就是他本人（覃自凡），第四代是他的儿子覃万恒。

调查时，覃自凡已80多岁，按此推算，覃家有记忆的造纸历史至少也有130年。据覃自凡描述，1990~1995年前后，尧古村有约30户村民生产竹纸，而到调查时则只有覃自凡一户坚守祖业。

⊙2

⊙3

⊙4

荔波布依族

⊙5

覃自凡造纸老人
Qin Zifan, an old papermaker

荔波尧古村手工纸成品
Final product of handmade paper in Yaogu Village of Libo County

『古纸坊』宣传牌
Billboard of Ancient Papermaking Mill

清代尧古纸遗品
Yaogu paper of the Qing Dynasty

四
荔波布依族竹纸的
生产工艺与技术分析

4
Papermaking Technique and Technical
Analysis of Bamboo Paper by the
Bouyei Ethnic Group in Libo County

⊙1

（一）
荔波布依族竹纸的生产原料与辅料

　　荔波县尧古村生产竹纸的原料是当年生的黔竹。黔竹是一种禾本科牡竹属植物，绿色、平展或反折、表面粗糙。叶片披针形或长椭圆状披针形，材质薄而硬。尧古村产黔竹竿的价值颇高，用黔竹编织的竹席在国内外享有盛誉，是贵州著名土特产之一。

　　尧古村生产竹纸的辅料有生石灰和糯叶。糯叶即当地所产的一种植物纸药，是手工纸生产中关键的辅料。将糯叶从糯叶树上摘下并晒干，用春石（调查时已改用粉碎机）春碎，再把糯叶粉放到锅里加水煮，边煮边搅拌，煮成黏稠状即可。把煮好的糯叶粉放到小池子中，边加水边用槽棍搅拌十几分钟后即可使用。若糯叶粉放的时间过长，其黏性会减弱，所以仅在需要时现磨。

（二）
荔波布依族竹纸的生产工艺流程

根据调查组的实地调查，以及对覃自凡老人的重点访谈，记录荔波县
尧古村竹纸的生产工艺流程为：

壹	贰	叁	肆	伍	陆	柒	捌	玖	拾	拾壹	拾贰	拾叁	拾肆	拾伍	拾陆	拾柒
砍	捶	破	捆	泡	发	取	砍	碾	放	加纸药	打槽	抄纸	压纸	揭纸	晒纸	打纸钱
竹	竹	竹	竹	竹	酵	料	料	料	料							

壹 砍竹
1

每年阳历十二月至次年一月砍伐山上当年六月出笋的黔竹，这种黔竹长约3 m，没有小枝丫。一人一天能砍150 kg左右并拉回家。

贰 捶竹
2

用木槌将黔竹捶烂后，再用斧头将其砍成段，一般砍成三段，每段长1 m左右，一天可砍250~300 kg。

叁 破竹
3

将竹段破成2 cm左右宽的竹条。

肆 捆竹
4

将竹条捆成捆子，每捆直径约10 cm，质量2~3 kg。

伍 泡竹
5 ⊙2

100 kg竹子需要25 kg生石灰。最底层放竹子，两层竹子之间放生石灰，最上面一层盖上生石灰，再用木头、石头压住。泡5~6个月后，用钉耙把竹子钩出来，在原料池内将石灰和渣滓洗掉，然后再把池内的石灰水和渣滓清理掉。

⊙2

陆 发酵
6

把洗好的竹子放入发酵池内进行发酵（发酵时不用加水，加水后温度会降低，导致无法发酵），用稻草盖上表面，发酵两个月。

柒 取料
7 ⊙3

用钉耙把竹子从发酵池里钩出来。

⊙3

取料 ⊙3
Picking out the papermaking materials with a wooden rake

泡竹 ⊙2
Soaking the bamboo in limewater

捌

砍　料

8　⊙4

把取出的料放到木垫上砍成段，每段2 cm左右，一人一天能砍50 kg左右。

⊙4

玖

碾　料

9　⊙5

用牛力推动，一早上能碾料100 kg左右。

拾

放　料

10　⊙6

用箩筐把碾好的料运到纸槽内。

⊙5

⊙6

拾壹

加　纸　药

11　⊙7⊙8

纸药即是糯叶。提前两三天采集糯叶，晒干后打成粉，以前是用舂打，现改用机器打，干的糯叶半小时可以打1~2 kg糯叶粉。糯叶粉加水在锅里煮，边煮边搅拌（煮后才有黏性）。煮好后放入小池子内，冲水，用槽棍搅拌均匀，看是否能够拉出丝，即是否具有黏性，如果有，则可用，兑好的糯叶液叫药水。若糯叶粉放置时间过长就会失去黏性，因此需要及时使用。

⊙7

⊙8

⊙ 放药 8
Adding in papermaking mucilage

⊙ 煮糯叶粉 7
Boiling the papermaking mucilage

⊙ 放料 6
Transferring the materials to the papermaking trough

⊙ 碾料 5
Grinding the materials

⊙ 砍料 4
Cutting the materials into fixed length

⊙9

拾贰

打　槽

12　　⊙9

把料放入纸槽后，用槽棍搅拌。

拾叁

抄　纸

13　　⊙10⊙11

抄纸时要将纸帘拿平，用力均匀，使纸平整，否则抄出的纸无法使用；由外往里舀水，由右往左刷水，然后拿到水板上放好，抄纸时需一张一张地放，竹网用竹杠固定（叠放顺序：水板—竹网—纸—木板—楔子—大杆）。

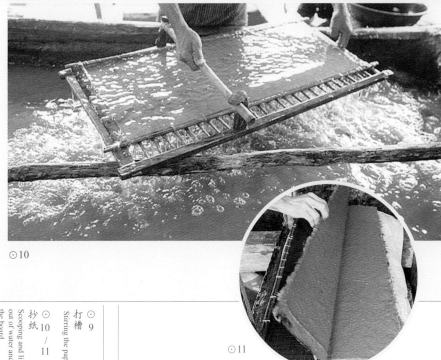

⊙10

⊙11

打槽　9
Stirring the papermaking materials

抄纸　10
　　 / 11
Scooping and lifting the papermaking screen
out of water and turning it upside down on
the board

Library of Chinese Handmade Paper

中国手工纸文库

拾肆
压 纸

14　　　⊙12

用钢丝绳拴紧后再用大杆压，旋转压纸约1小时，共压三次，每次20分钟左右，一槽分两次进行，100 kg的料能压500张左右的纸，压纸要平整，四角厚度相同，否则不易撕下。

⊙12

拾伍
揭 纸

15　　⊙13 ⊙14

下大杆以后，将纸垛拿回家，用竹棒将纸拍松（拍纸面），再一张一张地将纸撕下。

⊙13

⊙14

⊙15

拾陆
晒 纸

16　　⊙15

5张为1贴挂在竹竿上晾，天气好时，5天可以晾干，如遇阴雨天则需更长时间，一般等晾干后才收回，时间不定。

拾柒
打 纸 钱

17　　⊙16 ⊙17

晾干后，3贴一起用卡尺固定，并切成纸钱大小的尺寸。

⊙16

⊙17

黔南布依族
苗族自治州

Qiannan Bouyei and Miao
Autonomous Prefecture

第四节

Section 4

⊙ 16
/
17

打纸钱

Making joss paper

（三）

荔波布依族竹纸生产使用的
主要工具设备

壹
纸槽
1

大小不完全一致，实测罩自凡家所
用尺寸为：长170 cm，宽125 cm，
高80 cm。

⊙1

贰
滑槽
2

大小不完全一致，实测罩自凡家所
用尺寸为：长100 cm，宽20 cm，
高50 cm。

⊙2

叁
纸帘
3

总长91 cm，内长85 cm，总宽
39 cm，内宽36 cm。

⊙3

肆
帘架
4

总长93 cm，内长86 cm，总宽
49.5 cm，内宽44 cm。

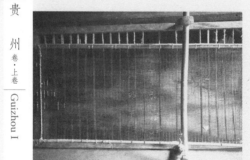

⊙4

伍
钉纸架
5

长71 cm，宽18.5 cm。

⊙5

柒
打纸锤
7

陆
打纸刀
6

⊙6

⊙7

⊙ 1
纸槽
Papermaking trough

⊙ 2
滑槽
Trough for holding the papermaking mucilage

⊙ 3
纸帘
Papermaking screen

⊙ 4
帘架
Frame for supporting the papermaking screen

⊙ 5
钉纸架
Shelf for making joss paper

⊙ 6
打纸刀
Nail for making joss paper

⊙ 7
打纸锤
Hammer for making joss paper

Bamboo Paper
by the Bouyei Ethnic Group in Libo County

（四）

荔波布依族竹纸的性能分析

对尧古村生产的竹纸进行测试分析，得到其相关性能参数，见表5.6。

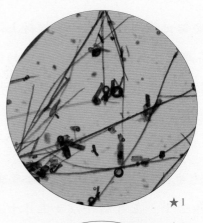

★1
★2

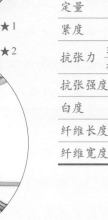

表5.6 尧古村竹纸的相关性能参数
Table 5.6 Performance parameters of bamboo paper in Yaogu Village

指标		单位	最大值	最小值	平均值
厚度		mm	0.420	0.330	0.370
定量		g/m²	—	—	95.2
紧度		g/cm³	—	—	0.257
抗张力	纵向	N	20.0	10.0	15.3
	横向	N	8.5	5.1	6.5
抗张强度		kN/m	—	—	0.727
白度		%	18.1	17.5	17.8
纤维长度		mm	7.71	0.64	1.74
纤维宽度		μm	35.0	1.0	13.0

由表5.6可知，所测尧古村竹纸最厚约是最薄的1.27倍，经计算，竹纸的平均定量为95.2 g/m²。其相对标准偏差为0.28%，纸张厚薄较为一致。所测竹纸的紧度为0.257 g/cm³。

经计算，其抗张强度为0.727 kN/m，抗张强度值较小。

所测尧古村竹纸白度平均值为17.8%，白度较低，白度最大值约是最小值的1.03倍，相对标准偏差为0.18%，差异相对较小。

所测尧古村竹纸的纤维长度：最长7.71 mm，最短0.64 mm，平均1.74 mm；纤维宽度：最宽35.0 μm，最窄1.0 μm，平均13.0 μm。所测竹纸在10倍、20倍物镜下观测的纤维形态分别见图★1、图★2。

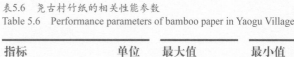

★1 尧古村竹纸纤维形态图（10×）
Fibers of bamboo paper in Yaogu Village (10× objective)

★2 尧古村竹纸纤维形态图（20×）
Fibers of bamboo paper in Yaogu Village (20× objective)

五

荔波布依族竹纸的
用途与销售情况

5
Uses and Sales of Bamboo Paper
by the Bouyei Ethnic Group
in Libo County

⊙1

⊙2

（一）荔波布依族竹纸的基本用途

1. 祭祀

尧古村所造纸张可用于制作冥币，供乡民敬祖祭神使用。

尧古村布依族的丧葬礼仪要烧纸钱，具体烧多少根据家里的经济情况而定，习俗是烧得越多越好。亲人去世时，除了烧纸钱外，还要在棺材底下放几（奇数）张板纸（没有打孔的纸），意为让逝去的人不要惦记阳间的亲人；送棺材上山时，要把纸钱撒在路上，3~5步撒一张，当地的说法叫"留下买路钱"。清明节时，还要在墓前烧一捆纸钱，以祭奠逝去的亲人。

2. 供神

供神灵、祖先也是其主要的用途。每年的"七月半"、大年三十、正月初一以及正月十五都要在自家的香火台前烧纸钱。每次杀猪、杀鸡都要烧纸钱，以供神灵、祖先。

3. 其他

布依族在婚庆时也会烧纸，新娘要烧了纸才能出家门，新娘进新郎家门后也要烧纸，以示意祖先今天家里有喜事。

市场上没有机制卫生纸时，手工竹纸还作为女性特殊时期的卫生用纸。此外，据覃自凡介绍，由于尧古村手工竹纸的水分多，不适合用于物品包装。

（二）荔波布依族竹纸的销售情况

尧古村竹纸调查时的销售对象主要是本村的村民和游客，由于只有一家作坊仍在生产，因此纸钱在村里供不应求，有的游客也会买一些板纸作纪念，所以目前覃自凡家的竹纸并不愁销路。1990~1995年，整个尧古村有30多户村民生产手工纸，产量比较大，主要销往三都、独山、环江等地，同时也拿到本地的集市上进行销售。但由于造纸工序复杂而且利润低，越来越多的村民都选择外出务工，不愿造纸，现在就只有覃自凡及其儿子在传承造纸工艺。

调查时尧古村覃自凡家的生产方式是：每年逢春节、清明节和"七月半"造纸，每次造纸需一个月左右的时间。每人每天能抄纸500张左右，全年大概抄纸10天，约用料1 000 kg。纸钱每捆120张左右，约0.3 kg，能卖1.5元；板纸每千克能卖2.5元。1 000 kg料所造的纸可卖2 500元左右，一年大约可赚1 500元。

六

荔波布依族竹纸的相关民俗与文化事象

6

Folk Customs and Culture of Bamboo
Paper by the Bouyei Ethnic Group
in Libo County

（一）丧葬仪式

布依族人会通过傩戏祈求风调雨顺、五谷丰登。布依族的傩戏可以追溯到原始社会的"傩戏"与"傩舞"。尧古布依族的傩戏最早用于布依族的"做桥""烧香""还愿"，祈求神灵保佑，流传至今已有半个多世纪，剧中有"将军""先锋""文官""武官""副将""妇孺"等角色，每个角色都需戴面具，面具均由木质材料雕刻而成，造型奇特、色彩鲜明、栩栩如生。傩戏舞姿粗犷，服装更是瑰丽多彩，娱人娱神，独具特色。

（二）神龛台

在尧古村，每一个布依族村民家里正房的中间都有一个神龛台，每当家里有老人去世或者有喜事的时候，都会在神龛台前烧香，以告知祖先家里有事。另外，家里需要杀鸡等家禽招待客人时，宰杀了家禽之后也会拿当地产的竹纸蘸一些鲜血放到神龛台处。

⊙1

⊙2

七

荔波布依族竹纸的
保护现状与发展思考

7
Preservation and Development of Bamboo
Paper by the Bouyei Ethnic Group
in Libo County

⊙3

⊙
1
尧古傩戏
Nuo Opera in Yaogu Village

⊙
2
神龛台
Niche table

⊙
3
阁楼上的覃自凡、覃万恒父子
Qin Zifan and his son, Qin Wanheng sitting
in the attic

（一）荔波布依族竹纸的保护传承现状概述

1. 尧古村的竹纸原生态保持状态很好，但工艺相对复杂，坚持的人越来越少

通过对尧古村手工纸制作工艺的实地考察，可以看到几百年传承下来的手工工艺保持了原有的制作方式，在几百年的发展中有过一些改进，但大多还是纯手工制作方式，采用的设备也都是传统自制的。

由于工艺复杂、经济效益低、没有获得相关机构的文化保护，能坚持下来的造纸户已很少。在尧古村，这门技术曾家家户户都会，每家都要造纸，因为那时造纸收入是主要的经济来源。随着市场上机制竹纸的泛滥，荔波布依族竹纸的制作工序又相对复杂，其市场占有率变小，基本上就是自用和供临近村庄的人使用。以往纸产量多的时候要运到独山、广西环江等集市上去卖的盛况已不复见。

2. 尧古村只剩覃自凡一户造纸，且后继乏人，传承情况堪忧

调查时，尧古村只有覃自凡一户在继续坚持和传承着这门祖传的造纸工艺。覃自凡老人已经80多岁了，虽然仍在坚守，但其实他心里清楚，靠这样的古法造纸工艺是赚不了多少钱的，之所以不放弃，而且将这门技艺传给了自己的独子覃万恒，是因为老人非常担心这门祖传技艺会在自己手上消失。

覃自凡老人非常希望孙子能继承祖先留下的技艺，可孙子已外出务工。当覃自凡看到前来考察的人员以及游客对手工竹纸表现出的热情时，他很高兴，同时他也不得不叹息，他的孙子没有继承手工纸制作工艺，村里也没人愿意学习，他担心以后这门祖传技艺会消失，后人无法看到传统的造纸产品。

（二）荔波布依族竹纸的发展思考

1. 利用优质景区资源，拓展造纸与旅游的协同空间

随着茂兰景区的开发，尧古村竹纸的销路逐步被打开，覃家纸的销路也拓宽了，感兴趣的游客一般会买回去作纪念，有时还会供不应求。尧古村边就是茂兰景区，其独特的喀斯特地貌景观和原生态的植被森林已开始吸引批量的游客。同时，茂兰布依族和水族的织布染布工艺也是一大亮点。

永康乡的经济不发达、交通不便以及民众文化程度不高等因素一度抑制了旅游业发展。考察中尧古

村的村主任蒙海瑞告诉调查组成员：有这么好的大景区资源，村里特别希望把旅游业发展起来，近几年他们都在想办法招商引资，希望能找到投资者带动当地的经济发展。而调查中覃自凡、覃万恒父子俩也说，如今支撑他们一家坚持造纸的重要原因就是旅游业发展的带动和游客对尧古村竹纸表现出的热情。

2. 凸显当代认同价值，从政策、资金和产品改进上给予竹纸传承者支持

建议采取具体的政策措施来保护尧古竹纸工艺。目前在尧古村，村民们仅知道陆续有人对造纸感兴趣了，但仍不了解整个工艺的文化价值，未切实感受到政府或媒体积极推动带来的利益，也还未认同其潜在的旅游经济价值，造纸工艺没有得到资源倾斜式的保护，以致调查时整个村仍只有一户在热门景区里造纸卖纸。

地方政府和相应部门可以采取更明确的措施来保护造纸工艺，例如：以牵头申请非物质文化遗产项目给予工艺文化价值肯定并发放保护资金；以设立地方"非遗"代表性技艺基金的方式鼓励村民传承工艺文化；以引导和帮助尧古竹纸的旅游用纸开发来提高手工纸的价值空间，给予传承者资金补贴、技艺提升、品种优化、收益增长等切实支持。

3. 利用媒体资源宣传茂兰景区与尧古村文化的原生态，将尧古造纸文化遗产嵌入荔波旅游，打造尧古村的名片

原生态对于现代社会而言是一种奢侈品，而茂兰——尧古的原生态自然风光、民族民情和"非遗"文化正是现代人的所爱，其独特的喀斯特地貌又是考察者和探险者的至爱。调查时，荔波以及茂兰景区的原生态旅游已经开始进行品牌化传播，呈现逐步火热的迹象。而尧古村以及造纸作坊均位于茂兰景区入口处，地缘优势非常明显，建议当地政府采取让荔波竹纸生产性传承嵌入大景区品牌传播之路的方式，提升竹纸的销售收益，培育年轻一代传承的动力，促进荔波竹纸技艺文化的当代发展。

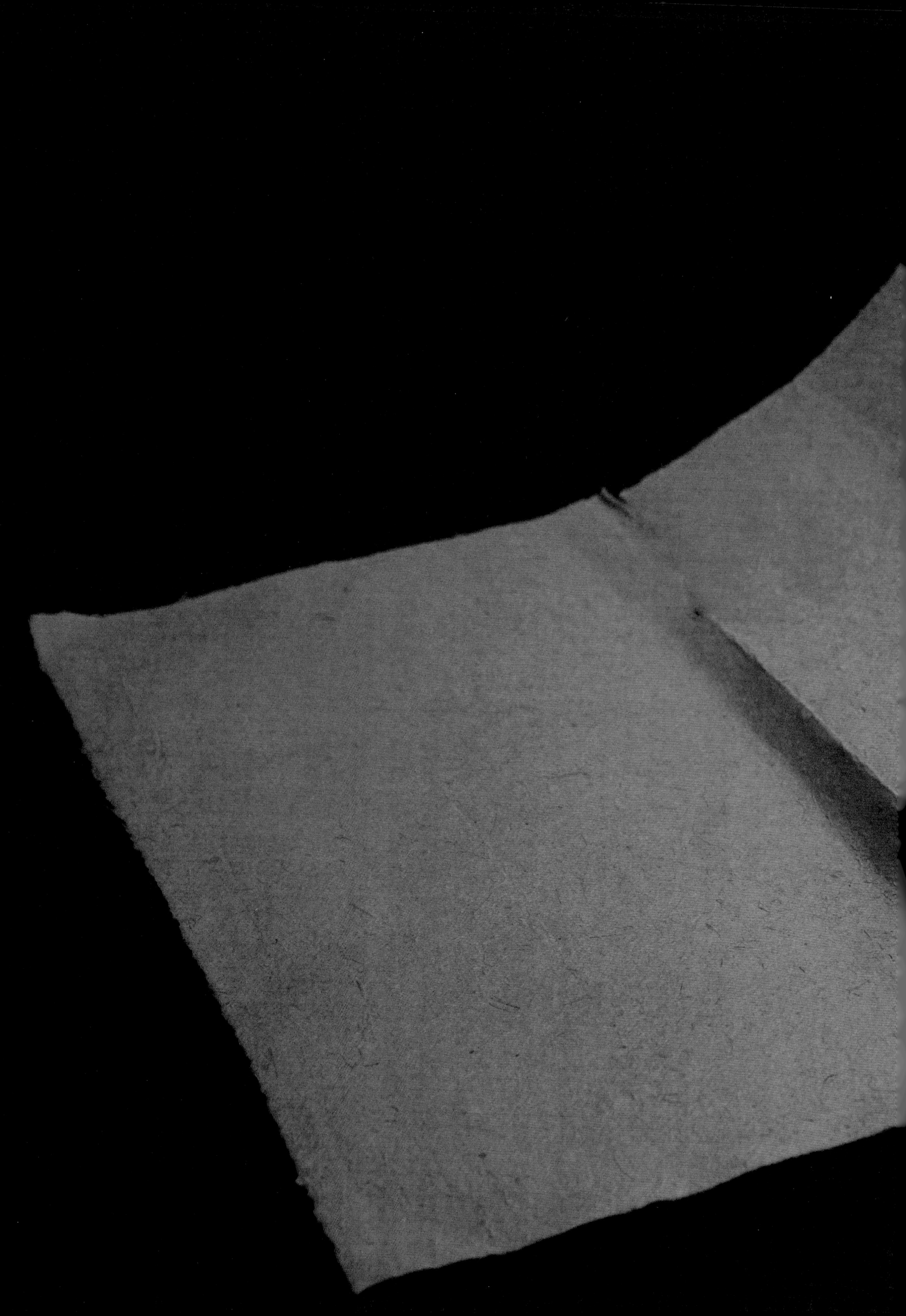

荔波布依族竹纸

379

Bamboo Paper by the Bouyei Ethnic Group in Libo County

尧古村竹纸透光摄影图

A photo of bamboo paper in Yaogu Village seen through the light

第五节

都匀

皮纸

贵州省
Guizhou Province

黔南布依族苗族自治州
Qiannan Bouyei and Miao Autonomous Prefecture

都匀市
Duyun City

调查对象
石板街
斗篷山景区
皮纸

遵义市

铜仁市

毕节市

贵阳市

六盘水市

安顺市

黔东南苗族侗族自治州

黔南布依族苗族自治州

黔西南布依族苗族自治州

Section 5
Bast Paper
in Duyun City

Subject

Bast Paper in Doupeng Mountain Scenic Spot
and Shiban Street

一

都匀皮纸的
基础信息及分布

1
Basic Information and Distribution of
Bast Paper in Duyun City

⊙1

⊙2

[8] 贵州省地方志编纂委员会.贵
州省志·轻纺工业志[M].贵
阳:贵州人民出版社,1993.

正在寻找旧厂址的调查组成员
Researchers looking for the former
papermaking factory

⊙1
用都匀皮纸创作的绘画作品
Painting on bast paper in Duyun City

⊙2

381

Chapter V

第五章

黔南布依族
苗族自治州
Qiannan Bouyei and Miao
Autonomous Prefecture

第五节
Section 5

都匀皮纸

都匀市为贵州省黔南布依族苗族自治州首府。据《贵州省志·轻纺工业志》第一篇第二章第二节"手工纸"记载,清同治四年(1865年),有长顺县章有银、简成贵、陶义等三位造纸艺人迁移到都匀城里的关厢街,生产出了第一批都匀白皮纸。由于都匀市一带不仅野生构树皮质地优异、资源丰富,而且水质也好,因此由清代贵州纸乡——长顺县翁贵乡迁入的造纸技艺在此地大放光彩,生产的优质白皮纸在民国年间畅销全贵州,成为当时中国西南地区负有盛名的特产名纸之一。[8]

都匀皮纸在本地造纸户和纸业流通贸易中被习称为"都匀白纸",也有以地名简称为"匀纸"的。20世纪40年代中晚期,整个都匀市的抄纸槽有100多个。1951年,都匀地方政府将零散分布的私人造纸作坊整合起来,成立"都匀爱国皮纸厂",属于公私合营的集体所有制性质;20世纪50年代末,又更名为"都匀造纸厂",成为较有特色的国营地方手工产业,主产构皮白纸和加工过的蜡纸。

都匀皮纸的特点是纸质洁白均匀并且质地颇为坚韧,即使书画家用笔反复皴擦,基本上也无破损,因此受到一些喜皴擦笔法的书画名家欢迎。都匀皮纸为熟纸,是用矾水加工过的,水墨不易渗透,遇水不易化开,适合做细致的描绘,可反复渲染上色,无疑是画青绿重彩的工笔山水和花鸟的优选。

另据都匀民间研究者考据的说法,抗日战争时期,著名中国画家傅抱石、徐悲鸿在西南大后方时,都曾使用都匀白皮纸作画,效果很好。1963年,北京荣宝斋曾派专人到都匀购买白皮纸,供当时国画名家使用。

都匀皮纸在近现代贵州造纸文化史上享有盛名,但可惜的是,当调查组2009年8月中旬前往实地调查时,都匀造纸厂已经停止生产多年,只剩下一个蜡纸厂留守处的牌子挂在旧日产区的大门上。

考察时间
2009年8月

Investigation Date
Aug. 2009

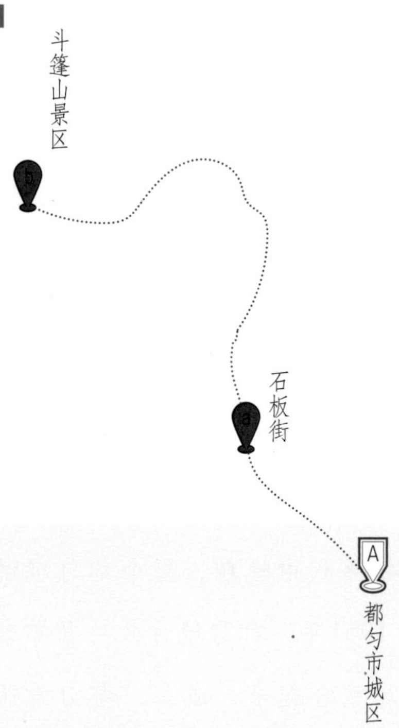

都匀皮纸生产地分布示意图

Distribution map of the papermaking sites of bast paper in Duyun City

路线图
都匀市城区
↓
石板街、斗篷山景区

Road map from Duyun City centre
to the papermaking sites
(Shiban Street and Doupeng Mountain Scenic Spot)

地域名称

斗篷山景区

石板街

造纸点名称

都匀市城区

Ⓐ 都匀市

① 洛帮镇

② 平浪镇

③ 石龙乡

④ 沙寨乡

⑤ 大坪镇

⑥ 江州镇

⑦ 王司镇

石板街 造纸点

斗篷山景区 造纸点

位置分布

市府、州府
县城
乡镇
村落
造纸点
历史造纸点
山
国家级自然保护区

S221 省道
G21 国道
昆河线 铁路
G 56 高速公路
线路

麻江县
贵定县
丹寨市
都匀市
三都水族自治县
独山县
平塘县

G321
G210

10 km
5 km
0

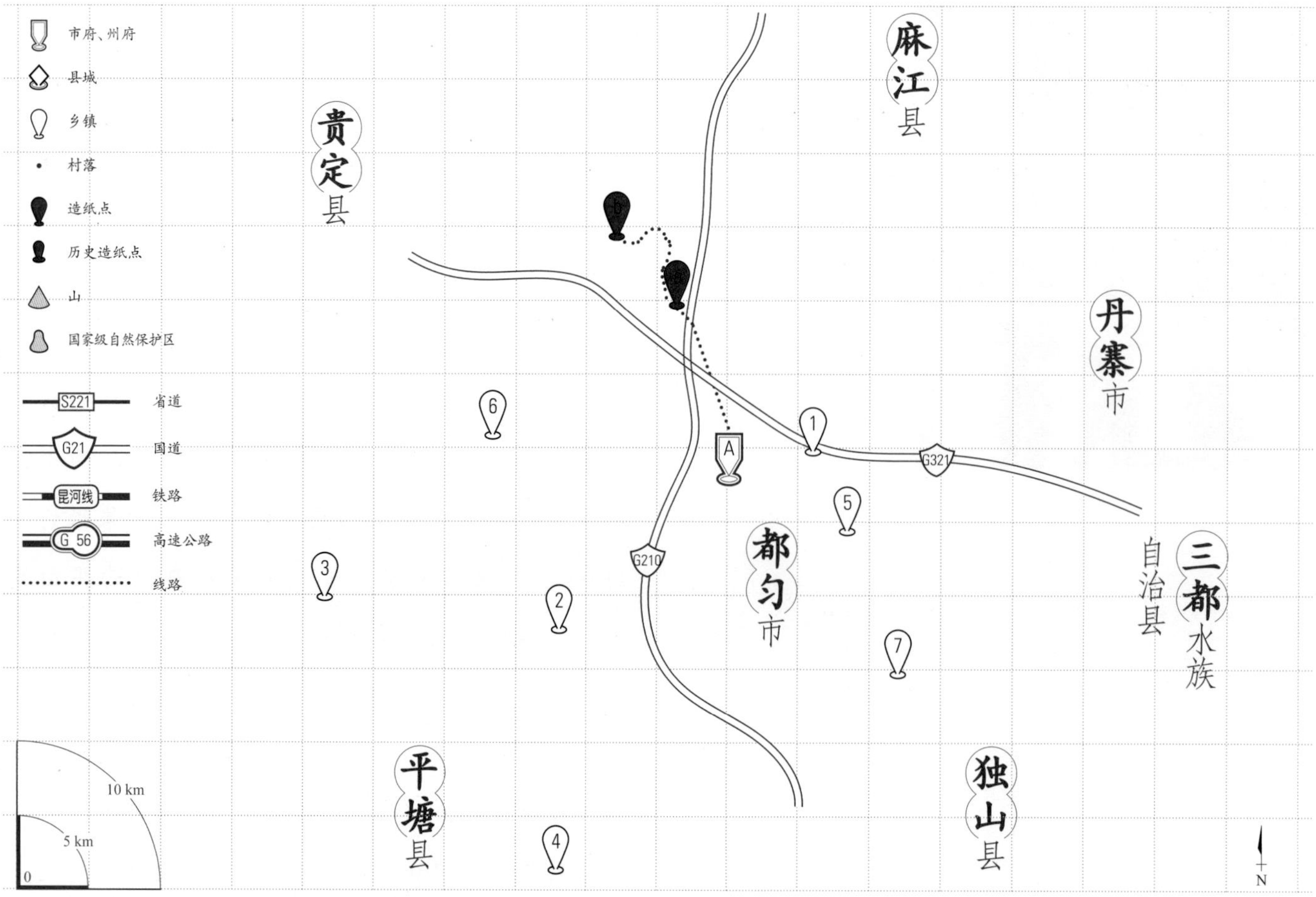

二

都匀皮纸生产的
人文地理环境

2

The Cultural and Geographic Environment
of Bast Paper in Duyun City

都匀，原名都云，简称"匀"，位于贵州省南部，是黔南布依族苗族自治州驻地，贵州南部政治、经济、文化中心。2009年调查时，全市总面积2 274 km²，总人口48万。

都匀属亚热带湿润季风气候，四季分明，冬无严寒，夏无酷暑，降雨充沛，年平均降水量1 431 mm；雨热同季，年平均气温16.1 ℃。立体气候明显，属中国国内不多见的冬季温煦、夏季清凉的旅游度假型气候。

都匀历史悠久，殷商时为鬼方地，春秋时为牂牁国地。后晋天福五年（940年），设都云县；明洪武二十三年（1390年）设都匀卫，弘治七年（1494年）置都匀府；清康熙十年（1671年）改都匀县；1949年11月成立都匀县人民政府，1958年6月18日设立都匀市（县级）。都匀市为多民族聚居地区，有汉、布依、苗、水、侗等31个民族，其中少数民族人口占总人口的67.08%，以布依族人口为最多。

都匀市境地处东经107°7′～107°46′、北纬25°51′～26°26′，东和北面与黔东南苗族侗族自治州的丹寨、麻江两县接壤，南、西及东南面与本州独山、平塘、贵定、三都诸县交界。境内北部为多山地区，中南部为河谷盆地富集区，喀斯特地貌发育典型，多洞穴和地下暗河。水能资源丰富，拥有河流257条，水能资源理论蕴藏量12.5万千瓦时。

都匀地理位置优越，是云、贵、川、渝通往"两广"和"两湖"以及华东地区的黄金通道，贵阳至广州的贵广高铁使都匀在四小时内可抵达广州，黔桂铁路、贵新高等级公路、"210"和"321"国道等纵贯南北。市区距贵阳龙洞堡国际机场约80 km。

都匀自然生态养护情况良好，森林覆盖率达50.4%，城市绿化率达37.3%，加之人文资源和民族文化资源丰厚、气候宜人，因此成为生态文化

⊙1

⊙1
斗篷山风景区小景
Scenery of Doupeng Mountain Scenic Spot

旅游的名胜之地。2001年，都匀荣获国家旅游局评选的"中国优秀旅游城市"称号；2012年6月，都匀在于巴西举办的全球可持续发展大会上被联合国评为"全球绿色城市"，成为贵州省第一个获此荣誉的城市。

斗篷山景区是国家级自然保护区，位于市区西北约22 km处，号称中国离城市最近的原始森林，面积61.8 km²，主峰海拔1 961 m，90%的山体被原始森林覆盖，可谓参天蔽日。在约1 800 m的高山台地上有近百公顷原始林木群落，树根深扎岩石孔隙中，树抱石、石抱树、树落成桥等奇景遍布林中。国家级珍稀原生植物丰富，鹅掌楸、红豆杉、龙胆花、十齿花、马尾树等在景区随处可见。

都匀号称"高原桥城"，也被誉为"桥梁博物馆"。21世纪初，市区仍存有各年代建的桥梁近百座，横架在穿城而过的剑江河上。其中特色鲜明的有全国大中型旧桥中斜度最大的剑江斜桥、建于清乾隆五十一年（1786年）的百子古桥，后者已在1999年获批为贵州省级文物保护单位。

石板街旧建筑群是都匀老城区的一大景观。街长约300米，主街段有88间店铺，均采用大红色的基调，风格典丽。石板街始建于明洪武年间，是明清两代通往广西方向驿道的必经之地。崇祯十一年（1638年），旅行家徐霞客游西南途经都匀时写有游记，在游记中对老街有过记述。

都匀最著名的地方特产是茶叶，都匀毛尖茶名列"中国十大名茶"行列，具有很高的国际国内知名度。都匀毛尖茶历史悠久，据地方史料记载，明代即已作为贡茶，并因其外形如鱼钩而被

崇祯皇帝赐名"鱼钩茶"。

都匀的多民族工艺文化发达而丰富，其中水族人民自纺自染的水家布特色鲜明。水家布又名"九阡青布"，以纺纱精细均匀、染色深透不褪色著称。当地水族纺织女性能织出很丰富的纹样，除平纹外，还有"人字纹""花椒纹""方格纹"等。水族独特的"豆浆印染"技艺堪称民艺一绝：先将硬纸板镂刻成各种花鸟或几何图案，再将模板平铺在白布上，刷上特制的黄色豆浆液，等干透后浸入靛液染缸里浸染，最后洗净晒干并刮去豆浆，就呈现出蓝底白花或青底白花的图案来。水族男女都喜欢穿用青、蓝色布做的传统衣服，所用布料即为自织自染的"水家布"。据当时民间传说，水族"豆浆印染"技术已有约700年的历史，而都匀和相邻的三都水族自治县一带的"水家布"在晚清年间就已在西南地区颇有名气，成为一种地方名产。

⊙1

⊙2

⊙1
石板街入口
Entrance to Shiban Street

⊙2
水家布制作的服饰
Shui ethnic clothing

三
都匀皮纸的历史与传承

3
History and Inheritance of
Bast Paper in Duyun City

⊙3

都匀皮纸虽为地方名纸，但造纸的历史并不算悠久。《黔南文史资料选辑〈第一辑〉》中《都匀白纸业的创建和发展》一文载："清光绪初年，本省长顺县广顺区的三位老工人章有银、简成贵、陶义肩挑白纸游乡串县来到都匀，发现都匀盛产皮麻。当时，都匀没有造纸业，很好的造纸原料皮麻就成了无用之物。都匀地区所需的纸张，全靠外地运来，不但价值昂贵，而且经常缺货。于是，他们和本地北门关厢街的老乡们商定在都匀进行白纸生产。取得大家同意后，他们在关厢街租了两间民房，建起了简易厂房。工人们自己动手上山采伐皮麻，在老工人的指导下，通过一次又一次的试制、摸索、改进、提高，终于成功了。一批又一批的都匀白纸问世了。""到1930年，已发展到造纸户20余户，纸槽50余个，抄纸工300人以上的集成规模，所产白皮纸远销全国各地，成为当时负有盛名的都匀特产。"

不过，关于都匀造纸起源的具体年代，地方史料的记录上有不同的说法。据《贵州省志·轻纺工业志》记载，清同治二年（1863年），长顺县翁贵乡的章有银、简成贵、陶义三人来到都匀关厢街畔土地巷内小河边建造最早的造纸坊，比《黔南文史资料选辑》中记载的在时间上要早10年以上。

抗日战争开始后，南京政府的大量机构迁往西南地区的云、贵、川等省，其中有不少机构和人员就驻扎在贵州。一时文化教育需求大涨，都匀白皮纸产量和纸坊也应运大增，即使到了国民政府相关机构回迁内地后的20世纪40年代晚期，都匀仍有100多家纸槽坊，可见产量依然不小。

1951年，政府出面撮合100多家纸槽坊联合成立了"都匀爱国皮纸厂"，之所以用这个厂名是为了表示对"抗美援朝，保家卫国"的纪念，有着很强的时代特征。1952年，又将原属集体联合所有制的纸厂改为单一的地方国营所有制，并在20世纪50年代末更名为"都匀造纸厂"，以工厂化的运行方式组织生产。到了20世纪60年代，再次将"都匀造纸厂"分为两个厂，分别为"都匀市匀阳造纸厂"和"都匀蜡纸厂"，匀阳造纸厂专门生产皮纸，蜡纸厂则既生产蜡纸，也生产皮纸，它们在地方上都属于特色轻工业企业，效益都很不错，产品销路也很广，有些甚至远销海外。

随着纸张消费业态和社会的发展，当然也包括了纸厂本身经营的不足，都匀的两个纸厂于20世纪80年代先后走向衰落并倒闭。2009年8月中旬，当调查组到都匀市考察时，整个都匀纸厂只剩下一个蜡纸厂留守处的牌子，原匀阳造纸厂的厂房已住进了当地居民。在不能实地考察的情况下，调查组几经辗转，找到曾在匀阳造纸厂分管生产的肖明远副厂长，并对其进行了较深入的访谈。

据肖明远介绍，他本人从小学习造纸，11岁起就在都匀一家造纸户的纸坊里当学徒，后来随着纸坊并入国营的造纸厂，担任过副厂长，一直工作到20世纪80年代纸厂歇业，可以说是毕生以纸为业的技艺专家。通过肖明远的介绍和示范，调查组初步了解了都匀皮纸的传统制作工艺与原料。

⊙1

⊙2

⊙ 1
造纸老人们：左、右分别为章氏、简氏后人，中为肖明远
Old papermakers, Mr. Zhang (left), Mr. Jian (right) and Xiao Mingyuan

⊙ 2
肖明远向调查组成员演示工艺
Xiao Mingyuan demonstrating the papermaking procedures to a researcher

四
都匀皮纸的
生产工艺与技术分析

4

Papermaking Technique and Technical
Analysis of Bast Paper in Duyun City

(一)

都匀皮纸的生产原料与辅料

据肖明远介绍，都匀皮纸生产的原料包括主料构皮麻（构树皮），辅料石灰、草木灰、烧碱、漂精和"油水"等。

都匀当地人称构树皮为构皮麻，属桑科落叶乔木，树皮纤维韧而细长，是造纸的优质原料。其采料方式通常是送料上门，由邻近都匀的平塘、丹寨、麻江等县村民在每年农历二至四月（春分后）砍1~3年生的构树，并剥好皮晒干后卖给都匀造纸厂。

在采集原料时，通常是将整棵树砍下后，在树枝上起个口子，用手撕。撕树皮是有技巧的，需将树枝倒过来，由上往下撕，这样容易撕下完整外皮，增加出料率，否则可能只撕一部分就断了。一般一个熟练工一天可剥50 kg左右构皮，一棵树干直径10 cm的构树，可剥1.5~2.5 kg白皮。剥好皮后，把皮摊放于地上晒干。太阳好时，两天就可晒干；如遇阴雨天，则需较长的时间，而且皮料容易发红，因此当地村民通常在阴雨天选用火烤的方式烘干构皮。若干皮料不白，则蒸出的纸料也不白，造出的纸质量不好。将晒好的构皮打成捆子，运到都匀造纸厂来卖。20世纪60年代至80年代初，都匀造纸厂一年最多能生产几百吨白皮纸，一般4吨构皮麻可生产1吨白皮纸，可见当年对原料的需求量是非常大的。

烧碱和漂精（即次氯酸）是20世纪后期才在造纸中使用的。烧碱主要用于蒸料。漂精的使用则是为了增加构皮的白度，主要用在清洗

工
艺
流
程

388

Library of Chinese Handmade Paper

中国手工纸文库

贵
州
卷·上卷 | Guizhou I

Bast Paper
in Duyun City

构皮和打浆这两道工序中。而在这之前，传统的工艺中是使用石灰和草木灰来漂白和浆料的。

　　都匀当地人称纸药为"油水"。都匀皮纸生产中使用的纸药是扁沙根（当地称呼，调查人员推断有可能为沙松树根，因为云贵一带很普遍地使用这种植物纸药）。将扁沙根捶扁捶破，放在滑缸里，浸泡一段时间后，若用手拿出扁沙根时，黏液汁会从扁沙根上呈线状流下来，即说明已经达到使用标准。

（二）
都匀皮纸的生产工艺流程

　　根据与以肖明远为主的访谈对象进行交流所获得的信息，都匀皮纸制作的详细工序可描述如下：

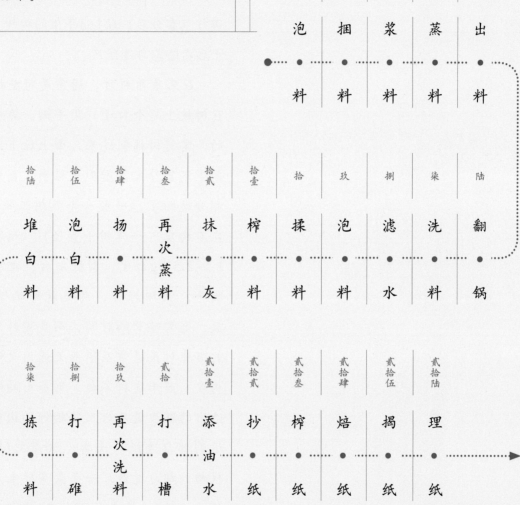

壹 泡料　贰 捆料　叁 浆料　肆 蒸料　伍 出料

陆 翻锅　柒 洗料　捌 滤水　玖 泡料　拾 揉料　拾壹 榨料　拾贰 抹灰　拾叁 再次蒸料　拾肆 扬料　拾伍 泡白料　拾陆 堆白料

拾柒 拣料　拾捌 打碓　拾玖 再次洗料　贰拾 打槽　贰拾壹 添油水　贰拾贰 抄纸　贰拾叁 榨纸　贰拾肆 焙纸　贰拾伍 揭纸　贰拾陆 理纸

工艺流程

389

第五章

Chapter V

黔南布依族
苗族自治州

Qiannan Bouyei and Miao
Autonomous Prefecture

Section 5

第五节

都匀皮纸

壹 泡料

1

将成捆的干构皮揭开，放在河水里，用大石头压着浸泡三天。若泡得不好不透，则蒸料时不容易蒸白。

贰 捆料

2

将浸泡好的构皮捆成一棵棵（或叫"一个个"），一棵干构皮质量为3~3.5 kg，捆成小棵方便浆石灰。

叁 浆料

3

用皮钩将构皮放在石灰池里浆，均匀地浸上石灰，100 kg构皮要用14 kg石灰，浆了石灰的构皮叫石灰皮。

肆 蒸料

4

将浆好的石灰皮拧成麻花状，放在甑子里，沿着中心排列。边缘要有空隙，通常为6~8 cm，最后三层左右全部密封起来，不留空隙。一次可蒸煮400~500 kg料。若堆放的石灰皮超过甑子的高度，则要用稻草围起来，密封好。据肖明远回忆，当年还没有塑料布，若风把石灰皮吹干了，构皮麻粘上石灰，就很难弄下来，同时外皮残留的壳也去不掉。1949年前，处于散户生产状态时，用的是石头锅。1951年以后建起了造纸厂并渐渐往工厂模式转换，改用平压锅。甑桥与人的小腿一般粗细。蒸完第一遍后，需把灰扒出来，再蒸一遍，所用燃料为煤。中间不用加水，两遍各蒸两天。

伍 出料

5

熄火后，先冷却3~4天，再将初蒸过的皮料拿到石灰坑边涂抹石灰水。

陆 翻锅

6

将抹好石灰水的皮料拧好，再入甑蒸一次。构皮麻的摆放顺序和上一次相反，即原放在下面的，现放在上面。中间要加水，点火后蒸2天，熄火后，冷却3~4天。冬天冷却时间可相应缩短，自然冷却，这样构皮麻更容易蒸趴而绵软。慢冷却的目的是保温，延长自然降温散热的时间。

柒 洗料

7 ⊙1

当地也习称为"摆料"，用手将构皮麻提起来，扔到河里，洗干净。清洗方式是手握皮麻，在水里左右摇摆，将石灰洗掉。一甑料从出料到摆料两人两小时可完成。

⊙1

⊙
1
都匀地方志上记录的都匀皮纸
洗料工艺
Procedures of cleaning the papermaking
materials as recorded in the local annals

Library of Chinese Handmade Paper

中国手工纸文库

贵

州 卷·上卷

Guizhou I

Bast Paper

in Duyun City

捌
滤　水
8

将洗过的皮料放在河岸边的水台上（用石灰、煤灰浇成的平台，或用石板砌成的平台，可供沥水），滤水一个晚上，把皮麻里的水滤干，如不滤干，则造出的纸质量不好。滤掉的苦水呈黄绿色。

玖
泡　料
9

将滤掉苦水的构皮放在河水里再次洗净，然后放在河里泡，夏天泡三天，冬天需泡四天，因为冬天水温低，需要多泡一段时间才能泡透。肖明远回忆的具体泡料方式是：选择水流平缓处，把河床清洗干净，一棵皮料用两块石头压住，使水冲得较透。泡了三天后，则要把皮料

翻过来，将泥浆清洗掉，再翻过来继续漂洗。因为上面在阳光的照射下温度较高，下面温度较低，翻过来则浸泡效果更好。

拾
揉　料
10

将已泡好、洗净的皮料在下午的时候拿到水台上沥干。据肖明远的解释，当时都匀人的饮用水是河水，因此早上不能摆料，免得污染水源，不然要被罚款。

拾壹
榨　料
11

第二天早上用榨子将皮料一次性榨干，榨子上下两面都为木板。纸厂当时是大榨用于榨皮料，小榨用于榨抄出的湿纸。

拾贰
抹　灰
12

用土灰（柴灰、木炭灰）将皮料全部涂匀，再放到甑子里，中间留孔，边缘不留孔。码三层后将孔平封住，注意不是把孔塞死。传统时期50 kg料放土灰30~40斗。

拾叁
再　次　蒸　料
13

点火后，两天熄火，然后冷却，停两天，再出锅。此道工序的目的是提高白度。20世纪50年代工厂化生产以后，开始有人用烧碱，蜡纸厂则用漂白粉，再往后则直接用氯气、生石灰来漂白。

拾肆
扬　料
14

把再次蒸过的皮料拿出来，放清水里冲洗，并用手上下搅动，将料冲洗干净，冲洗干净的标准是没有浑水出现。扬料后的皮料被称为白料。

拾伍
泡　白　料
15

把河床清理干净，用石头压住白料并放在水里漂洗即可，每次漂洗一棵，在河里泡一天（在家庭作坊阶段每家造纸槽坊都有一段河床）。

拾陆

堆 白 料

16

将泡洗好的白料捞出来,抬回家,堆放在石板上。用废旧麻袋封盖起来,不让其透风,使水分不易挥发。如料太干了,则要适当洒水;如水太多,则料容易腐烂。

⊙2

拾柒

拣 料

17　⊙2

把黄筋、黑壳等杂质拣掉。一般只拣一天抄纸所需要的量(一天大约抄18刀纸),拣6~7棵料,一人2~3小时可以拣好。

拾捌

打 碓

18　⊙3

用碓打料需一个多小时。传统工艺采用的是人工踩料的方式,一人打碓,一人转碓。共打两道,先将料逐渐喂进去,整体打一遍,此为第一道;然后将料逐步撕开成鸡蛋大小,再逐渐扔进去用碓打,此为第二道。

拾玖

再 次 洗 料

19

用筐将料装好,拿到河边。将料放到袋子里,以袋口迎着水流的方向冲洗。洗干净后,提起袋子,把料从袋子里拿出并挤干,然后将料放在水台上。一般洗3个料把(6~7棵)只需15分钟。

⊙3

⊙
打碓
Beating the papermaking materials

⊙
拣料
Picking out the impurities

⊙3

⊙2

贰拾
打　槽
20

将料把放到槽子里，用料耙将料捣散，再用槽棍顺着一个方向打槽，目的是把料打散。一般打800~1 000棍，具体打槽数需根据料的好坏决定。有的师傅怕打槽次数不够，则数着打（若两人打槽，则共打800×2=1 600棍），两人站在槽的两侧面对面，以同样的姿势打400棍后，用槽棍搅均匀，再打400棍。

贰拾壹
添　油　水
21

将"油水"掺进槽里，用料耙搅匀，使纸药液与纤维分散均匀即可。混合"油水"的纤维浆沉淀后，用料耙将浆料轻轻搅起来一小部分，就可以开始抄纸。

贰拾叁
榨　纸
23

抄完纸后，在榨床的湿纸垛上先放旧帘子，再盖上盖板，其上依次放两根小杠、一根大杠、含口和总杠，慢慢将纸垛压至原厚度的1/3左右，这一过程大约需1.5小时，然后起垛，将纸垛移至纸焙旁。

贰拾贰
抄　纸
22

当地抄纸的说法是先抄头浪水，即抄纸师傅先从左往右舀水，摇晃几下，将水往左边倒，然后在师傅左侧打刮头，再抄二浪水，即从右往左舀水，摇晃几下，将水往右边倒。纸帘的最左边即为刮头，因为抄的头浪水湿纸膜会显得略厚，容易被撕开。如果要抄厚些的夹纸，则可抄20帘左右夹纸，沉淀一小时左右，再抄薄的单纸。如不抄夹纸，则先抄3~5张垫窝纸，沉淀一小时左右，再抄单纸。榨纸后如果没有垫窝纸，则单纸放上去后往往会烂掉或不容易被揭开。

贰拾肆
焙　纸
24

将纸一张张撕下来，用棕刷刷到纸焙上。纸焙用竹子作为内筋，外面粉上厚石灰，并将面磨光，在中间烧火进行加热。

贰拾伍
揭　纸
25

待纸烘干后，逐一揭下来。

贰拾陆
理　纸
26

将纸一张张叠好并理齐，以80张为1刀。如果是加厚的二夹纸，则1张当2张用，40张即为1刀。

(三)

都匀皮纸的性能分析

对都匀造纸厂生产的皮纸进行测试分析，得到其相关性能参数，见表5.7。

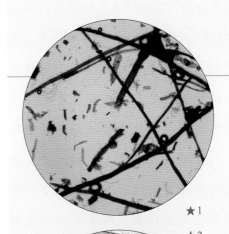

★1

★2

表5.7 都匀造纸厂皮纸的相关性能参数
Table 5.7 Performance parameters of bast paper in Duyun Papermaking Factory

指标		单位	最大值	最小值	平均值
厚度		mm	0.120	0.100	0.108
定量		g/m²	—		24.8
紧度		g/cm³	—		0.230
抗张力	纵向	N	7.7	5.1	6.3
	横向	N	4.8	2.1	3.9
抗张强度		kN/m	—		0.340
白度		%	63.1	61.4	62.3
纤维长度		mm	8.97	0.99	2.35
纤维宽度		μm	21.0	3.0	10.0

由表5.7可知，所测都匀造纸厂皮纸最厚是最薄的1.2倍，纸张厚薄差异不大。经计算，其相对标准偏差为0.80%。皮纸的平均定量为24.8 g/m²。所测皮纸的紧度为0.230 g/cm³。

经计算，其抗张强度为0.340 kN/m，抗张强度值较小。

所测都匀造纸厂皮纸白度平均值为62.3%，白度较高，白度最大值约是最小值的1.03倍，相对标准偏差为0.58%，差异相对较小。

所测都匀造纸厂生产的皮纸的纤维长度：最长8.97 mm，最短0.99 mm，平均2.35 mm；纤维宽度：最宽21.0 μm，最窄3.0 μm，平均10.0 μm。所测皮纸在10倍、20倍物镜下观测的纤维形态分别见图★1、图★2。

★1 都匀国画纸纤维形态图（10×）
Fibers of Chinese painting paper in Duyun City (10× objective)

★2 都匀国画纸纤维形态图（20×）
Fibers of Chinese painting paper in Duyun City (20× objective)

（一）都匀皮纸的用途

1. 书画创作

都匀皮纸色白，质地柔韧，用笔反复皴擦，也基本无破损，这是泾县宣纸和夹江"竹宣"不具备的特性。因而在高端用途上，都匀皮纸很受部分书画家欢迎。例如，20世纪中国绘画开一代风气的著名人物傅抱石与徐悲鸿都曾与都匀皮纸结缘。据"贵州书法网"2008年5月刊登的《傅抱石作品与都匀宣纸》一文记载，1938~1946年，受日本侵华战争的影响，傅抱石被迫撤居于重庆，日军封锁大西南的政策致使产自安徽泾县的宣纸无法运往渝地销售，泾县宣纸成为十分稀缺的物资。而紧邻重庆的贵州同属大后方，因此产自贵州的都匀皮纸则大量在重庆流通。无奈之下的傅抱石只好尝试以都匀皮纸作画，结果大出其意料之外，这种稍显粗糙的构树皮纸因其晕散慢、耐皴擦而与傅抱石画风相得益彰，成为这一时期傅抱石山水画和部分人物画的用纸首选。1946年，傅抱石离开重庆回南京，特地带走大量都匀皮纸，1950年以前，傅抱石主要用都匀皮纸作山水画，后来才开始选用温州皮纸作画。

在这一历史时期，不仅傅抱石，还包括徐悲鸿、黄君璧（宋美龄的绘画老师）等一批避难于四川与贵州的20世纪著名中国画家都喜欢上了都匀皮纸。徐悲鸿不仅用这种皮纸画他著名的奔马图送朋友，还专门派人去都匀选购白皮纸，并定制专用的超大尺幅白皮纸送往重庆。黄君璧用过都匀皮纸后也十分喜爱，还专门购藏了一批，几十年都舍不得用完。

在一个特殊的历史环境中，都匀皮纸因缘际会，成为中国最高端绘画用纸的选择。既成就了一段纸史佳话，也为都匀皮纸的当代传承提供了非常有价值的复兴路径。

2. 书籍抄印

据地方史志记载，晚清民国时期，都匀皮纸为贵州省名纸，旧时省内刻印经史子籍常常选用都匀皮纸，而民间文献典簿也常常会用都匀皮纸抄写记录。从都匀皮纸的规模化发展轨迹来看，这应是该纸品较大宗的传统用途。

3. 祭祀

这是都匀皮纸较大宗的低端消费需求。春节、清明节、七月半（即农历所说的鬼节）祭奠祖先及神灵时，会焚烧纸钱或在坟地上悬挂用都匀皮纸制作的钱串。但相对而言，用都匀皮纸制作的纸钱比一般竹纸材质的纸钱价格要高，性价比不如机制纸高，因而在中高端用途萎缩后，仅凭祭祀需求难以支撑规模化的造纸厂生存，这也是20世纪80年代后都匀造纸厂难以维系的主要原因。

（二）都匀皮纸的销售情况

传统上，都匀皮纸按捆包装并进行销售，每捆纸共12刀，包括11刀单纸、1刀夹纸。而都匀纸坊的旧习惯是以每80张单纸（薄纸）为1刀，或每40张夹纸（加厚纸，约等于2张单纸的分量与厚度）为1刀。民国晚期的售价为每捆纸6块大洋。

调查组从肖明远处了解到，最初纸坊阶段的销售方式是通过纸坊老板往外贩运售卖，民国后期，由于都匀纸旺销，形成了各地纸商与消费者上门购买的模式，纸坊老板不再自己到市场上进行销售。直到20世纪50年代都匀造纸厂建立后，才开始用工厂营销的方式批销及代理经销。

民国中晚期，纸坊与技工之间采用的是雇佣工资制，一个纸槽的造纸师傅通常有两人，每月工资为一捆纸的价钱，即6块大洋，两个师傅均分；晒纸工的工资则为每月1块大洋。纸坊主人须管所有工人吃饭，但不必留宿，可见当时所雇师傅是以本地人为主的。

1951年后，都匀造纸厂为优化产品质量，派专人到安徽省泾县宣纸厂学习技术，将宣纸制造的精细工艺带回本厂，并生产出了融入若干宣纸技艺的"都匀书画宣"，此产品一度格外走俏。20世纪80年代开始，随着现代造纸技术的推广，以及都匀皮纸从传统书写、绘画市场中快速萎缩，祭祀用纸已不能维持工厂的生存。都匀皮纸逐步退出市场的舞台以至完全停产。

（一）　"抱石皴"与都匀皮纸的故事

中国水墨画有一种非常重要的笔墨技法叫"皴法"，它是历代画家为表现各种山石结构和树木表皮质地而采用的技法程式。画时先勾出山石、树木轮廓，然后用淡干墨侧笔皴擦表现对象特色性的脉络纹理，具有代表性的有披麻皴、斧劈皴、雨点皴等。

作为20世纪著名的中国山水画家，傅抱石非常注重探索新的表现技法，1939年避战乱来到四川后，因战时宣纸稀缺而尝试用都匀白皮纸作画。这种皮纸比宣纸稍显粗黄，吸水性强，柔韧性突出，因而晕墨慢、浓淡墨色分层清晰，而且很耐皴擦，非常适合表现粗犷挺劲的笔锋。傅抱石尝试之后，发现这种纸很适合他"破笔散锋"的豪迈画法，于是他把笔锋完全散开皴擦，创造性地在中锋和侧锋之外形成了独具一格的笔法和画作风格，被誉为"抱石皴"。都匀皮纸特有的纸性遇上傅抱石的"破笔散锋"，纸墨笔人相得益彰，成就了现代美术史上的一段佳话。

（二）　都匀皮纸做官服的传说

都匀曾经生产过特别加厚的四夹纸，据说用途很广，曾被做成官服。当地民间流传着这样的趣闻：有一次，慈禧太后从皇宫到颐和园去游玩，一个护路官得到通知后，不巧官服不在身边，因时间紧迫，他急中生智，用都匀的四夹纸连夜赶制成了一套官服，再用颜料涂上官服的图案。不细看的话，纸官服还真的能以假乱真。第二天早晨，他身着四夹纸做的官服，伏跪在路旁恭候老佛爷驾临。出乎意料的事发生了，正当老佛爷的凤銮路过时，倾盆大雨从天而降，把这个护路官淋成一只落汤鸡，纸官服皱皱巴巴，上面的颜料被雨打得一塌糊涂。随銮伴驾的大小官员和宫女们忍俊不禁，一哄而笑，把小官员吓得不敢动弹。老佛爷也看到了护路官的窘相，大笑而

去，护路官也被免了欺君之罪。

（三）祭蔡伦旧俗

调查中，据肖明远等人回忆，都匀原建有一座蔡伦庙，庙里供奉文武财神和蔡伦神像，中间为财神菩萨，右边为蔡伦先师，神像手脚均可活动。民国年间，农历五月二十七被都匀造纸业界定为蔡伦发明造纸的纪念日，所有槽户放假一天，由业内自行组织，自愿参加，采用费用公摊的方式举行祭祀。即每位业主出1块大洋，师傅出半块，业主代徒弟也出半块。届时，由业主们推举出一位有钱、有名望且年纪大的老板当总管，总管第一个磕头。另推举一人买菜。总管领业主到蔡伦庙前烧香、磕头，总管一般会说"蔡伦菩萨，今天是你生日，大家来给你磕头，你保佑大家造纸发达兴旺，买卖顺利。我们每年都来庆贺你"之类的话。祭祀结束后，造纸工人全部放假，在蔡伦庙前杀猪聚餐。聚餐前，业主们带着工人抬着蔡伦像游遍整个都匀的大街小巷。同时，每年的大年三十，业主们都要杀一只鸡，主动到蔡伦庙前供奉。此行业习俗到中华人民共和国成立后才中止，据说1952年，仍有老人和大家说，"明天是蔡伦菩萨生日，要去纪念他"。1958年，蔡伦庙被毁，这个风俗完全中断。

（四）传统收徒行规仪俗

按照旧日纸坊行规，徒弟归造纸业主收，在愿意做学徒的年轻后生中挑选，取得学徒父母的同意后，报给当年的总管，在蔡伦庙里行收徒礼。做学徒时长为3年，住在业主（老板）家，由业主指定在哪个工种跟哪位师傅学。做学徒期间，徒弟不能跳槽，如果跳槽的话，则不能在都匀继续从事造纸。业主须管徒弟吃住和保证徒弟基本生活需求，每年还要给徒弟做两套新衣服。

（五）劳资冲突酿事端

据地方文史研究者描述，都匀皮纸于民国十四年（1925年）进入产销旺盛期，各槽户捐款在关厢桥原财神庙房屋内塑蔡伦像供奉，每年的五月二十七举行一次蔡伦会。

民国二十年（1931年），地方政府为加强对造纸业的管控，直接插手造纸业工会，破坏传统纸槽户推举的做法，指派张秀钦为工会主席。张秀钦上任后，按照官方意图设立控制性名目，具体措施：一是没有加入工会的人员一律不能从事造纸；二是加入工会须领证且交1块大洋，而工会证必须交给资方保管才能取得从业权；三是每月要向工会交费3角。此规定一出，资方由于每年要承担学徒工的相关费用，但又不能不收学徒，同时还担心工人由此不安心工作，于是也规定每年都要先扣一个月的工资，以约束工人。

另一个触发对抗的事由是：民国二十年（1931年）农历五月二十七举行蔡伦会的当天，槽户不仅不请工人会餐，反而请地方官员大吃大喝，也不放假休息，引起造纸工人的极大不满。于是工人们推举韦子华、韦玉周、李树奎等为代表，举办与官方、资方对立的蔡伦会，在土地庙举行大会。由于工人众多，反而比官方、资方更有声势，而且在事后举行罢工。此举让资方措手不及。此后，资方和地方政府策划由城关镇镇长梅杏村（也是槽户）出面调和，除了将每月交费降至1角外，还承诺以后都按照往年惯例举办蔡伦会，冲突这才逐渐平息下来。[9]

---

[9] 沈季辉.源远流长的都匀白皮纸[Z].中国人民政治协商会议贵州省都匀市委员会.都匀文史资料选辑：第2辑，1983.

（六）葬俗用纸

都匀为布依族聚集区，其葬俗与纸的关系尤其密切：当地布依族丧葬停尸时用白纸或白布遮脸；入殓时，需在棺材底铺一层纸钱和灯草；送殡时，要有人手打旗伞，即纸做的花伞，同时由寨老家族中一人撒纸钱，即买路钱；安葬时，要在墓穴里烧纸钱，谓之暖井，再将棺材下葬掩土。几乎丧葬的每一个环节都离不开纸。

七

都匀皮纸的
保护现状与发展思考

7

Preservation and Development of
Bast Paper in Duyun City

（一）都匀皮纸的现状描述

作为从晚清到20世纪中叶的地方名纸，都匀皮纸曾在贵州红极一时，但由于中国社会工业化进程加速，以及自身模式定位及经营定位的若干缺陷，都匀皮纸最终因中高端用途快速收窄、少量的销售无法维持而完全停产。都匀皮纸早在20世纪80年代即已开始停产，而且手工纸坊的传统业态也未能像贵州不少工厂化生产地域那样承接恢复，多少还是受到一些非正常因素影响的。

2009年8月中旬，调查组到达都匀市时，只在市政府相关部门的资料中查到有关手工造纸的少量信息，当问及造纸厂的地址时，工作人员已无法准确提供。几经周折后，调查组在市文化部门找到一位热衷民族民间文化调查的人员，在他的带领下，方才走访到都匀皮纸厂的原分管副厂长肖明远。在肖明远的指引下，调查组实地考察的结果为：原都匀皮纸厂的厂房早已拆除，原厂旧址上已建成一个新的居民小区，在新小区旁一个旧日的两层楼上，设有一个都匀蜡纸厂留守处，并且还挂了留守处的牌子。原匀阳造纸厂的厂房已经住进了当地居民，实际上也成了一个破旧的居民楼。经探询，当年的生产设备已经大多不知所踪。

⊙1

⊙2

（二）都匀皮纸的发展思考

从现实状况来看，都匀皮纸如今只存活在乡土文化的记忆里，除了尚在世的若干当事人和地方文献中的一些回忆性记载，残存的厂房和散弃的设备遗存已不能表达活态的技艺文化。同时，调查组在当地寻求当年所造皮纸的样品和更多技

399

Chapter V

第五章

黔南布依族
苗族自治州
Qiannan Bouyei and Miao
Autonomous Prefecture

Section 5

第五节

都匀皮纸

艺承载载体时，基本上未有进展性的收获。鉴于都匀皮纸的现状，结合多数消失的非物质文化遗产的传承发展方式，调查组建议：

1.

都匀皮纸的手工技艺与相关文化曾是百年来地方颇为重要的文化记忆，地方政府或民间机构有责任安排或引导设立专项资金，采用"政府补贴引导、民间与民众参与"的办法，建设一个小规模的公益性设施，采集并保存历史性的生产图片、资料、实物以及编写回忆文本等，在条件允许的情况下可再现一些演示工艺与工具，进行展示馆型的传承保护，使区域文化的一个微观样式能重新获得传播。

2.

鉴于都匀皮纸的纸品特色，曾经在书画创作和抄印书籍方面应用广泛，因此，在当地非物质文化遗产普遍获得生产性保护促进的背景下，应以民间实体纸坊与网络、论坛推广营销相结合的模式恢复都匀皮纸的生产，并定位于中国绘画创作和抄印经文、家谱等当地用途。

⊙ 1
原匀阳造纸厂厂房
Former Yunyang Papermaking Factory

⊙ 2
现遗弃在路边的皮纸生产器具
Abandoned apparatus used to make bast paper

第六节

都匀
蜡纸

贵州省
Guizhou Province

黔南布依族苗族自治州
Qiannan Bouyei and Miao Autonomous Prefecture

都匀市
Duyun City

调查对象
石板街
斗篷山景区
蜡纸

遵义市

铜仁市

毕节市

贵阳市

六盘水市

安顺市

黔东南苗族侗族自治州

黔南布依族苗族自治州

黔西南布依族苗族自治州

Section 6
Wax Paper
in Duyun City

Subject

Wax Paper in Doupeng Mountain Scenic Spot
and Shiban Street

一
都匀蜡纸的
基础信息及分布

1
Basic Information and Distribution of Wax Paper in Duyun City

20世纪50年代初，都匀市的造纸厂开始以当地人称作"野梦花麻"的植物为原料生产纸张，人称"梦花纸"。然后再进一步将"梦花纸"加工成铁笔蜡纸*、打字蜡纸**以及复写纸。特别是铁笔蜡纸，不仅畅销全国，而且还出口到日本以及东南亚的一些国家和地区，成为20世纪中叶的一种世界性名纸品。铁笔蜡纸在当年是手推油墨印刷的重要载体之一，在印刷前，将蜡纸铺在特制的钢板上，用铁笔在蜡纸上写字，再通过油墨进行印刷，是一种在激光照排和现代化打印、印刷兴起前流行的印刷方式，蜡纸为这种传统油印提供了必要的载体。

⊙1

* 铁笔蜡纸又称誊写蜡纸，是传统专供油印用的一种表面涂蜡的加工纸。其原纸为构皮或桑皮纸，具有很高的抗张强度和耐撕裂强度。将白蜡加热熔化后形成的蜡液置于纸槽中，让原纸浸透蜡液而形成蜡纸。蜡纸具有良好的吸油墨性和柔软性，用铁笔刻上文图后在手推式油印印刷设备上使用，今已弃用。

** 打字蜡纸是通过打字机打字在蜡纸上再进行油印的一种加工纸。每张纸由蜡纸（蓝色涂层）、底板纸（又称砂纸）、有效印框（又称垫纸）组成，字体整齐美观，更耐批量油印。

路线图
都匀市城区
↓
石板街、斗篷山景区
Road map from Duyun City centre
to the papermaking sites
(Shiban Street and Doupeng Mountain Scenic Spot)

都匀蜡纸
生产地
分布示意图

Distribution map of the papermaking sites of
wax paper in Duyun City

考察时间
2009年8月

Investigation Date
Aug. 2009

地域名称

斗篷山景区

石板街

造纸点名称

都匀市城区

⑦ 王司镇
⑥ 江州镇
⑤ 大坪镇
④ 沙寨乡
③ 石龙乡
② 平浪镇
① 洛帮镇
Ⓐ 都匀市

石板街 造纸点
斗篷山景区 造纸点

位置分布

市府、州府
县城
乡镇
村落
造纸点
历史造纸点
山
国家级自然保护区

S221 省道
G21 国道
昆河线 铁路
G 56 高速公路
线路

麻江县
贵定县
丹寨县
三都 水族
都匀市
自治县
平塘县
独山县

10 km
5 km
0

N

二

都匀蜡纸生产的
人文地理环境

2

The Cultural and Geographic Environment
of Wax Paper in Duyun City

三

都匀蜡纸的历史与传承

3

History and Inheritance of
Wax Paper in Duyun City

　　据都匀地方相关研究文献记载，都匀蜡纸的制作发端于1951年。当年，都匀皮纸联营社经理章祖刚到重庆参加由西南区工业部轻工业局召开的造纸工作会议，章祖刚在会议上汇报了都匀造纸业生产技术和生产设备落后、皮纸种类单一等情况，希望政府设法支持改进。章祖刚的汇报引起了西南区轻工业局的重视。不久后，贵州省农林厅长吴厚安去北京开会，再次向国家轻工业局汇报了贵州皮纸工业发展的有利条件，并推荐住在重庆的都匀人沈萍前往当时造纸较为发达的华东地区学习。

　　1951年4月，沈萍经上海华东工业局介绍到浙江省工业厅，先被安排在杭州皮纸厂学习蜡纸纸坯制造技术；后来到上海开诚蜡纸厂学习铁笔蜡纸、打字蜡纸、复写纸的加工技术；同年10月又被安排与浙江省工业厅留用的日本造纸专家野奇

Library of Chinese Handmade Paper

中国手工纸文库

贵 州 卷·上卷 | Guizhou I

盛之甫和工程师殷舒飞共同筹备成立造纸工业实验所，边工作边学习。同时，都匀皮纸联营社已改为公私合营的爱国皮纸厂，厂长仍由章祖刚担任，他将本厂老工人没有制作成功的"梦花纸"原料寄给沈萍。经沈萍与日本专家的共同实验，得出纤维良好的结果，并告知都匀。随即，都匀市请沈萍在上海找技术工人和购买必要的设备，准备正式投产。

1952年5月，沈萍带着外请的两名造纸技工和相关器具回到都匀建厂。1952年底工厂建成后，从都匀、独山两地招收学员61人，学习"梦花纸"的加工技术，1953年1月正式投产，人员逐步增至500余人，成为有相当规模的一个原纸及加工纸的生产基地。生产出来的构树皮纸、"梦花纸"、铁笔蜡纸、打字蜡纸、复写纸等全部由原来的"农家乐"品牌商标改为"贵州"牌，铁笔蜡纸由于质量好，曾畅销国内各省，并出口日本和东南亚各国[10]。

20世纪50年代末，"都匀爱国皮纸厂"正式更名为"都匀造纸厂"。20世纪60年代，"都匀造纸厂"一分为二，分别为"都匀蜡纸厂"和"都匀市匀阳造纸厂"，两者均为地方国营性质，原则上规定"都匀蜡纸厂"生产蜡纸，"都匀市匀阳造纸厂"生产白皮纸。但不久后，都匀蜡纸厂也开始生产皮纸，形成相互竞争的局面。直到20世纪80年代，油印技术被迅速发展的激光打印等新兴技术替代，都匀蜡纸因失去生存基础而快速退出历史舞台。

[10] 沈季辉.源远流长的都匀白皮纸[Z]//中国人民政治协商会议贵州省都匀市委员会.都匀文史资料选辑：第2辑，1983.

工艺流程

407

Chapter V 第五章

黔南布依族
苗族自治州 Qiannan Bouyei and Miao Autonomous Prefecture

Section 6 第六节

都匀蜡纸

四
都匀蜡纸的生产工艺与技术分析

4
Papermaking Technique and
Technical Analysis of
Wax Paper in Duyun City

⊙1

（一）
都匀蜡纸的生产原料与辅料

都匀蜡纸所用的主要原、辅材料为野梦花麻、硫化碱、杨桃藤等。都匀蜡纸使用的主要原料是野梦花麻，沈季辉于1983年撰写的《源远流长的都匀白皮纸》记载："书中名尧花树，浙江、江西叫山棉皮，少数民族地区叫板栏、地棉根、山豆了，日本叫雁皮。"它是一种野生在山谷溪沟岩缝中的直立小灌木，树皮光滑，叶对生，果长卵形。砍伐时，须在出土3~6 cm部位留桩。都匀蜡纸的原料主要来源于贵州的道真、桐梓等县。

杨桃藤为生长野生猕猴桃的树枝。由树枝浸出的液体可作为纸药使用。硫化碱则在蒸煮料时作为添加剂使用。

（二）
都匀蜡纸的生产工艺流程

调查组在与肖明远的交流中了解到，都匀蜡纸制作的工艺流程为：

壹	贰	叁	肆	伍	陆	柒	捌	玖	拾	拾壹	拾贰	拾叁	拾肆	拾伍	拾陆	拾柒
砍麻	蒸麻	刮麻	晒干	蒸煮	扬料	打梦花麻	打浪	抄纸	压榨	炕纸	泡纸	榨纸垛	晒纸	印刷	涂蜡	包装

工
艺
流
程

408

Library of Chinese Handmade Paper

中国手工纸文库

贵
州 卷·上卷
Guizhou I

Wax Paper
in Duyun City

壹 砍 麻

1

（当地将树皮原料叫作麻）每年农历二至三月开始砍伐约60 cm长的野梦花麻。然后由专人将构皮剥下来，修剪疙瘩，并刮去黑色的表皮。

贰 蒸 麻

2

将剥好刮净的野梦花麻原料直接放在大锅或甑内蒸煮，不需加石灰，高出锅甑部分的野梦花麻料用破衣服或麻布片盖住。蒸煮约一个小时，起锅后的皮料需用破衣服或麻布片盖住，使其保持湿润。

叁 刮 麻

3

将蒸煮好的皮料取出来，并将其外皮刮下来。

肆 晒 干

4

将剥下来的外皮料晒干。

伍 蒸 煮

5

取100 kg左右晒干的外皮料，加5%浓度的硫化碱进行高压蒸煮24小时。据肖明远介绍，这是到浙江学习后，改原先的平压蒸煮为高压蒸煮。蒸煮时，先加4 kg的压力，当温度升至160 ℃时，再加6 kg的压力，保温3.5~4小时，这样才能除掉木质素。

陆 扬 料

6

又称"洗料"。捞出蒸好的皮料，由洗料工将皮料用竹箩筐装着放在大水池里，上下抖动着洗，直到把碱水洗净。水池高约40 cm，竹箩筐高约30 cm。将洗好的皮料捞出来后，放在台板上，以备拉去打浆或打碓。

柒 打 梦 花 麻

7

将一团料放在光滑平整的方石板上，上下左右依次捶打，打好后，将料掉头继续捶打，然后对折再打。打好后，将料放在木桶里，加水，再用槽棍搅散，然后将水排出，用水碓打。打碓采用的方式与传统方法完全一样，没有碓窝。这时用木板围成栅栏，将料放进去，打浆一次用25 kg料，需要不断翻动，等料被搅打成细碎状后，再用木板将碓基围住，继续打碓，直到完全打融为止。

捌 打 浪

8

前后打几次，一般俗称"打38浪"。将帘子放在帘架上，左右板逐渐合到帘架上，2开不用吊起来，3开、4开要吊。

玖 抄 纸

9

将湿纸膜倒出时，纸帘上不需要安帘刀（帘刀为一木片。安帘刀的工序叫"逗刀"，"逗"即"靠拢、靠齐"的意思），将纸捞出来时，捻起"安头"，手一甩，就可将水排出。倒出湿纸膜时，凭经验将纸对齐。若纸为8开的，则将近2 m长，纸帘上需要安帘刀；若纸为3开或4开的，可直接用手理齐。

拾
压　榨
10

对纸板上的湿纸进行压榨，挤去其中水分。具体操作与都匀皮纸制作工艺相同。

拾壹
炕　纸
11

把整个纸垛搬到炕纸房的烤纸架上，放到纸焙上一起烤，烘烤两天即可烤干。以前的纸厂里有专门师傅负责烤纸。

拾贰
泡　纸
12

烤干后，将纸拿到水里浸泡。早上放入水中的，下午就可以取出来（共浸泡7~8小时）。因为油水（纸药液）浓度高，纸不好撕，所以需要在水中浸泡，方能撕开。

拾叁
榨纸垛
13

两人将纸垛抬到榨床旁，将纸再次榨干。一垛一榨，榨一次即可，榨干一垛耗时约一小时。一个师傅扳榨即可。

拾肆
晒　纸
14

（实为烘纸）将纸拿到烘纸房烘（和都匀皮纸类似）。需使用羊毛刷（由于棕毛太粗，不能用棕刷）刷纸。纸张不能重叠在一起烘，否则会起毛，不能用。一次只能烘一层，且只有一排，纸焙一排可晒10张纸。先晒5张，再揭另外5张，如此循环，几分钟即可烘干。烘纸师傅计算好张数，5张一数，烘干后的纸要送到检纸车间（检纸部），检查是否有孔洞、黄筋等，如有不达标的，则另做处理。

拾伍
印　刷
15

通过印刷车间的印刷机，将"田"字格或"米"字格印到合格的原纸上。

拾陆
涂　蜡
16

将印刷过后的纸送到加工部涂蜡加工。涂蜡机有两个辊子，纸穿过机器，蜡就涂好了。涂蜡机采用100℃左右的高温涂蜡。一台涂蜡机需两个人操作，一个人上手师傅，另一人为下手师傅。上手师傅将纸推进辊子，并转辊子，下手师傅负责揭纸，并将纸放到方木盘里。

拾柒
包　装
17

一般有专人负责计数，计好数后立即将若干张纸卷成一筒，一般以100张为一筒。将卷好的成纸装在纸筒里，然后送到制筒车间，贴好商标并封口。纸筒的一边需封死，另一边封好后留一根线头在外面，一拉即开，方便使用。

第五章　Chapter V

黔南布依族
苗族自治州
Qiannan Bouyei and Miao
Autonomous Prefecture

第六节　Section 6

都匀蜡纸

（三）
都匀蜡纸生产使用的
主要工具设备

壹
碓
1

光滑平整的方石板，尺寸为
40 cm × 40 cm。

贰
烤纸架
2

一般为3行3列，可同时放9垛纸，
架子上的模板约10 cm厚。

叁
纸　焙
3

长约4 m，高1米多。纸垛一般有
70~80 cm高。

五
都匀蜡纸的
用途与销售情况

5
Uses and Sales of Wax Paper
in Duyun City

都匀蜡纸加工成铁笔蜡纸、打字蜡纸、复写纸后销往全国各地，是一种畅销全国的纸品。

（一）铁笔蜡纸的制法

1. 印刷

烘干的纸经检验合格后进行裁边，然后送至翻版印刷机上印"米"字格或"田"字格。

2. 涂蜡

以甘油、松香和黑蜡等在160 ℃的温度中制成混合溶液，放入上蜡机槽，并将溶液温度保持在100 ℃。为蜡纸涂蜡时，两个涂蜡的辊子必须由外向内滚动，纸从中间穿过。此工序由两人操作，一人在上方将纸推进辊子，并转动辊子；另一人在下方接涂好蜡的纸，并将纸摆放整齐。一台上蜡机每天可产铁笔蜡纸100

筒，每筒100张。

3. 包装

将涂好蜡的纸送至包装车间进行包装，每100张为1筒，卷紧后在外层包上一层质量不满足出厂标准的"梦花纸"，最后放进做好的圆筒内封好。

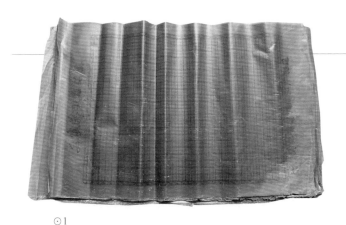

⊙1

（二）铁笔蜡纸的用途

1. 钢板刻字印刷用纸

铁笔蜡纸主要为旧日流行的传统钢板刻字印刷提供载体，广泛用于20世纪80年代前的企事业单位、学校以及民间的公文印制等。都匀铁笔蜡纸应时而生，销售地域覆盖全国，且出口到日本及东南亚的一些国家和地区。由于涉及运输、传播等问题，其在南方市场的影响更大。1959年，

蜡纸的产量达到最高峰，年产成品纸268 620筒，即26 862 000张，创产值121万元。

2. 打字蜡纸

以硝化棉、油酸、二丁酯、乙醚、酒精和盐基性兰加工成溶液，经上蜡机拖出后，放入40 ℃的烘箱烘干，主要用于打字机打印后再油印印刷，将打字后的蜡纸放入手工印刷机进行复制性印刷。打字蜡纸也是广泛销售的产品，但相比铁笔蜡纸，影响力和品牌知名度较低，而且产销高峰阶段也略延后。实际上打字蜡纸是比铁笔蜡纸更先进的载体应用。1975年，打字蜡纸的产量达到最高峰，年产62 777盒，创产值439 439元。

3. 复写纸

以硬脂酸、低度石蜡、松香、钙皂、蓖麻油、荷兰蜡、甘蔗蜡、地蜡等原料加上华兰、品兰、太青兰等颜料加热成溶液，放入蜡槽中，温度需控制在90 ℃左右，将纸坯通过上蜡机制成复写纸。1959年，复写纸的产量达到最高峰，年产90 740盒，创产值208 702元。复写纸与上述两类蜡纸所不同的是，一直到21世纪初仍然在财务等领域有广泛应用，但都匀蜡纸厂的复写纸影响力不足以支撑起500人的手工造纸规模，因而该纸品因非单一技术而于20世纪80年代被淘汰。

⊙1
打字蜡纸
Wax paper for mimeograph

六
都匀蜡纸的
相关民俗与文化事象

6
Folk Customs and Culture of
Wax Paper in Duyun City

⊙1

尽管都匀蜡纸制造技术最后是从上海等地习得的，但在此之前已经有过多次试验，都匀本地纸坊早就想制造这种附加值高的加工纸。民国二十八年（1939年），兼任上海文具商业联合会理事长、上海利文蜡纸厂厂长和浙江利文造纸厂厂长的朱耐吾，为躲避战乱，从上海来到贵阳继续从事纸业工作。初期从浙江将纸坯运至贵阳加工，浙江沦陷后，又将浙江利文造纸厂的部分技术工人转移到都匀。了解到当地的造纸情况后，朱耐吾找到当地所产浙江人称为"山绵皮"的野梦花原料，租用当地人梁锡五的房子，抄出"梦花纸"送至贵阳加工蜡纸。

朱耐吾的生产技艺并没有引起身为造纸工的梁锡五的重视。民国三十四年（1945年），朱耐吾回到上海、浙江，想继续从事蜡纸制作，但由于此前两地在日军占领期间，大量的山绵皮（梦花麻）被擅长用此原料造纸的日本人进行了毁坏性采伐，资源枯竭而难以为继。1949年后，朱耐吾曾到都匀，准备在此开办蜡纸厂，后因不愿接受公私合营的机制而放弃。

1951年，在都匀爱国皮纸厂工作的梁锡五在厂里的支持下，尝试抄制"梦花纸"，但由于技术掌握不全，抄制的"梦花纸"质量低劣而屡屡失败。最终还是由沈萍在造纸工业实验所学习时，收到由章祖刚寄来的"梦花纸"原料后在日中专家协同下试制成功。

⊙
1

都匀蜡纸厂留守处的工人与调
查组成员
Workers and researchers standing in front of
the Duyun Wax Papermaking Liaison Office

4
1
3

Chapter V 第五章

黔南布依族
苗族自治州 | Qiannan Bouyei and Miao
Autonomous Prefecture

Section 6 第六节

都匀蜡纸

七
都匀蜡纸的
保护现状与发展思考

7
Preservation and Development of
Wax Paper in Duyun City

都匀蜡纸是应时而生的，是一个特定时代的产物，由于电脑的普及、现代印刷业的高速发展，旧的油印业态迅速消亡，铁笔蜡纸、打字蜡纸自然退出了历史的舞台。虽然复写纸目前还在使用，但单一的产品无法维持一个企业的生存，都匀蜡纸厂成为了都匀手工造纸的历史，无法恢复，生产性保护自然也失去了基础。但是，都匀蜡纸由于用料、工艺讲究，蕴含了多种科技元素，因此成为造纸技艺史和文化史领域研究的重要对象。虽然文献与口述历史的记述是非常重要的工作，但是目前这一方面的进展相当不足，亟须地方文献研究机构组织专门力量进行抢救性的信息采集与记录。

由于都匀蜡纸厂已停产多年，活态生产环境损失殆尽，因此影像化保护是一个值得关注的文化传承命题。

都匀
蜡纸

都匀蜡纸厂蜡纸透光摄影图

都匀
蜡纸

都匀蜡纸厂蜡纸透光摄影图
A photo of wax paper in Dayun Wax
Papermaking Factory seen through the light

第六章
毕节市

Chapter VI
Bijie City

第一节

纳雍
皮纸

贵州省
Guizhou Province

毕节市
Bijie City

纳雍县
Nayong County

调查对象

沙包乡
大寨行政村
皮纸

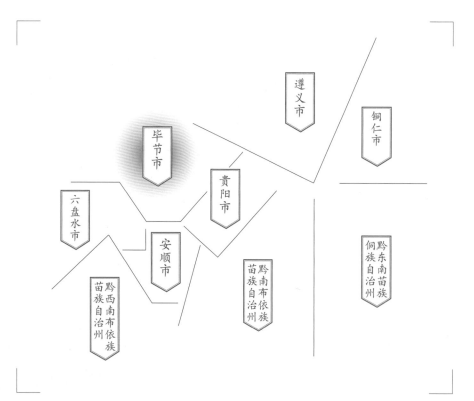

遵义市

铜仁市

毕节市

贵阳市

六盘水市

安顺市

黔东南苗族侗族自治州

黔南布依族苗族自治州

黔西南布依族苗族自治州

Section 1
Bast Paper
in Nayong County

Subject

Bast Paper in Dazhai Administrative Village
of Shabao Town

一

纳雍皮纸的
基础信息及分布

1

Basic Information and Distribution of
Bast Paper in Nayong County

纳雍县沙包乡现存手工造纸点集中在大寨行政村一处，造纸原料为构树皮，造出的纸当地习称为白绵纸。调查组于2011年7月13~14日入村调查时了解到，整个沙包乡造纸过程中所使用的都是当地启河的河水，调查中村民介绍这条河的水是来源于地下的"井水"，水量不大。村民记得有人曾经远到安顺市境内寻找能够满足造纸需求的充沛水源，结果发现还是启河的水适合造白绵纸。调查时，沙包乡在纸张加工中已经采用打浆机将皮料打融，也已不用传统的杉松树根作纸药，而是使用购买的化学药品聚丙烯酰胺。

⊙1

⊙ 1

流经沙包乡的启河
Qihe River flowing through Shabao Town

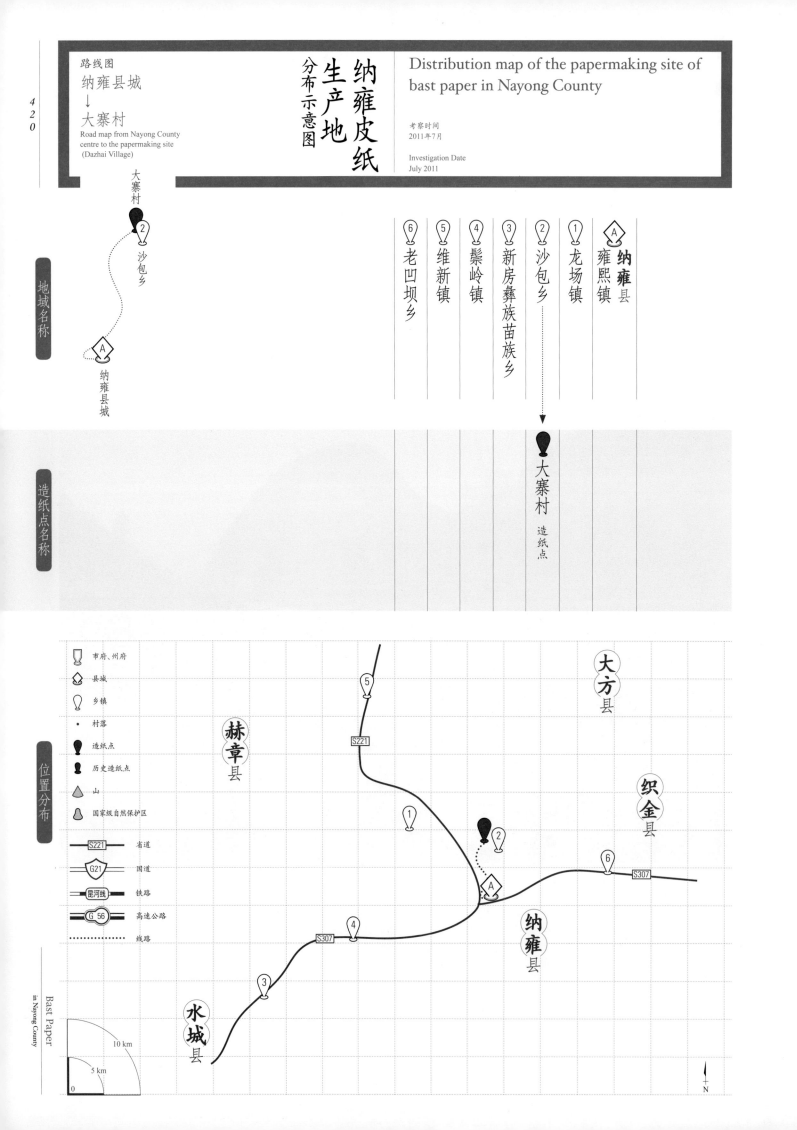

纳雍皮纸
生产地
分布示意图

Distribution map of the papermaking site of bast paper in Nayong County

考察时间
2011年7月

Investigation Date
July 2011

路线图
纳雍县城
↓
大寨村

Road map from Nayong County centre to the papermaking site (Dazhai Village)

地域名称

大寨村
② 沙包乡
Ⓐ 纳雍县城

纳雍县
Ⓐ 雍熙镇
① 龙场镇
② 沙包乡
③ 新房彝族苗族乡
④ 鬃岭镇
⑤ 维新镇
⑥ 老凹坝乡

造纸点名称

大寨村 造纸点

位置分布

市府、州府
县城
乡镇
村落
造纸点
历史造纸点
山
国家级自然保护区
S221 省道
G21 国道
昆河线 铁路
G 56 高速公路
线路

大方县
赫章县
织金县
纳雍县
水城县

10 km
5 km
0

N

Bast Paper
in Nayong County

二
纳雍皮纸生产的
人文地理环境

2
The Cultural and Geographic
Environment of Bast Paper
in Nayong County

纳雍县沙包乡位于县域东北方，地处东经105°21′～105°26′、北纬26°54′～26°48′。东边以后河为界与乐治镇隔河相望，东北面以木空河为界与大方县毗邻，北部和西部与寨乐乡接壤，南靠雍熙镇，乡政府驻地大寨村距县城11 km，下辖18个行政村，147个自然村，157个村民组。2009年末调查时共有7 787户34 577人，主要居住着汉、彝、苗、仡佬等民族，民族文化丰富，特别是"穿青人"文化和苗族民族舞蹈等，构成了纳雍独具特色的人文环境。

纳雍有穿青人20余万，占贵州全省穿青人总数的1/3。穿青人在我国尚属未定民族。穿青人所祭祀的"五显神"是猴类山魈，即传说中山里的独脚鬼怪。穿青人以猴为图腾崇拜，每年农历的正月初五到十五，由他们的亚师披上熊皮，装扮成山魈模样，各村各户追逐驱赶瘟疫，一对青年男女要随行演唱。直至如今，在每年的新春时节也还要以一村或数村为单位组织穿青人中的青年男女到各家各户演唱，以祈求平安。

在纳雍众多的苗族歌舞节目中，纳雍县猪场苗族彝族乡独创的苗族芦笙舞"滚山珠"影响很大。这种舞蹈以高超的技巧、敏捷灵活的步调、明快的节奏感等特点，深受中外观众喜爱，已入选国家级非物质文化遗产名录。

"滚山珠"原名"地龙滚荆"，又叫"滚地龙"，苗语称为"子罗夺"。传统的"滚山珠"由一人或数人表演。其表演特色是：不管表演动作的难度有多高，表演者都要手持芦笙，口吹芦笙，保持笙不离口、曲音不断，笙与舞自始至终相位相配，协调进行。传统的"滚山珠"一般在

⊙ 1

⊙ 2

⊙ 1 / 2
纳雍 "穿青人" *
Chuanqing people (people who wear cyan clothes) in Nayong County

* 资料来源http://chuanqingren.5d6d.net/thread-705-1-1.html.

年节、喜庆或农闲之余进行表演。关于这个舞蹈的产生有这样一种说法：古代苗族人在大迁徙中，由于道路坎坷、荆棘遍野，行走十分艰难。英勇的苗族青年为了给父老乡亲们开辟一条通道，就用自己强壮的身躯滚出一条道路，让父老乡亲们顺利通过，到达黑羊大菁（今黔西一带）安家落户。人们为了褒奖这些青年的英勇行为，就模仿他们用身躯滚倒荆棘的动作编成舞蹈，并取名"地龙滚荆"。

纳雍苗族芦笙舞"滚山珠"已走出县门、国门，获全国民族舞表演金奖，并出访了挪威、荷兰、比利时、法国等国家，好评如潮。返程时，在波兰还捧回了世界民族民间艺术最高奖——金山仗奖。

大寨村占地面积约4.5 km²，平均海拔1 300 m，耕地面积约1.9 km²，荒山草坡面积约1.1 km²。全村无水田，无矿藏资源，辖12个村民组，294户，1 925人，居住着汉、苗等民族。大寨村以玉米、洋芋、小麦、豆类、蔬菜为主要农作物，手工造纸为主要经济来源，早熟蔬菜为辅助经济来源。

⊙1

⊙
1
纳雍苗族"滚山珠"演出照
Local show performed by the Miao Ethnic
Group in Nayong County

三

纳雍皮纸的历史与传承

3

History and Inheritance of
Bast Paper in Nayong County

据新版《纳雍县志》记载，中华人民共和国成立前，县境内维新梅花箐、张家湾白岩脚、后坝、坐勒和百兴镇等地就开始用手工方式生产草纸，在沙包乡和王家寨糯克等地以构皮为原料生产白纸。中华人民共和国成立后，这些草纸和白纸的个体手工业户相继组织成四个纸社，属轻工局管理。1978年从业人员达110人，年生产草纸423.9吨，实现年产值6.1万元，后移交社队企业局管理。市场开放后有的转为个人承包经营，有的解体。1986年，百兴区联办造纸厂和维新乡办造纸厂相继建立，开始生产机制纸。1997年从事造纸业的有98户，从业人员370多人，全年生产机制纸125吨，土纸110吨，实现年产值91万元。[1]

据调查中当地村民口述，沙包乡白绵纸是从清代开始制造的。当时有两个四川兄弟流浪到沙包乡，认识了乡人雷代奎，时间一长，大家就成了好朋友。而这两兄弟会造纸术，雷代奎就拜四川两兄弟为师，并侍奉四川两兄弟终身。在这期间，雷代奎教会了雷家寨和蒙家寨五六十户人家造纸。雷代奎所传下来的整个大家族先后四代人都会这门祖传的造纸技艺，足可见当年传习面之广，到调查组入村时，技艺的活态传承在村民中仍然很普遍。

[1] 纳雍县地方志编纂委员会.纳雍县志[M].贵阳:贵州人民出版社,1999.

工
艺
流
程

4
2
4

四

纳雍皮纸的
生产工艺与技术分析

4

Papermaking Technique and Technical
Analysis of Bast Paper in Nayong County

（一）

纳雍皮纸的生产原料与辅料

　　纳雍皮纸所用的原料主要为从沙包乡附近以及黔西地区购买的构树皮。2006年以前所用的纸药是杉松树根，2006年以后，由于持续大量采伐树木，当地几乎没有杉松树根了，因而全部采用化学原料聚丙烯酰胺。

（二）

纳雍皮纸的生产工艺流程

　　据调查组对大寨村造纸点的实地调查，记录纳雍皮纸的制作工序如下：

壹	贰	叁	肆	伍	陆	柒	捌	玖
砍	剥	撕	晒	泡	蒸	洗	打	洗
构树	黑皮	构皮	构皮	构皮	构皮	构皮	碓	料

拾捌	拾柒	拾陆	拾伍	拾肆	拾叁	拾贰	拾壹	拾
理	撕	晒	扯	榨	舀	铲	滑	拥
纸	纸	纸	纸	纸	纸	槽	缸	水

壹
砍 树
1

一般每年农历三月砍，以砍嫩构皮树为佳，因为用老树做的纸不白，用嫩树做的纸较白。

贰
剥 黑 皮
2

用刀将表面的黑色构皮外层剥掉，仅留下白色的内皮，一人一天可剥构皮50 kg。

叁
撕 构 皮
3

用手将白色构皮撕下来挂于房梁或院内。

肆
晒 构 皮
4 ⊙1

将构皮放在马路、晾衣竿或平地上晒，一般半天即可晒干，晒干后捆扎储存，备用。

伍
泡 构 皮
5

将晒干后的构皮成把捆扎好。利用村边小河里水深至膝的流水浸泡，并用石块将构皮压住，一般泡三天，直至构皮完全泡软为止。

陆
蒸 构 皮
6 ⊙2

用皮钩将泡软后的构皮钩入浆塘的石灰水里，石灰用量越大，碱性越强，造出的纸就越白。通常泡100 kg干构皮需放50 kg生石灰。然后放到窑子里蒸，一把一把地放进去，放一层构皮撒一层石灰，水要淹过构皮，最上面用塑料薄膜盖上，并用绳子捆紧，使之密封好。一次蒸500 kg左右，要蒸半个月，直至皮料煮透蒸熟、手感绵软为止。

⊙1

⊙2

⊙ 1
晒构皮
Drying paper mulberry bark

⊙ 2
蒸构皮
Steaming paper mulberry bark

柒
洗 构 皮

7　　⊙3

将蒸好的构皮用皮钩捞出，挑到
河边，置于河水中，用手提着洗
去构皮上的石灰面、黄褐色外皮
及杂质，整个过程中要不断地用
手搓洗皮料。

⊙3

捌
打 碓

8　　⊙4⊙5

将纸料打细打融，一次约打1.5 kg，
打融即可。

⊙4

⊙5

⊙
3
洗构皮
Cleaning paper mulberry bark

⊙
4 / 5
打碓
Beating the papermaking materials

⊙6

第六章

Chapter VI

毕

节

市

Bijie City

第一节

Section 1

纳雍皮纸

玖
洗　料

9　　⊙6

先将构皮浆装在料单里，再将料单拴在脚上，并用手在料单里顺时针搅拌，一次可洗10~15 kg。

⊙7

拾
拥　水

10　　⊙7

将料单里的水挤干，挤成干纸料。

⊙8

拾壹
滑　缸

11　　⊙8

现在采用聚丙烯酰胺作为纸药，一槽需0.15~0.2 kg。将纸料与化学药液混合搅拌1小时左右，即可准备舀纸。2006年前采用杉松树根泡出的黏液作为纸药。

拾贰
铲　槽

12　　⊙9

将过滤好的构皮浆放入槽子中，加入兑好的玄精，进行铲槽。一次放15 kg左右浆料，加水并用槽棍划圈搅匀，铲槽需10分钟左右。

⊙9

铲槽 9
Stirring paper pulp

滑缸 8
Vat for holding the papermaking mucilage

拥水 7
Squeezing water out of the papermaking materials

洗料 6
Cleaning the papermaking materials

拾叁 舀 纸
13　⊙10

舀纸时，将帘棍压在纸帘左右两边，双手平抬纸帘，一端先沉入纸浆中，接着沉另一端，向内推送，用手摇动一两下，然后用两手把纸帘平提起，转身，把帘上的湿纸缓缓扣在一张废旧的纸帘上，再缓慢揭开纸帘。盛放湿纸的废旧纸帘一般铺在木板上，木板下面铺着稻草。这个过程中手腕要有力，且一定要掌握好用力分寸，以控制好纸膜的厚度与均匀度。

⊙10

拾肆 榨 纸
14　⊙11

抄完纸后，在厚厚的纸垛上铺一层塑料薄膜，再于其上盖一层木板，木板上用质量约200 kg的石头先压10小时，然后上榨。先用杆慢慢扳，休息7~8分钟后再扳，前三杆一定要慢。压榨时，如用力过大，纸垛会从中破裂。

⊙11

拾伍 扯 纸
15　⊙12⊙13

用手将压干的纸一张张扯开，并用棕刷将其刷在墙上。

⊙12

⊙13

⊙14

拾陆 晒 纸
16　⊙14⊙15

将湿纸铺在墙上，相邻的上下两张纸距离0.5~1 cm，无论哪里的墙都可以。天气好时可贴5~6层，1小时能干；天气不好时可贴3层，4小时左右才能干。也有挂在绳子或竹竿上晾晒的。

⊙15

晒纸15 ⊙ 挂晾　Drying the paper on a string

晒纸14 ⊙ 墙晾　Drying the paper on a wall

扯纸13 ⊙ Peeling the paper down

用棕刷将纸刷到墙上 ⊙12　Pasting the paper on the wall with a coir brush

榨纸11 ⊙ Pressing the paper

舀纸10 ⊙ Scooping and lifting the papermaking screen out of water and turning it upside down on the board

拾柒

撕　　纸

17　　⊙16⊙17

待纸晾干后，先用细木片从左上角
将每张纸在墙上挑开，然后向右下
角揭，由上往下将纸逐一揭下来。
若纸太干，可边揭边用海绵蘸水将
纸边缘浸湿，以避免把纸扯烂。
撕纸可两人合作，一人拿纸将纸抖
齐，一人撕纸。

⊙16

⊙17

⊙18

⊙19

⊙20

拾捌

理　　纸

18　　⊙18~⊙24

将纸的四个角理整齐，然后按对折
方式折叠，并将纸尾覆盖于纸头之
上，最后先用手将纸尾毛边扯掉，
再用剪刀将纸头剪平整。按1捆60
刀、1刀50张用纸绳打包，并装入
塑料袋中。

⊙24

⊙21

⊙23

⊙22

⊙
18
/
24
理纸
Sorting the paper

⊙
18
用海绵蘸水浸湿纸的边缘
Moisturizing the paper edge with a sponge
(to avoid damage to the paper when peeling
it down)

⊙
17
两人合作撕纸
Two people working together to peel the
paper down

（三）

纳雍皮纸生产使用的
主要工具设备

壹
槽　子
1

用于盛放纸浆的容器，实测样品尺
寸：长约157 cm，宽约80 cm，高
约55 cm。

⊙1

贰
帘　子
2

实测样品尺寸：长约160 cm，宽
约80 cm，由杉树料制成（杉树耐
水，经常碰水也不易烂）。一个
帘子分为四格。

⊙2

叁
窑　子
3

用于蒸构皮的锅炉，实测样品尺
寸：直径约300 cm，壁厚约65 cm，
高约290 cm，锅高约150 cm。

⊙3

肆
石礅打
4

用于在地上将构皮打成浆状的工具。

⊙4

伍
打浆机
5

小规模打浆的机械。

⊙5

⊙
5
打浆机
Beating machine

⊙
4
石礅打
Beating the papermaking materials with a
stone mallet

⊙
3
窑子
Kiln for steaming the papermaking
materials

⊙
2
帘子
Papermaking screen

⊙
1
槽子
Papermaking trough

Bast Paper
in Nayong County

（四）

纳雍皮纸的性能分析

对大寨村生产的皮纸进行测试分析，得到其相关性能参数，见表6.1。

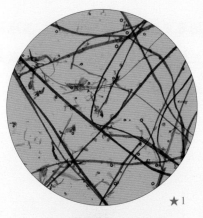

表6.1 大寨村皮纸的相关性能参数
Table 6.1 Performance parameters of bast paper in Dazhai Village

指标		单位	最大值	最小值	平均值
厚度		mm	0.070	0.050	0.060
定量		g/m²	—	—	10.0
紧度		g/cm³	—	—	0.167
抗张力	纵向	N	8.2	4.9	5.9
	横向	N	1.3	0.8	1.0
抗张强度		kN/m	—	—	0.230
白度		%	62.6	61.3	62.3
纤维长度		mm	11.28	1.13	4.70
纤维宽度		µm	26.0	5.0	14.0

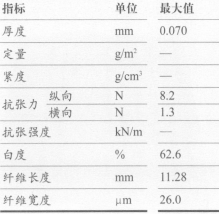

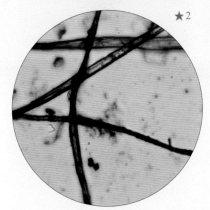

异相对较小。

所测大寨村皮纸的纤维长度：最长11.28 mm，最短1.13 mm，平均4.70 mm；纤维宽度：最宽26.0 µm，最窄5.0 µm，平均14.0 µm。所测皮纸在10倍、20倍物镜下观测的纤维形态分别见图★1、图★2。

由表6.1可知，所测大寨村皮纸最厚是最薄的1.4倍，经计算，其相对标准偏差为0.89%，厚薄差异相对较小。大寨村皮纸的平均定量为10.0 g/m²。所测皮纸的紧度为0.167 g/cm³。

经计算，其抗张强度为0.230 kN/m，抗张强度值较小。

所测大寨村皮纸白度平均值为62.3%，白度最大值约是最小值的1.02倍，相对标准偏差为0.41%，差

★
1
大寨村皮纸纤维形态图（10×）
Fibers of bast paper in Dazhai Village
(10× objective)

★
2
大寨村皮纸纤维形态图（20×）
Fibers of bast paper in Dazhai Village
(20× objective)

在历史上，纳雍沙包乡皮纸的用途很广，包括抄写家谱、制作挂青的钱串、擦拭机器、捆钞等，主要卖给大方、织金、六盘水、赫章、仁怀诸市县及其附近的村民，整个当代生产与销售仍有较好的规模。

纳雍皮纸的用途之一是抄家谱。调查中曾见到用沙包乡的白绵纸抄写的老家谱，可见传统的沙包乡皮纸书写流畅、防腐防蛀。因而，当地抄家谱都用当地产的皮纸。

调查中得知，纳雍皮纸过去也可做纸灯，当地村民会在每年正月十五给去世的亲人送灯，将用纸做的正方形或菱形的灯放在灵位前照着。

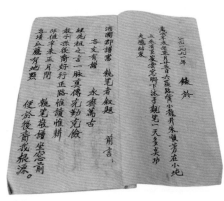

⊙1

⊙2

⊙
1 / 2
旧皮纸家谱
Old genealogy written on bast paper

六
纳雍皮纸的
相关民俗与文化事象

6

Folk Customs and Culture of
Bast Paper in Nayong County

（一）祭蔡伦

　　调查中发现，当地人家都会有一个专门的房间用于供奉"天地君亲师"和"蔡伦祖师"。而这个房间平时都是关闭着的，只有遇到重大节日或有重要来宾时才能打开。据说每年农历三月十一是蔡伦的生日，这一天每家人都会凑一份钱，杀一只鸡，在家祭祀蔡伦。

（二）造纸术传男不传女，传儿子不传女儿

　　调查中了解到，当地的村民都说当地的造纸术传男不传女，传儿子不传女儿，但可传女婿。其原因是以前当地的某家造纸户将这门技术传给他的女儿后，他的女儿就不能生育，没有后人了，所以流传下来的传统是当地的造纸术只传男不传女。当然这应当是迷信的看法，但也具有特别的民俗文化内涵。当地全套造纸工序几乎都是男人在操作，偶尔有女人参与也只是打下手，凡是涉及技艺的工序均由男人独立操作。

（三）"上墙吹气"

　　当地的造纸户有这么一说："做纸有七十二道功，最后上墙还有一道风。"根据雷代奎家人的描述，将做好的纸用棕刷刷到墙上后，还要用嘴在墙上轻吹一口气。

（四）节庆纸祭

　　沙包乡在正月和端午的时候是很热闹的，当地满街都是中草药，据说那天收集的药材药效比平时的都好。当地的七月半是鬼节，传闻把坛子放在某处，侧耳去听，能听到马跑的声音。在当地，七月半是很隆重的节日，满街都是卖纸和灯的，那天坟上全是白纸，有种说法是"有儿坟上飘白纸（'儿'指子女），无儿坟上草生青"。

⊙3

Library of Chinese Handmade Paper

中国手工纸文库

贵　州　卷·上卷　Guizhou I

从总体状况来看，沙包乡纳雍皮纸调查时的生产规模、技艺活态传习状态仍属良好。但纳雍县只有沙包乡的一个村在生产皮纸，相比历史上一县多地造纸的繁盛之景已有明显收缩。

纳雍县政府对本地旅游和地方文化非常重视，在其政府的网站上，"纳雍旅游"和"纳雍文艺"占据了很多内容。但对于本该发挥"非遗"当代业态优势的手工造纸的促进和保护，似乎还没有得到当地政府的足够重视。纳雍文体广播电视局曾配合调查组进行调查，并以《我局对纳雍县传统古法造纸术进行深入调查研究》为题进行了新闻报道，但是调查组尚未找到当地政府对手工纸的其他报道和宣传。

纳雍的旅游资源丰富，有吊水岩、木空河、白龙洞等风景名胜，还有苗族、布依族以及彝族等少数民族风情，其独特的"穿青人"在我国尚属未定民族，更是拥有神秘的民族仪式。此外，纳雍还拥有苗族芦笙舞"滚山珠"等国家级非物质文化遗产，纳雍手工造纸如需得到发展壮大还要充分发挥旅游带动的作用，以达到延续与光大传统造纸技艺文化的目的。

将手工造纸工艺与旅游产业结合是当代社会对手工纸进行保护的路径之一，纳雍当地现有旅游项目已具有和手工纸结合的潜质，如当地特色之一的穿青人丧葬中要"由孝子带上香、纸和金属币到井边或河边买水"，以及婚庆、祭祀中的用纸，可以考证是否仍为手工纸，若是，则可以加以宣传并保护；开发与造纸有关的旅游项目，如手工造纸流程展示、"祭蔡伦"仪式体验等。

大寨村皮纸透光摄影图
A photo of bast paper in Dazhai Village
seen through the light

中国手工纸文库

Library of Chinese Handmade Paper

第二节

金沙
竹纸

贵州省
Guizhou Province

毕节市
Bijie City

金沙县
Jinsha County

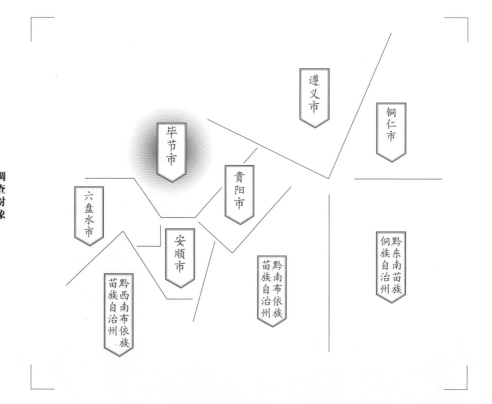

调查对象

茶园乡
新桥行政村
红土坡自然村
竹纸

贵　州　卷·上卷 | Guizhou I

Section 2
Bamboo Paper
in Jinsha County

Subject

Bamboo Paper in Hongtupo Natural Village of Xinqiao
Administrative Village in Chayuan Town

一

金沙竹纸的
基础信息及分布

1

Basic Information and Distribution of
Bamboo Paper in Jinsha County

金沙县位于贵州省毕节市。据调查组2011年7月和2014年3月两次对金沙竹纸的实地调查，发现当代生产地在茶园乡新桥行政村红土坡自然村，属于纯手工制造的竹纸。红土坡村是金沙竹纸生产的传统聚集地，历史上曾有非常大的手工竹纸生产规模。据造纸人陈昌财介绍，红土坡村内当代即有李承德、黄坤武、黄斌武、陈昌凡、杨昌林、陈昌财、杨德斌、杜昌福八户造过纸。但调查组入村调查时，只有陈昌财（1964年出生）一户还在维系手工造纸祖业。据陈昌财的母亲回忆，陈昌财的爷爷辈及祖公辈都会造纸，而且以造纸为主要经济来源，因而可推断该村造竹纸的历史有150年以上。茶园乡的手工造纸以本地产的慈竹为主要原料，成品的销售以纸商上门收购为主，附近的村民上门购买为辅，主要用于春节、清明节、七月半（中元节）祭祀祖先以及丧祭时作为纸钱焚烧祭奠逝者。

⊙1

⊙ 1
红土坡村风光
Landscape of Hongtupo Village

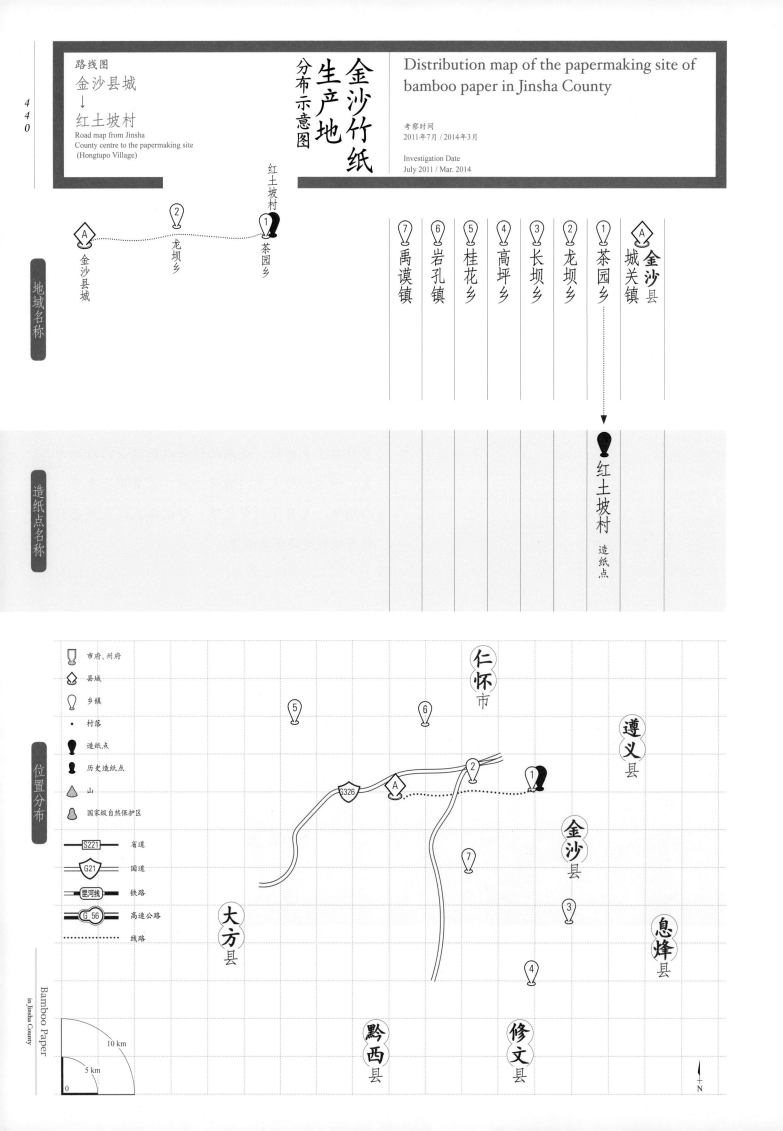

路线图
金沙县城
↓
红土坡村
Road map from Jinsha
County centre to the papermaking site
(Hongtupo Village)

金沙竹纸
生产地
分布示意图

Distribution map of the papermaking site of
bamboo paper in Jinsha County

考察时间
2011年7月 / 2014年3月

Investigation Date
July 2011 / Mar. 2014

地域名称

造纸点名称

位置分布

金沙县城
龙坝乡
茶园乡
红土坡村

⑦ 禹谟镇
⑥ 岩孔镇
⑤ 桂花乡
④ 高坪乡
③ 长坝乡
② 龙坝乡
① 茶园乡
Ａ 金沙县 城关镇

红土坡村 造纸点

市府、州府
县城
乡镇
村落
造纸点
历史造纸点
山
国家级自然保护区

S221 省道
G21 国道
昆河线 铁路
G 56 高速公路
线路

仁怀市
遵义县
金沙县
息烽县
大方县
黔西县
修文县

二

金沙竹纸生产的
人文地理环境

2

The Cultural and Geographic
Environment of Bamboo Paper
in Jinsha County

⊙1

⊙2

金沙县位于贵州省西北部，隶属于毕节市，2014年已位列中国最具投资潜力特色示范县之一，地处东经105°47′~106°44′、北纬27°07′~27°46′。全县海拔最高1 884 m（白泥窝大山），最低457 m（马路彝族苗族乡鱼塘河与大河沟交汇处）。全县地貌类型以岩溶地貌为主，侵蚀地貌次之。金沙县属北亚热带湿润季风气候，冬无严寒，夏无酷暑，无霜期长，昼夜温差大，雨量充沛，适宜多种作物的生长。年平均气温12.5~16.5 ℃，年平均降水量1 050 mm。金沙县交通便捷，东邻历史名城遵义，南毗贵阳，"326"国道横穿境内，与贵遵、贵毕高速公路紧连。

金沙原名打鼓新场，1941年置县，以境内"金宝屯""沙溪坝"首字为名，取意于古人"披沙拣金"之语，喻细心挑选、去粗取精之意。县域面积2 528 km²，辖26个乡镇、247个村（社区），有彝、苗、布依、满、仡佬、白、拉祜、瑶、哈尼、水等26个少数民族，总人口67万。

金沙县矿产资源富集，境内有煤、铁、硫、磷、硅等。其中煤炭储量72.77亿吨，是全国重点产煤县、"西电东送"工程能源基地之一。著名的黔北电厂坐落于金沙县城，调查时已有170万千瓦时装机发电能力建成投产。

金沙境内山川毓秀，旅游资源富集，有冷水河省级森林公园和三丈水省级森林公园等自然风光景点，石场敖家古墓石刻*、后山东汉古墓群石刻、茶园万寿宫戏楼等文物古迹，以及坐落于后山乡的贵州省经典红色旅游景区——钱壮飞烈士墓等人文景观。彝族"火把节"、苗族"踩山

* 2013年3月，国务院公布金沙县敖氏古墓石刻成为全国重点文物保护单位。

⊙2
冷水河风景区
Lengshui (cold water) River Scenic Spot

⊙1
金沙县城新修建的黄河大道
Yellow River Road newly built in Jinsha County

中国手工纸文库
Library of Chinese Handmade Paper

节"、仡佬族"吃新节"、布依族"对歌节"等
民族风情节庆活动特色浓郁。

金沙白酒文化源远流长，据《黔西州续志》
记载，早在清光绪年间，金沙所产白酒就有"村
酒留宾不用赊"的赞美诗句，20世纪30年代茅台
技师刘开庭引入茅台大曲酱香工艺，酿造金沙美
酒。1951年，国家在原来几家酒坊的基础上，组
建贵州金沙窖酒厂。2007年7月，由湖北宜化集
团增资扩股改制为贵州金沙窖酒酒业有限公司。
金沙回沙酒是贵州老牌名酒，以优质高粱为原
料，小麦制曲，采用两次投料、九次蒸煮、八轮
发酵、七次摘酒的大曲酱香工艺酿造，具有酱香
突出、优雅细腻、酒体醇厚、回味悠长、空杯留
香的纯正酱香独特风味。金沙回沙酒曾多次荣获
"贵州十大名酒"称号，并被授予中国驰名商标
之荣誉。

金沙县正式建县历史虽然短，但地域文化遗
存丰富。

（一）水井坎古煤窑址

水井坎古煤窑址位于石场乡境内，占地约
300 m²，始于明天启年间，持续采掘到清初。采
煤道用料石券窑门，呈拱形，券门高约1.6 m，宽
约1.4 m，内置杂木支架。清康熙初年，因地下水
爆发，淹为一石涵之井。今窑洞前为一片黑色土
壤，表土下有大量石块堆积。

（二）敖家古墓石刻

敖家古墓石刻位于金沙县石场乡鹿楼村，由
南北两组墓群组成。南墓群建于清光绪三十一

年（1905年），北墓群建于光绪二十四年（1898
年）。两墓群间隔30余米，墓围占地1 200余平方
米，该墓群所葬为敖氏祖孙三代七人。据北墓群
碑文记载，敖正科祖辈家境贫困，到其父辈敖治
国时，家境渐富，其父敖治国死后，正科继承家
业，成为一方巨绅。光绪二十二年（1896年），
正科独子年轻早丧，又二年正科亦亡，只剩下两
代遗孀。历经两年，敖氏遗孀建成北墓群。事过
不满十载，敖氏遗孀先后全殁，正科一门绝。族
中人悯之，罄其遗产，修建南墓群安葬，名"敖
氏节墓"。2013年3月，中华人民共和国国务院公
布敖氏古墓石刻为全国重点文物保护单位。

⊙1

⊙2

（三）茶园万寿宫戏楼

茶园万寿宫戏楼是目前得以完整保存下来的
稀有近代戏楼建筑，距今约有200年的历史。因独

* 图片由金沙县文物管理所
提供。

⊙ 1 / 2
敖家古墓石刻 *
Tombstones of the Ao's Family Graveyard,
now protected as cultural relics

⊙3

⊙4

特的建筑结构、精美的石、木雕刻和重要的历史价值，已于20世纪80年代被金沙县政府列为县级重点文物保护单位。

茶园乡早期较为繁盛，原名"小荆州"，后因数年火灾演变为"苦茶园"，隶属大定府，曾是中国共产党川南地下党支部的发源地。1956年后陆续设立茶园人民公社、茶园管理区、茶园公社管理委员会。1992年合并沿河、茶园、拥和三乡为茶园乡。

新桥行政村地处偏岩河畔，距金沙县城25 km、建设中的新黔北发电厂20 km，北以偏岩河为界与遵义县泮水镇和马蹄镇隔河相望。于2003年由茶园乡原关塘村和龙岗村合并而成。该村是调查中发现的金沙竹纸2013~2014年硕果仅存的生产地。

三
金沙竹纸的历史与传承

3

History and Inheritance of Bamboo
Paper in Jinsha County

2011年7月，调查组先行对金沙竹纸进行了一轮摸底调查。2014年3月26日，调查组在金沙县文物管理所李庆阳所长和县文化馆龙副馆长的陪同下，前往新桥行政村红土坡自然村调研，先后访谈了茶园乡文化站站长蓝郴、村支书王在坤，以及若干造纸村民。同时，调查组对仍坚守祖业的造纸人陈昌财及其家人进行了重点访谈，之所以选择该造纸户，缘于村支书介绍他是村内目前仍断续维系手工竹纸生产的唯一技工。

陈昌财，1964年出生，调查时50岁。据陈昌财本人在访谈时的口述记忆，红土坡村的造纸起源时间已不清晰，只记得他的造纸技艺是从父亲陈永定处学来的，能想起的造纸时长约70年。在调查过程中，陈昌财的母亲中途参与进来，回忆陈昌财的爷爷陈代华和祖公陈世顺也以造纸为业。陈母调查

⊙5
造纸人陈昌财
Chen Changcai, a local papermaker

3 / 4
茶园万寿宫戏楼
Theatre Building named Longevity Palace in
Chayuan Town

⊙5

⊙1

按陈母口述的陈氏手工纸造纸技艺传承关系为陈世顺—陈代华—陈永定—陈昌财—陈龙飞。

至于陈昌财本人，调查时已处于停工状态，但家旁所浸泡的竹料依然在池中。据陈昌财自述，原因有二：其一是因为从2012年起，他被当地的移动公司招聘为手机通信基站的架线临时工，一有活就得四里八乡去架线，很难保证原先稳定的造竹纸所需的时间（陈昌财自己介绍他是农村的电工）；其二是红土坡村造纸户集资共用的水碾年久失修，已难以正常碾竹料，因而也成为半歇工的一个重要原因（调查时陈昌财说只有他本人会修，而他太忙未能抽出时间修理，以后会牵头来修）。

时的年龄是80岁。根据陈昌财之母的回溯，调查组推算红土坡村造竹纸的可记忆历史约有150年。至于是否有更早的技艺历史及其发源过程，则未能在乡土文献及方志中找到记述。据陈昌财自述，他从1993~1994年间开始造纸，之前以务农及做木工手艺为生。陈昌财有两个孩子，老大是女儿，老二

⊙2

⊙3

是儿子，女儿现已出嫁，不会造纸；儿子陈龙飞24岁，曾跟随陈昌财学会造纸技艺并配合过陈昌财造纸，但因为感觉费时费力，而且收益又低，所以已选择外出打工去了。

⊙ 1
红土坡村外景环境
Landscape of Hongtupo Village
⊙ 2
半荒废的水碾现场照片
Nearly abandoned hydraulic grinder
⊙ 3
陈昌财的老母亲
Chen Changcai's mother

四

金沙竹纸的
生产工艺与技术分析

4

Papermaking Technique and Technical
Analysis of Bamboo Paper in Jinsha County

（一）

金沙竹纸的生产原料与辅料

1. 慈竹

慈竹是禾本科牡竹属植物，又名义竹、慈孝竹、子母竹；丛生，根窠盘结，高可至7 m；新竹旧竹密结，高低相倚，若长幼相依，故名。

茶园乡造竹纸所需竹料都是本地的慈竹，一般为生长半年左右的嫩慈竹。

2. 纸药

据陈昌财口述，其父辈造纸，所用纸药是香樟树叶，取树叶，先切碎，再用石磨将其碾成浆即可，50 kg干慈竹大约需要2.5 kg香樟树叶；陈昌财本人造纸，未用过香樟树叶作为纸药，而用化学品（聚丙烯酰胺）替代。

3. 石灰

石灰的作用是软化慈竹，通常在泡料工序中使用，一般泡4~5个月，在泡料池子里一层竹子上撒一层石灰。

4. 水

红土坡村陈昌财等造纸人造纸用的水是从山上流下来的山泉水，访谈时造纸村民均称之为自来水。实测山泉水pH约为6.3，偏酸性。

⊙4

⊙5

4
已泡上竹料的泡料池
Soaking pool with bamboo materials in it

5
从山上引流下来的山泉水pH测试结果
pH testing result of the local spring

工
艺
流
程

4
4
6

中国手工纸文库
Library of Chinese Handmade Paper

贵
州 卷·上卷

Guizhou I

Bamboo Paper
in Jinsha County

（二）

金沙竹纸的生产工艺流程

根据调查组2014年3月入村访谈陈昌财等造纸人以及
现场考察获得的信息，总结茶园乡竹纸的制作工序如下：

壹	贰	叁	肆	伍	陆	柒	捌	玖	拾	拾壹	拾贰
砍 竹	破 竹	泡 料	洗 料	发 汗	再 泡 料	碾 料	背 料	两 道 水	榨 水	晒 纸	叠 纸

壹
砍　竹
1　⊙1

选用已生长约半年的新生慈竹，并将其砍成段，每段长2.5 m左右（具体尺寸一般根据泡料池大小决定），通常是近根砍，枝杈均被削掉。

⊙1

贰
破　竹
2

用石头、刀或锤子砸破竹茎。

叁
泡　料
3　⊙2

将干竹料段（有时也可用湿竹料段）放入泡料池中，然后加上石灰浸泡。具体方法是放一层竹料撒一层石灰，最上面一层用石灰完全覆盖后压上石头并放水浸没（石灰和竹料质量比约为1∶2），通常浸泡4~5个月。在贵州省和西南地区竹料的浸泡工序里，基本上用的是已晒干的竹段，而茶园村有时会用鲜湿料，这是比较特殊的。

肆
洗　料
4

先把泡料池里的石灰水放完，再用水洗掉竹料上的石灰和杂质（石灰如果没洗干净，竹子在发汗时就不容易烂，从而难以形成合格的竹料纤维浆）。

伍
发　汗
5

将洗净的竹料拿到泡料池附近干燥的地上堆放发汗（类似增温发酵过程），目的是使竹子变软，一般需要15~30天。

⊙2

⊙
1
已砍的造纸原料慈竹段
Chopped bamboo (*Neosinocalamus affinis*) as the raw material of papermaking

⊙
2
泡满竹料的泡料池
Soaking pool with bamboo materials

陆
再 泡 料
6 ⊙3

⊙3

此次泡料跟上一工序的泡料不一样，这次是用清水浸泡，泡两个月左右的时间。

柒
碾 料
7 ⊙4

将清水浸泡过的竹料拉至石碾房进行碾压，直至竹料被碾压成浆料纤维。据陈昌财叙述，传统的方式是使用牛拉碾子，近20年改用水力碾料。

⊙4

捌
背 料
8 ⊙5⊙6

用竹筐把碾好的竹浆纤维料从碾房背到纸坊里（红土坡村碾房在河边，距村约0.5 km），将浆料放入抄纸槽中，用手或槽棍搅拌打散，然后从纸药槽里舀出已稀释好的聚丙烯酰胺，加入抄纸槽中，用槽棍搅打，使纸药液均匀溶入纸纤维浆水中（传统做法是加入香樟树

⊙5

⊙6

叶，香樟树叶与竹料的质量比约为1∶20）。

玖
两 道 水
9 ⊙7⊙8

舀纸时的"两道水"是当地造纸户对抄纸的习语表述，指用抄纸帘在槽内纸浆水中横竖舀两道，同时摇匀，即可在竹帘上获得一张湿纸膜。然后将抄纸竹帘从帘架中端出，转身倒扣在榨床的榨水木底板上。前几张湿纸需舀厚一些，作为压榨湿纸时垫板底部的底层纸。

⊙7

⊙8

⊙3
再泡料
Soaking the materials for the second time

⊙4
水碾
Hydraulic grinder

⊙5 / 6
用槽棍搅拌纸药液
Using a stirring stick to mix paper pulp and the papermaking mucilage

⊙7 / 8
抄纸
Scooping and lifting the papermaking screen out of water and turning it upside down on the board

拾

榨水

10 ⊙9~⊙13

当已抄出的湿纸膜积累到一定厚度时，即用木质榨床套上钢丝绳绞压，榨出湿纸中的水分，待湿纸垛的厚度为原来的1/3即可，约耗时半小时。红土坡村的习惯是每天压榨一次，压榨前不数纸张数，运回家后再数。

⊙9

⊙10

⊙11

⊙12

⊙13

⊙14

拾壹

晒纸

11 ⊙14

将已榨完水的半湿纸放在屋内的竹竿上晾干，一般以20张为1叠晾晒。春、秋季一般一个多星期即可；冬季少则需要半个月，多则需要一个半月。

拾贰

叠纸

12 ⊙15

⊙15

将晾干后的纸从竹竿上取下，按照40张为1刀的规制（旧日为短纸，大约只有现在尺寸的一半，

因此规制为80张为1刀）叠好以待销售。

⊙
15
展开的长纸纸样
An unfolded sheet of paper sample

⊙
14
屋内晾晒的竹纸
Drying the bamboo paper in the room

⊙
9
/
13
榨水
Procedures of pressing the paper

壹
纸 帘
1

由细竹丝编织而成，形成纵横向的经纬线结构，即成品纸上呈现的帘纹。实测陈昌财家使用的纸帘外部长约102 cm、宽约30 cm。

贰
纸帘架
2

木质，长方形，中间为细木棍，四边为粗木条，中间偏左有提梁。调查组实测陈昌财家使用的纸帘架长约112 cm，宽约41 cm。

⊙16 ⊙17

⊙18

叁
纸药槽
3

由水泥砌成，用于浸泡纸药植物或盛放化学药液。实测陈昌财家纸坊内的纸药槽内部长约44 cm，宽约36 cm，高约39 cm。另据陈昌财介绍，传统的习惯是使用木桶装植物类纸药，但是换用化学药液后，因为腐蚀性强，就换成水泥砌成的纸药槽了。

⊙19

肆
抄纸槽
4

由水泥砌成，上宽下窄，微呈漏斗形。实测陈昌财家纸坊内的纸槽上口长约210 cm，宽约134 cm，高约75 cm。

⊙20

伍
纸 榨
5

木质杠杆。用于压榨出湿纸膜中的水分，通常由榨床、轳辘、垫板、钢丝绳等构件组成。

⊙21

工 具 设 备

第六章
Chapter VI

毕
节
市
Bijie City

Section 2
第二节

金沙竹纸

⊙ 纸榨 21
Pressing device

⊙ 抄纸槽 20
Papermaking trough

⊙ 纸药槽 19
Trough for holding the papermaking mucilage

⊙ 纸帘架 18
Frame for supporting the papermaking screen

⊙ 竹纸帘 17
Bamboo papermaking screen

⊙ 纸帘及纸帘架 16
Papermaking screen and its supporting frame

中国手工纸文库

Library of Chinese Handmade Paper

（四）

金沙竹纸的性能分析

对红土坡村生产的竹纸进行测试分析，得到其相关性能参数，见表6.2。

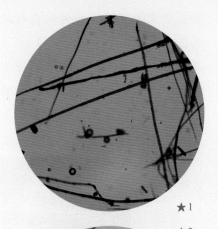

★1

★2

表6.2 红土坡村竹纸的相关性能参数
Table 6.2 Performance parameters of bamboo paper in Hongtupo Village

指标		单位	最大值	最小值	平均值
厚度		mm	0.120	0.070	0.098
定量		g/m²	—	—	26.2
紧度		g/cm³	—	—	0.267
抗张力	纵向	N	4.4	3.9	4.0
	横向	N	3.6	2.2	2.6
抗张强度		kN/m	—	—	0.220
白度		%	27.8	27.3	27.6
纤维长度		mm	5.73	1.03	2.36
纤维宽度		μm	30.0	4.0	12.0

由表6.2可知，所测红土坡村竹纸最厚约是最薄的1.71倍，经计算，其相对标准偏差为0.15%。红土坡村竹纸的平均定量为26.2 g/m²。所测竹纸的紧度为0.267 g/cm³。

经计算，其抗张强度为0.220 kN/m，抗张强度值较小。

所测红土坡村竹纸白度平均值为27.6%，白度最大值约是最小值的1.02倍，相对标准偏差为0.16%，差异相对较小。

所测红土坡村竹纸的纤维长度：最长5.73 mm，最短1.03 mm，平均2.36 mm；纤维宽度：最宽30.0 μm，最窄4.0 μm，平均12.0 μm。所测竹纸在10倍、20倍物镜下观测的纤维形态分别见图★1、图★2。

性

能

分

析

★1
红土坡村竹纸纤维形态图（10×）
Fibers of bamboo paper in Hongtupo Village
(10× objective)

★2
红土坡村竹纸纤维形态图（20×）
Fibers of bamboo paper in Hongtupo Village
(20× objective)

五

金沙竹纸的
用途与销售情况

5
Uses and Sales of Bamboo Paper
in Jinsha County

（一）金沙竹纸的用途

据调查组2014年3月调查显示，金沙县茶园乡手工竹纸纸质粗糙，在当代用途已非常单一，基本上只有祭祀一种用途，通常用于春节、清明节、"七月半"（中元节）的民俗祭祖以及随机发生的丧祭中。茶园乡竹纸祭祀时通常不使用原纸，而是将竹纸加工成纸钱使用。其方法是：将原纸纵向对折三次后裁切成11.25 cm×30 cm大小，然后横向对折打孔，共3排，每排6孔。有时也会做成袱纸形式，即用白皮纸将竹纸钱包裹在内（每封包裹竹纸钱数不定），同时于白皮纸上书写"中元化帛之期，钱财x封奉上"（x可为任何数，共包有多少纸钱即写多少）。

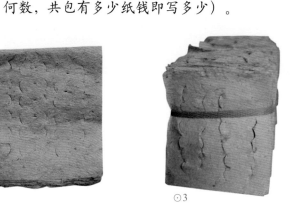

⊙1　⊙2　⊙3

（二）金沙竹纸的销售情况

据陈昌财回忆，20世纪六七十年代，村里集体（人民公社与生产队）造纸，采用记工分的分配制度，生产1角纸记30或40个工分（1角为100刀，1刀为80张短纸），按照工分分值分配粮食，而所造竹纸则由集体购料与销售。20世纪80年代后逐渐回归到家庭纸坊生产的状态。20世纪90年代初期售价为0.5元/刀，20世纪90年代中后期售价为0.7元/刀，调查组2014年入村调查时获知的信息是，2012年售价为4~5元/刀，既有纸商上门收购，也有周围村民上门购买。

据陈昌财介绍，他农闲时才造纸，每年生产3~4个月，一天能生产2 000~2 400张纸，最多的一年造纸约7 000刀。2013年左右，100 kg竹料售价为30元，100 kg石灰售价为100元，1 kg纸药（聚丙烯

⊙1

⊙2

6~7点）开始造纸，一直要忙到晚上11~12点，必须做完当天的全部工序才能休息，而且需要两个人才能完成，累人。"调查时的现状是，陈昌财家只有他本人和儿子陈龙飞会造纸。陈昌财已在做电工（实为架线塔短工），架设移动机站塔及其他电线杆，由师傅和工头带着去做活；陈昌财儿子陈龙飞现在外帮人做粉刷墙的工作，比较轻松。陈昌财已于2011年逐渐停止造纸，但是陈昌财表示还会择时机再生产竹纸，因为还有约15 000 kg竹料正在泡着而尚未使用。

酰胺）售价为24元左右。每3 000刀纸消耗5 000 kg左右竹料、2 500 kg左右石灰、1~1.5 kg纸药。调查组按照被调查人陈昌财一年最多生产7 000刀纸、每刀4元的价格计算，总销售额28 000元。生产7 000刀成品竹纸所需的成本如表6.3所示。

表6.3 生产7 000刀成品竹纸所需的成本
Table 6.3 Costs of papermaking raw materials to produce 7 000 dao bamboo paper

材料	价格(元／kg)	数量(kg)	总价(元)
竹料	0.3	11 550	3 465
石灰	1	5 775	5 775
纸药	24	3.5	84

那么，陈昌财一年的利润为18 676元。

陈昌财描述："因为造纸活路（事情）太多，早上天亮后半小时（调查中确定时段为早晨

⊙3

⊙4

⊙5

⊙ 1 / 2
调查组成员与陈昌财等造纸人交流
Researchers interviewing Chen Changcai and other papermakers

⊙ 3 / 5
陈昌财家已浸泡数年的竹料
Bamboo materials soaked for years in Chen Changcai's house

六
金沙竹纸的
相关民俗与文化事象

6
Folk Customs and Culture of
Bamboo Paper in Jinsha County

1.

金沙县城盛行中元节当天焚烧纸钱祭祖的习俗。每到中元节家家户户都会烧纸祭祖，并用白皮纸包裹纸钱，当地称为"袱纸"，白皮纸上书写"中元化帛之期，钱财x封奉上"，规模很大。但据陪同调查的金沙县文化馆龙副馆长介绍，由于中元节当天家家户户均烧纸祭祖，导致烟尘污染严重，2012年当地政府就已发布了禁烧令，大规模的焚烧受到了控制，但仍有分散隐蔽的中元节祭祖烧纸活动，人们通常是晚上悄悄到河边烧。

2.

调查中，据陈昌财堂弟陈昌华介绍，中元节时红土坡村的造纸户通常会在造纸槽坊旁边烧纸祭拜蔡伦祖师，祭拜蔡伦时用袱纸，点燃袱纸时，心中默念对蔡伦祖师传下技艺的谢辞。

3.

当茶园乡的手工竹纸生产业态陷入暂时歇业的困局后，手工竹纸在2~3年内就成了稀缺品。调查组因为出版需求进行批量采购时，竟然问遍周边村落也未能凑齐20刀纸。最后好不容易打听到距红土坡村约30分钟路程的山上小村落里，有一位老人囤（收藏）了若干竹纸用于自己及老伴过世之后使用。陈昌财带着调查组成员前往山中寻找这位老人，老人非常不愿意将纸出售，怕自己过世时不够用。在陈昌财对老人一再保证来年还会造纸后，老人才同意将纸出售。据陈昌财说，茶园乡手工造的竹纸燃烧后有竹香味，很好闻，且燃烧时烟小，而市场上流行的机制纸燃烧时烟大且呛人熏眼，这或许也是乡间老人珍惜手工竹纸的原因之一。

七

金沙竹纸的
保护现状与发展思考

7
Preservation and Development of
Bamboo Paper in Jinsha County

（一）金沙竹纸的保护现状

从总体业态的现状判断，茶园乡传习历史悠久的竹纸生产呈现两种态势：

1.

茶园乡竹纸的整个业态已实质性萎缩，从全乡多个村庄造纸收缩到红土坡一个村造纸，从数量较大的造纸农户造纸收缩到仅剩陈昌财一户，而且这仅存的一户也在调查组入村前两年处于半歇业状态。因而从这30年左右剧烈变化的趋势来看，茶园乡竹纸这一乡村手工业态的现状及未来都是十分堪忧的。

2.

虽然整体乡村手工产业急剧萎缩，但茶园乡竹纸生产并未走上21世纪初中国西南较多竹纸业态由手工走向小型机械生产的道路。从非物质文化遗产的传承来看，茶园乡竹纸依然在衰

⊙1

变化是纸药已从香樟树叶变成了聚丙烯酰胺，但这一改变也已发生了约20年，而且对工艺的影响较弱。

3.

从保护角度来说，较为纯粹的传统手工造纸工艺仍呈活态，虽然只剩陈昌财一户，但仍存有15 000 kg左右的已浸泡竹料，整个工艺及工具均可迅速激活。因此，无论是博物馆式的影像保护，还是生产性的传习保护，其现状的支持拓展空间基本完整。

⊙2

4.

从保护措施来说，金沙县文物管理所与文化馆已对茶园乡竹纸生产技艺进行了保护性的影像记录，当调查组成员在2014年3月25日到访县文物管理所时，李庆阳所长将2010年文物管理所调研茶园乡竹纸工艺的图片记录转给了调查组成员。同时，由县文化馆牵头将金沙竹纸申报为贵州省级非物质文化遗产项目的准备工作也正在积极推进中。

（二）金沙竹纸的发展思考

从茶园乡竹纸质地粗糙和工艺相对原始的角度来说，拓展该纸品新的中高端用途较为困难，因而面对全面萎缩的生产业态，调查组经过讨论分析后认为，可行的发展路径包括：

1.

由县级政府非物质文化遗产保护机构和技艺文化属地乡政府牵头，建立一个额度不大的金沙竹纸生产性保护促进专项资金，用于红土坡村公共水碾房的修复、纸坊恢复生产补贴等。由于茶园乡竹纸的销售收入尚属良好，而且目前手工竹纸处于无存纸的缺货状态，因而政府的引导性立场对生产业态的恢复具有较关键的作用。至于陈昌财，因有15 000 kg已浸泡数年的竹料，复工的动力显然更强。

2.

在金沙本地，大家对茶园乡手工造竹纸焚烧后竹香气味令人愉悦是有共识的，而对较劣质机制竹纸焚烧时烟尘呛人也都非常反感。同时，金沙县的乡村老年消费者中有不少老人认为手工竹纸钱为"真钱"，祖宗会收；机制纸钱为"假钱"，祖宗不收。因此，金沙县在中元节禁止在河边烧纸祭祖的新规中，可以考虑采取划定焚烧区域、提倡使用手工竹纸以减少空气污染、保护民众健康的措施，以支持本地手工竹纸产品。

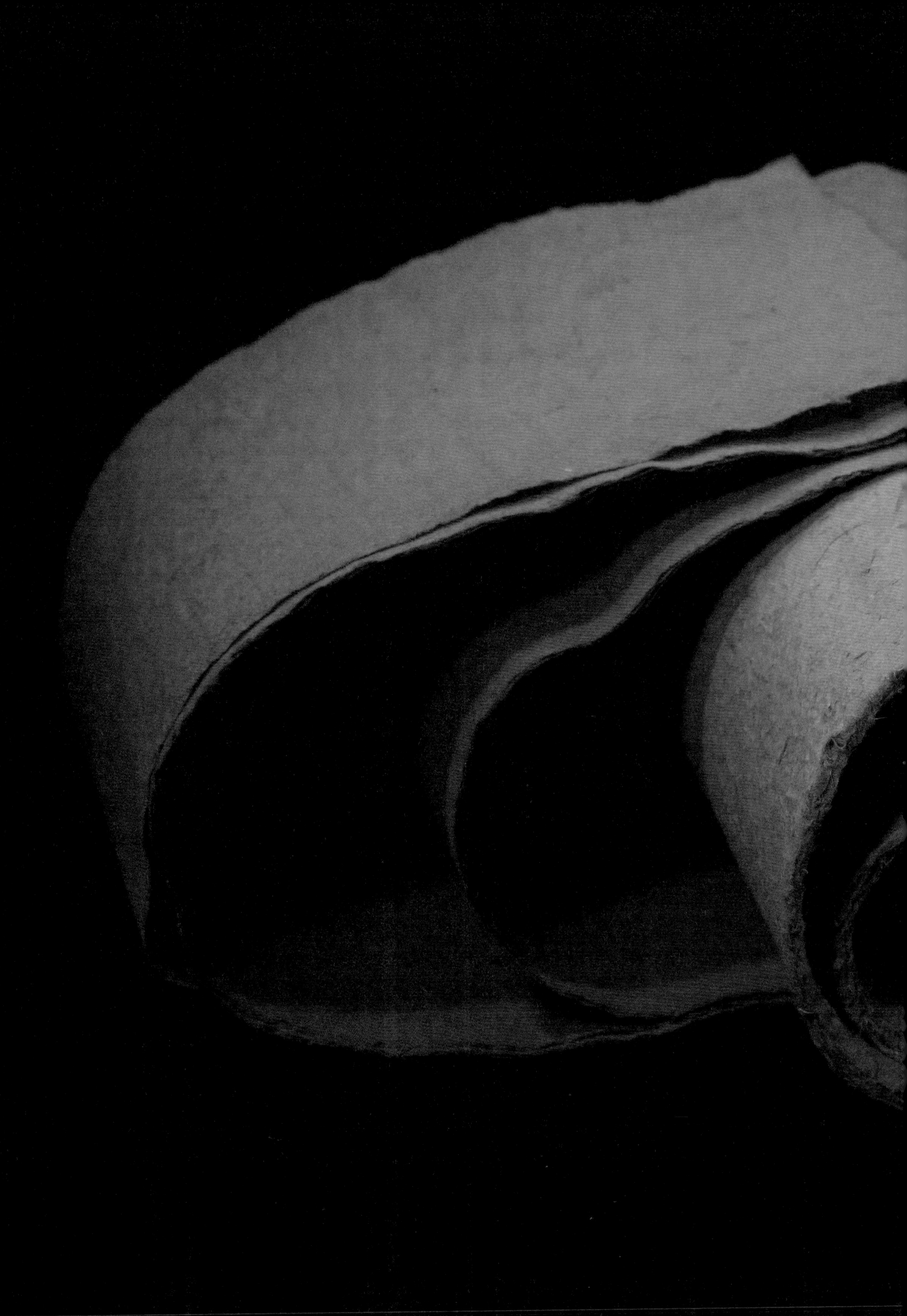

竹纸

红土坡村竹纸透光摄影图
A photo of bamboo paper in Hongtupo Village
seen through the light

红土坡村竹纸透光摄影图
A photo of bamboo paper in Hongtupo Village
seen through the light

Library of Chinese Handmade Paper

中国手工纸文库

第三节

金沙

皮纸

贵州省
Guizhou Province

毕节市
Bijie City

金沙县
Jinsha County

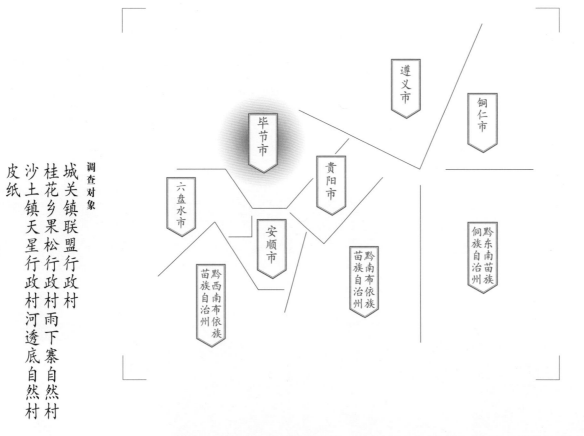

贵 州 卷·上卷 | Guizhou I

调查对象

城关镇联盟行政村
桂花乡果松行政村雨下寨自然村
沙土镇天星行政村河透底自然村
皮纸

遵义市

铜仁市

毕节市

贵阳市

六盘水市

安顺市

黔西南布依族苗族自治州

黔南布依族苗族自治州

黔东南苗族侗族自治州

Section 3
Bast Paper
in Jinsha County

Subject

Bast Paper in Hetoudi Natural Village of Tianxing
Administrative Village in Shatu Town, Yuxiazhai Natural Village
of Guosong Administrative Village in Guihua Town, Lianmeng
Administrative Village of Chengguan Town

一

金沙皮纸的
基础信息及其分布

1

Basic Information and Distribution of
Bast Paper in Jinsha County

据2011年7月及2014年3月调查组两轮实地考察及访谈获得的信息可知，金沙县现存皮纸造纸点有桂花乡果松行政村雨下寨自然村、城关镇联盟行政村和沙土镇天星行政村河透底自然村。沙土镇天星村仅有河透底自然村古大礼一户造纸，因调查时该户家人患病歇业，因此本轮未能对其皮纸工艺进行实地调查。

金沙皮纸制作的原料为本地产的构树皮，成品纸的白度及柔韧度均较好，历史上曾经作为毛笔书写用纸、茶酒糕点包装用纸及地方谱志抄印用纸而被广泛使用。当代用途则以作为祭祀的火纸为主，主要用于"七月半"、春节、清明节等节日的传统祭祀。据调查中雨下寨造纸户介绍，每到这些时候，他们所造的手工皮纸就会旺销甚至供不应求。

从调查中了解到，城关镇联盟村只有周国凯一户造纸，其技艺和技工均是于2010年由女婿从仁怀带入的；桂花乡果松村的造纸历史则至少可以上溯到七八十年前，而且是曾经乡村较为普及的家庭手工技艺，不过调查时只有王丕全一户仍在正常维系祖业。

Bast Paper
in Jinsha County

路线图
金沙县城
↓
河透底村、雨下寨村、联
盟村

Road map from Jinsha
County centre to the papermaking sites
(Hetoudi Village, Yuxiazhai Village
and Lianmeng Village)

Distribution map of the papermaking sites of
bast paper in Jinsha County

考察时间
2011年7月/2014年3月

Investigation Date
July 2011/Mar. 2014

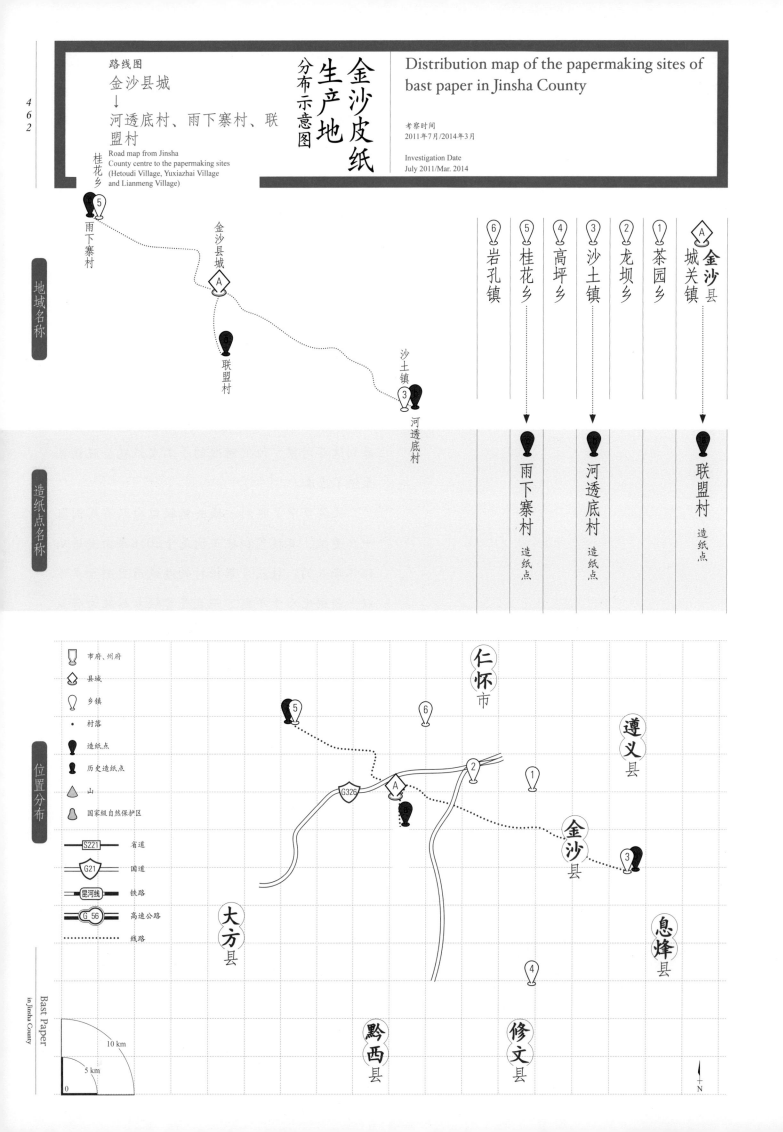

地域名称

造纸点名称

桂花乡

雨下寨村

金沙县城

联盟村

沙土镇

河透底村

⑥ 岩孔镇

⑤ 桂花乡

④ 高坪乡

③ 沙土镇

② 龙坝乡

① 茶园乡

Ⓐ 金沙县 城关镇

雨下寨村 造纸点

河透底村 造纸点

联盟村 造纸点

位置分布

市府、州府

县城

乡镇

村落

造纸点

历史造纸点

山

国家级自然保护区

S221 省道

G21 国道

昆河线 铁路

G 56 高速公路

线路

仁怀市

遵义县

大方县

黔西县

修文县

金沙县

息烽县

10 km

5 km

0

二

金沙皮纸生产的
人文地理环境

2

The Cultural and Geographic Environment
of Bast Paper in Jinsha County

Chapter VI

第六章

毕
节
市

Bijie City

第三节

Section 3

金沙皮纸

　　金沙县位于贵州省毕节市东部，地处乌蒙山脉和娄山山脉交汇处，坐落于乌江流域和赤水河流域之间。东邻遵义，西连毕节。全县总面积2 528 km²，辖26个乡镇、247个村（社区），总人口67万。

　　金沙境内森林资源和矿产资源丰富，森林覆盖率达43.3%，主要矿产有煤、铁、硫、磷、硅等19种，其中煤炭储量72.77亿吨，是全国重点产煤县、"西电东送"工程能源基地之一。特色商品有中国驰名商标酒"金沙回沙酒"系列、第十一届亚运会指定饮用水"岩孔矿泉水"、香韵独特的"禹谟醋"、绿色环保的"康星油"和历史悠久的"清池贡茶"。2009年被中国茶叶流通协会命名为"中国贡茶之乡"。

　　金沙县历史悠久。金沙之地在夏王朝时属凉州南境外蛮荒之地，殷商时属鬼方之地，秦属巴郡鳖地县，汉代以后属犍为郡、牂牁郡，唐代属黔中郡，宋代属罗氏鬼国，明代属遵义县，清代属黔西州。

　　金沙立县的时间并不久，民国三十年（1941年），中央将黔西县划归的56乡（镇），大定县划归的6乡（镇），遵义县划归的3乡，缩编为33个乡（镇），成立金沙县。以境内"金宝屯""沙溪坝"各取首字命名，有"披沙拣金"之意。

　　金沙县城关镇所在地旧名为打鼓新场，历史上曾经是黔北四大集镇之冠，地处川黔交通要道，著名的川盐运黔的路线即通过打鼓新场，是重要的商品集散地和山货贸易中心。

　　桂花乡位于金沙县西北部，乡政府所在地距县城28 km，果松村为桂花乡辖行政村之一。桂花乡以山地为主，海拔900~1 300 m，属亚热带季风气候，雨量充沛，年降水量950~1 200 mm，森林资源和水资源较为丰富。全乡有山林22.37 km²，林木种类繁多，有着丰富的构树资源。山间溪流

中国手工纸文库

Library of Chinese Handmade Paper

贵　州 卷·上卷 | Guizhou I

Bast Paper

in Jinsha County

⊙ 1

不断，水质优良，无工业污染，调查组实测山溪水pH约6.8。有库容量268万立方米的箐河水库和8万立方米的刺竹沟水库。箐门、平坝、桂花三乡交界的冷水河风景区，其境优景奇，是黔北知名的旅游观光景区。

桂花乡约有13 000人，其中苗、彝、布依等民族约2 200人。桂花乡政府在苗族节庆活动"踩山节"的基础上，从21世纪初设立了"果松村民族文化节"，每年农历新年之际举办。到2011年，已发展为桂花、太平、箐门等乡镇4 000多少数民族百姓参与的地方文化盛会。

⊙1
果松村山中丰富的构树资源
Abundant paper mulberry trees in Guosong Village

⊙2
果松村的山溪水
Mountain stream flowing through Guosong Village

三
金沙皮纸的历史与传承

3
History and Inheritance of Bast Paper
in Jinsha County

金沙县城关镇联盟行政村只有周国凯一户在造纸，现场调查中获得的信息为：2010年周国凯的女婿周正刚将造纸技艺带到该地，现在的技艺传人也是周正刚，而周正刚是仁怀市（县级市）水口村人。可见，联盟村皮纸是完全的输入型技艺，并且历史非常短，所有的造纸技师也是周正刚从遵义市的仁怀一带请来帮工的，联盟村当地并无造纸的传统和技艺历史。

据金沙县文化馆的既往调研记忆和2014年3月本调查组成员与古大礼本人的电话交流，沙土镇天星行政村河透底自然村也只有古家一户在造皮纸。由于古家人患病住院，调查时生产已暂停，因此未能进行实地调研。但调查组成员在县文化馆获得了古大礼生产的皮纸纸样并进行了比较，发现与桂花乡雨下寨的皮纸基本一致，其制作皮纸的技艺传承情况则尚待进一步调查。

调查组在2011年7月和2014年3月重点调查的均是桂花乡果松行政村雨下寨自然村。雨下寨村属于金沙县内的山区村，居民分布较散，共有大约200户村民。雨下寨附近山上及村边野生构树较多，调查中村民黄健曾带调查组成员去村边山崖上拍摄了一株很大的构树，并介绍说，每当山上发生山火，第二年构树就会长出很多。

调查组入村调查时，寨子里长年从事手工纸生产的仅剩王丕全一户。王丕全于1956年出生，其家族从其父辈开始造纸。王丕全小时候学习成绩一般，其家庭是当地的富裕人家，年轻的时候想学木工技艺，但其父认为手工造纸技术很实用，值得学，以后可为谋生之本，于是让王丕全学习手工造纸。王丕全记得从十七八岁开始正式造纸，到2014年已造纸近40年了。

据王丕全回忆，雨下寨在20世纪八九十年代还有不少农户造纸，造纸曾经是村里较有规模的手工技艺和手工业态，但到21世纪初则只剩下他这一户了。

⊙1

在王丕全的记忆中，父亲开始造纸的时候，是请造纸师傅到家中来教的，根据这一传习记忆，王丕全自认为他们家的造纸从其父辈开始。至于造纸师傅到底是从何处请的，王丕全已经无法说清。

王丕全有两个儿子，大儿子27岁，已学会造纸技艺并参与过造纸，但调查时已经去浙江打工；小儿子没学过造纸，调查时在金沙县城做砖瓦工。如果王家是从王丕全父亲开始造纸的，其家族的造纸技艺共传承了三代，拥有60~80年的造纸史。王丕全父亲于1929年出生，调查时已去世多年，现在面临的传承问题是，王丕全年纪大

了，独立造纸已经很吃力，但尚无继承人。

调查中另一深度访谈对象是村民黄健。黄健于1975年出生，2014年调查时39岁。据黄健介绍，他的祖父黄少三年轻时专程去过四川学习手工造纸，这似乎可以被视为雨下寨手工造纸技艺的另一个源头。黄少三1928年出生，拥有多年的造纸经历，但已于2013年腊月过世。在黄健的记忆中，不但祖父造纸很多年，而且父亲也传习此业，他本人也会造纸，但他已在数年前放弃祖业，而改办养殖场专门养猪，可以说黄家的手工纸技艺的传承已经完全中断了。

四 金沙皮纸的 生产工艺与技术分析

4
Papermaking Technique and Technical Analysis of Bast Paper in Jinsha County

(一) 桂花乡雨下寨皮纸的生产原料与辅料

金沙皮纸桂花乡脉系制作的主原料是造纸地雨下寨村及其附近山上产的野生构树皮。据王丕全回忆，传统使用过的纸药部分包括沙松根、血藤、玄麻、香樟叶和杨桃藤（即野生的中华猕猴桃藤），以及泡料、蒸料用的生石灰与纯碱（即碳酸钠）。

2006年以后，当地逐渐采用漂精（即次氯酸）及聚丙烯酰胺作为辅料。漂精作为漂白剂

可提升构皮的白度，主要用在打浆工序中；聚丙烯酰胺作为化学纸药已经逐步替代传统植物类纸药。聚丙烯酰胺通常的使用方法是：在一个能装5~6 kg干构皮的小桶里加清水，然后放入0.1~0.15 kg的聚丙烯酰胺，用槽棍划圈搅匀，放置一天一夜后，当水呈黏性胶状时，即可使用。雨下寨造纸使用的是山泉水，实测王丕全家造纸用水pH为6.8，呈弱碱性。

⊙1

（二）

桂花乡雨下寨皮纸的生产工艺流程

根据调查组在桂花乡果松行政村雨下寨自然村对造纸人王丕全及村民黄健等人的访谈，可将金沙皮纸桂花乡脉系的制作工序归纳如下：

壹	贰	叁	肆	伍	陆	柒	捌	玖	拾	拾壹	拾贰	拾叁	拾肆	拾伍	拾陆
砍树	剥皮	晒皮	泡料	蒸皮	漂皮	打浆	滤浆	兑纸药	铲槽	舀纸	榨纸	扯纸	晒纸	撕纸	叠纸

壹	贰	叁
砍　树	**剥　皮**	**晒　皮**
1	2	3

⊙2

每年农历三四月份，造纸户会将整棵构树砍下来，一般砍一年生的新构树。因为造皮纸需柔软一些并且颜色较白的构树皮，所以村民会选择砍新生构树。

将整棵构树砍下后，再将其树枝砍掉。剥皮的方法是：先用手从树根往树梢方向把主干的树皮完整地撕下来，树枝的皮也用类似方法剥。据王丕全介绍，雨下寨一个熟练工一天连砍树带剥皮可获鲜构皮50 kg左右。

剥完皮后，将新鲜树皮置于太阳下晒干，通常将其摊在地上或挂在树上晒，天气晴好时，一天即可晒干，如遇阴雨天则需收回家中等天气晴好再晒。据王丕全介绍，若构皮被雨淋的时间较短，则影响不大，但如果堆沤时间长了，则易发生霉变而无法造纸。

⊙1
兑好的纸药液（左槽）
Processed papermaking mucilage (left trough)

⊙ 2

肆 泡　料
4

将晒干并捆好的干构皮放入已放有纯碱液的泡料池中，构皮和纯碱按25∶2的比例配置，然后泡1~2天即可。据介绍，雨下寨1983年左右使用的还是石灰，400 kg干构皮要用约100 kg石灰。

伍 蒸　皮
5

将浸泡完的构皮放入蒸锅里，摆满蒸锅即可，如有少量多余的皮料，可一同堆放上去，并用脚踩紧。放料时一层构皮撒一层碱，蒸料时蒸锅里的水要淹过构皮，上方用塑料薄膜盖上，并用绳子捆紧，使之封闭完好。雨下寨的习惯是蒸一天一夜，约用煤100 kg。

捌 滤　浆
8

将打融及漂白后的浆料放入过滤池中沉淀，把多余的水分滤除。

陆 漂　皮
6

用钩子将蒸锅中蒸好的构皮钩起来，放到纸甑旁边的池子里，用清水泡一天后，再用手搓洗皮料，将黑皮和泥沙杂质洗净。

玖 兑 纸 药
9

又称"兑玄精"。调查时，当地造纸户已使用聚丙烯酰胺作为纸药，传统的原料则相当丰富，据王丕全介绍，雨下寨造纸先后用过沙松树根、香樟树叶、玄麻和杨桃藤等多种植物纸药作原料。不过他自己在试用中发现香樟树叶出有效汁液低，不久便弃用。时至今日，由于化学纸药效高价低又便利，传统植物纸药已被弃用。

柒 打　浆
7

⊙ 3

⊙ 3

将漂洗好的皮料用皮钩从池子中钩出放入打浆池里，然后加漂精次氯酸液，并用打浆机进行混合打浆。王丕全家打浆机一次可打200 kg料，约需40分钟。但打浆机已属当代工艺设备，传统的工艺是使用脚碓或者石碾进行打浆，用牛拉和水力作为动力。

工
艺
流
程

470

Library of Chinese Handmade Paper

中国手工纸文库

贵
州 卷·上卷
Guizhou I

Bast Paper
in Jinsha County

拾
铲　槽
10

将过滤并漂白好的构皮浆料放入抄纸槽中，并加入兑好的纸药液一起进行铲槽。通常一次放15 kg左右的构皮浆料，加清水、纸药液后用槽棍划圈搅拌均匀。据王丕全介绍，铲槽约需10分钟。

拾壹
舀　纸
11　　⊙4

即抄纸工序的别称。其操作手法是，将纸帘棍压在纸帘左右两边，双手平抬纸帘，先将抄纸帘的一端沉入纸槽的纸浆液中，接着沉入另一端，然后向内送；用手在水中将纸帘摇动一两次，再用双手把纸帘平提起，放在纸槽边沿的三角地带；然后将纸帘从帘架中提起，

转身，把帘上的湿纸缓缓扣于放在稻草上方的一张废旧纸帘的木板上，再缓慢揭开纸帘，这时第一张湿纸膜便留在榨床的木板上了。此后再重复上述舀纸动作，完成一张张湿纸膜的抄与扣，形成一个湿纸垛。在舀纸过程中，如果遇到吃饭或有其他事务需要暂时中断或收工，雨下寨的造纸户通常会将湿的棕榈树叶子（有时也用湿麻袋片）盖在湿纸垛的最上面，起到保持湿度的作用。

拾贰
榨　纸
12

当所抄纸达到榨纸厚度标准时，在湿纸垛上铺一层塑料薄膜，再于薄膜上面盖一层木板，木板上放质量约200 kg的石头先压约10小时，使湿纸垛中的水分先缓缓挤出一部分。然后套上钢丝绳上榨，用扳杆慢慢扳紧，休息7~8分钟再扳紧，其技巧是前三杆一定要慢。压榨时，如用力过大，湿纸垛容易从中破裂。通常将湿纸垛压至原厚度1/3左右即可将其搬至家中的墙边。

⊙4

拾叁
扯　纸
13

将压榨完的半干纸垛用手慢慢地一张张揭开，并用棕刷将其逐张刷在墙上。

拾肆
晒　纸
14　　⊙5

将揭下的纸刷贴在墙上晾干，一般选择晒在自家房屋的墙上。雨下寨的习惯是：天气好时刷贴5~6层，约1小时能干；天气不好时刷贴3层，约4小时才能干。

⊙5

工
艺
流
程

471

Chapter VI

第六章

毕
节
市

Bijie City

第三节

Section 3

金沙皮纸

⊙6　　　⊙7

拾伍
撕　　纸

15　　　⊙6⊙7

待晒在墙上的纸干后，要用针将纸从左上角挑开，然后向右下角一张张揭下来。若纸晒得太干，则一叠纸整体被挑揭开时，需两人合作，一人拿纸将纸抖齐，一人撕纸。

拾陆
叠　　纸

16

纸被撕下后，按对折方式折叠成成品纸。

⊙
撕
纸
6／7
Peeling the paper down

⊙
晒
纸
5
Drying the paper

（三）

桂花乡雨下寨皮纸生产使用的
主要工具设备

壹
蒸料窑锅
1

用于蒸料。实测王丕全家的蒸料窑
锅直径约220 cm，高约190 cm。

⊙1

贰
泡皮槽
2

用于浸泡构皮。实测王丕全家的
槽长约483 cm，宽约255 cm，高
约90 cm。

⊙2

叁
抄纸槽
3

用于抄出纸浆料。实测王丕全家
的抄纸槽内部长约145 cm，宽约
191 cm，高约75 cm。

肆
帘　架
4

一帘一纸的帘子长约55 cm，宽
约63 cm；一帘二纸的帘子长约
130 cm，宽约63 cm。

⊙3

伍
抄　台
5

放湿纸用的操作台。实测王丕全家
的抄台长约75 cm，宽约170 cm，高
约55 cm。

1
蒸料窑锅
Kiln for steaming the papermaking materials

2
泡皮槽
Trough for soaking the bark

3
抄池、帘架和抄台
Papermaking trough, frame for supporting the papermaking screen, and the board for piling wet paper

（四）

桂花乡雨下寨皮纸的性能分析

对雨下寨村生产的皮纸进行测试分析，得到其相关性能参数，见表6.4。

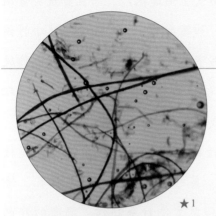

★1

★2

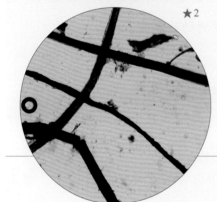

表6.4　雨下寨村皮纸的相关性能参数
Table 6.4　Performance parameters of bast paper in Yuxiazhai Village

指标		单位	最大值	最小值	平均值
厚度		mm	0.080	0.050	0.067
定量		g/m²	—	—	17.5
紧度		g/cm³	—	—	0.261
抗张力	纵向	N	11.1	6.7	9.0
	横向	N	10.3	4.1	6.3
抗张强度		kN/m	—	—	0.510
白度		%	56.4	55.8	56.1
纤维长度		mm	11.58	1.19	4.12
纤维宽度		μm	26.0	3.0	12.0

由表6.4可知，所测雨下寨村皮纸最厚是最薄的1.6倍，经计算，其相对标准偏差为0.93%。皮纸的平均定量为17.5 g/m²。所测皮纸的紧度为0.261 g/cm³。

经计算，其抗张强度为0.510 kN/m，抗张强度值较小。

所测雨下寨村皮纸白度平均值为56.1%，白度最大值约是最小值的1.01倍，相对标准偏差为0.16%，差异相对较小。

所测雨下寨村皮纸的纤维长度：最长11.58 mm，最短1.19 mm，平均4.12 mm；纤维宽度：最宽26.0 μm，最窄3.0 μm，平均12.0 μm。所测皮纸在10倍、20倍物镜下观测的纤维形态分别见图★1、图★2。

★
1
雨下寨村皮纸纤维形态图（10×）
Fibers of bast paper in Yuxiazhai Village
(10× objective)

★
2
雨下寨村皮纸纤维形态图（20×）
Fibers of bast paper in Yuxiazhai Village
(20× objective)

五
金沙皮纸的用途与销售情况

5
Uses and Sales of Bast Paper
in Jinsha County

⊙1

⊙2

用手工皮纸所抄家谱（封面）
Family genealogy transcribed on handmade
bast paper (cover)

⊙
2
用手工皮纸所抄家谱（内页）
Family genealogy transcribed on handmade
bast paper (inside page)

（一）金沙皮纸的历史与当代用途

金沙皮纸是当地民众日常生活中不可或缺的用品。金沙皮纸在当地农村的风俗中主要的用途是包火纸（即用白皮纸作外封包黄纸钱）、人过世后垫棺材和装棺材以及制作挂青的钱串等，该项用途从过去一直到调查时，仍很流行。

访谈时，据雨下寨村和联盟村的造纸村民们介绍，金沙皮纸历史上用途很广，而且曾被大量用于文化生活领域，如写毛笔字（王丕全自述小时候即用此纸，不买写字本子）、印书、作画、制作风筝、抄写家谱、写契书、包装、糊窗户、做油灯芯、做爆竹引火线和各种民间宗教习俗等。

调查时，据造纸户介绍，当代金沙皮纸还被用作小商品包装、茶叶包装、银行钞票捆扎、修车时机油擦拭、档案文件封条制作、酒瓶的外包装（比如金沙回沙酒的外包装）等。

（二）金沙皮纸的市场销售

20世纪70年代正处人民公社制度时期，实行集体产销供，造纸人自己造纸自己售卖，主要是去遵义、贵阳、四川古蔺等地，边走边卖。据王丕全回忆，有人最多背过10把（捆），每把3.5 kg的手工纸。按规定，造纸人每人每天上交给生产队1元钱，记10个工分，然后年终分粮返钱。

调查时，金沙皮纸主要是卖给毕节、金沙、水城、石场的商人和茅台酒厂、金沙酒厂等，同时也卖给造纸村落附近的村民，一般都是客户上门购买。

金沙县城关镇每人每天可造3 000张左右的皮纸。造纸人周国凯雇佣了10个工人，其中包括3个杂工，每天可生产20 000张左右的皮纸。而张氏纸坊每月只工作20天，休息10天。工人的工资是按计件算的。一帘皮纸由三张小皮纸组成，每帘皮纸8分钱，其形状是边长为49 cm的正方形。一年可在附近市场卖11万元左右，净利润3万~4万元。

475

Chapter VI

第六章

毕节市

Bijie City

Section 3

第三节

金沙皮纸

调查时，雨下寨造纸所用的原料为干构皮，拣过的精料约2.8元/kg，未拣过的偏黑干构皮约2元/kg，由销售干构皮的农户用车送到造纸户家中。

据2014年调查所获的信息，可知雨下寨皮纸的销售规格和售价情况：1捆10刀，1刀4叠，1叠20张，2014年春天大约180元/捆，商户直接上门收购。据王丕全和黄健介绍，21世纪初，纸价最贵的时候每捆200多元，2008年左右跌到每捆110元，2013年又回升到每捆160元。

六
金沙皮纸的
相关民俗与文化事象

6
Folk Customs and Culture of
Bast Paper in Jinsha County

在金沙县与皮纸有关的民俗中，最有特色的传说要算手工造纸所用的纸药（即玄）的来历。黄健曾绘声绘色地给调查组成员讲述：传说在最初造纸的时候，舀出的湿纸粘在一起分不开，一揭就容易破，废纸一大堆，大家很是苦恼。有一天夜里，有位造纸老人做梦，在梦中流了很多口水，一直流到舀纸槽里。奇怪的是，第二天纸槽中舀出的纸很容易就分张揭开了。于是，纸工们就琢磨出将纸药这种黏液添加到舀纸槽里的抄纸分张技术，这就是"玄"的来历。据黄健等人说，这是村里老人张顺清、张恒舟传下的故事。

在金沙当地农村与皮纸相关的祭祀习俗中，最主要的是祭祖包火纸的习惯。金沙既生产白皮纸，又生产黄竹纸（即火纸），每到中元节、清明节等祭祖日，当地村民就会用白色构皮纸做成信封，将黄色的竹纸打成纸钱包在信封内，同时在信封上写明某某子孙送给某某祖先、本次送了多少钱之类的话，然后拿到墓地、祭台、河边焚烧祭奠。这与很多地方直接烧黄纸钱的习俗颇为不同。

七

金沙皮纸的
保护现状与发展思考

7

Preservation and Development of
Bast Paper in Jinsha County

调查中发现，金沙皮纸面临着一系列的传承发展挑战，存在较深的隐忧：

1.

在金沙皮纸技艺文化的实地考察中，可以感受到地方政府对传统手工造纸已有若干项保护性支持，如县文物管理所、县文化馆均对造纸技艺做了影像和文字类型的保护性记录。同时，作为主管部门的县文化馆也已将金沙皮纸的非物质文化遗产申报工作纳入计划，相关进程正在推进中。

2.

金沙皮纸的传统生产模式以家庭作坊为单位，效率低，收益不高，而且其制作多在偏僻的小山村。同时，由于手工造纸周期较长，原料加工和制作等工序都较为辛苦、枯燥和孤独，于是在21世纪初的开放环境下，年轻人大多宁愿外出打工，也不愿留在乡下的小作坊里学习造纸技艺，因而普遍出现后继无人的困境。比如王丕全家的两个儿子都没有选择在家从事手工造纸，而黄健家更是在祖父去世后就完全放弃了这门手艺，整个雨下寨甚至桂花乡的皮纸技艺传习人中已完全无年轻一代的身影。

稍有不同的是周正刚家，周氏手工纸坊一开始就是按规模雇工的模式运作的，地点选在较为繁华便利的城关镇，而且规模虽小，分工却有序明确，休假制度也设计合理。主人和雇工的收益均比乡村家庭式小作坊要有吸引力。但对周氏手工纸坊调查时发现存在的问题是其生产地在居民密集区，环保的压力非常大。

3.

金沙皮纸历史上曾经在高端文化艺术领域有过较广泛的应用，是传统的区域文化名纸。调查时，其用途已变得相对单一，主要用于民间祭祀，其他如包装等用途已用量很少。随着城市化、老一代人的故去以及乡土性民间习俗的演化，祭祀用途的空间越来越窄，这无疑会对纯乡土的民间文化习俗消费产生极大的压力。

在此现状下，金沙皮纸的传承与保护已面临较大的困难。

针对上述问题，调查组对金沙皮纸的发展提出以下几点建议：

1.

可由金沙地方文化管理部门组织，考虑与地方旅游和休闲度假景区开发结合，以政府提供引导性资金的方式，集成若干造纸技艺传习人，设立手工造纸体验园，形成一股手工造纸技艺传承、保护、再生的合力。

2.

可考虑在金沙皮纸非物质文化遗产市、省级保护尚未获批准的情况下，由县文化馆牵头，与手工造纸体验园联合建立手工造纸传习所，给予传承人传习津贴，打破家庭成员之间传承的单一模式，鼓励更多的年轻人投身手工造纸技艺学习中。

3.

由县文化与经济部门牵头，鼓励和支持手工造纸工坊尝试恢复生产具有更高文化内涵与质量的纸品，必要时可以通过引进高端手工造纸的技艺，帮助拓展金沙皮纸新的高收益用途市场，如较大宗的定向茶、酒包装用纸，书画复制批量用纸等，以降低其对乡间祭祀传统用途的单一性依赖。

皮纸 单层

雨下寨村皮纸透光摄影图
A photo of bast paper in Yuxiazhai Village
seen through the light

皮纸 双层

雨下寨村皮纸透光摄影图
A photo of bast paper in Yuxiazhai Village
seen through the light

皮纸

联盟村皮纸透光摄影图
A photo of bast paper in Lianmeng Village
seen through the light

皮纸

河透底村皮纸透光摄影图
A photo of bast paper in Hetoudi Village
seen through the light

《中国手工纸文库·贵州卷》作为整个文库起步较早的工作，不包括团队成员更早的田野工作积累，从 2008 年 12 月至 2016 年 3 月，田野研究历经七年半时间。其间，项目组深入贵州省各手工造纸点的调查采样以及一次又一次的补充调查和求证贯穿始终，直到 2016 年 3 月，这种意在求准确、求完善的田野采集与实验分析仍在进行中。

由于田野调查和文献梳理基本上是多位成员协同完成的，且前后多次的补充修订也并非始终出自一人之手，因而即便有田野调查工作规范、撰稿的标准及示范的样稿，全卷的信息采集方式和表述风格依然存在多样性。针对这一状况，初稿合成后，统稿工作小组从 2014 年 6 月到 2016 年 8 月一共进行了 7 轮统稿，最终定稿。虽然仍感觉全卷有诸多可进一步完善之处，但《中国手工纸文库·贵州卷》的调查研究及书稿撰写已历时太久，行业同仁和团队成员均有出版传播的期待，因此若干的未尽之义只能暂时心怀遗憾，以待来日有修订缘分时再尽心完善了。

本卷书稿的完成有赖团队所有成员全心全意的投入与持续不懈的努力，除了对所有参与成员表示衷心感谢外，特在后记中对各位同仁的工作做如实的记述。

Epilogue

Library of Chinese Handmade Paper: Guizhou is among the earliest of our serial handmade paper studies. From December 2008 to March 2016, seven and a half years have passed since our earliest fieldwork efforts. The research members explored into papermaking sites in Guizhou Province over these years. Up to March 2016, our papermaking odyssey was still on.

Modification of the book was cooperated by many research members, therefore, the writing style and information collection method may vary due to the fact that the fieldwork and literature surveys were undertaken by different groups of researchers. Although the investigation rules, writing norms and format were enacted, we may make amends for the possible deviation. From June 2014 to August 2016, seven rounds of modification efforts have contributed to this version for publication, though the version can never claim perfection. Research and writing of *Library of Chinese Handmade Paper: Guizhou* last several years and finally go to the verge of publication as heartily expected by our team members and friends in the field. We still harbor expectation for further and deeper exploration and modification.

This volume acknowledges the consistent efforts and great contributions of the following researchers:

Library of Chinese Handmade Paper 中国手工纸文库

贵 州 卷·上卷 Guizhou I

市/州	县/区	乡村/厂	纸名(种类)	撰写人	调查人
六盘水市	盘县	羊场布依族白族苗族乡下午行政村	皮纸	陈彪、张义忠	陈彪、张义忠
		老厂镇	竹纸	汤书昆	汤书昆、蓝强、吴明卫
	六枝特区	中寨苗族彝族布依族乡火坑行政村	皮纸	陈彪、张义忠、张美丽	陈彪、张义忠、张美丽
黔西南布依族苗族自治州	普安县	白沙乡卡塘行政村河沟头村民组	皮纸	陈彪、张义忠	陈彪、张义忠
	安龙县	万峰湖镇坝盘行政村	竹纸	汤书昆	汤书昆、蓝强、陈彪
	贞丰县	小屯乡龙井行政村	皮纸	陈彪	陈彪、王祥
		龙场镇坡柳行政村	竹纸	陈彪	陈彪、王祥
安顺市	关岭县	永宁镇紫山行政村	竹纸	陈彪	陈彪、王祥
		沙营乡纸厂行政村	皮纸	王祥	王祥、陈彪
	镇宁县	江龙镇竹新行政村	皮纸	陈彪、祝秀丽	陈彪、王祥
	紫云县	板当镇	皮纸、竹纸	陈彪、陈佳	陈彪、王祥
黔南布依族苗族自治州	长顺县	白云山镇翁贵行政村	皮纸	黄飞松、陈敬宇	陈彪、黄飞松、张义忠
	惠水县	芦山镇	竹纸	黄飞松	黄飞松、陈彪、张义忠
	龙里县	龙山镇纸厂行政村	竹纸	黄飞松	陈彪、张义忠、黄飞松
	荔波县	永康水族乡尧古行政村	竹纸	汤书昆、万丽	蓝强、陈彪、杨洋、张娟、万丽、王红莲
	都匀市	斗篷山景区、石板街	皮纸	黄飞松、陈彪、汤书昆	陈彪、张义忠、黄飞松、祖明
		斗篷山景区、石板街	蜡纸	黄飞松、陈彪、汤书昆	陈彪、张义忠、黄飞松、祖明
毕节市	纳雍县	沙包乡大寨行政村	皮纸	汤书昆、谢起慧、陈彪	陈彪、蓝强
	金沙县	茶园乡新桥行政村红土坡自然村	竹纸	汤书昆	汤书昆、蓝强、王霄、杜加文、吕华
		沙土镇天星行政村河透底自然村、桂花乡果松行政村雨下寨自然村、城关镇联盟行政村	皮纸	汤书昆、陈彪、王研、朱安达、朱赟、孙舰	汤书昆、陈彪、蓝强、王霄、杜加文、吕华
贵阳市	乌当区	新堡布依族乡陇脚行政村	竹纸	王祥	王祥、陈彪、汪常明
遵义市	仁怀市	五马镇三元行政村	皮纸	李宪奇、陈彪、祝秀丽	陈彪、李宪奇
		鲁班镇	竹纸	李宪奇、陈彪	李宪奇、陈彪
	正安县	凤仪镇黎坝行政村、河溪镇杉木坪行政村	皮纸、竹纸	李宪奇	汤书昆、陈彪、李宪奇、蓝强
	务川县	丰乐镇新场行政村造纸塘村民组	皮纸	邹进扬、陈彪、汤书昆	汤书昆、陈彪、李宪奇、邹进扬、蓝强
		黄都镇三河行政村学堂坡村民组	竹纸	邹进扬、陈彪、汤书昆	汤书昆、陈彪、李宪奇、邹进扬、蓝强
	余庆县	大乌江镇乌江行政村	竹纸	陈彪、陈敬宇	陈彪

铜 仁 市	石阡县	汤山镇香树园行政村	皮纸	陈彪、刘靖、祝秀丽	陈彪、刘靖
		大沙坝仡佬族侗族乡关刀土行政村、坪地场仡佬族侗族乡下林坝行政村	竹纸	陈彪、祝秀丽	陈彪、刘靖
	江口县	怒溪土家族苗族乡河口行政村、太平土家族苗族乡云舍行政村	竹纸	陈彪、汪常明	陈彪、刘靖
	印江县	合水镇兴旺行政村	皮纸	刘靖	陈彪、刘靖
		沙子坡镇六洞行政村与塘口行政村	皮纸、竹纸	刘靖	陈彪、刘靖
黔东南苗族侗族自治州	岑巩县	水尾镇白水行政村与腊岩行政村、羊桥土家族乡龙统行政村	竹纸	汤书昆	汤书昆、蓝强
	三穗县	八弓镇贵洞行政村	竹纸	陈彪、孙舰	陈彪
	黄平县	翁坪乡满溪行政村	竹纸	陈彪	陈彪、吴寿仁
	凯里市	湾水镇	竹纸	陈彪	陈彪、吴寿仁
	丹寨县	南皋乡石桥行政村	皮纸	陈彪	陈彪、汤书昆、刘靖、祖明
	榕江县	乐里镇本里行政村、计划乡九秋行政村	皮纸	杨洋、张娟、李昂、汤书昆	蓝强、陈彪、杨洋、张娟、吴寿仁、黄飞松、翟剑锋
		秀塘壮族乡打格行政村	竹纸	汤书昆、高洁恒	汤书昆、蓝强、高洁恒
	从江县	翠里瑶族壮族乡高华行政村	皮纸、草纸	汤书昆、陈彪、李淑丹、朱安达、李昂、宋彩龙、胡文英	汤书昆、蓝强、陈彪、李淑丹、宋彩龙、王妍、吴寿仁、漆小芳、宜苗苗、王霄、郭帅辉
		高增乡小黄行政村	皮纸	汤书昆、陈彪	汤书昆、陈彪、蓝强、漆小芳、王霄、宜苗苗、郭帅辉
		高增乡占里行政村	皮纸	汤书昆、高洁恒	汤书昆、蓝强、高洁恒、方建霞
	黎平县	茅贡乡地扪行政村	皮纸	陈彪	陈彪、吴寿仁

二、纸样测试分析与拍摄部分

主测试：朱赟、郑久良、刘伟　数据分析：朱赟、郑久良、刘伟　分析统筹：汤书昆、朱赟　实物纸样拍摄：黄晓飞

此外，本卷的测试得到了安徽省泾县中国宣纸集团公司罗鸣、黄立新、赵梦君、王钟玲、宋福星的支持和帮助，其中赵梦君在具体测试中给予了较多的协助。

三、英文翻译部分

领衔主译：合肥工业大学外国语学院　方媛媛

感谢美国罗格斯大学亚洲语言与文化系教授Richard V. Simmons，以及罗格斯大学Lucas Richards同学对书稿英文版提出的修改建议。合肥工业大学翻译硕士刘婉君和朱丽君参与了本书部分章节的翻译。

四、总序、编撰说明、概述与附录部分

总序撰写	汤书昆
编撰说明撰写	汤书昆、朱赟、陈彪
概述撰写	第一节：陈敬宇、陈彪 第二节：孙舰、陈彪、汤书昆 第三节：汤书昆、陈彪 概述由陈彪起草初稿，由汤书昆、陈敬宇、陈彪统稿审定
附录	表目整理编制：郑久良、刘伟 图目整理编制：刘伟 术语整理编制：李昂、朱安达 后记撰写：汤书昆

1. Field Investigation and Writing of the Book

City/Prefecture	County/District	Village/Factory	Paper	Author	Investigator
Liupanshui City	Panxian County	Xiawu Administrative Village of Yangchang Bouyei, Bai and Miao Town	Bast paper	Chen Biao, Zhang Yizhong	Chen Biao, Zhang Yizhong
		Laochang Town	Bamboo paper	Tang Shukun	Tang Shukun, Lan Qiang, Wu Mingwei
	Liuzhi Special Area	Huokeng Administrative Village of Zhongzhai Miao, Yi and Bouyei Town	Bast paper	Chen Biao, Zhang Yizhong, Zhang Meili	Chen Biao, Zhang Yizhong, Zhang Meili
Qianxinan Bouyei and Miao Autonomous Prefecture	Pu'an County	Hegoutou Villagers' Group of Katang Administrative Village in Baisha Town	Bast paper	Chen Biao, Zhang Yizhong	Chen Biao, Zhang Yizhong
	Anlong County	Bapan Administrative Village of Wanfenghu Town	Bamboo paper	Tang Shukun	Tang Shukun, Lan Qiang, Chen Biao
	Zhenfeng County	Longjing Administrative Village of Xiaotun Town	Bast paper	Chen Biao	Chen Biao, Wang Xiang
		Poliu Administrative Village of Longchang Town	Bamboo paper	Chen Biao	Chen Biao, Wang Xiang
Anshun City	Guanling County	Zishan Administrative Village of Yongning Town	Bamboo paper	Chen Biao	Chen Biao, Wang Xiang
		Zhichang Administrative Village of Shaying Town	Bast paper	Wang Xiang	Wang Xiang, Chen Biao
	Zhenning County	Zhuxin Administrative Village of Jianglong Town	Bast paper	Chen Biao, Zhu Xiuli	Chen Biao, Wang Xiang
	Ziyun County	Bandang Town	Bast paper, Bamboo paper	Chen Biao, Chen Jia	Chen Biao, Wang Xiang
Qiannan Bouyei and Miao Autonomous Prefecture	Changshun County	Wenggui Administrative Village of Baiyunshan Town	Bast paper	Huang Feisong, Chen Jingyu	Chen Biao, Huang Feisong, Zhang Yizhong
	Huishui County	Lushan Town	Bamboo paper	Huang Feisong	Huang Feisong, Chen Biao, Zhang Yizhong
	Longli County	Zhichang Administrative Village of Longshan Town	Bamboo paper	Huang Feisong	Chen Biao, Zhang Yizhong, Huang Feisong
	Libo County	Yaogu Administrative Village of Yongkang Shui Town	Bamboo paper	Tang Shukun, Wan Li	Lan Qiang, Chen Biao, Yang Yang, Zhang Juan, Wan Li, Wang Honglian
	Duyun City	Doupeng Mountain Scenic Spot, Shiban Street	Bast paper	Huang Feisong, Chen Biao, Tang Shukun	Chen Biao, Zhang Yizhong Huang Feisong, Zu Ming
		Doupeng Mountain Scenic Spot, Shiban Street	Wax paper	Huang Feisong, Chen Biao, Tang Shukun	Chen Biao, Zhang Yizhong, Huang Feisong, Zu Ming
Bijie City	Nayong County	Dazhai Administrative Village of Shabao Town	Bast paper	Tang Shukun, Xie Qihui, Chen Biao	Chen Biao, Lan Qiang
	Jinsha County	Hongtupo Natural Village of Xinqiao Administrative Village in Chayuan Town	Bamboo paper	Tang Shukun	Tang Shukun, Lan Qiang, Wang Xiao, Du Jiawen, Lv Hua
		Hetoudi Natural Village of Tianxing Administrative Village in Shatu Town, Yuxiazhai Natural Village of Guosong Administrative Village in Guihua Town, Lianmeng Administrative Village of Chengguan Town	Bast paper	Tang Shukun, Chen Biao, Wang Yan, Zhu Anda, Zhu Yun, Sun Jian	Tang Shukun, Chen Biao, Lan Qiang, Wang Xiao, Du Jiawen, Lv Hua
Guiyang City	Wudang District	Longjiao Administrative Village of Xinbao Bouyei Town	Bamboo paper	Wang Xiang	Wang Xiang, Chen Biao, Wang Changming

Zunyi City	Renhuai City	Sanyuan Administrative Village of Wuma Town	Bast paper	Li Xianqi, Chen Biao, Zhu Xiuli	Chen Biao, Li Xianqi
		Luban Town	Bamboo paper	Li Xianqi, Chen Biao	Li Xianqi, Chen Biao
	Zheng'an County	Liba Administrative Village of Fengyi Town, Shanmuping Administrative Village of Hexi Town	Bast paper, Bamboo paper	Li Xianqi	Tang Shukun, Chen Biao, Li Xianqi, Lan Qiang
	Wuchuan County	Zaozhitang Villagers' Group of Xinchang Administrative Village in Fengle Town	Bast paper	Zou Jinyang, Chen Biao, Tang Shukun	Tang Shukun, Chen Biao, Li Xianqi, Zou Jinyang, Lan Qiang
		Xuetangpo Villagers' Group of Sanhe Administrative Village in Huangdu Town	Bamboo paper	Zou Jinyang, Chen Biao, Tang Shukun	Tang Shukun, Chen Biao, Li Xianqi, Zou Jinyang, Lan Qiang
	Yuqing County	Wujiang Administrative Village of Dawujiang Town	Bamboo paper	Chen Biao, Chen Jingyu	Chen Biao
Tongren City	Shiqian County	Xiangshuyuan Administrative Village of Tangshan Town	Bast paper	Chen Biao, Liu Jing, Zhu Xiuli	Chen Biao, Liu Jing
		Guandaotu Administrative Village of Dashaba Gelo and Dong Town, Xialinba Administrative Village of Pingdichang Gelo and Dong Town	Bamboo paper	Chen Biao, Zhu Xiuli	Chen Biao, Liu Jing
	Jiangkou County	Hekou Administrative Village of Nuxi Tujia and Miao Town, Yunshe Administrative Village of Taiping Tujia and Miao Town	Bamboo paper	Chen Biao, Wang Changming	Chen Biao, Liu Jing
	Yinjiang County	Xingwang Administrative Village of Heshui Town	Bast paper	Liu Jing	Chen Biao, Liu Jing
		Liudong Administrative Village and Tangkou Administrative Village of Shazipo Town	Bast paper, Bamboo paper	Liu Jing	Chen Biao, Liu Jing
Qiandongnan Miao and Dong Autonomous Prefecture	Cengong County	Baishui Administrative Village and Layan Administrative Village of Shuiwei Town, Longtong Administrative Village of Yangqiao Tujia Town	Bamboo paper	Tang Shukun	Tang Shukun, Lan Qiang
	Sansui County	Guidong Administrative Village of Bagong Town	Bamboo paper	Chen Biao, Sun Jian	Chen Biao
	Huangping County	Manxi Administrative Village of Wengping Town	Bamboo paper	Chen Biao	Chen Biao, Wu Shouren
	Kaili City	Wanshui Town	Bamboo paper	Chen Biao	Chen Biao, Wu Shouren
	Danzhai County	Shiqiao Administrative Village of Nangao Town	Bast paper	Chen Biao	Chen Biao, Tang Shukun, Liu Jing, Zu Ming
	Rongjiang County	Benli Administrative Village of Leli Town, Jiuqiu Administrative Village of Jihua Town	Bast paper	Yang Yang, Zhang Juan, Li Ang, Tang Shukun	Lan Qiang, Chen Biao, Yang Yang, Zhang Juan, Wu Shouren, Huang Feisong, Zhai Jianfeng
		Dage Administrative Village of Xiutang Zhuang Town	Bamboo paper	Tang Shukun, Gao Jieheng	Tang Shukun, Lan Qiang, Gao Jieheng
	Congjiang County	Gaohua Administrative Village of Cuili Yao and Zhuang Town	Bast paper, Straw paper	Tang Shukun, Chen Biao, Li Shudan, Zhu Anda, Li Ang, Song Cailong, Hu Wenying	Tang Shukun, Lan Qiang, Chen Biao, Li Shudan, Song Cailong, Wang Yan, Wu Shouren, Qi Xiaofang, Yi Miaomiao, Wang Xiao, Guo Shuaihui
		Xiaohuang Administrative Village of Gaozeng Town	Bast paper	Tang Shukun, Chen Biao	Tang Shukun, Chen Biao, Lan Qiang, Qi Xiaofang, Wang Xiao, Yi Miaomiao, Guo Shuaihui
		Zhanli Administrative Village of Gaozeng Town	Bast paper	Tang Shukun, Gao Jieheng	Tang Shukun, Lan Qiang, Gao Jieheng, Fang Jianxia
	Liping County	Dimen Administrative Village of Maogong Town	Bast paper	Chen Biao	Chen Biao, Wu Shouren

2. Technical Analysis and Photographer of the Paper Samples

The test was mainly undertaken by Zhu Yun, Zheng Jiuliang and Liu Wei. Data analysis was undertaken by Zhu Yun, Zheng Jiuliang and Liu Wei. Tang Shukun and Zhu Yun took charge of analyzing and co-ordinating. Sample images were photographed by Huang Xiaofei.

Moreover, Luo Ming, Huang Lixin, Zhao Mengjun, Wang Zhongling and Song Fuxing from China Xuan Paper Co., Ltd. (located in Jingxian County of Anhui Province) helped with the tests, among whom, Zhao Mengjun provided most assistance.

3. Translation

Translation was mainly undertaken by Fang Yuanyuan from the School of Foreign Studies, HFUT, together with her MTI students Liu Wanjun and Zhu Lijun. We should also thank Richard V. Simmons, professor of Asian Language & Culture at Rutgers, the State University of New Jersey, and his student, Lucas Richards, for their valuable suggestions in modifying the English parts of the book.

4. Preface, Introduction to the Writing Norms, Introduction and Appendices

Preface	Tang Shukun
Introduction to the Writing Norms	Tang Shukun, Zhu Yun, Chen Biao
Introduction	Section one: Chen Jingyu, Chen Biao Section two: Sun Jian, Chen Biao, Tang Shukun Section three: Tang Shukun, Chen Biao First version of the introduction was written by Chen Biao, and then modified by Tang Shukun, Chen Jingyu and Chen Biao.
Appendices	Tables: Zheng Jiuliang, Liu Wei Figures: Liu Wei Terminology: Li Ang, Zhu Anda Epilogue: Tang Shukun

在历时两年多的多轮修订增补与统稿工作中，汤书昆、陈彪、方媛媛、朱赟、刘靖、李宪奇、陈敬宇、祝秀丽、黄飞松、郭延龙等作为过程主持人或重要内容模块修订的负责人，对文稿内容、图片与示意图的修订增补、技术分析数据、英文翻译、文献注释考订、表述格式的规范性与准确性核实做了大量基础性的工作，这是全卷书稿能够以今天的面貌和质量展现不容忽视的工作。

在贵州卷的田野调查过程中，先后得到原贵州省博物馆馆长梁太鹤先生、贵州省文化厅非遗处处长张诗莲女士等多位贵州非物质文化遗产研究与保护专家的帮助与指导，在《中国手工纸文库·贵州卷》出版之际，谨对各位支持者真诚致谢！

汤书昆

2017年12月于中国科学技术大学

Tang Shukun, Chen Biao, Fang Yuanyuan, Zhu Yun, Liu Jing, Li Xianqi, Chen Jingyu, Zhu Xiuli, Huang Feisong and Guo Yanlong, et al., who were in charge of the writing and modification for more than two years, all contributed their efforts to the completion of this book. Their meticulous efforts in writing, drawing or photographing, mapping, technical analysis, translating, modifying format, noting and proofreading should be recognized and eulogized in the achievement of the high-quality work.

We owe thanks to Liang Taihe, former curator of Guizhou Provincial Museum and Zhang Shilian who is in charge of Intangible Cultural Heritage Office of Department of Culture in Guizhou government, and all other experts in the field of intangible cultural heritage research and protection who helped in our field investigations. At the time of publication of *Library of Chinese Handmade Paper*: *Guizhou*, sincere gratitude should go to all those who supported and recognized our efforts!

Tang Shukun
University of Science and Technology of China
December 2017